U0204417

大学物理学习指导

主 编 刘 阳 刘培娇

北京大学出版社

PEKING UNIVERSITY PRESS

内 容 简 介

本书是结合大学物理教学重点、疑点和难点，针对学生学习中遇到的主要问题和困难，在总结和提炼作者多年教学实践经验的基础上编写的一本与理工科大学物理教学相配套的辅助性教学用书.本书旨在启发读者明确物理基本概念和规律之间的联系与区别，掌握处理大学物理各类问题的思路、方法和技巧，提高读者熟练运用所学知识正确分析和解决物理问题的能力.

本书按照大学物理的教学内容(上、下册，共 5 篇 15 章)分单元编写，每一单元分为基本要求、基本概念与规律、典型例题三个部分.每一篇均配有四套模拟题，供学生自测使用.基本要求部分对各知识点的要求分为了解、理解和掌握等层次;基本概念与规律部分是对该单元教学内容的简要总结，并配有体现该单元各相关概念和规律之间关系的知识脉络图，便于学生复习时参考;典型例题部分选配了与重要知识点相关的例题，可作为习题课的补充.

本书可供理工科院校非物理专业的本科学生使用，也可供从事物理教学的教师参考和研究生使用.

图书在版编目(CIP)数据

大学物理学习指导/刘阳，刘培娇主编. —北京：北京大学出版社，2022.3
ISBN 978-7-301-32872-9

Ⅰ. ① 大 …　Ⅱ. ① 刘 … ② 刘 …　Ⅲ. ① 物理学—高等学校—教学参考资料　Ⅳ. ① O4

中国版本图书馆 CIP 数据核字(2022)第 025848 号

书　　　　名	大学物理学习指导
	DAXUE WULI XUEXI ZHIDAO
著作责任者	刘　阳　刘培娇　主编
责 任 编 辑	王剑飞
标 准 书 号	ISBN 978-7-301-32872-9
出 版 发 行	北京大学出版社
地　　　　址	北京市海淀区成府路 205 号　100871
网　　　　址	http://www.pup.cn
电 子 信 箱	zpup@pup.cn
新 浪 微 博	@北京大学出版社
电　　　　话	邮购部 010-62752015　发行部 010-62750672　编辑部 010-62765014
印 刷 者	湖南省众鑫印务有限公司
经 销 者	新华书店
	787 毫米×1092 毫米　16 开本　18.5 印张　474 千字
	2022 年 3 月第 1 版　2022 年 3 月第 1 次印刷
定　　　　价	52.00 元

未经许可，不得以任何方式复制或抄袭本书之部分或全部内容。
版权所有，侵权必究
举报电话：010-62752024　电子信箱：fd@pup.pku.edu.cn
图书如有印装质量问题，请与出版部联系，电话：010-62756370

前　言

　　"大学物理"是高等学校理工科、师范类等非物理专业学生必修的基础理论课程,其内容丰富,应用广泛,但难度也较大.随着时代的发展,"大学物理"课程的教学工作面临着不断出现的新问题,帮助学生在有限的学时内,更好地达到"大学物理"课程的基本要求,掌握"大学物理"课程的核心内容,是广大从事大学物理教学的教师们孜孜以求的目标.本书力求适应当今"大学物理"课程的教学需要,在帮助学生加深理解大学物理的基本概念和规律的同时,也注意帮助学生启迪思维,以期提高学生运用物理基本定律来分析和解决问题的能力.

　　本书共四篇,覆盖了"大学物理"课程的所有基本内容和部分拓展内容.

　　第一篇力学,共五单元,包括质点运动学、质点动力学与守恒定律、刚体力学基础、振动学基础及波动学基础.

　　第二篇电磁学,共三单元,包括电荷与电场、电流与磁场及电磁场与麦克斯韦方程组.

　　第三篇波动光学,共三单元,包括光的干涉、光的衍射及光的偏振.

　　第四篇热学和近代物理,共四单元,包括气体动理论、热力学基础、狭义相对论基础及量子力学基础.

　　每一单元分为基本要求、基本概念与规律、典型例题三个部分.每一篇均配有四套模拟题,供学生自测使用.基本要求部分对各知识点的要求分为了解、理解和掌握等层次;基本概念与规律部分是对该单元教学内容的简要总结,并配有体现该单元各相关概念与规律之间关系的知识脉络图,便于学生复习时参考;典型例题部分选配了与重要知识点相关的例题,可作为习题课的补充.

　　沈辉、滕京霖、苏梓涵提供了版式设计方案,在此表示感谢.

　　由于编者的水平有限,书中难免有不足之处,敬请读者批评指正.

编　者

目　　录

第一篇　力　　学

第二篇　电　磁　学

第三篇　波 动 光 学

第四篇　热学和近代物理

第一篇 力 学

第一单元

质点运动学

一、基本要求

（1）理解质点（理想模型）、参考系和坐标系等概念.

（2）掌握描述质点运动的基本量，如位置矢量、位移、速度、加速度的概念和特点（矢量性、瞬时性、相对性），并学会计算方法.

（3）掌握用自然坐标系求切向加速度和法向加速度的方法.

（4）根据质点在平面内的运动方程，能熟练地求出任意时刻的位置矢量、速度、加速度. 能根据已知质点的加速度，求速度或运动方程.

（5）理解相对运动和相对速度.

二、基本概念与规律

1. 参考系与坐标系

为了观测一个物体的运动状态而选作参考的另一个物体（或另一组相对静止的物体）称为**参考系**. 参考系选定后，必须在参考系上建立一个适当的**坐标系**，坐标系的坐标原点固定在参考系中. 应用坐标系可以定量地描述物体的位置和它的运动状态，常用的坐标系有直角坐标系、极坐标系、自然坐标系等.

2. 质点与质点系

物体的大小和形状对于所研究的问题影响不大时，可将被研究的物体看作一个只具有质量而没有大小和形状的几何点，称为**质点**. 由若干相互作用的质点组成的系统，称为**质点系**. 质点是力学中的重要基础模型，它忽略了物体的形状和大小. 一个物体能否当作质点取决于以下两个因素：一是物体的尺度 d 与相关距离 l 的比值 $\dfrac{d}{l}$；二是物体的运动形式. 在研究地球公转时，由于地球的直径与日地距离的比值很小，可将地球当作质点.

3. 质点运动描述的四个基本物理量

（1）**位矢 r.** 从坐标原点指向质点所在处的有向线段叫作该质点的**位置矢量**，简称位矢. 它描述了质点在空间中的位置. 在质点运动时, 它的位矢是随时间变化的, 则位矢 $\boldsymbol{r}$ 为时间 t 的函数, 一般表示为 $\boldsymbol{r} = \boldsymbol{r}(t)$, 这就是质点的运动方程. 运动方程在直角坐标系中的分量式为

$$\begin{cases} x = x(t), \\ y = y(t), \\ z = z(t); \end{cases}$$

在自然坐标系中的形式为 $s = s(t)$.

(2) **位移 $\Delta \boldsymbol{r}$**. 某一质点在运动过程中 (时间间隔为 $\Delta t = t_2 - t_1$), 由起始位置 (对应 t_1 时刻) 指向终止位置 (对应 t_2 时刻) 的有向线段叫作**位移**. 它描述了质点在 Δt 时间内的位置变动的大小和方向. 与位移相联系的另一物理量是**路程** Δs, 其定义是质点在某一运动过程中所走过的实际轨迹的长度. 路程 Δs 是标量, 总有 $\Delta s \geqslant |\Delta \boldsymbol{r}|$. 在时间间隔 $\Delta t \to 0$ 的情况下, 它们对应的无限小量的大小是相等的, 即 $\mathrm{d}s = |\mathrm{d}\boldsymbol{r}|$. 另外, 当始、末位置一定时, 位移是唯一确定的, 但可以有不同的路程.

在同一参考系中, 当用不同的坐标系来描述质点的运动时, 质点的位矢不同, 但位移相同.

(3) **速度 $\boldsymbol{v}$**. 速度是描述质点运动快慢和方向的物理量.

平均速度: $\overline{\boldsymbol{v}} = \dfrac{\Delta \boldsymbol{r}}{\Delta t}$. 它描述质点在 Δt 时间内运动的平均快慢.

瞬时速度: $\boldsymbol{v} = \lim\limits_{\Delta t \to 0} \dfrac{\Delta \boldsymbol{r}}{\Delta t} = \dfrac{\mathrm{d}\boldsymbol{r}}{\mathrm{d}t}$. 瞬时速度简称**速度**, 其大小精确地描述质点在 t 时刻运动的快慢, 其方向就是 t 时刻质点运动的方向, 即沿质点所在处的运动轨迹的切线, 并指向质点运动的方向.

平均速率: $\overline{v} = \dfrac{\Delta s}{\Delta t}$. 它也描述质点在 Δt 时间内运动的平均快慢, 但平均速率的大小不一定等于平均速度的大小, 总有 $\overline{v} \geqslant |\overline{\boldsymbol{v}}|$.

瞬时速率: $v = \lim\limits_{\Delta t \to 0} \dfrac{\Delta s}{\Delta t} = \dfrac{\mathrm{d}s}{\mathrm{d}t} = \left|\dfrac{\mathrm{d}\boldsymbol{r}}{\mathrm{d}t}\right| = |\boldsymbol{v}|$. 瞬时速率简称速率, 它等于瞬时速度的大小.

(4) **加速度 $\boldsymbol{a}$**. 平均加速度 $\overline{\boldsymbol{a}} = \dfrac{\Delta \boldsymbol{v}}{\Delta t}$ 和**瞬时加速度** (简称加速度) $\boldsymbol{a} = \dfrac{\mathrm{d}\boldsymbol{v}}{\mathrm{d}t} = \dfrac{\mathrm{d}^2 \boldsymbol{r}}{\mathrm{d}t^2}$ 是描述质点速度变化快慢的物理量. 加速度的方向为 $\Delta t \to 0$ 时速度增量 $\Delta \boldsymbol{v}$ 的极限方向.

在理解上述四个物理量时, 要注意以下几点:

① **矢量性**. 在上述定义中, 四个物理量都定义为矢量, 需要特别注意矢量的方向和运算规则. 在较复杂的问题中, 可以建立坐标系, 对相应物理量的坐标分量进行运算. 例如, 在直角坐标系中加速度可以表示为 $\boldsymbol{a} = a_x \boldsymbol{i} + a_y \boldsymbol{j} + a_z \boldsymbol{k}$, 其分量式为

$$\begin{cases} a_x = \dfrac{\mathrm{d}v_x}{\mathrm{d}t} = \dfrac{\mathrm{d}^2 x}{\mathrm{d}t^2}, \\[2mm] a_y = \dfrac{\mathrm{d}v_y}{\mathrm{d}t} = \dfrac{\mathrm{d}^2 y}{\mathrm{d}t^2}, \\[2mm] a_z = \dfrac{\mathrm{d}v_z}{\mathrm{d}t} = \dfrac{\mathrm{d}^2 z}{\mathrm{d}t^2}. \end{cases}$$

加速度 $\boldsymbol{a}$ 的大小为 $a = \sqrt{a_x^2 + a_y^2 + a_z^2}$, 其方向可由三个方向余弦 $\cos \alpha = \dfrac{a_x}{a}$, $\cos \beta = \dfrac{a_y}{a}$, $\cos \gamma = \dfrac{a_z}{a}$ 来确定, 式中 α, β, γ 分别是 $\boldsymbol{a}$ 与 x 轴、y 轴和 z 轴的夹角.

在自然坐标系中加速度可以表示为 $\boldsymbol{a} = \boldsymbol{a}_t + \boldsymbol{a}_n = a_t \boldsymbol{e}_t + a_n \boldsymbol{e}_n$, 式中 a_t 为切向加速度, 描述速度大小的变化快慢; a_n 为法向加速度, 描述速度方向的变化快慢. 加速度的分量式为

$$\begin{cases} a_t = \dfrac{\mathrm{d}v}{\mathrm{d}t} = \dfrac{\mathrm{d}^2 s}{\mathrm{d}t^2}, \\ a_n = \dfrac{v^2}{\rho}, \end{cases}$$

式中 ρ 为轨迹的曲率半径，$\rho = \dfrac{\mathrm{d}s}{\mathrm{d}\theta}$. 加速度的大小为 $a = \sqrt{a_t^2 + a_n^2}$，其方向可由 $\boldsymbol{a}$ 与法向加速度 $\boldsymbol{a}_n$ 的夹角 $\alpha = \arctan\dfrac{a_t}{a_n}$ 来表示.

② 瞬时性. 在上述四个物理量中，位矢、速度和加速度都具有瞬时性，而位移对应某一时间间隔.

③ 相对性. 上述四个物理量都是相对于某一参考系定义的，在分析具体问题时，要先选定参考系.

4. 经典力学的平动坐标系变换（伽利略变换）

$$\begin{cases} \boldsymbol{r}_{p对k} = \boldsymbol{r}_{p对k'} + \boldsymbol{r}_{k'对k}, \\ \boldsymbol{v}_{p对k} = \boldsymbol{v}_{p对k'} + \boldsymbol{v}_{k'对k}, \\ \boldsymbol{a}_{p对k} = \boldsymbol{a}_{p对k'} + \boldsymbol{a}_{k'对k}, \end{cases}$$

式中 p 表示研究对象，k 和 k' 表示两个做相对运动的参考系. 用伽利略速度变换式（$\boldsymbol{v}_{p对k} = \boldsymbol{v}_{p对k'} + \boldsymbol{v}_{k'对k}$）求解相对运动问题时，要注意以下几点：① 要确定一个研究对象 p，两个做相对运动的参考系 k 和 k'，并弄清楚伽利略速度变换式中各矢量的具体意义，哪些量的大小或方向是已知的，哪些量的大小或方向是未知的；② 作出矢量关系图；③ 灵活运用解斜三角形的知识.

附：知识脉络图

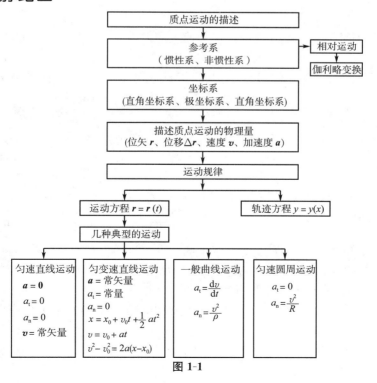

图 1-1

三、典型例题

在质点运动学中,主要有两大类问题:在某一参考系中质点运动的描述问题和不同参考系之间的相对运动问题. 在质点运动的描述问题中,有两种基本类型.

(1) 微分类型. 已知质点的运动方程,求任意时刻的速度和加速度. 利用速度和加速度的定义式,将已知的运动方程对时间求导来进行计算.

(2) 积分类型. 已知质点的加速度(或速度)和初始条件,求速度和运动方程. 这种类型应用积分的方法求解,即 $\int_{t_0}^{t} \boldsymbol{a}\mathrm{d}t = \int_{v_0}^{v} \mathrm{d}\boldsymbol{v}$ 和 $\int_{t_0}^{t} \boldsymbol{v}\mathrm{d}t = \int_{r_0}^{r} \mathrm{d}\boldsymbol{r}$.

【例 1-1】 飞轮做加速转动时,飞轮边缘上一点的运动方程为 $s = 0.1t^3$(SI). 飞轮的半径为 $R = 2$ m. 当该点的速率为 $v = 30$ m/s 时,其切向加速度和法向加速度的大小各为多少?

解 此题属于微分类型,给定的运动方程是自然坐标系中的形式.

因为 $v = \dfrac{\mathrm{d}s}{\mathrm{d}t} = 0.3t^2$,所以当 $v = 30$ m/s 时,$t = 10$ s,则切向加速度的大小为

$$a_\mathrm{t} = \frac{\mathrm{d}v}{\mathrm{d}t} = 0.6t = 6 \text{ m/s}^2,$$

法向加速度的大小为

$$a_\mathrm{n} = \frac{v^2}{R} = \frac{30^2}{2} \text{ m/s}^2 = 450 \text{ m/s}^2.$$

【例 1-2】 质点 M 在水平面内的运动轨迹如图 1-2 所示,OA 段为直线段,AB 段和 BC 段分别为不同半径的两个 $\dfrac{1}{4}$ 圆周. 设 $t = 0$ 时,质点 M 在 O 点,已知其运动方程为

$$s = 30t + 5t^2 (\text{SI}),$$

求 $t = 2$ s 时,质点 M 的切向加速度和法向加速度的大小.

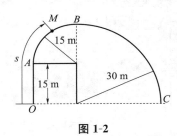

图 1-2

解 此题属于微分类型,给定的运动方程是自然坐标系中的形式,质点的运动轨迹是由不同形式的线段连接而成的. $t = 2$ s 时,质点在运动轨迹上的位置为

$$s = 80 \text{ m},$$

可知此时质点 M 在 BC 段上运动. 通过质点的运动方程可得

$$v = \frac{\mathrm{d}s}{\mathrm{d}t} = 30 + 10t.$$

故当 $t = 2$ s 时,质点的切向加速度和法向加速度的大小分别为

$$a_\mathrm{t} = \frac{\mathrm{d}v}{\mathrm{d}t} = 10 \text{ m/s}^2, \quad a_\mathrm{n} = \frac{v^2}{R} = \frac{(30 + 10 \times 2)^2}{30} \text{ m/s}^2 \approx 83.3 \text{ m/s}^2.$$

【例 1-3】 如图 1-3 所示,质点 P 在水平面内沿一半径为 $R = 2$ m 的圆轨道转动,转动的角速度 ω 与时间 t 的函数关系为 $\omega = kt^2$,式中 k 为常量. 已知当 $t = 2$ s 时,质点 P 的速率为 32 m/s. 求 $t = 1$ s 时,质点 P 的速度和加速度的大小.

解 此题属于微分类型,给定的是角速度与时间的关系. 根据已知条件来确定常量 k,有

$$k = \frac{\omega}{t^2} = \frac{v}{Rt^2} = 4 \text{ rad/s}^3,$$

则

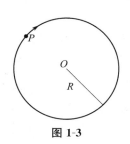

图 1-3

$$\omega = 4t^2, \quad v = R\omega = 4Rt^2.$$

当 $t = 1$ s 时，

$$v = 4Rt^2 = 8 \text{ m/s},$$

切向加速度的大小为　$a_t = \dfrac{\mathrm{d}v}{\mathrm{d}t} = 8Rt = 16 \text{ m/s}^2,$

法向加速度的大小为　$a_n = \dfrac{v^2}{R} = 32 \text{ m/s}^2,$

加速度的大小为　$a = \sqrt{a_t^2 + a_n^2} \approx 35.8 \text{ m/s}^2.$

【例 1-4】　某物体的运动规律为 $\dfrac{\mathrm{d}v}{\mathrm{d}t} = -kv^2 t$，式中 k 为大于零的常量. 当 $t = 0$ 时，初速度为 v_0，求物体的运动速度 v 与时间 t 的函数关系.

解　此题属于积分类型，已知加速度，通过积分求速度.

根据 $\dfrac{\mathrm{d}v}{\mathrm{d}t} = -kv^2 t$，分离变量，得

$$-\frac{\mathrm{d}v}{v^2} = kt\,\mathrm{d}t,$$

对上式两边积分，有 $\displaystyle\int_{v_0}^{v} -\frac{\mathrm{d}v}{v^2} = \int_0^t kt\,\mathrm{d}t$，于是

$$\frac{1}{v} - \frac{1}{v_0} = \frac{kt^2}{2}, \quad \text{即} \quad \frac{1}{v} = \frac{1}{v_0} + \frac{kt^2}{2}.$$

这就是物体的运动速度 v 与时间 t 的函数关系.

【例 1-5】　一质点沿 x 轴运动，其加速度 a 与位置坐标 x 的关系为

$$a = 2 + 6x^2 (\text{SI}).$$

如果质点在坐标原点处的速度为零，求其在任意位置处的速度.

解　此题属于积分类型，已知质点的加速度是随其位置坐标 x 变化的，解答时不能直接进行积分，需要应用复合函数的求导法则来求解积分.

根据 $\dfrac{\mathrm{d}v}{\mathrm{d}t} = \dfrac{\mathrm{d}v}{\mathrm{d}x}\dfrac{\mathrm{d}x}{\mathrm{d}t} = \dfrac{v\,\mathrm{d}v}{\mathrm{d}x}$ 和 $a = \dfrac{\mathrm{d}v}{\mathrm{d}t} = 2 + 6x^2$，整理可得

$$v\,\mathrm{d}v = (2 + 6x^2)\,\mathrm{d}x,$$

对上式两边积分，有 $\displaystyle\int_0^v v\,\mathrm{d}v = \int_0^x (2 + 6x^2)\,\mathrm{d}x$，于是

$$\frac{v^2}{2} = 2x + 2x^3, \quad \text{即} \quad v = 2\sqrt{x + x^3} (\text{SI}).$$

【例 1-6】　某人骑自行车以速率 v 沿正西方向行驶，遇到由北向南刮的风（设风的速率也为 v），则他感到风是从什么方向吹来的？

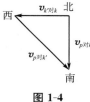

图 1-4

解　此题属于相对运动问题. 选风为研究对象 p，地面和人分别为参考系 k 和参考系 k'. 已知人相对于地面的速度 $\boldsymbol{v}_{k'\text{对}k}$，以及风相对于地面的速度 $\boldsymbol{v}_{p\text{对}k}$，求解的是风相对于人的速度 $\boldsymbol{v}_{p\text{对}k'}$. 由伽利略速度变换式 $\boldsymbol{v}_{p\text{对}k} = \boldsymbol{v}_{p\text{对}k'} + \boldsymbol{v}_{k'\text{对}k}$ 作出矢量关系图，如图 1-4 所示，由图可知，骑自行车的人感到的是西北风.

【例 1-7】　一飞机相对于地面以恒定速率 v 沿正方形轨迹飞行，在无风天气，其运动周期

为 T. 若有恒定小风沿平行于正方形一对边的方向吹来, 风的速率为 $V = Kv(K \ll 1)$. 问飞机仍沿原正方形轨迹飞行时, 其运动周期要增加多少?

解　以飞机为研究对象 p, 地面为参考系 k, 风为参考系 k', v 和 V 分别是飞机和风相对于地面的速率, 正方形是以地面为参考系所观察到的运动轨迹.

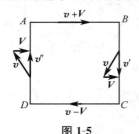

设正方形边长为 L, 则无风时,

$$L = \frac{vT}{4}.$$

在有风天气, 为使飞机仍沿该正方形轨迹飞行, 飞机在每条边上的航行方向(相对于地面的速度方向)和飞行时间均需做相应的调整, 如图 1-5 所示(图中风从左向右吹). 令

图 1-5

$$L = (v+V)t_1 = v't_2 = (v-V)t_3 = v''t_4,$$

式中 t_1 为飞机飞 AB 段所需的时间, t_2 为飞机飞 BC 段所需的时间, t_3 为飞机飞 CD 段所需的时间, t_4 为飞机飞 DA 段所需的时间.

由 $|\boldsymbol{v}'|^2 + |\boldsymbol{V}|^2 = |\boldsymbol{v}''|^2 + |\boldsymbol{V}|^2 = |\boldsymbol{v}|^2$, 可得 $|\boldsymbol{v}'| = |\boldsymbol{v}''|$, 所以 $t_2 = t_3$. 由公式 $\dfrac{1}{1+x} \approx 1 - x + x^2 (x < 1)$, $\dfrac{1}{\sqrt{1-x}} \approx 1 + \dfrac{1}{2}x (x < 1)$, 可得新的运动周期为

$$T' = t_1 + t_3 + 2t_2 = \frac{L}{v+V} + \frac{L}{v-V} + \frac{2L}{\sqrt{v^2 - V^2}}$$

$$\approx \frac{L}{v}\left[(1 - K + K^2) + (1 + K + K^2) + 2\left(1 + \frac{1}{2}K^2\right) \right]$$

$$= \frac{4L}{v} + \frac{3K^2 L}{v} = T\left(1 + \frac{3K^2}{4}\right),$$

故运动周期要增加

$$\Delta T = T' - T = \frac{3K^2 T}{4}.$$

【例 1-8】　当火车静止时, 乘客发现雨滴下落方向偏向车头, 偏角为 $30°$. 当火车以 $35\ \text{m/s}$ 的速率沿水平方向行驶时, 发现雨滴下落方向偏向车尾, 偏角为 $45°$. 假设雨滴相对于地面的速度保持不变, 试计算雨滴相对于地面的速度的大小.

解　以雨滴为研究对象 p, 地面为参考系 k, 火车为参考系 k', 偏角都是相对于竖直方向的.

已知雨滴相对于地面的速度($\boldsymbol{v}_{p\text{对}k}$) $\boldsymbol{v}_a$ 的方向偏前 $30°$; 火车行驶时, 雨滴相对于火车的速度($\boldsymbol{v}_{p\text{对}k'}$) $\boldsymbol{v}_r$ 偏后 $45°$; 火车速度($\boldsymbol{v}_{k'\text{对}k}$)的大小为 $v_t = 35\ \text{m/s}$, 方向为水平向右. 根据伽利略速度变换式 $\boldsymbol{v}_a = \boldsymbol{v}_r + \boldsymbol{v}_t$,

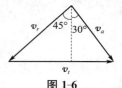

图 1-6

作出矢量关系图, 如图 1-6 所示. 于是 $\boldsymbol{v}_a$ 在水平方向和竖直方向上的分量分别满足

$$v_a \sin 30° = v_t - v_r \sin 45°, \quad v_a \cos 30° = v_r \cos 45°.$$

联立上两式, 解得

$$v_a = \frac{v_t}{\sin 30° + \sin 45° \dfrac{\cos 30°}{\cos 45°}} \approx 25.6\ \text{m/s}.$$

质点动力学与守恒定律

一、基本要求

（1）掌握牛顿运动定律的物理实质和适用条件，了解惯性系和非惯性系的概念．

（2）掌握动量和冲量的概念及动量定理，并理解各物理量的矢量性，熟练掌握动量守恒定律及其适用条件．

（3）掌握功的定义，能熟练计算变力作用在质点上时所做的功，理解功与过程有关的性质．

（4）掌握保守力做功的特点及势能的概念，掌握重力势能、万有引力势能和弹簧的弹性势能的概念，以及势能曲线及其计算方法，特别注意势能零点的选择．

（5）掌握质点与质点系的动能定理、机械能守恒定律，并能根据动量守恒定律分析、解决简单的力学系统在平面内运动的力学问题．

（6）理解对心碰撞中的完全弹性碰撞和完全非弹性碰撞．

二、基本概念与规律

1. 惯性参考系

牛顿第一定律（惯性定律）成立的参考系称为**惯性参考系**；牛顿第一定律不成立的参考系称为**非惯性参考系**．

2. 牛顿运动定律

牛顿第一定律：任何物体都保持静止或匀速直线运动状态，直到其他物体对它的作用力迫使它改变这种状态为止．

牛顿第二定律：物体的动量对时间的变化率与所加的外力成正比，并且发生在外力的方向上．

牛顿第三定律：两个物体之间的作用力与反作用力大小相等、方向相反，沿同一直线．

理解牛顿运动定律时应注意以下几点：

① 牛顿运动定律的适用条件：仅适用于惯性参考系；仅适用于物体速度比光速小得多的情况，不适用于速度接近光速的高速运动物体，在高速情况下，必须应用相对论力学，牛顿力学是相对论力学的低速近似；一般仅适用于宏观物体，在微观领域，要应用量子力学，牛顿力学是量子力学的宏观近似．

② 牛顿第二定律是牛顿力学的核心,质量 m 是物体惯性的量度,反映了物体保持原来运动状态的能力;牛顿第二定律方程是基本的动力学方程,它说明了物体所受外力与动量变化率的瞬时关系.

③ 利用牛顿运动定律解决动力学问题的步骤可概括为**选对象,查受力,看运动,列方程**.

④ 受力分析是解决动力学问题的重要过程,要掌握以下几种常见力的特征和相关计算方法:万有引力、重力、弹性力(如弹簧的弹性力、绳子中的张力、支持力等)、摩擦力(静摩擦力、滑动摩擦力).

⑤ 力学问题常将动力学问题和运动学问题结合起来,一般可将力学问题分为两种类型:一类是已知力求运动;另一类是已知运动求力.

3. 惯性力

在非惯性系中,为了使牛顿运动定律在形式上能够成立,引入了惯性力这种虚拟力. 在物体所受外力中加入惯性力,就可以利用牛顿第二定律来分析和处理非惯性系中物体的运动问题.

在平动加速参考系中的惯性力:$F_惯 = -ma$.

在转动参考系中的惯性力(称为惯性离心力):$F_惯 = m\omega^2 r$.

4. 动量定理

冲量:力对时间的积累作用.

恒力的冲量:$I = F\Delta t$.

变力在无限小作用时间(dt)内的元冲量:$dI = Fdt$.

变力在 $\Delta t = t_2 - t_1$ 时间内的冲量:$I = \int_{t_1}^{t_2} Fdt$.

动量定理:反映动量变化与力的冲量的矢量关系.

微分形式:$Fdt = dp$,即合外力的元冲量等于质点(或质点系)动量的微小增量.

积分形式:$\int_{t_0}^{t} Fdt = p - p_0$,即合外力的冲量等于质点(或质点系)动量的增量.

5. 动量守恒定律

当系统所受合外力为零时,

$$\sum_i p_i = 常矢量.$$

应用动量守恒定律时要注意以下几点:

① 动量守恒的条件是合外力为零,即 $\sum_i F_i = 0$. 但下面两种情况也可应用动量守恒定律:一是在外力比内力小得多的情况下,外力对质点系的动量变化影响甚微,这时可认为近似满足守恒条件;二是系统所受的合外力并不为零,但合外力在某个方向上的分量为零,此时系统的总动量虽不守恒,但动量在此方向上的分量守恒.

② 在动量守恒定律中,系统的动量是守恒量或不变量. 由于动量是矢量,故系统的动量不变是指系统内各物体动量的矢量和不变,而不是指系统中某一个物体的动量不变. 此外,各物体的动量还必须都相对于同一惯性参考系.

③ 动量守恒定律是物理学中最普遍、最基本的定律之一. 动量守恒定律虽然是从表述宏

观物体运动规律的牛顿运动定律导出的,但近代的科学实验和理论分析都表明:大到天体间的相互作用,小到质子、中子、电子等微观粒子间的相互作用都遵守动量守恒定律.

6. 质心

质心是一个质点系的质量等效中心.

质心的位矢:

$$\boldsymbol{r}_c = \frac{\sum_i m_i \boldsymbol{r}_i}{\sum_i m_i} \quad 或 \quad \boldsymbol{r}_c = \frac{\int \boldsymbol{r} \mathrm{d}m}{m}.$$

质心的直角坐标分量式:

$$x_c = \frac{\sum_i m_i x_i}{\sum_i m_i}, \quad y_c = \frac{\sum_i m_i y_i}{\sum_i m_i}, \quad z_c = \frac{\sum_i m_i z_i}{\sum_i m_i}$$

或

$$x_c = \frac{\int x \mathrm{d}m}{m}, \quad y_c = \frac{\int y \mathrm{d}m}{m}, \quad z_c = \frac{\int z \mathrm{d}m}{m}.$$

7. 功

功表示力对空间的积累作用.

恒力的功:$A = \boldsymbol{F} \cdot \Delta \boldsymbol{r} = F|\Delta \boldsymbol{r}|\cos\theta.$

变力在无限小位移过程中的元功:$\mathrm{d}A = \boldsymbol{F} \cdot \mathrm{d}\boldsymbol{r} = F\cos\theta|\mathrm{d}\boldsymbol{r}|.$

质点在变力作用下沿路径 L 从 a 点运动到 b 点,此过程中变力对质点所做的功:$A = \int_{L_{ab}} \boldsymbol{F} \cdot \mathrm{d}\boldsymbol{r}.$

8. 动能定理

质点的动能定理:$A_{ab} = \frac{1}{2}mv_b^2 - \frac{1}{2}mv_a^2 = E_{kb} - E_{ka} = \Delta E_k.$

质点系的动能定理:$A_外 + A_内 = E_{kb} - E_{ka}.$

9. 保守力与势能

保守力:沿任意闭合路径做功为零(或做功与路径无关,只与始末位置有关) 的力.

保守系统:所有非保守内力都不做功的系统.

势能:保守系统处在某一相对位形时所具有的能量. 系统势能的增量等于相应的保守力做功的负值,即 $A_保 = -\Delta E_p.$

重力势能:$E_p = mgh.$

引力势能:$E_p = -\dfrac{GmM}{r}.$

弹性势能:$E_p = \dfrac{1}{2}kx^2.$

保守力与势能的关系:保守力等于对应势能梯度的负值,即

$$\boldsymbol{F} = F_x\boldsymbol{i} + F_y\boldsymbol{j} + F_z\boldsymbol{k} = -\left(\frac{\partial E_p}{\partial x}\boldsymbol{i} + \frac{\partial E_p}{\partial y}\boldsymbol{j} + \frac{\partial E_p}{\partial z}\boldsymbol{k}\right) = -\nabla E_p.$$

理解势能概念时要注意以下几点：

① 势能这个概念是根据保守力的特点而引入的，它反映了自然界存在着保守力这一事实. 势能与保守力做的功是紧密联系的，它通过保守力做功而发生变化. 如果保守力对质点做了正功，则系统的势能减少.

② 势能是状态的函数. 在保守力的作用下，只要质点的始末位置确定了，保守力做的功也就确定了，而与质点具体所经过的路径无关. 所以势能是空间坐标的函数，也就是状态的函数，表示为 $E_p = E_p(x, y, z)$.

③ 势能具有相对性. 势能的值与势能零点的选取有关，但与参考系的选取无关.

④ 势能是属于保守系统的.

⑤ 势能曲线是表达势能的一种常见直观形式.

10. 机械能守恒定律

在只有保守内力做功的情况下，系统的机械能保持不变，它是能量守恒定律的特例.

11. 两体碰撞

两个小球在碰撞过程中动量总是守恒的.

恢复系数 $e = 1$，称为完全弹性碰撞（机械能守恒）；$e = 0$，称为完全非弹性碰撞（碰撞后两球速度相同、机械能不守恒）；$0 < e < 1$，称为非弹性碰撞（机械能不守恒）.

12. 角动量与力矩

(1) 质点相对于某一固定点（参考点）的角动量为 $\boldsymbol{L} = \boldsymbol{r} \times m\boldsymbol{v}$，式中 $\boldsymbol{r}$ 为质点相对于固定点的位矢.

(2) 质点系相对于某一固定点的角动量为 $\boldsymbol{L} = \sum_i \boldsymbol{r}_i \times m_i \boldsymbol{v}_i$.

(3) 质点相对于某一固定轴 z 轴的角动量的大小等于质点相对于 z 轴上某点角动量在 z 轴上的投影.

(4) 力 $\boldsymbol{F}$ 相对于某一固定点的力矩为 $\boldsymbol{M} = \boldsymbol{r} \times \boldsymbol{F}$，式中 $\boldsymbol{r}$ 为力的作用点相对于固定点的位矢.

(5) 力 $\boldsymbol{F}$ 相对于某一固定轴 z 轴的力矩的大小等于力 $\boldsymbol{F}$ 相对于 z 轴上某点力矩在 z 轴上的投影.

13. 角动量定理

(1) 相对于固定点：质点对某固定点的角动量的时间变化率等于质点所受的合外力矩，即 $\boldsymbol{M} = \dfrac{\mathrm{d}\boldsymbol{L}}{\mathrm{d}t}$，式中 $\boldsymbol{M}$ 为合外力矩，它和 $\boldsymbol{L}$ 都是对同一固定点而言的. 这是角动量定理的微分形式，其积分形式为 $\displaystyle\int_{t_1}^{t_2} \boldsymbol{M} \mathrm{d}t = \boldsymbol{L}_2 - \boldsymbol{L}_1$，式中 $\displaystyle\int_{t_1}^{t_2} \boldsymbol{M} \mathrm{d}t$ 称为合外力矩的冲量矩.

(2) 相对于固定轴：质点对某固定轴的角动量的时间变化率等于质点所受的合外力对该轴的力矩，即 $M_z = \dfrac{\mathrm{d}L_z}{\mathrm{d}t}$，式中 M_z 为合外力矩，它和 L_z 都是对同一固定轴而言的.

质点系的角动量定理具有相同形式.

14. 角动量守恒定律

若对某固定点（轴），质点（或质点系）所受的合外力矩为零，则对于同一固定点（轴）有

$$L = 常矢量 \quad 或 \quad L_z = 常量.$$

角动量守恒定律和动量守恒定律是相互独立的两个物理规律,其守恒条件不同,动量守恒的条件是合外力为零,角动量守恒的条件是合外力矩为零.而对于合外力矩为零这一条件,根据力矩大小的计算公式 $M = Fr\sin\theta$,常有以下两种情况:

① 质点不受外力作用,即 $\boldsymbol{F} = \boldsymbol{0}$,质点做匀速直线运动,它对固定点的角动量显然为常矢量.

② 质点所受合外力 $\boldsymbol{F}$ 并不为零,但在任意时刻合外力始终指向或背向固定点,即力 $\boldsymbol{F}$ 与 $\boldsymbol{r}$ 的夹角 $\theta = 0$ 或 π,这种力叫作**有心力**,该固定点称为力心.由于有心力对力心的力矩为零,质点对力心的角动量就一定守恒(在这种情况下,由于质点受力不为零,它的动量并不守恒).

15. 牛顿力学的结构

牛顿力学以牛顿运动定律为基础,以动量、能量和角动量的相关内容为三条主线,这种结构形成的主要思想是:从理论上讲,牛顿运动定律可以解决所有经典动力学问题,但在实际问题中,作用力常常是变力,即力是时间的函数或是空间坐标的函数,由于牛顿第二定律的瞬时性,使这类问题的求解变得复杂,为了克服这些困难,引入了冲量和功这两个过程量以及动量和动能等状态量,把牛顿第二定律扩展为动量定理和动能定理等.这些规律只关注力作用的结果,而不详细探究力作用的中间过程.转动是另一类运动形式,有其特殊的描述方法,引入力矩、冲量矩和角动量的概念,把牛顿第二定律扩展为角动量定理.在三个方面的扩展中,最终得出三个守恒定律.

附:知识脉络图

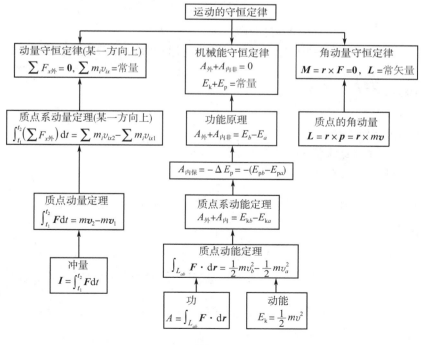

图 2-1

三、典型例题

质点动力学应特别注意两个方面的问题:第一个是变力问题,中学物理能够处理的动力学问题是恒力问题,变力问题要应用微积分知识才能处理,在应用动量定理和动能定理时,要掌握变力的冲量和变力做功的计算方法;第二个是角动量的内容,必须认真理解角动量和力矩的定义.

【例 2-1】 图 2-2 所示为一圆锥摆,质量为 m 的小球在水平面内以角速度 ω 匀速转动,在小球转动一周的过程中,求:

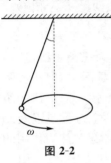

图 2-2

(1) 小球动量的增量;

(2) 小球所受重力和绳子拉力的冲量的大小.

解　小球在匀速转动过程中所受重力和绳子拉力为恒力,设小球的初速度为 v_1,转动一周后回到初始位置时的速度为 v_2,故在转动一周的过程中:

(1) 小球动量的增量为

$$\Delta \boldsymbol{p} = m\boldsymbol{v}_2 - m\boldsymbol{v}_1 = \boldsymbol{0}.$$

(2) 小球所受重力的冲量的大小为

$$I_G = mg\Delta t = \frac{2\pi mg}{\omega},$$

方向为竖直向下.

根据动量定理,有 $\boldsymbol{I}_G + \boldsymbol{I}_T = \Delta \boldsymbol{p} = \boldsymbol{0}$,所以小球所受绳子拉力的冲量的大小为

$$I_T = -\frac{2\pi mg}{\omega},$$

式中负号表示其方向与重力冲量的方向相反.

【例 2-2】 一质量为 m 的质点,在 Oxy 平面内运动时,其位矢随时间的变化可表示为

$$\boldsymbol{r} = a\cos \omega t\boldsymbol{i} + b\sin \omega t\boldsymbol{j},$$

式中 a,b,ω 均为大于零的常量.

(1) 求质点所受的作用力 $\boldsymbol{F}$;

(2) 力 $\boldsymbol{F}$ 是否为保守力?

解　本题是已知运动求力的问题.

(1) 质点运动的加速度为

$$\boldsymbol{a} = \frac{\mathrm{d}^2 \boldsymbol{r}}{\mathrm{d}t^2} = -\omega^2(a\cos \omega t\boldsymbol{i} + b\sin \omega t\boldsymbol{j}) = -\omega^2 \boldsymbol{r},$$

质点所受作用力为

$$\boldsymbol{F} = m\boldsymbol{a} = -\omega^2 m\boldsymbol{r}.$$

(2) 根据保守力的定义,若 $\oint_L \boldsymbol{F} \cdot \mathrm{d}\boldsymbol{r} = 0$,则 $\boldsymbol{F}$ 为保守力. 由于

$$\oint_L \boldsymbol{F} \cdot \mathrm{d}\boldsymbol{r} = -\oint_L \omega^2 m\boldsymbol{r} \cdot \mathrm{d}\boldsymbol{r} = -\omega^2 m\oint_L r\mathrm{d}r = 0,$$

故力 $\boldsymbol{F}$ 为保守力.

【例 2-3】 一质量为 M 的质点沿 x 轴正方向运动,假设质点通过坐标为 x 的点时速度为

$kx(k$ 为正常量). 求：

(1) 此时作用于该质点上的外力；

(2) 质点从点 x_0 出发运动到点 x_1 所经历的时间.

解　本题中(1)属于已知运动求力的问题,(2)属于运动学中的积分类型.

(1) 由牛顿第二定律得

$$F = m \frac{\mathrm{d}v}{\mathrm{d}t} = m \frac{\mathrm{d}}{\mathrm{d}t}(kx) = mk \frac{\mathrm{d}x}{\mathrm{d}t} = mkv = mk(kx) = mk^2 x.$$

(2) 由速度的定义 $v = \frac{\mathrm{d}x}{\mathrm{d}t}$ 可得

$$\mathrm{d}x = kx\,\mathrm{d}t.$$

对上式两边积分,有

$$\int_{x_0}^{x_1} \frac{\mathrm{d}x}{x} = \int_{t_0}^{t_1} k\,\mathrm{d}t,$$

即

$$\ln \frac{x_1}{x_0} = k(t_1 - t_0) = k\Delta t,$$

所以

$$\Delta t = \frac{1}{k} \ln \frac{x_1}{x_0}.$$

【例2-4】　一个力 $\boldsymbol{F}$ 作用在质量为 $1.0\,\mathrm{kg}$ 的质点上,使之沿 x 轴运动. 已知在此力作用下质点的运动方程为 $x = 3t - 4t^2 + t^3 (\mathrm{SI})$. 在 0 到 4 s 的时间间隔内,求：

(1) 力 $\boldsymbol{F}$ 的冲量的大小；

(2) 力 $\boldsymbol{F}$ 对质点所做的功.

解　由运动方程可以求出质点运动的速度和加速度,即

$$v = \frac{\mathrm{d}x}{\mathrm{d}t} = 3 - 8t + 3t^2, \quad a = \frac{\mathrm{d}v}{\mathrm{d}t} = 6t - 8.$$

由加速度的表达式可知,质点做变加速运动,即力 $\boldsymbol{F}$ 是变力. 注意 $t = 0$ 时速度并不等于零.

(1) 可用两种方法求解力的冲量大小.

解法一　由牛顿第二定律可求出力的大小为
$$F = ma = 6t - 8,$$

则此力的冲量为

$$I = \int_0^4 F\,\mathrm{d}t = \int_0^4 (6t - 8)\,\mathrm{d}t = 16\ \mathrm{N \cdot s}.$$

解法二　由上述质点运动的速度表达式可得 $t = 0$ 时,质点的速度为 $v_0 = 3\ \mathrm{m/s}; t = 4$ s 时,质点的速度为 $v_4 = 19\ \mathrm{m/s}$. 根据质点动量定理,有
$$I = mv_4 - mv_0 = 16\ \mathrm{N \cdot s}.$$

(2) 可用两种方法求解力所做的功.

解法一　用变力做功的公式进行计算,有

$$A = \int \boldsymbol{F} \cdot \mathrm{d}\boldsymbol{r} = \int F\,\mathrm{d}x = \int_0^4 (6t - 8)(3 - 8t + 3t^2)\,\mathrm{d}t$$

$$= \int_0^4 (18t^3 - 72t^2 + 82t - 24)\,\mathrm{d}t = 176\ \mathrm{J}.$$

解法二　由质点的动能定理可求出力所做的功,即

$$A = \frac{1}{2}mv_4^2 - \frac{1}{2}mv_0^2 = 176 \text{ J}.$$

【例 2-5】　一物体在介质中做直线运动,其运动方程为 $x = ct^3$,式中 c 为常量,t 为时间.设介质对物体的阻力正比于物体速度的平方,比例系数为 k,求物体由 $x = 0$ 运动到 $x = L$ 时,阻力所做的功.

解　由题意可知,阻力是变力.由 $x = ct^3$ 得 $v = \dfrac{\mathrm{d}x}{\mathrm{d}t} = 3ct^2$,则阻力为

$$f = -kv^2 = -9kc^2t^4 = -9kc^{\frac{2}{3}}x^{\frac{4}{3}},$$

阻力所做的功为

$$A = \int_0^L f\mathrm{d}x = \int_0^L (-9kc^{\frac{2}{3}}x^{\frac{4}{3}})\mathrm{d}x = -\frac{27}{7}kc^{\frac{2}{3}}L^{\frac{7}{3}}.$$

也可用下式计算阻力所做的功:

$$A = \int_0^L f\mathrm{d}x = \int_0^{t_L} f\frac{\mathrm{d}x}{\mathrm{d}t}\mathrm{d}t = \int_0^{t_L} fv\mathrm{d}t = \int_0^{\sqrt[3]{\frac{L}{c}}} (-9kc^2t^4)3ct^2\mathrm{d}t = -\frac{27}{7}kc^{\frac{2}{3}}L^{\frac{7}{3}}.$$

【例 2-6】　一质量为 m 的陨石从距地面高为 h 处由静止开始落向地面,设地球的质量为 M,半径为 R,忽略空气阻力.求:

(1) 陨石下落过程中,万有引力所做的功;

(2) 陨石落地的速度.

解　陨石从高空下落的过程中,万有引力在变化,不能用重力代替万有引力来进行计算.

(1) 万有引力所做的功为

$$A = \int \boldsymbol{F} \cdot \mathrm{d}\boldsymbol{r} = -\int_{R+h}^R \frac{GMm}{r^2}\mathrm{d}r = GMm\left(\frac{1}{R} - \frac{1}{R+h}\right) = \frac{GMmh}{R(R+h)}.$$

上述计算中,$\mathrm{d}\boldsymbol{r}$ 为无限小位移,其方向指向地心.

(2) 根据动能定理 $A = \dfrac{1}{2}mv^2 = \dfrac{GMmh}{R(R+h)}$ 可得

$$v = \sqrt{\frac{2GMh}{R(R+h)}}.$$

【例 2-7】　一质量为 m 的质点,沿 x 轴做直线运动,受到的作用力为

$$\boldsymbol{F} = F_0\cos\omega t\boldsymbol{i} \text{ (SI)},$$

式中 ω 为常量.当 $t = 0$ 时,质点的坐标为 x_0,初速度为 $v_0 = 0$,求质点在任意时刻的位矢.

解　这是已知力求运动的问题.从作用力的形式上看,质点将沿 x 轴做一维运动.质点运动的加速度为

$$a = \frac{F}{m} = \frac{F_0}{m}\cos\omega t = \frac{\mathrm{d}v}{\mathrm{d}t},$$

分离变量后两边积分,有

$$\int_0^v \frac{m}{F_0}\mathrm{d}v = \int_0^t \cos\omega t\mathrm{d}t.$$

由此可得速度和时间的关系式为

$$v = \frac{\mathrm{d}x}{\mathrm{d}t} = \frac{F_0}{m\omega}\sin\omega t,$$

对上式分离变量再两边积分,得

$$\int_{x_0}^x \mathrm{d}x = \int_0^t \frac{F_0}{m\omega} \sin \omega t \, \mathrm{d}t,$$

于是质点在任意时刻的位矢为

$$x = \frac{F_0}{m\omega^2}(1 - \cos \omega t) + x_0 \, (\mathrm{SI}).$$

【例2-8】 如图2-3(a)所示,在光滑的水平桌面上固定有一半径为 R 的半圆形屏障,质量为 m 的滑块以初速度 $\boldsymbol{v}_0$ 沿切线方向进入屏障的一端,滑块与屏障之间的摩擦系数为 μ. 试证明当滑块从屏障的另一端滑出时,摩擦力所做的功为

$$A = \frac{1}{2}mv_0^2(\mathrm{e}^{-2\mu\pi} - 1).$$

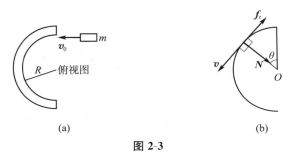

(a)　　　　　　　　　　　(b)

图 2-3

证 滑块受力如图2-3(b)所示. 滑块做圆周运动,由牛顿第二定律可列出法向、切向分量式分别为

$$N = \frac{mv^2}{R}, \tag{2-1}$$

$$f_{\mathrm{r}} = -\mu N = \frac{m\mathrm{d}v}{\mathrm{d}t}. \tag{2-2}$$

由式(2-1)和(2-2)可得

$$-\mu \frac{v^2}{R} = \frac{\mathrm{d}v}{\mathrm{d}t} = \frac{\mathrm{d}v}{\mathrm{d}\theta}\frac{\mathrm{d}\theta}{\mathrm{d}t} = \frac{\mathrm{d}v}{\mathrm{d}\theta}\omega = \frac{v}{R}\frac{\mathrm{d}v}{\mathrm{d}\theta},$$

所以

$$\frac{\mathrm{d}v}{\mathrm{d}\theta} = -\mu v.$$

对上式分离变量再两边积分,有

$$\int_{v_0}^v \frac{\mathrm{d}v}{v} = -\mu \int_0^\pi \mathrm{d}\theta,$$

解得

$$\ln \frac{v}{v_0} = -\mu\pi, \quad 即 \quad v = v_0 \mathrm{e}^{-\mu\pi}.$$

于是由动能定理,摩擦力所做的功为

$$A = \frac{1}{2}mv^2 - \frac{1}{2}mv_0^2 = \frac{1}{2}mv_0^2(\mathrm{e}^{-2\mu\pi} - 1).$$

【例2-9】 一质量为 m 的子弹以速度 $\boldsymbol{v}_0$ 竖直向下射入沙土中,设子弹所受阻力的方向与

其速度的方向相反,大小与速度的大小成正比,比例系数为 k,忽略子弹的重力,求:

(1) 子弹射入沙土后,速度随时间变化的函数式;

(2) 子弹进入沙土的最大深度.

解 (1) 取竖直向下为正方向,子弹进入沙土后所受阻力为 $-kv$,由牛顿第二定律可得

$$-kv = m\frac{\mathrm{d}v}{\mathrm{d}t},$$

对上式分离变量再两边积分,得

$$-\int_0^t \frac{k}{m}\mathrm{d}t = \int_{v_0}^v \frac{\mathrm{d}v}{v},$$

解得速度随时间变化的函数式为

$$v = v_0 \mathrm{e}^{-\frac{kt}{m}}.$$

(2) **解法一** 由 $v = \dfrac{\mathrm{d}x}{\mathrm{d}t}$ 可得 $\mathrm{d}x = v_0 \mathrm{e}^{-\frac{kt}{m}}\mathrm{d}t$,两边积分,有

$$\int_0^x \mathrm{d}x = \int_0^t v_0 \mathrm{e}^{-\frac{kt}{m}}\mathrm{d}t,$$

解得子弹射入沙土的深度与时间的函数关系为

$$x = \frac{mv_0}{k}(1 - \mathrm{e}^{-\frac{kt}{m}}).$$

由于当 $t \to +\infty$ 时 x 为最大值 $x_{\max}$,所以子弹射入沙土的最大深度为

$$x_{\max} = \frac{mv_0}{k}.$$

解法二 由牛顿第二定律可得

$$-kv = m\frac{\mathrm{d}v}{\mathrm{d}t} = m\frac{\mathrm{d}v}{\mathrm{d}x}\frac{\mathrm{d}x}{\mathrm{d}t} = mv\frac{\mathrm{d}v}{\mathrm{d}x},$$

分离变量,得

$$\mathrm{d}x = -\frac{m}{k}\mathrm{d}v,$$

对上式两边积分,由于当 $v = 0$ 时 x 为最大值 $x_{\max}$,则

$$\int_0^{x_{\max}} \mathrm{d}x = -\int_{v_0}^0 \frac{m}{k}\mathrm{d}v,$$

计算可得最大深度为

$$x_{\max} = \frac{mv_0}{k}.$$

【例 2-10】 小球 A 自地球的北极点以速度 $\boldsymbol{v}_0$ 在质量为 M、半径为 R 的地球表面水平切向向右飞出,如图 2-4 所示,地心参考系中 OO' 轴与 $\boldsymbol{v}_0$ 平行,小球 A 的运动轨道与 OO' 轴相交于 C 点,该点到地心 O 的距离为 $3R$. 不考虑空气阻力,求小球 A 在 C 点的速度 $\boldsymbol{v}$ 与 $\boldsymbol{v}_0$ 之间的夹角 θ.

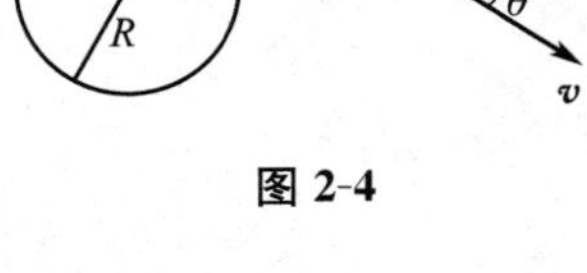

图 2-4

解 小球在地球引力的作用下运动. 地球引力是保守力,故机械能守恒,有

$$\frac{1}{2}mv_0^2 - \frac{GMm}{R} = \frac{1}{2}mv^2 - \frac{GMm}{3R}. \tag{2-3}$$

地球引力是有心力,故小球对地心 O 的角动量守恒,有

$$Rmv_0 = 3Rmv\sin\theta.\tag{2-4}$$

联立式(2-3)和(2-4),解得

$$\sin\theta = \frac{v_0}{\sqrt{9v_0^2 - 12\dfrac{GM}{R}}},$$

即

$$\theta = \arcsin\frac{v_0}{\sqrt{9v_0^2 - 12\dfrac{GM}{R}}}.$$

【例2-11】　1932年,中子的发现者查德威克将相同的快中子分别与氢核和氮核进行对心弹性碰撞,通过实验发现,氢核的反冲速度为 3.3×10^7 m/s,氮核的反冲速度为 4.7×10^6 m/s.已知氢核的质量为 1 u,氮核的质量为 14 u,试求快中子的质量及其初速度.

解　如图2-5所示,设快中子的质量为 M,初速度为 V,与氢核碰撞后速度为 V_1,与氮核碰撞后速度为 V_2;氢核、氮核的质量和反冲速度分别为 m_1,m_2,v_1,v_2. 对心弹性碰撞的恢复系数为 $e=1$,碰撞前后系统的动量守恒.

由快中子与氢核对心弹性碰撞可得

$$\frac{v_1 - V_1}{V} = e = 1,\tag{2-5}$$

$$MV = MV_1 + m_1 v_1.\tag{2-6}$$

由快中子与氮核对心弹性碰撞可得

$$\frac{v_2 - V_2}{V} = e = 1,\tag{2-7}$$

$$MV = MV_2 + m_2 v_2.\tag{2-8}$$

由式(2-5)～(2-8)解得

$$M = \frac{m_2 v_2 - m_1 v_1}{v_1 - v_2} = \frac{14\times4.7\times10^6 - 1\times3.3\times10^7}{3.3\times10^7 - 4.7\times10^6}\ \text{u} \approx 1.159\ \text{u},$$

$$V = \frac{Mv_1 + m_1 v_1}{2M} = \frac{1.159\times3.3\times10^7 + 1\times3.3\times10^7}{2\times1.159}\ \text{m/s} \approx 3.1\times10^7\ \text{m/s}.$$

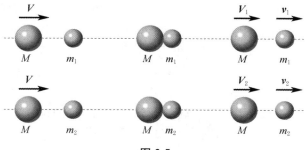

图 2-5

第三单元

刚体力学基础

一、基本要求

（1）理解描述刚体绕定轴转动的角坐标、角位移、角速度和角加速度等概念，以及它们与有关线量的关系.

（2）理解转动惯量、力矩、角动量的概念，并掌握其计算方法.

（3）掌握刚体定轴转动定律，并能应用它求解定轴转动刚体和质点联动的问题.

（4）会计算力矩的功、刚体的转动动能、刚体的重力势能，能在解决有关刚体绕定轴转动的问题时正确应用机械能守恒定律.

（5）正确理解及计算质点和刚体对参考轴的角动量，能正确应用角动量守恒定律解决定轴刚体系统的相关问题.

二、基本概念与规律

1. 描述刚体绕定轴转动的角量

刚体可当作不变质点系. 刚体做定轴转动时，刚体上的各质元（轴线上的除外）在某个垂直于轴线的平面内做圆周运动，圆心为该平面与轴线的交点，故采用角量来描述刚体的转动状态，这时可用某一非轴线上的质元来表征整个刚体的转动状态.

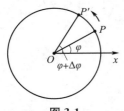

图 3-1

（1）**角坐标** φ. 如图 3-1 所示，在垂直于轴线的平面内选定一参考方向（x 方向），t 时刻某质元处于 P 点，则称直线 OP 与参考方向的夹角 φ 为刚体在 t 时刻的角坐标，它表示刚体在 t 时刻的转动位置. 角坐标 φ 是一个可正可负的代数量，其正负与转动方向有关. 角坐标 φ 随时间 t 变化的函数关系式 $\varphi = \varphi(t)$，就是刚体绕定轴转动的运动方程.

（2）**角位移** $\Delta\varphi$. 经过 Δt 时间后，质元转动到 P' 点，则转过的角度 $\Delta\varphi = \varphi(t+\Delta t) - \varphi(t)$ 称为刚体在 Δt 时间内的角位移，它表示刚体转动位置的变化.

（3）**角速度** ω.

平均角速度：$\overline{\omega} = \dfrac{\Delta\varphi}{\Delta t}$，它表示刚体在 Δt 时间内转动的平均快慢.

瞬时角速度（简称**角速度**）：$\omega = \lim\limits_{\Delta t \to 0} \dfrac{\Delta\varphi}{\Delta t} = \dfrac{\mathrm{d}\varphi}{\mathrm{d}t}$，它表示刚体在 t 时刻的转动快慢.

（4）**角加速度** β.

平均角加速度：$\bar{\beta} = \dfrac{\Delta\omega}{\Delta t}$，它表示刚体在 Δt 时间内角速度变化的平均快慢.

瞬时角加速度（简称**角加速度**）：$\beta = \lim\limits_{\Delta t \to 0} \dfrac{\Delta\omega}{\Delta t} = \dfrac{\mathrm{d}\omega}{\mathrm{d}t} = \dfrac{\mathrm{d}^2\varphi}{\mathrm{d}t^2}$，它表示刚体在 t 时刻角速度的变化快慢.

上述四个概念的定义与质点平动中的四个量（线量）—— 位矢、位移、速度和加速度相对应. 要注意角量与对应线量的量纲和单位不同. 另外，角速度和角加速度也可定义为矢量.

刚体绕定轴转动的运动学问题同样可以分为两种类型 —— 微分类型和积分类型，其处理方法与质点平动运动学中对应的方法相同. 对于匀变速转动，可得到以下与质点匀变速直线运动相对应的三个公式：

$$\omega = \omega_0 + \beta t, \quad \varphi - \varphi_0 = \omega_0 t + \frac{1}{2}\beta t^2, \quad \omega^2 = \omega_0^2 + 2\beta(\varphi - \varphi_0).$$

2. 刚体绕转轴的转动惯量

转动惯量是表示刚体转动惯性的物理量. 影响转动惯量的因素有刚体的总质量、质量分布和转轴的位置，其定义式为

$$J = \sum_i \Delta m_i r_i^2.$$

利用上式也可计算由几个可以当作质点的物体组成的系统对某一转轴的转动惯量. 对于质量连续分布的刚体，上式可化为积分式

$$J = \int r^2 \mathrm{d}m.$$

在转动惯量的计算中常用到**平行轴定理**，即

$$J_z = J_c + md^2,$$

式中 J_c 为刚体绕质心轴的转动惯量，d 为质心轴与 z 轴的距离. 另外，需要记住均匀细杆、均匀圆盘等常见刚体的转动惯量计算公式.

3. 刚体定轴转动定律

刚体绕定轴转动时，刚体对该定轴的转动惯量与角加速度的乘积等于对此定轴的合外力矩，即

$$M = J\boldsymbol{\beta}.$$

刚体定轴转动定律是解决有关刚体定轴转动的动力学问题的主要规律，其地位与牛顿第二定律相当. 利用它处理问题的方法与利用牛顿第二定律解决问题的方法相似.

4. 刚体定轴转动的角动量

（1）刚体定轴转动的**角动量**等于刚体的转动惯量与角速度的乘积，即 $L = J\omega$.

（2）**角动量定理的微分形式**：作用在定轴转动刚体上的合外力矩等于刚体角动量对时间的变化率，即 $M = \dfrac{\mathrm{d}L}{\mathrm{d}t}$. 微分形式的角动量定理与刚体定轴转动定律可相互推导得出.

（3）**角动量定理的积分形式**：作用在刚体上的合外力矩的冲量矩等于刚体角动量的增量，即

$$\int_{t_1}^{t_2} M \mathrm{d}t = J\boldsymbol{\omega}_2 - J\boldsymbol{\omega}_1,$$

式中左端是合外力矩在一段时间内的积累,称为**冲量矩**.

（4）**角动量守恒**:当外力对某转轴的力矩之和为零时,刚体对该转轴的角动量将保持不变.

5. 刚体定轴转动的动能定理

（1）**力矩的功**:$A = \int_{\varphi_1}^{\varphi_2} M \mathrm{d}\varphi$.

（2）**转动动能**等于刚体对转轴的转动惯量与角速度平方的乘积的一半,即 $E_k = \dfrac{1}{2} J \omega^2$.

（3）刚体定轴转动的**动能定理**:合外力矩对做定轴转动的刚体所做的功等于刚体转动动能的增量,即

$$A = \int_{\varphi_1}^{\varphi_2} M \mathrm{d}\varphi = \frac{1}{2} J \omega_2^2 - \frac{1}{2} J \omega_1^2.$$

（4）刚体的**重力势能**:$E_p = mgh_c$,式中 h_c 是刚体质心相对于势能零点的高度.

6. 规律对比

把质点运动与刚体定轴转动进行对比,有助于系统地理解力学定律. 质点运动与刚体定轴转动的对照如表 3-1 所示.

表 3-1

质点运动		刚体定轴转动	
速度	$\boldsymbol{v} = \dfrac{\mathrm{d}\boldsymbol{r}}{\mathrm{d}t}$	角速度	$\omega = \dfrac{\mathrm{d}\varphi}{\mathrm{d}t}$
加速度	$\boldsymbol{a} = \dfrac{\mathrm{d}\boldsymbol{v}}{\mathrm{d}t} = \dfrac{\mathrm{d}^2 \boldsymbol{r}}{\mathrm{d}t^2}$	角加速度	$\beta = \dfrac{\mathrm{d}\omega}{\mathrm{d}t} = \dfrac{\mathrm{d}^2 \varphi}{\mathrm{d}t^2}$
力	$\boldsymbol{F}$	力矩	$\boldsymbol{M}$
质量	m	转动惯量	$J = \int r^2 \mathrm{d}m$
动量	$\boldsymbol{p} = m\boldsymbol{v}$	角动量	$\boldsymbol{L} = J\boldsymbol{\omega}$
牛顿第二定律	$\boldsymbol{F} = m\boldsymbol{a}$ $\boldsymbol{F} = \dfrac{\mathrm{d}\boldsymbol{p}}{\mathrm{d}t}$	转动定律	$\boldsymbol{M} = J\boldsymbol{\beta}$ $\boldsymbol{M} = \dfrac{\mathrm{d}\boldsymbol{L}}{\mathrm{d}t}$
动量定理	$\int_{t_1}^{t_2} \boldsymbol{F} \mathrm{d}t = m\boldsymbol{v}_2 - m\boldsymbol{v}_1$	角动量定理	$\int_{t_1}^{t_2} \boldsymbol{M} \mathrm{d}t = J\boldsymbol{\omega}_2 - J\boldsymbol{\omega}_1$
动量守恒定律	$\boldsymbol{F} = \boldsymbol{0}; m\boldsymbol{v} =$ 常矢量	角动量守恒定律	$\boldsymbol{M} = \boldsymbol{0}; J\boldsymbol{\omega} =$ 常矢量
动能	$\dfrac{1}{2} mv^2$	转动动能	$\dfrac{1}{2} J\omega^2$
重力势能	$E_p = mgh$	重力势能	$E_p = mgh_c$
力的功	$A = \int_{L_{ab}} \boldsymbol{F} \cdot \mathrm{d}\boldsymbol{r}$	力矩的功	$A = \int_{\varphi_1}^{\varphi_2} M \mathrm{d}\varphi$
动能定理	$A = \dfrac{1}{2} mv_2^2 - \dfrac{1}{2} mv_1^2$	转动动能定理	$A = \dfrac{1}{2} J\omega_2^2 - \dfrac{1}{2} J\omega_1^2$

附：知识脉络图

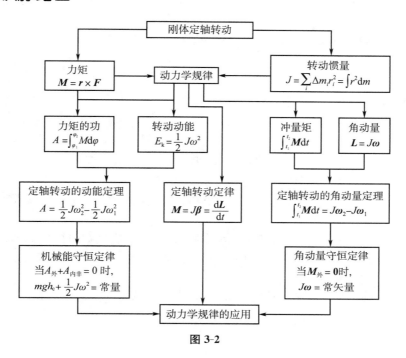

图 3-2

三、典型例题

在本单元中，要重点掌握用转动定律、角动量守恒定律、机械能守恒定律等规律求解常见简单刚体（如滑轮、杆）的定轴转动问题.

【例 3-1】　脉冲星是一种高速自转的中子星，它每自转一周就有一束无线电波扫过地球，可以通过两次脉冲信号的时间间隔测出其自转周期. 蟹状星云中心有一颗中子星，1999 年观测到它的自转周期为 $T = 0.033$ s. 观测发现，这颗中子星的自转周期以 1.26×10^{-5} s/a 的速率逐年增加.

（1）求该中子星转动的角速度和角加速度.

（2）若假定此角加速度维持不变，则该中子星何时会停止转动？

（3）天文学家认为，该中子星约产生于 1054 年的一次超新星爆发. 试推算其诞生时刻的自转周期（设角加速度仍如上述不变）.

解　（1）1999 年观测该中子星时，其角速度为

$$\omega_1 = \frac{2\pi}{T} \approx 190.3 \text{ rad/s},$$

角加速度为

$$\beta = \frac{\mathrm{d}\omega}{\mathrm{d}t} = -\frac{2\pi}{T^2}\frac{\mathrm{d}T}{\mathrm{d}t} = -\frac{2\pi \times 1.26 \times 10^{-5}}{0.033^2 \times 365 \times 24 \times 3\,600} \text{ rad/s}^2 \approx -2.30 \times 10^{-9} \text{ rad/s}^2.$$

（2）已知 $\omega_1 = 190.3$ rad/s，根据 $\omega = \omega_1 + \beta t$，则该中子星到停止转动所经历的时间为

$$t = -\frac{\omega_1}{\beta} = -\frac{190.3}{-2.30 \times 10^{-9}} \text{ s} \approx 8.27 \times 10^{10} \text{ s} \approx 2.62 \times 10^{3} \text{ a}.$$

（3）由 $\omega_1 = \omega_0 + \beta t'$ 得

$$\omega_0 = \omega_1 - \beta t' = [190.3 + 2.30 \times 10^{-9} \times (1\ 999 - 1\ 054) \times 365 \times 24 \times 3\ 600]\ \text{rad/s}$$
$$\approx 258.8\ \text{rad/s},$$

则该中子星诞生时刻的自转周期为

$$T_0 = \frac{2\pi}{\omega_0} \approx 0.024\ \text{s}.$$

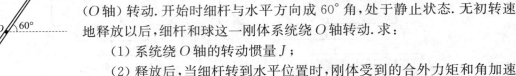

【例 3-2】　如图 3-3 所示，一长为 l 的轻质细杆，两端分别固定质量为 m 和 $2m$ 的小球，此系统在竖直平面内可绕过细杆中点 O 且与细杆垂直的水平光滑固定轴（O 轴）转动. 开始时细杆与水平方向成 $60°$ 角，处于静止状态. 无初转速地释放以后，细杆和球这一刚体系统绕 O 轴转动. 求：

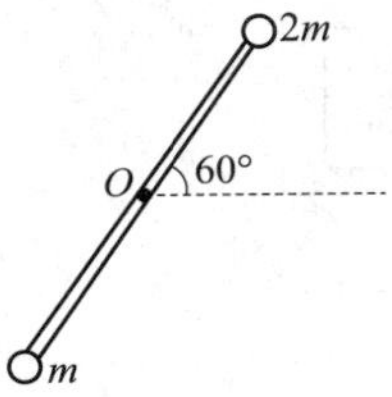

（1）系统绕 O 轴的转动惯量 J；

（2）释放后，当细杆转到水平位置时，刚体受到的合外力矩和角加速度的大小.

图 3-3

解　（1）细杆的质量忽略不计，两小球当作质点，所以系统绕 O 轴的转动惯量为

$$J = 2m\left(\frac{l}{2}\right)^2 + m\left(\frac{l}{2}\right)^2 = \frac{3}{4}ml^2.$$

（2）当细杆转到水平位置时，刚体受到的合外力矩为两小球重力矩的和，即

$$M = 2mg\,\frac{l}{2} - mg\,\frac{l}{2} = mg\,\frac{l}{2},$$

此时的角加速度为

$$\beta = \frac{M}{J} = \frac{2g}{3l}.$$

【例 3-3】　如图 3-4 所示，两物体 1 和 2 的质量分别为 m_1 与 m_2，定滑轮的质量为 m，半径为 r.

（1）假设物体 2 与桌面之间的摩擦系数为 μ，求系统的加速度 a 及绳子的张力 T_1 与 T_2（设绳子与滑轮之间无相对滑动）；

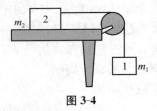

图 3-4

（2）假设物体 2 与桌面之间为光滑接触，求系统的加速度 a' 及绳子的张力 T_1' 与 T_2'.

解　在求解滑轮（或滑轮系统）问题时，应注意下述分析与解题步骤：① 分析系统的组成情况和各物体的运动状态时，系统中转动的物体（定滑轮）当作定轴转动的刚体，平动的物体当作质点，两物体之间的绳子看作一段，不同段的绳子中的张力不同；② 画出各物体的受力图，并分析刚体所受到的力矩；③ 列方程，对于系统中当作质点和定轴转动刚体的各物体，分别应用牛顿第二定律和刚体定轴转动定律列出主要方程，另外，还要根据角量与线量的关系列出辅助方程；④ 解方程.

本例中的系统由两物体和一个定滑轮组成，三个物体的受力分析如图 3-5 所示.

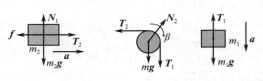

图 3-5

（1）取各物体运动的方向为正方向,对物体 1 和物体 2 进行分析,根据牛顿第二定律,有

$$m_1 g - T_1 = m_1 a, \quad T_2 - f = m_2 a,$$

式中 f 为滑动摩擦力,且

$$f = \mu N_1 = \mu m_2 g.$$

对定滑轮进行分析,根据刚体定轴转动定律,有

$$T_1 r - T_2 r = J\beta,$$

式中 $J = \dfrac{1}{2}mr^2$ 为定滑轮的转动惯量.

根据角量与线量的关系,有

$$a = r\beta.$$

由上述方程可解得

$$a = \frac{2(m_1 g - \mu m_2 g)}{m + 2m_1 + 2m_2},$$

$$T_1 = \frac{m + 2m_2 + 2\mu m_2}{m + 2m_1 + 2m_2} m_1 g,$$

$$T_2 = \frac{2m_1 + \mu m + 2\mu m_1}{m + 2m_1 + 2m_2} m_2 g.$$

（2）假设物体 2 与桌面之间为光滑接触,在上一问的结果中令 $\mu = 0$,即可得

$$a' = \frac{2m_1 g}{m + 2m_1 + 2m_2},$$

$$T_1' = \frac{m + 2m_2}{m + 2m_1 + 2m_2} m_1 g,$$

$$T_2' = \frac{2m_1}{m + 2m_1 + 2m_2} m_2 g.$$

【例 3-4】　如图 3-6 所示,一长为 $l = 0.40$ m 的均匀木棒,质量为 $M = 1.00$ kg,可绕光滑水平轴（O 轴）在竖直平面内转动,开始时木棒自然地竖直悬垂. 现有质量为 $m = 8$ g 的子弹以 $v = 200$ m/s 的速率从 A 点射入木棒中,并停留在木棒里. 假定 A 点与 O 点的距离为 $\dfrac{3l}{4}$,求：

（1）木棒开始运动时的角速度；

（2）木棒的最大偏转角.

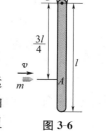

图 3-6

解　本例属于冲击摆问题,在求解这类问题时,要注意以下两点：① 运动过程分析. 一般问题涉及两个分过程：子弹（当作质点）与木棒（当作定轴转动的刚体）的碰撞过程和碰撞后子弹、木棒的运动过程. 对子弹和木棒组成的系统来说,在碰撞过程中,系统的角动量守恒,而动量不守恒（因为 O 轴对木棒的作用力为外力）,机械能在一般情况下也不守恒. ② 碰撞后子弹的运动状态有两种可能情况：停留在木棒中或穿过木棒.

（1）碰撞后子弹停留在木棒中,此时系统的转动惯量为

$$J = \frac{1}{3}Ml^2 + m\left(\frac{3}{4}l\right)^2 \approx 0.054 \ \text{kg} \cdot \text{m}^2.$$

碰撞过程中系统的角动量守恒,有

$$mv \cdot \frac{3}{4}l = J\omega,$$

解得木棒开始运动时的角速度为

$$\omega = \frac{mv \cdot \dfrac{3}{4}l}{J} = \frac{8 \times 10^{-3} \times 200 \times \dfrac{3}{4} \times 0.4}{0.054} \ \text{rad/s} \approx 8.89 \ \text{rad/s}.$$

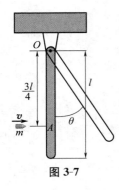

图 3-7

（2）子弹射入木棒后，木棒仍然垂直时，系统的动能为 $\dfrac{1}{2}J\omega^2$. 当木棒偏转至最大偏转角 θ（见图 3-7）时，木棒的质心上升的高度为

$$h_1 = \frac{l}{2} - \frac{l}{2}\cos\theta,$$

子弹上升的高度为

$$h_2 = \frac{3}{4}l - \frac{3}{4}l\cos\theta,$$

此时系统的动能为零. 由转动过程中系统机械能守恒，可得

$$Mgh_1 + mgh_2 = \frac{1}{2}J\omega^2,$$

对上式求解可得

$$\cos\theta = \frac{Mgl + \dfrac{3}{2}mgl - J\omega^2}{Mgl + \dfrac{3}{2}mgl} \approx -0.076,$$

则最大偏转角为

$$\theta \approx 94.36°.$$

最大偏转角 θ 也可用转动定律或角动量定理求出.

【例 3-5】　如图 3-8 所示，一质量为 m_1、长为 l 的均匀细棒静止平放在滑动摩擦系数为 μ 的水平桌面上，它可绕端点 O 转动. 另有一水平运动的质量为 m_2 的小滑块，它与细棒的 A 端相碰撞，碰撞前、后的速度分别为 $\boldsymbol{v}_1$ 和 $\boldsymbol{v}_2$，求细棒从碰撞开始到停止转动所用的时间.

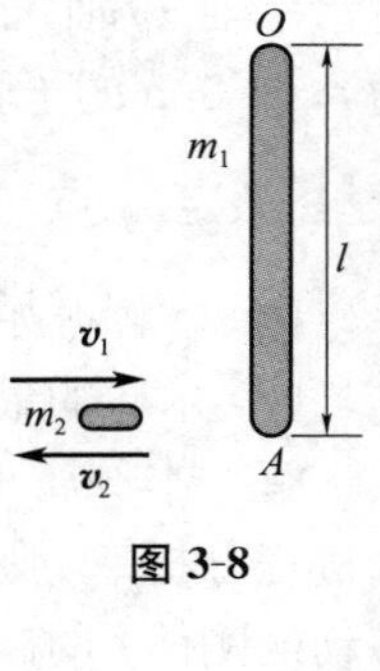

解　将细棒和小滑块看作一个系统，水平向右为正方向，碰撞过程中系统的角动量守恒，有

$$m_2 v_1 l = -m_2 v_2 l + \frac{1}{3}m_1 l^2 \omega,$$

则碰撞后细棒的角速度为

$$\omega = \frac{3m_2(v_1 + v_2)}{m_1 l}.$$

图 3-8

在摩擦力矩的作用下细棒将停止转动，在细棒上取一小段 $\mathrm{d}x$，如图 3-9 所示，它受到的摩擦力为

$$\mathrm{d}f = -\frac{\mu m_1 g}{l}\mathrm{d}x,$$

对应的摩擦力矩为

$$\mathrm{d}M = -\frac{\mu m_1 g}{l}x\,\mathrm{d}x,$$

整个细棒受到的摩擦力矩为

$$M = -\int_0^l \frac{\mu m_1 g}{l} x \, \mathrm{d}x = -\frac{1}{2}\mu m_1 g l.$$

由角动量定理可得

$$\int_0^t M \mathrm{d}t = Mt = 0 - \frac{1}{3}m_1 l^2 \omega,$$

则细棒从碰撞开始到停止转动所用的时间为

$$t = \frac{-\frac{1}{3}m_1 l^2 \omega}{M} = \frac{2m_2(v_1 + v_2)}{\mu m_1 g}.$$

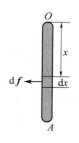

图 3-9

【例 3-6】　如图 3-10 所示,一半径为 R、质量为 m 的水平圆台正以角速度 ω_0 绕通过其中心的竖直固定光滑轴转动. 圆台上站有两人,每个人的质量都等于圆台质量的一半,一人站于圆台边缘的 A 处,另一人站于距圆台中心 $\frac{R}{2}$

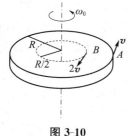

图 3-10

的 B 处. 现 A 处的人相对于圆台以速率 v 顺着圆台转向沿圆周走动,同时 B 处的人相对于圆台以速率 $2v$ 逆着圆台转向沿圆周走动. 求圆台这时的角速度 ω.

解　系统(人和圆台)对转轴的合外力矩为零,因此系统对转轴的角动量守恒. 以地面为参考系,以圆台的初角速度方向为正方向,根据题目条件可得,当 A,B 处的人走动时,A 处人的角速度为 $\omega + \dfrac{v}{R}$,B 处人的角速度为 $\omega - \dfrac{2v}{\frac{R}{2}}$;且圆台的转动惯量为 $J_{台} = \dfrac{1}{2}mR^2$,A 处人的转动惯量为 $J_A = \dfrac{m}{2}R^2$,B 处人的转动惯量为 $J_B = \dfrac{m}{2}\left(\dfrac{R}{2}\right)^2$. 根据角动量守恒定律可得

$$\left[\frac{1}{2}mR^2 + \frac{m}{2}R^2 + \frac{m}{2}\left(\frac{R}{2}\right)^2\right]\omega_0 = \frac{1}{2}mR^2\omega + \frac{m}{2}R^2\left(\omega + \frac{v}{R}\right) + \frac{m}{2}\left(\frac{R}{2}\right)^2\left[\omega - \frac{2v}{\frac{R}{2}}\right],$$

解得 $\omega = \omega_0$.

【例 3-7】　如图 3-11 所示,A,B 为两个相同的绕着轻绳的定滑轮,定滑轮 A 挂一质量为 M 的物体,定滑轮 B 受拉力 F,且 $F = Mg$. 设两定滑轮的角加速度分别为 β_A 和 β_B,不计滑轮轴的摩擦,试比较 β_A 和 β_B 的大小.

解　设定滑轮的质量和半径分别为 m, R. 对于定滑轮 A 和物体组成的系统,由牛顿第二定律,有

$$Mg - T = Ma,$$

由转动定律,对于过 O 点的轴,有

$$TR = \frac{1}{2}mR^2\beta_A,$$

定滑轮和物体的运动学关系为

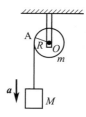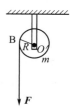

图 3-11

$$a = R\beta_A.$$

联立以上三式,可得定滑轮 A 的角加速度为

$$\beta_A = \frac{2Mg}{(m+2M)R}.$$

对于定滑轮 B,根据转动定律,对于过 O' 点的轴,有

$$FR = \frac{1}{2}mR^2\beta_B,$$

解得定滑轮 B 的角加速度为

$$\beta_B = \frac{2F}{mR}.$$

因为 $F = Mg$,所以 $\beta_A < \beta_B$.

【例 3-8】 如图 3-12 所示,一质量均匀分布的圆盘,质量为 M,半径为 R,放在一粗糙的水平面上(圆盘与水平面之间的摩擦系数为 μ),圆盘可绕通过其中心 O 的竖直固定光滑轴(O 轴)转动. 开始时,圆盘静止,一质量为 m 的子弹以水平速度 v_0 垂直于圆盘半径打入圆盘边缘并嵌在圆盘边上. 忽略子弹重力造成的摩擦力矩,

(1) 求子弹击中圆盘后,圆盘所获得的角速度;

(2) 经过多少时间后,圆盘停止转动?

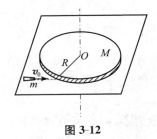

图 3-12

解 (1) 以子弹和圆盘为系统,在子弹击中圆盘的过程中,对 O 轴的角动量守恒,有

$$mv_0R = \left(\frac{1}{2}MR^2 + mR^2\right)\omega,$$

则子弹击中圆盘后,圆盘所获得的角速度为

$$\omega = \frac{mv_0}{\left(\frac{1}{2}M + m\right)R}.$$

(2) 用 $\sigma\left(\sigma = \dfrac{M}{\pi R^2}\right)$ 表示圆盘单位面积的质量,求出圆盘所受的摩擦力矩的大小为

$$M_f = \int_0^R r\mu g\sigma \cdot 2\pi r\mathrm{d}r = \frac{2}{3}\pi\mu\sigma gR^3 = \frac{2}{3}\mu MgR.$$

设经过 Δt 时间后圆盘停止转动,按角动量定理,有

$$-M_f\Delta t = 0 - J\omega = -\left(\frac{1}{2}MR^2 + mR^2\right)\omega = -mv_0R,$$

所以

$$\Delta t = \frac{mv_0R}{M_f} = \frac{mv_0R}{\frac{2}{3}\mu MgR} = \frac{3mv_0}{2\mu Mg}.$$

【例 3-9】 如图 3-13 所示,一质量为 m、长为 $l = 85\ \mathrm{cm}$ 的均匀细杆,放在倾角为 $\alpha = 45°$ 的光滑斜面上. 细杆可以绕通过杆的上端点且与斜面垂直的光滑轴(O 轴)在斜面上转动. 要使细杆能绕 O 轴转动一周,至少应使细杆以多大的初始角速度 ω_0 转动?

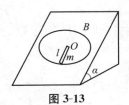

图 3-13

解 若要使细杆能绕 O 轴转动一周,必须使细杆能通过最高点 B,

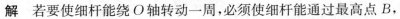

即这时细杆的角速度 $\omega_B \geqslant 0$. 对细杆与地球组成的系统,机械能守恒,有

$$\frac{1}{2}J\omega_0^2 + mg\,\frac{1}{2}l\sin\alpha = mg\,\frac{3}{2}l\sin\alpha + \frac{1}{2}J\omega_B^2,$$

式中 $J = \frac{1}{3}ml^2$. 对上式计算可得

$$\omega_B^2 = \omega_0^2 - \frac{6g\sin\alpha}{l} \geqslant 0,$$

故

$$\omega_0 \geqslant \sqrt{\frac{6g\sin\alpha}{l}} \approx 7.0\ \text{rad/s}.$$

第四单元

振动学基础

一、基本要求

(1) 理解简谐振动的概念及其三个特征量的意义和决定因素,掌握用旋转矢量表示简谐振动的方法.

(2) 理解相位及相位差的意义.

(3) 理解简谐振动的动力学特征和弹性力或线性回复力的意义,能根据条件列出简谐振动的微分方程,从而判定简谐振动,并求出周期.

(4) 掌握利用初始条件写出振动方程的方法.

(5) 理解简谐振动的能量特征,了解阻尼振动和受迫振动.

(6) 掌握同方向、同频率简谐振动的合成规律,会求合振动的振幅和初相位,了解拍与拍频.

(7) 了解两个方向垂直且同频率的简谐振动的合成规律,了解李萨如图形的形成.

二、基本概念与规律

1. 简谐振动的定义及其特征量

振动:任何一个物理量在某一定值附近的反复变化称为振动.

机械振动:物体在平衡位置附近的往复运动称为机械振动.

简谐振动:如果某个物理量 x 随时间的变化规律满足 $\dfrac{\mathrm{d}^2 x}{\mathrm{d}t^2} + \omega^2 x = 0$,即 x 可用时间 t 的正弦或余弦函数 $x = A\cos(\omega t + \varphi_0)$ 来描述,则该物理量做简谐振动.

对机械振动中的简谐振动有如下定义:

① 动力学定义:物体所受弹性力 $F \propto -x$,即物体所受弹性力大小与物体相对于平衡位置的位移或角位移成正比但方向相反的振动是简谐振动.

② 运动学定义:如果物体振动的位移或角位移随时间按正弦或余弦函数 $x = A\cos(\omega t + \varphi_0)$ 规律变化,则这样的振动是简谐振动.

注意:机械振动中所指的位移或角位移都是指离开平衡位置的位移或角位移. 负号表示从物体所在的位置指向平衡位置(讨论振动问题选取坐标原点时,一般都取平衡位置为坐标原点).

周期 T:物体完成一次全振动所需的时间(求的是最小正周期,即一次往复运动所需的时间),单位是秒(s). t 与 $t + T$ 时刻,物体的状态(位置、速度等状态量) 完全相同.

频率 ν:单位时间内物体完成的全振动的次数,单位是赫兹(Hz 或 s^{-1})——它是表征振动快慢的物理量.

圆频率或角频率 ω：单位时间内相位的变化值，单位是弧度每秒（rad/s）.

周期 T、**频率** ν、**角频率** ω 三者的关系：$\nu = \dfrac{1}{T}$，$\omega = 2\pi\nu = \dfrac{2\pi}{T}$.

振幅 A：振动物体离开平衡位置的最大距离，也就是最大位移的绝对值. 它给出物体的运动范围，反映了振动的强弱.

相位 $\omega t + \varphi_0$：它是随时间单调增加的函数，每经历一个周期 T，相位增加 2π，物体完成一次全振动，单位是弧度（rad）. 它决定做简谐振动物体的运动状态（位移和速度），反映了振动的周期性.

初相位 φ_0：开始计时 $t = 0$ 时的相位，由初始条件决定. 初相位通常的取值范围为 $-\pi \leqslant \varphi_0 \leqslant \pi$.

2. 谐振子

做简谐振动的系统统称为**谐振子**.

弹簧振子：一个质量可以忽略不计的弹簧（劲度系数为 k）的一端固定，另一端连接一个可视为质点（质量为 m）的自由运动物体. 由弹簧和物体所组成的系统中，把系统的所有惯性集中在物体上，把系统的所有线性回复力集中在弹簧上. 这一系统在不计阻力时所做的振动就是简谐振动，该系统称为弹簧振子.

解决此类问题时，取平衡位置 O 为坐标原点（水平弹簧振子的平衡位置在其原长处，竖直弹簧振子的平衡位置由 $kl_0 = mg$ 决定，因此可得其距原长处距离为 $l_0 = \dfrac{mg}{k}$），如图 4-1 与图 4-2 所示，物体相对于平衡位置的位移为 x，则物体受到的弹性力大小与物体的位移成正比（线性关系），但方向始终与位移相反（始终指向平衡位置），即

水平弹簧振子　　　　　　　　　　$F = -kx$，

竖直弹簧振子　　　　$F = mg - f = mg - k(x + l_0) = -kx$.

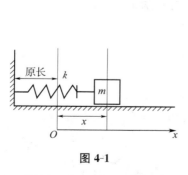

图 4-1

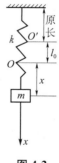

图 4-2

在弹性范围内，弹簧振子的运动是简谐振动，根据牛顿第二定律，得

$$F = -kx = ma = m\frac{\mathrm{d}^2 x}{\mathrm{d}t^2}.$$

由此得弹簧振子的动力学方程为

$$\frac{\mathrm{d}^2 x}{\mathrm{d}t^2} + \omega^2 x = 0,$$

式中 $\omega^2 = \dfrac{k}{m}$. 此方程的解为

$$x = A\cos(\omega t + \varphi_0).$$

此式也称为**谐振子的运动方程**. 振幅 A 和初相位 φ_0 是动力学方程解的积分常数,可以由初始条件确定.

弹簧振子的固有角频率为 $\qquad \omega = \sqrt{\dfrac{k}{m}}$.

弹簧振子的固有周期与固有频率分别为

$$T = \frac{2\pi}{\omega} = 2\pi\sqrt{\frac{m}{k}}, \quad \nu = \frac{1}{T} = \frac{1}{2\pi}\sqrt{\frac{k}{m}}.$$

弹簧振子的速度为

$$v = \frac{\mathrm{d}x}{\mathrm{d}t} = -\omega A\sin(\omega t + \varphi_0) = \omega A\cos\left(\omega t + \varphi_0 + \frac{\pi}{2}\right).$$

速度的相位比位移的相位超前 $\dfrac{\pi}{2}$,速度的振幅为 ωA,大小在 $0 \sim \omega A$ 间反复变化.

振动物体的速度与振动频率的区别:振动频率描述振动物体在单位时间内所完成的全振动的次数,即振动的快慢程度;而振动物体的速度描述振动物体在单位时间内位置改变的快慢程度.虽然速度大小的最大值为 ωA,但速度大小并不与振动频率成正比,速度由物体的相位决定,频率由振动系统本身的性质决定.

弹簧振子的加速度为

$$a = \frac{\mathrm{d}v}{\mathrm{d}t} = \frac{\mathrm{d}^2 x}{\mathrm{d}t^2} = -\omega^2 A\cos(\omega t + \varphi_0) = -\omega^2 x = \omega^2 A\cos(\omega t + \varphi_0 + \pi).$$

加速度的相位比速度的相位超前 $\dfrac{\pi}{2}$,比位移的相位超前 π,加速度的振幅为 $\omega^2 A$.

综上可知,弹簧振子的速度、加速度做与位移同频率的简谐振动,只是振幅、初相位不同,如图 4-3 所示. 物体做简谐振动时,其所受合外力的方向和运动的加速度的方向始终指向平衡位置,与位移的方向相反;但加速度的方向与速度的方向可以相同,可以相反,弹簧振子做变加速直线运动.

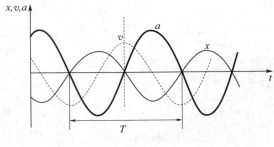

图 4-3

注意:加速度的符号是相对所选取的坐标原点而言的,单从符号不能判断物体是加速运动还是减速运动. 当物体的速度和加速度的方向相同(同号)时,物体做加速运动;两者方向相反(异号)时,物体做减速运动.

初始条件:物体在 $t=0$ 时的运动状态 —— 初位移和初速度,它决定振幅 A 和初相位 φ_0,即

$$x|_{t=0} = x_0 = A\cos\varphi_0, \quad v|_{t=0} = v_0 = -\omega A\sin\varphi_0.$$

由上两式可解得

$$A = \sqrt{x_0^2 + \frac{v_0^2}{\omega^2}}, \quad \varphi_0 = \arctan\left(-\frac{v_0}{\omega x_0}\right).$$

注意:① 初相位 φ_0 的取值由 x_0, v_0 的正负决定.例如,当 $t=0$ 时,$x_0 = \dfrac{A}{2}$,且物体沿 x 轴正方向运动,则

$$x_0 = A\cos\varphi_0 = \frac{A}{2}, \quad \varphi_0 = \pm\frac{\pi}{3}.$$

又物体沿 x 轴正方向运动,即

$$v_0 = -\omega A\sin\varphi_0 > 0,$$

因此初相位为

$$\varphi_0 = -\frac{\pi}{3}.$$

如果改变计时起点,初相位会随之变化.例如,当 $t=0$ 时,$x_0 = \dfrac{A}{2}$,且物体沿 x 轴负方向运动,则 $\varphi_0 = \dfrac{\pi}{3}$.

初相位与计时起点的选择有关,与坐标轴的取向有关,但与振动系统的物理性质无关.

② ω 是系统的固有角频率,由系统自身性质决定,与计时起点、运动状态都无关.它反映简谐振动的周期性.

③ 振幅 A 取决于系统的总能量,与计时起点无关.振幅不仅给出简谐振动运动的范围,而且还反映振动系统的总能量及振动的强弱.

④ 竖直放置的弹簧振子,只需注意将坐标原点 O 选在平衡位置,而不是弹簧原长处.

⑤ 如图 4-4 所示,一质量为 m 的物体由劲度系数分别为 k_1 和 k_2 的两个轻弹簧连接,在光滑水平面上做简谐振动,系统的振动角频率和周期讨论如下:

弹簧不同连接时,谐振子系统有不同的线性回复力:以平衡位置为坐标原点,取向右为正方向,任意 t 时刻,设物体偏离平衡位置的位移为 x,则如图 4-4(a) 和图 4-4(b) 所示连接时,物体所受合外力为

$$F = -(k_1 + k_2)x.$$

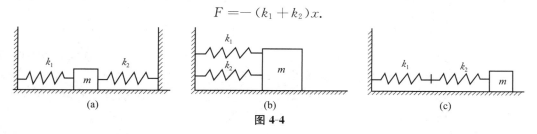

图 4-4

因此这两种情况中,两弹簧并联后等效为一个劲度系数为 $k = k_1 + k_2$ 的弹簧,物体振动时的角频率和周期分别为

$$\omega = \sqrt{\frac{k}{m}} = \sqrt{\frac{k_1 + k_2}{m}}, \quad T = 2\pi\sqrt{\frac{m}{k_1 + k_2}}.$$

如图 4-4(c) 所示连接时,设两弹簧串联后等效为一个劲度系数为 k 的弹簧. 如果两弹簧的形变量分别为 x_1 和 x_2,则等效后弹簧的形变量为 $x = x_1 + x_2$,物体所受合外力为

$$F = -k_2 x_2 = -k_1 x_1 = -kx.$$

由 $x = x_1 + x_2$ 可得 $\dfrac{F}{k} = \dfrac{F}{k_1} + \dfrac{F}{k_2}$,解得 $k = \dfrac{k_1 k_2}{k_1 + k_2}$,因此物体振动的角频率和周期分别为

$$\omega = \sqrt{\frac{k}{m}} = \sqrt{\frac{k_1 k_2}{m(k_1 + k_2)}}, \quad T = 2\pi\sqrt{\frac{m(k_1 + k_2)}{k_1 k_2}}.$$

单摆:如图 4-5 所示为一单摆,单摆摆长为 l,当小球的角位移很小时,单摆的振动是简谐振动. 单摆的动力学方程为

$$\frac{\mathrm{d}^2\theta}{\mathrm{d}t^2} + \omega^2\theta = 0,$$

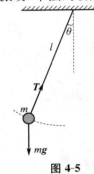

其解为单摆的运动方程

$$\theta = \theta_m\cos(\omega t + \varphi_0),$$

式中 θ_m 是单摆做简谐振动的振幅(离开平衡位置的最大角位移),角频率为 $\omega = \sqrt{\dfrac{g}{l}}$,周期为 $T = \dfrac{2\pi}{\omega} = 2\pi\sqrt{\dfrac{l}{g}}$. 利用单摆实验可测重力加速度

$$g = \frac{4\pi^2 l}{T^2}.$$

图 4-5

注意:φ_0 是初相位,$\omega t + \varphi_0$ 是相位,不是角度,θ 才是离开平衡位置的角度.

弹簧振子在地球和月球上振动的频率和周期一样. 因为角频率 $\omega = \sqrt{\dfrac{k}{m}}$ 只与弹簧振子本身的性质有关,k,m 的值在月球与地球上相同. 而单摆在地球和月球上振动的角频率和周期是不一样的. 因为其角频率为 $\omega = \sqrt{\dfrac{g}{l}}$,式中月球上的重力加速度 $g_月$ 约为地球上的重力加速度 $g_地$ 的 $\dfrac{1}{6}$,所以同一单摆从地球移动到月球上,振动的角频率变小,而周期 $T = \dfrac{2\pi}{\omega} = 2\pi\sqrt{\dfrac{l}{g}}$ 变大.

此外,在静止和加速向上(或向下)的电梯中,弹簧振子的角频率、周期也不会变化;但在加速向上(或向下)的电梯中,单摆的角频率和周期与在静止电梯中单摆的角频率和周期不一样. 可以证明,电梯以加速度 a_0 向上运动时,电梯中单摆的角频率和周期分别为

$$\omega' = \sqrt{\frac{g + a_0}{l}}, \quad T' = \frac{2\pi}{\omega'} = 2\pi\sqrt{\frac{l}{g + a_0}}.$$

复摆(又称物理摆):一质量为 m 的任意形状的刚体,悬挂在无摩擦的固定水平轴(O 轴)上,在铅直位置(平衡位置)附近来回地自由摆动,如图 4-6 所示.

设刚体的质心位于 C 点,对 O 轴的转动惯量为 J,任意 t 时刻对平衡位置的角位移为 θ,由重力矩和刚体定轴转动定律可得复摆的动力学方程为

$$\frac{\mathrm{d}^2\theta}{\mathrm{d}t^2} + \omega^2\sin\theta = 0,$$

式中 $\omega^2 = \dfrac{mgl}{J}$. 因此,一般复摆不做简谐振动,在角位移 $\theta < 5°$ 时,复摆的振动为简谐振动,有

$\sin\theta\approx\theta$，上式可写为

$$\frac{\mathrm{d}^2\theta}{\mathrm{d}t^2}+\omega^2\theta=0,$$

其解为复摆的运动方程

$$\theta=\theta_{\mathrm{m}}\cos(\omega t+\varphi_0),$$

式中 θ_{m} 是复摆做简谐振动的振幅（离开平衡位置的最大角位移），角频率为 $\omega=\sqrt{\dfrac{mgl}{J}}$，周期为 $T=\dfrac{2\pi}{\omega}=2\pi\sqrt{\dfrac{J}{mgl}}$.

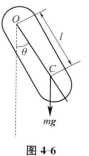

图 4-6

3. 简谐振动的能量

孤立系统的简谐振动的能量是守恒的. 系统在振动过程中，动能和势能相互转化，机械能守恒.

以水平弹簧振子为例（见图 4-7），在任意 t 时刻，系统的动能和势能分别为

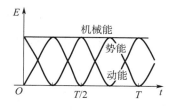

图 4-7

$$E_{\mathrm{k}}=\frac{1}{2}mv^2=\frac{1}{2}m\omega^2A^2\sin^2(\omega t+\varphi_0)=\frac{1}{2}kA^2\sin^2(\omega t+\varphi_0),$$

$$E_{\mathrm{p}}=\frac{1}{2}kx^2=\frac{1}{2}m\omega^2A^2\cos^2(\omega t+\varphi_0)=\frac{1}{2}kA^2\cos^2(\omega t+\varphi_0).$$

系统的机械能为

$$E=E_{\mathrm{k}}+E_{\mathrm{p}}=\frac{1}{2}kA^2=\frac{1}{2}m\omega^2A^2=常量.$$

讨论：① 简谐振动的动能和势能均随时间做周期性变化，其周期为位移（速度、加速度）的周期的一半，其频率为位移（速度、加速度）的频率的 2 倍，如图 4-8 所示为动能、势能对时间的曲线.

② 动能和势能两者振幅相同，频率相同，但相位差为 $\dfrac{\pi}{2}$，即动能最大时，势能最小为 0，反之亦然.

③ 动能和势能在一个周期内的时间平均值分别为

$$\overline{E}_{\mathrm{k}}=\frac{1}{T}\int_0^T E_{\mathrm{k}}\mathrm{d}t=\frac{1}{T}\int_0^T\frac{1}{2}kA^2\sin^2(\omega t+\varphi)\mathrm{d}t=\frac{1}{4}kA^2,$$

$$\overline{E}_{\mathrm{p}}=\frac{1}{T}\int_0^T E_{\mathrm{p}}\mathrm{d}t=\frac{1}{T}\int_0^T\frac{1}{2}kA^2\cos^2(\omega t+\varphi)\mathrm{d}t=\frac{1}{4}kA^2.$$

注意：无论弹簧水平放置还是竖直放置，势能零点怎么选，只要以平衡位置为坐标原点，则系统的机械能守恒，总有

$$E=\frac{1}{2}kA^2.$$

4. 简谐振动的矢量图示法 —— 旋转矢量法

从简谐振动的运动方程 $x=A\cos(\omega t+\varphi_0)$ 可以看出，x 是矢量 $\boldsymbol{A}$ 在 x 轴上的投影，故采用旋转矢量法来研究简谐振动，如图 4-9 所示.

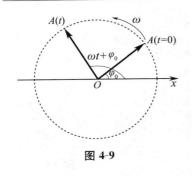

图 4-9

旋转矢量法的主要应用如下：

（1）求做简谐振动的质点运动方程中的初相位 φ_0.

例如，若 $t=0,x_0=0$，由旋转矢量图 4-10 可知，矢量 A 只可能垂直于 x 轴，对应的初相位为 $\varphi_0=\pm\dfrac{\pi}{2}$. 如果 $v_0>0$，则 $\varphi_0=-\dfrac{\pi}{2}$；如果 $v_0<0$，则 $\varphi_0=\dfrac{\pi}{2}$.

又如，若 $t=0,x_0=A$，则 $\varphi_0=0$；若 $t=0,x_0=-A$，则 $\varphi_0=\pi$.

再如，若 $t=0,x_0=\dfrac{A}{2}$，由旋转矢量图 4-11 可知，矢量 A 与 x 轴的夹角为 $\pm\dfrac{\pi}{3}$，所以初相位为 $\varphi_0=\pm\dfrac{\pi}{3}$. 如果 $v_0>0$，则 $\varphi_0=-\dfrac{\pi}{3}$；如果 $v_0<0$，则 $\varphi_0=\dfrac{\pi}{3}$.

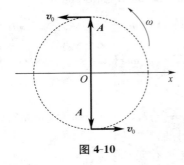

图 4-10

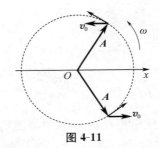

图 4-11

由以上讨论，可总结出以下结论：

① 当 $x_0>0,v_0>0$ 时，$-\dfrac{\pi}{2}<\varphi_0<0$；当 $x_0>0,v_0<0$ 时，$0<\varphi_0<\dfrac{\pi}{2}$.

② 当 $x_0<0,v_0>0$ 时，$-\pi<\varphi_0<-\dfrac{\pi}{2}$；当 $x_0<0,v_0<0$ 时，$\dfrac{\pi}{2}<\varphi_0<\pi$.

③ 当 $v_0<0$ 时，$0<\varphi_0<\pi$；当 $v_0>0$ 时，$-\pi<\varphi_0<0$.

（2）求质点通过某位置的时刻 t 和通过任意两个位置的时间间隔 Δt.

例如，某质点做简谐振动，$A=4\text{ cm}$，$T=2\text{ s}$，当 $t=0$ 时，$x=-2\text{ cm}$，且 $v_0>0$，求质点再次通过 $x=-2\text{ cm}$ 的时刻 t.

由旋转矢量图 4-12 可知，$t=0$ 时，$x_0<0,v_0>0$，得 $-\pi<\varphi_0<-\dfrac{\pi}{2}$，质点振动的初相位为

$$\varphi_0=-\dfrac{2\pi}{3}.$$

质点再次通过 $x=-2\text{ cm}$，即 A 以角速度 ω 逆时针匀速转到 $\omega t+\varphi_0=\dfrac{2\pi}{3}$ 的位置，即 A 以 ω 匀速转了 $\dfrac{4\pi}{3}$，解得质点再次通过 $x=-2\text{ cm}$ 的时刻 t 为

$$t=\Delta t+0=\Delta t=\dfrac{4\pi/3}{\omega}=\dfrac{4\pi/3}{2\pi/T}=\dfrac{4}{3}\text{ s}.$$

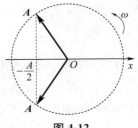

图 4-12

注意：应用旋转矢量法时，A 以角速度 ω 匀速转动，可用下述公式计算质点通过任意两个

位置的时间间隔：

$$\Delta t = t_2 - t_1 = \frac{\boldsymbol{A}\text{转过的角度}}{\omega}.$$

（3）讨论两个同方向、同频率的简谐振动的合成时，用旋转矢量法也特别方便．

5. 简谐振动的合成

（1）两个同方向、同频率的简谐振动的合成．设质点参与两个同方向、同频率的简谐振动，以振动方向为 x 轴，平衡位置为坐标原点，则两个分振动的运动方程分别为

$$x_1 = A_1\cos(\omega t + \varphi_1), \quad x_2 = A_2\cos(\omega t + \varphi_2),$$

两振动的合振动满足叠加原理，且仍做沿 x 方向的频率为 ω（不变）的简谐振动，有

$$x = x_1 + x_2 = A_1\cos(\omega t + \varphi_1) + A_2\cos(\omega t + \varphi_2) = A\cos(\omega t + \varphi).$$

两个同方向、同频率的简谐振动的合成，关键是求合振幅 A 和合振动的初相位 φ．

用旋转矢量法求 A, φ．如图 4-13 所示，由余弦定理易得合振幅 A 为

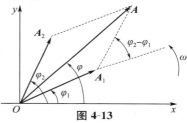

$$A = \sqrt{A_1^2 + A_2^2 + 2A_1 A_2\cos(\varphi_2 - \varphi_1)},$$

初相位 φ 为

$$\tan\varphi = \frac{A_1\sin\varphi_1 + A_2\sin\varphi_2}{A_1\cos\varphi_1 + A_2\cos\varphi_2}.$$

图 4-13

注意：合振动仍是简谐振动，合成后振动是加强了，还是减弱了，在 A_1, A_2 给定时，由相位差 $\varphi_2 - \varphi_1$ 决定．

① 当 $\varphi_2 - \varphi_1 = \pm 2k\pi (k = 0,1,2,\cdots)$ 时，振动同相（见图 4-14），在任意时刻，两个分振动振动同步，合振动的合振幅最大，合振动加强，合振幅 A 为

$$A = \sqrt{A_1^2 + A_2^2 + 2A_1 A_2} = A_1 + A_2.$$

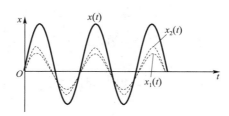

图 4-14

② 当 $\varphi_2 - \varphi_1 = \pm(2k+1)\pi (k = 0,1,2,\cdots)$ 时，振动反相（见图 4-15），在任意时刻，两个分振动的位移方向相反，合振动的合振幅最小，合振动减弱，合振幅 A 为

$$A = \sqrt{A_1^2 + A_2^2 - 2A_1 A_2} = |A_1 - A_2|.$$

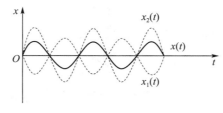

图 4-15

当 $A_1 = A_2$ 时，$A = 0$，质点处于静止状态，即振动相消．

注意：在这种情况下，合振动的初相位与振幅大的简谐振动的初相位相同．

③ 当 $\varphi_2 - \varphi_1$ 为其他值时，合振幅在 $|A_1 - A_2|$ 和 $A_1 + A_2$ 之间．

（2）两个同方向、不同频率（但频率相近）的简谐振动的合成．设质点参与的两个分振动的运动方程分别为

$$x_1 = A\cos(\omega_1 t + \varphi), \quad x_2 = A\cos(\omega_2 t + \varphi).$$

用解析法求得合振动方程为

$$x = x_1 + x_2 = A\cos(\omega_1 t + \varphi) + A\cos(\omega_2 t + \varphi) = 2A\cos\left(\frac{\omega_2 - \omega_1}{2}t\right)\cos\left(\frac{\omega_2 + \omega_1}{2}t + \varphi\right).$$

合振动不再是简谐振动，但质点仍在振动．当 $\omega_1 + \omega_2 \gg \omega_2 - \omega_1$（设 $\omega_2 > \omega_1$），即当两个分振动频率较大而相差很小时，有明显的周期性，这样的合振动可以看成以 $\left|2A\cos\left(\frac{\omega_2 - \omega_1}{2}t\right)\right|$ 为振幅，角频率为 $\omega = \frac{\omega_1 + \omega_2}{2}$ 的简谐振动，即

$$x = \left|2A\cos\left(\frac{\omega_2 - \omega_1}{2}t\right)\right|\cos\left(\frac{\omega_2 + \omega_1}{2}t + \varphi'\right).$$

这种合振幅随时间缓慢地做周期性变化的现象，称为拍现象，单位时间内振动加强和减弱的次数称为拍频，$\nu_{拍} = \nu_2 - \nu_1$．

（3）两个方向垂直、频率相同的简谐振动的合成．设质点同时参与了两个振动方向相互垂直，频率相同的简谐振动，两个分振动的运动方程分别为

$$x = A_1\cos(\omega t + \varphi_1), \quad y = A_2\cos(\omega t + \varphi_2).$$

注意：这不是两个质点的运动方程，而是一个质点的运动方程在 x 和 y 方向上的分量式．

两式联立消除 t，得到质点的轨迹方程为

$$\frac{x^2}{A_1^2} + \frac{y^2}{A_2^2} - \frac{2xy}{A_1 A_2}\cos(\varphi_2 - \varphi_1) = \sin^2(\varphi_2 - \varphi_1). \tag{4-1}$$

一般来说，这是一个椭圆轨迹方程，具体轨迹取决于两个分振动的振幅 A_1, A_2 以及相位差 $\Delta\varphi = \varphi_2 - \varphi_1$．下面讨论几种特殊情况．

① 当 $\Delta\varphi = \varphi_2 - \varphi_1 = 0$，即两垂直分振动同相时，轨迹方程（4-1）简化为

$$y = \frac{A_2}{A_1}x. \tag{4-2}$$

可见，当质点参与两个振动方向垂直且同相的简谐振动时，其轨迹退化为直线，如图 4-16 所示，斜率是两个振幅之比．质点在这一直线上做简谐振动．

任意 t 时刻，由 $\varphi_2 = \varphi_1 = \varphi$ 可得质点离开平衡位置 O 的位移为

$$s = \sqrt{x^2 + y^2} = \sqrt{A_1^2\cos^2(\omega t + \varphi) + A_2^2\cos^2(\omega t + \varphi)} = \sqrt{A_1^2 + A_2^2}\cos(\omega t + \varphi),$$

所以质点做频率为 ω、振幅为 $\sqrt{A_1^2 + A_2^2}$ 的简谐振动．

② 当 $\Delta\varphi = \varphi_2 - \varphi_1 = \pi$，即两垂直分振动反相时，轨迹方程（4-1）简化为

$$y = -\frac{A_2}{A_1}x. \tag{4-3}$$

质点轨迹也退化为直线，质点在斜率为 $-\dfrac{A_2}{A_1}$ 的直线上做频率为 ω、振幅为 $\sqrt{A_1^2 + A_2^2}$ 的简谐振动，如图 4-17 所示．

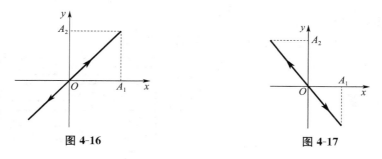

图 4-16   图 4-17

③ 当 $\Delta\varphi = \varphi_2 - \varphi_1 = \dfrac{\pi}{2}$ 或 $\dfrac{3\pi}{2}$ 时,轨迹方程(4-1)简化为

$$\frac{x^2}{A_1^2} + \frac{y^2}{A_2^2} = 1, \quad A_1 \neq A_2 \tag{4-4}$$

或

$$x^2 + y^2 = A_1^2, \quad A_1 = A_2. \tag{4-5}$$

质点轨迹为以坐标轴为主轴的正椭圆或圆.

注意:质点的运动轨迹是闭合曲线,其绕向就是质点的运动方向.

当 $\Delta\varphi = \varphi_2 - \varphi_1 = \dfrac{\pi}{2}$ 时,质点在椭圆(见图 4-18(a))或圆(见图 4-18(b))轨道上沿顺时

针方向运动 —— 右旋运动;当 $\Delta\varphi = \varphi_2 - \varphi_1 = \dfrac{3\pi}{2}$ 时,质点在椭圆(见图 4-18(c))或圆(见

图 4-18(d))轨道上沿逆时针方向运动 —— 左旋运动.

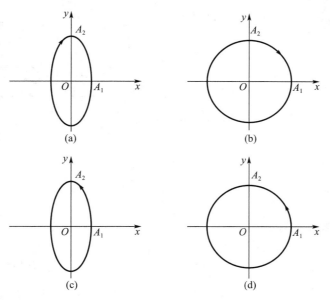

图 4-18

综上所述,两个频率相同的互相垂直的简谐振动合成后,合振动在一直线上或者在椭圆上
进行.当两个分振动的振幅相等时,椭圆轨道就成了圆轨道.反过来可以说明,任何一种直线的
简谐振动、匀角速度椭圆运动或圆周运动都可分解为两个互相垂直的简谐振动.

附：知识脉络图

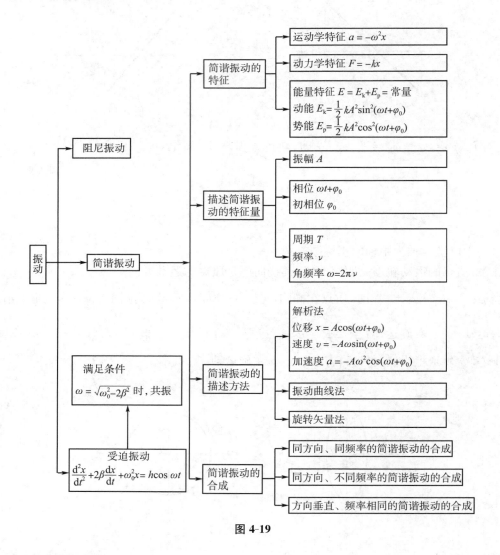

图 4-19

三、典型例题

这一单元的典型例题有以下三类：

（1）判断一个系统是否做简谐振动，并求周期或频率．

求解这类问题的关键是分析振动物体所受合力（合力矩）是不是线性回复力，或者根据牛顿运动定律（转动定律）列出方程，如果方程具有 $\dfrac{\mathrm{d}^2 x}{\mathrm{d}t^2} + \omega^2 x = 0$ 的形式，则可判定该系统的振动是简谐振动；方程中 x 前的系数就是角频率的平方 ω^2，依 $T = \dfrac{1}{\nu} = \dfrac{2\pi}{\omega}$ 可求得周期 T 或频率 ν．

（2）求简谐振动的运动方程．

求解这类问题的关键是根据题目所给条件找出初始条件，求出其振幅 A、初相位 φ_0 和角

频率 ω. 注意具体问题具体分析：建立合适的坐标系，选平衡位置为坐标原点；从振动曲线、速度或加速度曲线上分析求解. 另外，初相位 φ_0 最好用旋转矢量法求解.

（3）同方向、同频率的简谐振动的合成.

这类问题要特别注意从两个简谐振动的振动曲线的关系求出两振动的相位差，从而求解出合振幅、合振动的初相位.

【例 4-1】 　如图 4-20(a) 所示，一密度为 ρ、半径为 R、长为 L 的圆柱形木块浮在水池的水面上，若把木块完全压入水（密度为 ρ'）中，然后放手，木块将上下振动，忽略空气阻力和水的黏性阻力.

（1）木块是否做简谐振动？

（2）如果木块做简谐振动，周期是多少？

（3）求木块的运动方程.

解 　（1）首先找出木块在水中的平衡面. 设平衡时木块浸入水中的深度为 b，此时木块轴线与平衡面的交点为 C，如图 4-20(b) 所示. 木块的截面积为 $S = \pi R^2$，平衡时，木块所受的浮力 f 和重力 mg 大小相等，方向相反，有 $f = mg$，即

$$bS\rho'g = LS\rho g,$$

由此可得

$$b = \frac{\rho}{\rho'}L.$$

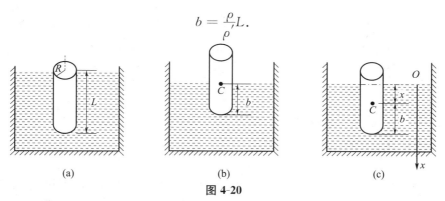

图 4-20

再求出任意时刻木块所受的合力. 以水面上一点为坐标原点 O，竖直向下为 x 轴，以平衡时木块上的 C 点为代表点. 如图 4-20(c) 所示，当 C 点坐标为 x 时，木块所受合外力为

$$F = mg - f(x) = LS\rho g - (b+x)S\rho'g = -S\rho'gx \propto -x,$$

故木块可看作受到一个劲度系数为 $k = S\rho'g$ 的线性回复力，木块做简谐振动.

（2）由牛顿第二定律，对木块有

$$m\frac{\mathrm{d}^2 x}{\mathrm{d}t^2} = -S\rho'gx,$$

式中木块质量为 $m = LS\rho$，得木块做简谐振动的动力学方程为

$$\frac{\mathrm{d}^2 x}{\mathrm{d}t^2} + \frac{\rho'g}{\rho L}x = 0.$$

与标准的动力学方程 $\frac{\mathrm{d}^2 x}{\mathrm{d}t^2} + \omega^2 x = 0$ 相比较，得到木块做简谐振动的角频率和周期分别为

$$\omega = \sqrt{\frac{\rho'g}{\rho L}}, \quad T = \frac{2\pi}{\omega} = 2\pi\sqrt{\frac{\rho L}{\rho'g}}.$$

（3）依题意，初始条件为 $t=0$ 时，$x_0=L-b, v_0=0$. 设木块的运动方程为 $x=A\cos(\omega t+\varphi_0)$，代入初始条件，有

$$L-b=A\cos\varphi_0, \quad 0=-A\omega\sin\varphi_0,$$

解得

$$\varphi_0=0, \quad A=L-b=L\left(1-\frac{\rho}{\rho'}\right).$$

于是木块的运动方程为

$$x=L\left(1-\frac{\rho}{\rho'}\right)\cos\omega t.$$

【例 4-2】 一定滑轮的半径为 R，转动惯量为 J，其上挂一轻绳，轻绳的一端系有一质量为 m 的物体，另一端与一固定的轻弹簧相连，如图 4-21（a）所示. 设弹簧的劲度系数为 k，轻绳与定滑轮间无滑动，且忽略轴的摩擦力及空气阻力. 现将物体从平衡位置拉下一微小距离后放手，证明物体做简谐振动，并求出其角频率.

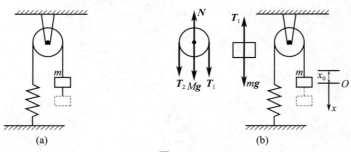

图 4-21

解 如图 4-21（b）所示建立坐标系，以物体的平衡位置为坐标原点 O，取竖直向下为正方向，物体在平衡位置时弹簧已伸长 x_0，则

$$mg=kx_0.$$

解法一 物体在任意 x 位置时，分析受力，如图 4-21（b）所示，这时弹簧伸长 $x+x_0$，则弹簧拉力为

$$T_2=k(x+x_0).$$

由牛顿第二定律和转动定律分别对物体和定滑轮进行分析，可得

$$mg-T_1=ma, \quad T_1R-T_2R=J\beta, \quad a=R\beta,$$

式中 T_1 为轻绳对物体的拉力，β 为定滑轮转动的角加速度，a 为物体的加速度. 联立解得物体的加速度为

$$a=\frac{-kx}{\dfrac{J}{R^2}+m},$$

即物体在任意 x 位置时所受合外力为

$$F=mg-T_1=ma=m\frac{\mathrm{d}^2x}{\mathrm{d}t^2}=\frac{-mk}{\dfrac{J}{R^2}+m}x\propto-x.$$

合外力是线性回复力，故物体做简谐振动，其角频率为

$$\omega = \sqrt{\dfrac{k}{\dfrac{J}{R^2}+m}} = \sqrt{\dfrac{kR^2}{J+mR^2}}.$$

解法二　由定滑轮、物体、弹簧组成的系统在振动过程中,只有重力和弹簧的弹性力做功,机械能守恒. 设平衡点 O 为重力势能和弹性势能的零点,当物体下降 x 时,

重力势能 $\qquad\qquad\qquad\qquad E_{p重} = -mgx,$

弹性势能 $\qquad E_{p弹} = \displaystyle\int_x^0 -k(x+x_0)\mathrm{d}x = \dfrac{1}{2}kx^2 + kxx_0 = \dfrac{1}{2}kx^2 + mgx,$

机械能 $\qquad\qquad E = \dfrac{1}{2}mv^2 + \dfrac{1}{2}J\omega^2 + \dfrac{1}{2}kx^2 = 常量.$

将 $\omega = \dfrac{v}{R}$ 代入上式,对时间求导得

$$mv\dfrac{\mathrm{d}v}{\mathrm{d}t} + \dfrac{J}{R^2}v\dfrac{\mathrm{d}v}{\mathrm{d}t} + kx\dfrac{\mathrm{d}x}{\mathrm{d}t} = 0,$$

注意 $\dfrac{\mathrm{d}v}{\mathrm{d}t} = \dfrac{\mathrm{d}^2x}{\mathrm{d}t^2}, \dfrac{\mathrm{d}x}{\mathrm{d}t} = v$,上式可化简为

$$\dfrac{\mathrm{d}^2x}{\mathrm{d}t^2} + \dfrac{kR^2}{J+mR^2}x = 0.$$

与标准的简谐振动的动力学方程相比较,可知物体做简谐振动,其角频率为

$$\omega = \sqrt{\dfrac{kR^2}{J+mR^2}}.$$

【例 4-3】　如图 4-22(a) 所示,在一竖直轻弹簧的下端悬挂一物体,并在它上面放一小物体(质量为 m'),弹簧被拉长 $l_0 = 20\text{ cm}$ 后平衡,再经拉动后,该物体和小物体一起在竖直方向做振幅为 $A = 10\text{ cm}$ 的振动.

(1) 试证明此振动为简谐振动.

(2) 物体和小物体在最大正位移处时开始计时,写出此振动的运动方程.

(3) 如果使放在振动物体上的小物体与振动物体分离,则振幅 A 需满足什么条件? 两者在什么位置开始分离?

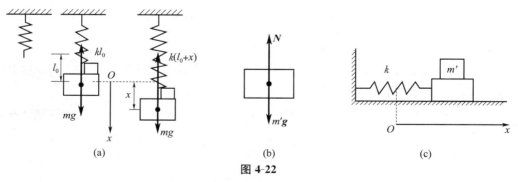

图 4-22

解　(1) 设物体和小物体的总质量为 m,则弹簧的劲度系数为

$$k = \dfrac{mg}{l_0}.$$

如图 4-22(a) 所示,选物体和小物体的平衡位置为坐标原点,竖直向下为正方向. 两物体在 x

处时，根据牛顿第二定律得

$$m\frac{\mathrm{d}^2x}{\mathrm{d}t^2} = mg - k(l_0 + x),$$

将 $k = \dfrac{mg}{l_0}$ 代入，整理后得

$$\frac{\mathrm{d}^2x}{\mathrm{d}t^2} + \frac{gx}{l_0} = 0,$$

所以此振动为简谐振动，其角频率为

$$\omega = \sqrt{\frac{g}{l_0}} = \sqrt{\frac{9.8}{20 \times 10^{-2}}} \ \mathrm{rad/s} \approx 7 \ \mathrm{rad/s}.$$

（2）设运动方程为

$$x = A\cos(\omega t + \varphi_0).$$

由题意知，当 $t = 0$ 时，$x_0 = A = 0.1 \ \mathrm{m}, v_0 = 0$，解得

$$\varphi_0 = 0,$$

于是

$$x = 0.1\cos 7t \ \mathrm{m}.$$

（3）小物体受力如图 4-22(b) 所示. 设小物体随振动物体运动的加速度为 a，由牛顿第二定律有

$$m'g - N = m'a, \quad N = m'(g - a).$$

当 $N = 0$，即 $a = g$ 时，小物体开始脱离振动物体.

由 $A = 0.1 \ \mathrm{m}, \omega = 7 \ \mathrm{rad/s}$ 可得物体和小物体的最大加速度为

$$a_{\max} = \omega^2 A = 4.9 \ \mathrm{m/s}^2.$$

此值小于 g，故小物体不会离开.

若小物体能脱离振动物体，则 $a > g$. 由 $a_{\max} = \omega^2 A > g$，可得

$$A > \frac{g}{\omega^2} = 20 \ \mathrm{cm}.$$

开始分离的位置由 $N = 0$ 求得

$$g = a = -\omega^2 x, \quad x = -\frac{g}{\omega^2} = -20 \ \mathrm{cm},$$

即两者在平衡位置上方 20 cm 处开始分离.

讨论：如果此弹簧振子水平放置，大物体在光滑的水平面上，如图 4-22(c) 所示，则小物体与物体一起运动时，两物体之间的静摩擦系数 μ 至少为多少？

对于小物体来说，它做简谐振动所需的线性回复力由两物体之间的静摩擦力提供，要使两物体不分开，则有

$$\mu m'g \geqslant m'a_{\max} = m'A\omega^2,$$

所以

$$\mu \geqslant \frac{A\omega^2}{g} = \frac{0.1 \times 7^2}{9.8} = 0.5.$$

反过来，如果已知最大静摩擦系数为 $\mu_{\max} = 0.4$，要使小物体与物体一起运动，则对振幅就有要求. 由最大静摩擦力对应振动的最大加速度，有

$$\mu_{\max} m'g = m'a_{\max} = m'A_{\max}\omega^2,$$

可解得振动系统（小物体与物体）做简谐振动的最大振幅为

$$A_{\max} = \frac{\mu_{\max} g}{\omega^2} = \frac{0.4 \times 9.8}{7^2}\ \text{m} = 8 \times 10^{-2}\ \text{m}.$$

从以上讨论也可知,在给定最大静摩擦系数 $\mu_{\max}$ 时,两物体要分离只可能在平衡位置两边的最大位移处.

注意:同一弹簧振子水平与竖直放置时,其角频率不变.

【例 4-4】 一质点做简谐振动,(1) 若其振动曲线如图 4-23(a) 所示,试求其运动方程;(2) 若其运动速度与时间的曲线如图 4-23(b) 所示,试求其运动方程.

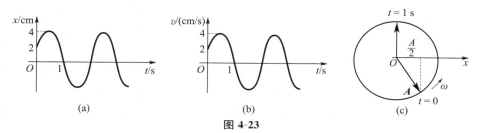

图 4-23

解 (1)**解法一** 解析法.依题意,设运动方程为 $x = A\cos(\omega t + \varphi_0)$. 由图 4-23(a) 可知,振幅为 $A = 4$ cm,当 $t = 0$ 时,$x_0 = 2$ cm,$v_0 > 0$;当 $t = 1$ s 时,$x_1 = 0$,$v_1 < 0$;$T > 1$ s. 分别代入运动方程和 $v = \dfrac{\mathrm{d}x}{\mathrm{d}t} = -A\omega\sin(\omega t + \varphi_0)$,有

$$\begin{cases} 2 = 4\cos\varphi_0 \\ v_0 = -A\omega\sin\varphi_0 > 0, \end{cases} \qquad \begin{cases} 0 = 4\cos(\omega \times 1 + \varphi_0), \\ v_1 = -A\omega\sin(\omega \times 1 + \varphi_0) < 0. \end{cases}$$

由第一组方程解得初相位为 $\varphi_0 = -\dfrac{\pi}{3}$,代入第二组方程并根据 $\dfrac{2\pi}{\omega} > 1$ 解得角频率为

$$\omega = \frac{5\pi}{6}\ \text{rad/s}.$$

因此周期为

$$T = \frac{2\pi}{\omega} = 2.40\ \text{s},$$

整理可得质点的运动方程为

$$x = 4\cos\left(\frac{5\pi}{6}t - \frac{\pi}{3}\right)\ \text{cm}.$$

解法二 旋转矢量法.当 $t = 0$ 时,$x_0 = 2$ cm,$v_0 > 0$;当 $t = 1$ s 时,$x_1 = 0$,$v_1 < 0$;$T > 1$ s. 可作对应的旋转矢量图,如图 4-23(c) 所示.由图可知,初相位为 $\varphi_0 = -\dfrac{\pi}{3}$,旋转矢量 $\boldsymbol{A}$ 在 $\Delta t = 1$ s 时间内转过的角度为 $\dfrac{\pi}{2} + \dfrac{\pi}{3} = \dfrac{5\pi}{6}$,即 $\omega\Delta t = \dfrac{\pi}{2} + \dfrac{\pi}{3} = \dfrac{5\pi}{6}$,所以角频率为

$$\omega = \left(\frac{\pi}{2} + \frac{\pi}{3}\right)\ \text{rad/s} = \frac{5\pi}{6}\ \text{rad/s},$$

整理可得质点的运动方程为

$$x = 4\cos\left(\frac{5\pi}{6}t - \frac{\pi}{3}\right)\ \text{cm}.$$

可见,用旋转矢量法求解这一类问题比解析法简单.

(2) 依题意,设质点的运动方程为 $x = A\cos(\omega t + \varphi_0)$,则速度方程为

$$v = \frac{\mathrm{d}x}{\mathrm{d}t} = -A\omega\sin(\omega t + \varphi_0),$$

从运动速度与时间的曲线(见图 4-23(b))可知,速度的振幅为 $A\omega = 4$ cm/s, $T > 1$ s.

当 $t = 0$ 时,$v_0 = 2$ cm/s,$x_0 < 0$;当 $t = 1$ s 时,$v_1 = 0$,$x_1 = A$. 分别代入速度方程和运动方程中,有

$$\begin{cases} x_0 = A\cos\varphi_0 < 0, \\ \dfrac{1}{2}A\omega = -A\omega\sin\varphi_0, \end{cases} \quad \begin{cases} A = A\cos(\omega \times 1 + \varphi_0), \\ 0 = -A\omega\sin(\omega \times 1 + \varphi_0). \end{cases}$$

由第一组方程解得初相位为 $\varphi_0 = -\dfrac{5\pi}{6}$,代入第二组方程并根据 $\dfrac{2\pi}{\omega} > 1$ 解得角频率为 $\omega = \dfrac{5\pi}{6}$ rad/s. 再由 $A\omega = 4$ cm/s 解得 $A \approx 1.53$ cm. 整理可得质点的运动方程为

$$x = 1.53\cos\left(\frac{5\pi}{6}t - \frac{5\pi}{6}\right) \text{ cm.}$$

【例 4-5】　一竖直悬挂的弹簧振子如图 4-24(a) 所示,现将物体下拉使弹簧伸长 $\dfrac{3mg}{k}$ $\left(\text{弹簧原长大于} \dfrac{mg}{k}\right)$,然后由静止释放并开始计时,求:

(1) 物体的运动方程;

(2) 要使弹簧振子的动能达到 $\dfrac{m^2 g^2}{k}$,至少需要经历的时间;

(3) 物体从第一次越过平衡位置到它运动到平衡位置上方 $\dfrac{mg}{k}$ 处所需的最短时间;

(4) 物体在平衡位置上方 $\dfrac{mg}{k}$ 处时,弹簧对物体的拉力.

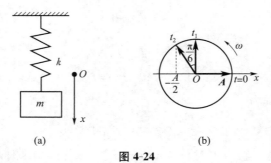

图 4-24

解　(1) 依题意,作图 4-24(a),以弹簧的平衡位置 O 为坐标原点,竖直向下为正方向. 物体在平衡位置时,弹簧已伸长 l_0,有

$$mg = kl_0.$$

物体在任意位置 x 时,所受合外力为

$$F = mg + T = mg - k(x + l_0) = -kx.$$

这是线性回复力,所以物体做简谐振动.

设物体的运动方程为

$$x = A\cos(\omega t + \varphi_0), \tag{4-6}$$

则物体的速度为

$$v = \frac{\mathrm{d}x}{\mathrm{d}t} = -A\omega\sin(\omega t + \varphi_0). \tag{4-7}$$

当 $t = 0$ 时，$x_0 = \frac{3mg}{k} - l_0 = \frac{2mg}{k}$，$v_0 = 0$，代入式(4-6)和(4-7)，有

$$\frac{2mg}{k} = A\cos\varphi_0, \quad 0 = -A\omega\sin\varphi_0,$$

解得 $A = \frac{2mg}{k}$，$\varphi_0 = 0$. 由弹簧振子的角频率为 $\omega = \sqrt{\frac{k}{m}}$ 可得物体的运动方程为

$$x = \frac{2mg}{k}\cos\sqrt{\frac{k}{m}}t \, (\mathrm{SI}). \tag{4-8}$$

（2）设坐标原点 O 为重力势能和弹性势能的零点，当物体在 x 处时，弹性势能为

$$E_{\mathrm{p弹}} = \int_x^0 -k(x + l_0)\mathrm{d}x = \frac{1}{2}kx^2 + kxl_0 = \frac{1}{2}kx^2 + mgx,$$

重力势能为

$$E_{\mathrm{p重}} = -mgx.$$

弹簧振子系统机械能守恒，有

$$E = \frac{1}{2}mv^2 + \frac{1}{2}kx^2 + mgx - mgx = 0 + \frac{1}{2}kA^2 + mgA - mgA = \frac{1}{2}kA^2 = 常量. \tag{4-9}$$

设弹簧振子的动能达到 $\frac{m^2g^2}{k}$ 时，物体在 x 处，由式(4-9)有

$$\frac{m^2g^2}{k} + \frac{1}{2}kx^2 = \frac{1}{2}kA^2 = \frac{2m^2g^2}{k}.$$

可见，这时系统的动能和势能相等，即 $\frac{1}{2}kx^2 = \frac{1}{2}mv^2 = \frac{m^2g^2}{k}$. 由式(4-6),(4-7)和(4-8)得

$\cos^2\omega t = \sin^2\omega t$，解得要使弹簧振子的动能达到 $\frac{m^2g^2}{k}$，至少需要经历的时间为

$$t = \frac{\pi}{4\omega} = \frac{\pi}{4}\sqrt{\frac{m}{k}}.$$

（3）设物体第一次越过平衡位置时刻为 t_1，此时 $x_1 = 0$，物体向上运动，$v_1 < 0$，有

$$0 = A\cos\omega t_1, \quad -\omega A\sin\omega t_1 < 0,$$

即 $\omega t_1 = \frac{\pi}{2}$，所以

$$t_1 = \frac{\pi}{2\omega} = \frac{\pi}{2}\sqrt{\frac{m}{k}}.$$

设物体在平衡位置上方 $\frac{mg}{k}$ 处的时刻为 t_2，此时 $x_2 = -\frac{mg}{k}$，物体向上运动，$v_2 < 0$，有

$$-\frac{mg}{k} = 2\frac{mg}{k}\cos\omega t_2, \quad -\omega A\sin\omega t_2 < 0,$$

即 $\omega t_2 = \frac{2\pi}{3}$，所以

$$t_2 = \frac{2\pi}{3\omega} = \frac{2\pi}{3}\sqrt{\frac{m}{k}}.$$

所以,物体从第一次越过平衡位置到它运动到平衡位置上方 $\frac{mg}{k}$ 处所需的最短时间为

$$\Delta t = t_2 - t_1 = \frac{2\pi}{3}\sqrt{\frac{m}{k}} - \frac{\pi}{2}\sqrt{\frac{m}{k}} = \frac{\pi}{6}\sqrt{\frac{m}{k}}.$$

用旋转矢量法求 Δt 更简单. t_1 时刻, $x_1 = 0$, $v_1 < 0$; t_2 时刻, $x_2 = -\frac{mg}{k} = -\frac{A}{2}$, $v_2 < 0$, 作旋转矢量图 4-24(b), 由图可知

$$\Delta t = t_2 - t_1 = \frac{\frac{\pi}{6}}{\omega} = \frac{\pi}{6\omega} = \frac{\pi}{6}\sqrt{\frac{m}{k}}.$$

(4) 设物体在平衡位置上方 $\frac{mg}{k}$ 处, 即 $x = -\frac{mg}{k}$, 弹簧对物体的拉力为 T, 由牛顿第二定律 $ma = mg + T$, 有

$$T = m(a - g),$$

而 $a = -\omega^2 x$, 所以

$$a = -\omega^2 x = -\omega^2\left(-\frac{mg}{k}\right) = g,$$

$$T = m(a - g) = m(g - g) = 0.$$

这说明物体处在弹簧的原长处.

也可直接由 $T = -k(x + l_0)$ 求弹簧对物体的拉力. 因为物体在平衡位置上方 $\frac{mg}{k}$ 处, 即 $x = -\frac{mg}{k}$, 所以

$$T = -k(x + l_0) = -kx - kl_0 = -kx - mg = -k\left(-\frac{mg}{k}\right) - mg = 0.$$

注意: 现在求的不是合外力, 实际上在关于平衡位置 O 的对称位置 $x = \pm\frac{mg}{k}$, 合外力为

$$F = mg - k(x + l_0) = -kx = -k\left(\pm\frac{mg}{k}\right) = \mp mg,$$

它总是指向平衡位置 O. 当物体在平衡位置上方 $x = -\frac{mg}{k}$ 处时, 虽然弹簧对物体的拉力为零, 但合外力并不为零, 此处的回复力由向下的重力提供.

【例 4-6】　两个同方向、同频率的简谐振动, 其运动方程分别为

$$x_1 = 4 \times 10^{-2}\cos\left(5\pi t + \frac{\pi}{2}\right)(\text{SI}), \quad x_2 = 3 \times 10^{-2}\cos(\pi - 5\pi t)(\text{SI}).$$

(1) 在同一坐标系中画出这两个振动的振动曲线, 并用旋转矢量表示这两个振动;

(2) 求它们的合振动方程.

解　(1) 对第二个振动进行化简, 可得

$$x_2 = 3 \times 10^{-2}\cos(\pi - 5\pi t) = 3 \times 10^{-2}\cos(5\pi t + \pi)(\text{SI}),$$

两振动的相位差为 $\Delta\varphi = \varphi_2 - \varphi_1 = \pi - \frac{\pi}{2} = \frac{\pi}{2}$, 即第二个振动比第一个振动相位超前 $\frac{\pi}{2}$, 时间上超前 $\frac{T}{4}$. 用旋转矢量来表示它们, 如图 4-25(a) 所示, 在同一坐标系中两个振动的振动曲线如图 4-25(b) 所示.

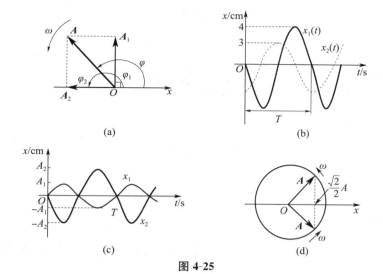

图 4-25

注意：当已知两个同方向、同频率的简谐振动的旋转矢量图或者两者振动曲线图时，可由图分析求解合振动方程. 例如，已知两个同方向、同频率的简谐振动的振动曲线如图 4-25(c) 所示，两振动相位相反，则其相位差为

$$\Delta\varphi = \varphi_2 - \varphi_1 = \frac{\pi}{2} - \left(-\frac{\pi}{2}\right) = \pi.$$

合振动的振幅为 $|A_1 - A_2|$，合振动的初相位与振幅大的分振动同相，为 $\varphi = \varphi_2 = \frac{\pi}{2}$，合振动方程为

$$x = |A_2 - A_1| \cos\left(\frac{2\pi}{T}t + \frac{\pi}{2}\right) \text{(SI)}.$$

又如，已知两个同方向、同频率的简谐振动的旋转矢量图如图 4-25(d) 所示，则由图可知，两个分振动的振幅相等，相位差为 $\frac{\pi}{2}$，从而合振幅为 $\sqrt{2}A$，合振动的初相位为 $\varphi = 0$，合振动方程为

$$x = \sqrt{2}A\cos \omega t \text{(SI)}.$$

（2）由于两个同方向、同频率的简谐振动的合振动也是同频率的简谐振动，因此合振动的振幅为

$$A = \sqrt{A_1^2 + A_2^2 + 2A_1A_2\cos(\varphi_2 - \varphi_1)}$$
$$= \sqrt{4^2 + 3^2 + 2 \times 4 \times 3\cos\left(\pi - \frac{\pi}{2}\right)} \text{ cm} = 5 \text{ cm} = 5 \times 10^{-2} \text{ m},$$

初相位为 $\tan\varphi = \dfrac{A_1\sin\varphi_1 + A_2\sin\varphi_2}{A_1\cos\varphi_1 + A_2\cos\varphi_2} = \dfrac{4 \times 10^{-2}\sin\dfrac{\pi}{2} + 3 \times 10^{-2}\sin\pi}{4 \times 10^{-2}\cos\dfrac{\pi}{2} + 3 \times 10^{-2}\cos\pi} = -\dfrac{4}{3}.$

由旋转矢量图（见图 4-25(a)）可知，$\dfrac{\pi}{2} < \varphi < \pi$，所以 $\varphi \approx 2.21$ rad. 合振动方程为

$$x = 5 \times 10^{-2}\cos(5\pi t + 2.21)\text{(SI)}.$$

第五单元

波动学基础

一、基本要求

（1）理解机械波产生的条件，能根据已知质元的运动方程建立平面简谐波的波函数，并掌握其物理意义及波形曲线.

（2）掌握平面简谐波特征量的物理意义及其相互关系，以及这些特征量各由什么因素决定.

（3）理解波的能量传播特征及能流、能流密度的概念.

（4）理解惠更斯原理和波的叠加原理.

（5）掌握波的相干条件，能应用相位差分析和确定相干波叠加产生相长干涉和相消干涉的条件.

（6）了解驻波形成的条件及驻波和行波的区别，能确定波腹和波节的位置.

（7）了解多普勒效应及其产生的原因.

二、基本概念与规律

1. 波动的基本概念

（1）**波动**：振动在空间的传播，伴随有状态和能量的传递.

从物理学上说，振动是一定的物理量在某一定值附近的反复变化，而波动是一定的物理量的周期性变化（也有非周期性的）在空间的传播. 波动是振动的传播，振动是波动的根源.

不同的波对应不同的振动，具体内容不同，各有其特殊性，但对波的数学处理和物理描述却有共性，如光波、声波都有折射、干涉与衍射等性质.

（2）**机械波**：机械振动在弹性介质中，通过介质中各质元之间的弹性力作用将振动传至远处的过程. 简而言之，机械振动在弹性介质中的传播即为机械波.

注意：① 机械波的产生条件：形成机械波必须有波源（振动物体）和弹性介质，两者缺一不可.

② **机械波的传播特点**：机械波传播的是振动相位和能量（或状态），在沿波的传播方向上，介质中各质元的振动相位依次落后，质元本身不迁移.

（3）**横波和纵波**：介质中质元的振动方向与波的传播方向相互垂直的波叫作横波；两者相

互平行的波叫作纵波.

（4）**波的几何描述**.

① **波面**：某时刻介质中振动相位相同的质元连起来形成的面. 在某一时刻,最前方的波面叫作波前.

② **波线**：自波源沿波的传播方向所作的一些带有箭头的线（它也是能量传输的方向,在各向同性的介质中,波线总与波面垂直）.

③ **平面波和球面波**：波面为平面的波称为平面波；波面为球面的波称为球面波. 在离波源足够远,且观察范围不大时,球面波可按平面波处理.

（5）**描述波的特征量**.

① **波速**：单位时间内,振动状态（相位）传播的距离,即振动状态在空间中的传播速度. 它与波源的振动无关,与介质有关. 在拉紧的绳子或细线中传播的横波的波速为

$$u = \sqrt{\frac{T}{\eta}},$$

式中 T 为绳子或细线的张力, η 为其质量线密度.

② **波长** λ：相邻的两个振动状态相同的质元之间的距离,或同一波线上相位差为 2π 的两相邻质元之间的距离,也是一个完整波形的长度. 它反映波在空间上的周期性,如图 5-1 所示.

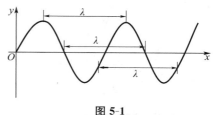

图 5-1

根据波长的定义,在波的传播方向上,各向同性均匀介质中,间距为波长整数倍的各质元的振动状态相同.

③ **波的周期** T：一个完整波形通过波线上某点所需的时间,或波前进一个波长所需的时间,也是振动状态传播一个波长距离所需的时间. 它反映波在时间上的周期性.

④ **波的频率** ν：单位时间通过波线上某点的完整波形的数目. 它反映波在时间上的周期性（注意：波的周期和频率与传播介质中各质元的振动周期和频率相同）.

⑤ **角波数** k：2π 长度上所包含的完整波的个数,也是单位长度上波的相位改变.

波速、波长、周期、频率、角波数之间的关系：

$$u = \frac{\lambda}{T} = \lambda\nu, \quad k = \frac{2\pi}{\lambda} = \frac{\omega}{u}, \quad \omega = 2\pi\nu = \frac{2\pi}{T}.$$

注意：u 由介质决定；T,ν 由波源决定；λ 由波源和介质决定. 相同频率的波在不同介质中传播时,λ 随介质不同而不同；不同频率的波在相同介质中传播时,λ 随波的频率不同而不同.

2. 平面简谐波

（1）**简谐波**：简谐振动在弹性介质中传播时,介质中各质元都做简谐振动的连续波.

简谐波是频率单一的单色波. 各种复杂的波形都可看成由许多不同频率的简谐波的叠加而成.

（2）**平面简谐波**：波面是平面的简谐波.

（3）**平面简谐波的波函数**：波沿波线传播的解析表达式.

对于平面简谐波,在垂直于波线的波面上各点皆有相同的振动状态,则沿波线取坐标轴(x 轴)时,平面简谐波的波函数就是波线上各质元任意 t 时刻离开各自平衡位置 x 的位移 y 与 x,t 的函数关系,即

$$y = y(x,t),$$

式中 x 是介质中各质元的平衡位置的坐标.

设平面简谐波在理想的、无吸收的无限大均匀介质中沿 x 轴传播,则平面简谐波的波函数为

$$y = A\cos\left[\omega\left(t \mp \frac{x}{u}\right) + \varphi_0\right] = A\cos\left[2\pi\left(\frac{t}{T} \mp \frac{x}{\lambda}\right) + \varphi_0\right]$$
$$= A\cos\left(2\pi\nu t \mp \frac{2\pi x}{\lambda} + \varphi_0\right).$$

注意:① 波函数中"—"表示波沿 x 轴正方向传播;"+"表示波沿 x 轴负方向传播.

② 从波函数可知,在波线上的各质元的振动状态在波的传播方向上依次落后(见图 5-2).

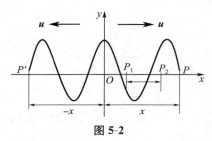

图 5-2

任意 P 点处的质元与 O 点处的质元在 t 时刻的相位差为

$$\Delta\varphi = \left[\omega\left(t \mp \frac{x}{u}\right) + \varphi_0\right] - (\omega t + \varphi_0)$$
$$= \mp\frac{\omega x}{u} = \mp\frac{2\pi x}{\lambda} = \mp kx.$$

$\Delta\varphi$ 可正可负,表示 P 点处的质元比坐标原点 O 处的质元超前或落后的相位.

(4) **波函数的物理意义**:给定 $x = x_i$,y 仅是时间 t 的函数,它表示 x_i 处质元的振动,给出 x_i 处质元任意时刻离开平衡位置的位移,如图 5-3 所示,波函数退化为 x_i 处质元的运动方程,即

$$y|_{x=x_i} = A\cos\left(\omega t \mp \frac{2\pi x_i}{\lambda} + \varphi_0\right) = A\cos\left[\omega t + \left(\varphi_0 \mp \frac{2\pi x_i}{\lambda}\right)\right]$$
$$= A\cos(\omega t + \varphi_{0i}),$$

式中 $\varphi_0 \mp \frac{2\pi x_i}{\lambda} = \varphi_{0i}$,$\varphi_{0i}$ 是 x_i 处质元振动的初相位.

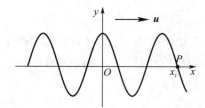
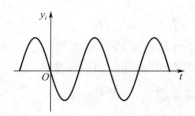

图 5-3

空间各质元做同频率、同振幅的简谐振动,x_i 不同,φ_{0i} 不同,当波沿 x 轴正方向传播时,x_i 增大,φ_{0i} 减小,各质元的振动在波的传播方向上依次落后. 显然,当 $x = x_i + n\lambda,n = 0,\pm 1,\pm 2,\cdots$ 时,有 $y|_{x=x_i} = y|_{x=x_i+n\lambda}$,即距离 λ 整数倍的各质元振动状态完全相同. 由此可见,波长

是波在空间上具有周期性的反映.

给定 $t = t_i$，y 仅是坐标 x 的函数，它表示 t_i 时刻的波形，给出 t_i 时刻任意质元离开平衡位置的位移，由此得到的曲线为波形曲线.

t_i 不同，波形曲线不同，t 增大，波形曲线在波的传播方向上前进，当 $t = t_i + nT$，$n = 0$，± 1，± 2，$\cdots$ 时，有 $y|_{t=t_i} = y|_{t=t_i+nT}$，即每隔 T 时间，波形重复一次，各质元振动状态复原. 由此可见，周期是波在时间上具有周期性的反映.

当 x 和 t 同时变化时，波函数描述了波线上所有质元离开自己平衡位置的位移随时间的变化规律.

由于波速是相位传播的速度，Δt 时间后，任意 x 处的振动状态移动到 $x + \Delta x = x + u\Delta t$ 处，有

$$y(x + \Delta x, t + \Delta t) = y(x, t).$$

可见，Δt 时间内，某一振动状态(一定的相位)在波的传播方向上前进 $\Delta x = u\Delta t$ 的距离. 平面简谐波的波函数描述的是一个沿 x 轴正方向或负方向传播的行波，反映了波的物理本质是相位的传播，如图 5-4 所示.

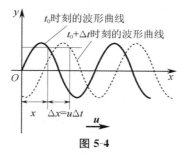

图 5-4

在无吸收的均匀介质中，一切平面波都遵守波动方程

$$\frac{\partial^2 y}{\partial x^2} = \frac{1}{u^2} \frac{\partial^2 y}{\partial t^2}.$$

上式反映的是一切平面波都必须满足的偏微分方程. 它的一个特解就是平面简谐波的波函数，此特解的线性组合也是方程的解. 由实验事实可知，若有几列波同时在介质中传播，则它们各自将以原有的振幅、频率和波长独立传播；在几列波相遇处质元的位移等于各列波单独传播时在该处引起的位移的矢量和.

3. 波的能量

当波传播到介质中时，各质元振动，具有动能；各质元因受力发生弹性形变，具有弹性势能. 这些能量随振动状态由近及远传播，任意一个质元都在不断地从前一质元中接收能量，而向后一质元释放能量. 取体积为 $\mathrm{d}V$，质量为 $\mathrm{d}m = \rho\mathrm{d}V$ 的体积元，将波传播到该体积元时，其动能和势能分别为

$$\mathrm{d}E_\mathrm{k} = \frac{1}{2}\rho A^2 \omega^2 \sin^2\left[\omega\left(t \mp \frac{x}{u}\right) + \varphi_0\right]\mathrm{d}V,$$

$$\mathrm{d}E_\mathrm{p} = \frac{1}{2}\rho A^2 \omega^2 \sin^2\left[\omega\left(t \mp \frac{x}{u}\right) + \varphi_0\right]\mathrm{d}V,$$

其机械能为

$$\mathrm{d}E = \mathrm{d}E_{k} + \mathrm{d}E_{p} = \rho A^{2}\omega^{2}\sin^{2}\left[\omega\left(t\mp\frac{x}{u}\right)+\varphi_{0}\right]\mathrm{d}V.$$

注意:平面简谐波中,体积元中质元的动能和势能同相位地随时间周期性变化.

这与孤立的振动系统的能量有不同特点,孤立的振动系统动能和势能的相位差是 $\frac{\pi}{2}$,孤立的振动系统在平衡位置时动能最大,势能最小,总机械能守恒,这表明系统储存着一定的能量,不向外传播能量.而波在弹性介质中传播时,介质中各质元由弹性力彼此相连,当质元振动经过平衡位置时,具有最大振动速度和最大形变,故动能、势能、机械能达到最大.这表明弹性介质本身并不储存能量,它只起到传播能量的作用,即弹性力做功把波源处的能量向外传播.

能量密度 w:单位体积介质的能量.在一个周期内能量密度的平均值叫作平均能量密度 $\overline{w}$.它们的数学表达式分别为

$$w = \frac{\mathrm{d}E}{\mathrm{d}V} = \rho A^{2}\omega^{2}\sin^{2}\left[\omega\left(t\mp\frac{x}{u}\right)+\varphi_{0}\right],$$

$$\overline{w} = \frac{1}{T}\int_{0}^{T}\rho A^{2}\omega^{2}\sin^{2}\left[\omega\left(t\mp\frac{x}{u}\right)+\varphi_{0}\right]\mathrm{d}t = \frac{1}{2}\rho A^{2}\omega^{2}.$$

对于某一体积元,它的能量从零达到最大,这是能量的输入过程,然后又从最大减到零,这是能量的输出过程,周而复始.体积元的平均能量密度保持不变,即介质中并不积累能量,因而波是能量传播的一种形式.波的能量沿波的传播方向传播,从而波永远存在能量的流动.

能流 p:单位时间内通过垂直于波传播方向的某一截面的能量.其数学表达式为

$$p = \frac{\mathrm{d}E}{\mathrm{d}t} = u\Delta Sw = u\Delta S\rho A^{2}\omega^{2}\sin^{2}\left[\omega\left(t\mp\frac{x}{u}\right)+\varphi_{0}\right].$$

平均能流密度(或波的强度)I:单位时间通过垂直于波传播方向的单位面积的平均能流.其数学表达式为

$$I = \frac{\overline{p}}{\Delta S} = \overline{w}u = \frac{1}{2}\rho A^{2}\omega^{2}u.$$

4. 惠更斯原理

惠更斯原理:介质中任意波面上的各点,都可看作发射子波的波源,其后任意时刻,这些子波的包络面就是新波前.

包络面:与所有子波的波前相切的曲面.

子波波源:与真正的波源有差别,它不能向后传播.

根据惠更斯原理,可用几何作图法决定下一时刻的波前.利用惠更斯作图法可以说明波的反射定律、折射定律和衍射现象.

5. 波的叠加

波的独立传播原理(讨论波相遇后分开的情形):介质中的每一列波都保持其独立的传播特性,不因其他波的存在而改变,即几列波可以保持各自的特点通过同一介质.

波的叠加原理(讨论波相遇时的情形):当几列波在介质中某点相遇时,该点的振动为各列波单独在该点产生的振动的矢量和(注意:该点质元的位移等于各列波单独传播时在该处引起的位移的矢量和).

波的干涉现象：当两列或几列频率相同、振动方向相同、相位差恒定的波在空间相遇时，使得空间某些点处的振动始终加强，某些点处的振动始终减弱（其他位置的振动的强弱介乎两者之间）的现象.

波的相干条件：两列或几列波的相干条件是频率相同、振动方向相同、相位差恒定.满足相干条件而能发生干涉现象的波称为**相干波**；发射相干波的波源称为**相干波源**.

干涉相长和**干涉相消**的条件如下：如图 5-5 所示，两列相干波传到 P 点处引起的振动分别为

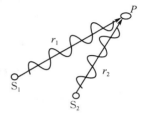

$$y_1 = A_1 \cos\left(\omega t + \varphi_{10} - \frac{2\pi r_1}{\lambda}\right) = A_1 \cos(\omega t + \varphi_1),$$

$$y_2 = A_2 \cos\left(\omega t + \varphi_{20} - \frac{2\pi r_2}{\lambda}\right) = A_2 \cos(\omega t + \varphi_2).$$

由同方向、同频率简谐振动的合成可得 P 点处的合振动为

$$y = y_1 + y_2 = A\cos(\omega t + \varphi),$$

图 5-5

式中合振幅为 $A = \sqrt{A_1^2 + A_2^2 + 2A_1 A_2 \cos(\varphi_2 - \varphi_1)}$.因波的强度正比于振幅的平方，则

$$I = A^2 = A_1^2 + A_2^2 + 2A_1 A_2 \cos(\varphi_2 - \varphi_1) = I_1 + I_2 + 2\sqrt{I_1 I_2}\cos\Delta\varphi$$
$$= I_1 + I_2 + I_{12},$$

式中 $I_{12} = 2\sqrt{I_1 I_2}\cos\Delta\varphi$ 称为干涉项，$\Delta\varphi = \varphi_2 - \varphi_1$ 为两相干波在相遇点引起的分振动的相位差，即

$$\Delta\varphi = \varphi_2 - \varphi_1 = \varphi_{20} - \varphi_{10} - \frac{2\pi}{\lambda}(r_2 - r_1).$$

如果 $\Delta\varphi$ 是 t 的函数，在观察时间内，空间各点 $\overline{\cos\Delta\varphi} = 0$，干涉项 $I_{12} = 0$，$I = I_1 + I_2$，此时为非相干叠加.

注意：非相干波的叠加，因有不同的振动方向和频率、不恒定的相位差，故合成波的情况相当复杂，然而合成波的强度到处均匀分布.

如果 $\Delta\varphi$ 不随时间 t 变化，则空间各点处的波的强度、干涉项 I_{12} 随位置不同而不同，但有稳定分布，此时为相干叠加.

可见，P 点处的波的强度取决于两个波在此引起的分振动的相位差.对相位差进行讨论可得到干涉相长和干涉相消的条件.

（1）干涉相长（极大、加强）条件：两相干波在该处的相位差为 $\Delta\varphi = \varphi_2 - \varphi_1 = \pm 2k\pi$，$k = 0,1,2,\cdots$，即 $\cos\Delta\varphi = 1$ 时，两振动同相，$A = A_1 + A_2$，P 点处的波的强度有最大值

$$I = I_{\max} = I_1 + I_2 + 2\sqrt{I_1 I_2} \xrightarrow{I_1 = I_2} 4I_1.$$

（2）干涉相消（极小、减弱）条件：两相干波在该处的相位差为 $\Delta\varphi = \varphi_2 - \varphi_1 = \pm(2k+1)\pi$，$k = 0,1,2,\cdots$，即 $\cos\Delta\varphi = -1$ 时，两振动反相，$A = |A_1 - A_2|$，P 点处的波的强度有最小值

$$I = I_{\min} = I_1 + I_2 - 2\sqrt{I_1 I_2} \xrightarrow{I_1 = I_2} 0.$$

由上述讨论可知，两波的强度相等的相干波（两列波的振幅相等）叠加产生的干涉效果最明显.合成波在空间各处的波的强度并不等于两个分波的波的强度之和，波的能量在空间发生了重新分布（总能量守恒）.

当两相干波源的初相位相同,即 $\varphi_{20} - \varphi_{10} = 0$ 时,干涉相长与干涉相消的条件也可用波程差表示. 由 $\Delta\varphi = \varphi_2 - \varphi_1 = \varphi_{20} - \varphi_{10} - \dfrac{2\pi}{\lambda}(r_2 - r_1) = -\dfrac{2\pi}{\lambda}(r_2 - r_1) = -\dfrac{2\pi}{\lambda}\delta$,定义波程差为 $\delta = r_2 - r_1$,得到如下条件:

(1) 干涉相长条件:

$$\delta = r_2 - r_1 = \pm k\lambda \quad (k = 0,1,2,\cdots),$$

即 δ 为波长整数倍的空间各点振动因干涉而加强.

(2) 干涉相消条件:

$$\delta = r_2 - r_1 = \pm(2k+1)\frac{\lambda}{2} \quad (k = 0,1,2,\cdots),$$

即 δ 为半波长的奇数倍的各点振动因干涉而减弱.

驻波:两列相干波在同一直线上反向传播时,在叠加区域内形成的一种稳定波形的波. 设两列波的振幅相等,波函数分别为

$$y_1 = A\cos\left(\omega t - \frac{2\pi}{\lambda}x + \varphi_1\right), \quad y_2 = A\cos\left(\omega t + \frac{2\pi}{\lambda}x + \varphi_2\right),$$

式中 φ_1 和 φ_2 分别为这两列波在坐标原点引起的振动的初相位. 两列波在 x 处叠加可得

$$y = y_1 + y_2 = 2A\cos\left[\frac{2\pi}{\lambda}x + \frac{1}{2}(\varphi_2 - \varphi_1)\right]\cos\left[\omega t + \frac{1}{2}(\varphi_2 + \varphi_1)\right]. \tag{5-1}$$

如果 $\varphi_2 = \varphi_1 = \varphi$,则有

$$y = y_1 + y_2 = 2A\cos\frac{2\pi}{\lambda}x\cos(\omega t + \varphi); \tag{5-2}$$

如果 $\varphi_1 = -\varphi_2 = \dfrac{\pi}{2}$,则有

$$y = y_1 + y_2 = 2A\sin\frac{2\pi}{\lambda}x\cos\omega t. \tag{5-3}$$

式(5-1),(5-2) 和(5-3) 都称为**驻波方程**,它描述波线上各点离开平衡位置的位移.

注意:① 驻波方程是 x 的函数与 t 的函数的乘积,驻波方程不满足 $y(x + \Delta x, t + \Delta t) = y(x,t)$ 的形式,它不是行波,行波方程中 x 与 t 不能分开.

② 从驻波方程可知,介质中各质元做简谐振动,其振幅不随时间 t 变化,但随位置 x 变化,频率与波源的频率相同.

③ 振幅分布. 以式(5-2)描述的驻波为例,其振幅分布为

$$A(x) = \left|2A\cos\frac{2\pi}{\lambda}x\right|.$$

有些位置合振动的振幅为极大值 $2A$,称为波腹,即

$$A(x) = \left|2A\cos\frac{2\pi}{\lambda}x\right| = 2A,$$

对上式进行求解,可得波腹的位置为

$$x = \pm k\frac{\lambda}{2} \quad (k = 0,1,2,\cdots).$$

有些位置合振动的振幅为零,称为波节,即

$$A(x) = \left|2A\cos\frac{2\pi}{\lambda}x\right| = 0,$$

对上式进行求解,可得波节的位置为

$$x = \pm(2k+1)\frac{\lambda}{4} \quad (k = 0,1,2,\cdots).$$

式(5-2)所描述的驻波在 $x = 0$ 处是波腹.到坐标原点的距离为半波长的整数倍的地方是波腹,相邻波腹间的间距为 $\frac{\lambda}{2}$;到坐标原点的距离为 $\frac{\lambda}{4}$ 的奇数倍的地方是波节,相邻波节间的间距也为 $\frac{\lambda}{2}$.但式(5-3)所描述的驻波在 $x = 0$ 处却是波节.

④ 相位分布.以式(5-2)描述的驻波为例.当 $\cos\frac{2\pi}{\lambda}x > 0$ 时,则满足该条件的各 x 处质元的振动同相,其振动方程为

$$y = 2A\cos\frac{2\pi}{\lambda}x\cos(\omega t + \varphi);$$

当 $\cos\frac{2\pi}{\lambda}x < 0$ 时,则满足该条件的各 x 处质元的振动同相,其振动方程为

$$y = \left|2A\cos\frac{2\pi}{\lambda}x\right|\cos(\omega t + \varphi + \pi).$$

可见,以波节为界,波节两侧的各点振动反相(相差为 π),两相邻波节之间的各点振动同相.驻波不是振动的传播,相位、能量与波形都不传播;而是介质中各质元都做频率相同的、稳定的分段同步振动.这是一种特殊的干涉.

⑤ 由于相邻波腹、相邻波节间的间距都为 $\frac{\lambda}{2}$,要在弦线上形成驻波,则弦长 L 必满足 $L = n\frac{\lambda}{2}$,$n = 1,2,\cdots$,因此驻波经常用来测波长.

6. 半波损失

当波从波疏介质垂直入射到波密介质并在界面上发生反射时,反射点正好是波节,从振动的合成考虑,这意味着反射波与入射波的相位在此处正好相反,相差为 π,即入射波在反射时相位突变了 π,相当于有半个波长的波程差损失,称为半波损失.

当波从波密介质垂直入射到波疏介质并在界面上发生反射时,反射点是波腹,即入射波与反射波同相,没有半波损失.

对折射波,无论波从波疏介质射向波密介质,还是从波密介质射向波疏介质,在折射点都无半波损失.

说明:在同一波线上,空间距离相差一个波长 λ 的两质元,振动的相位差为 2π,那么相位差为 π 的两质元,它们的空间距离就是半个波长,反射波与入射波在反射点处相位突变了 π,就相当于反射波在空间上多(或者少)传播了半个波长的距离.

附:知识脉络图

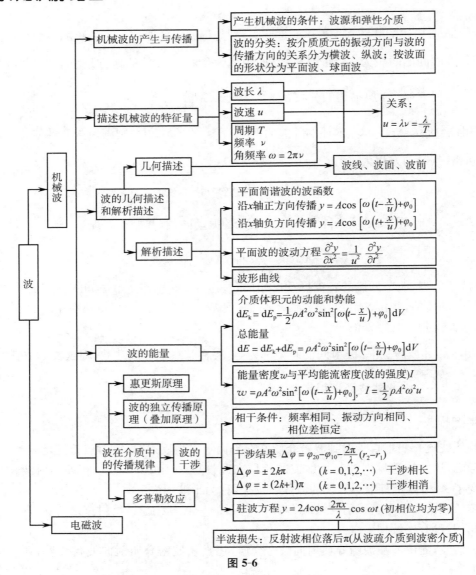

图 5-6

三、典型例题

这一单元中,主要有以下两类题型.

1. 求波函数(主要有两种类型)

(1)已知平面简谐波中某点处的运动方程或该点处的振动曲线,求波函数. 此类问题的关键是,根据波的传播方向判断任意一点 P 比已知点处的振动超前或落后的相位,然后与已知点处的运动方程中的相位相加或相减,即可得到波函数.

(2)已知平面简谐波某时刻的波形曲线,求波函数. 此类问题的关键是,根据已知条件和波形曲线求出各物理量(A,λ,u,ν,ω 和 φ_0),继而求出某点 B 处的运动方程

$$y_B = A\cos(\omega t + \varphi).$$

最后用类型(1)的方法求波函数.

2. 已知平面简谐波的波函数,求某一质元的运动方程

这类题型还可以进一步拓展,如已知平面简谐波的波函数,画出某一质元的振动曲线,或者画出某时刻的波形曲线.波函数给出了任意时刻、任意质元的振动位移,把某一质元的坐标代入波函数,就得到该质元的运动方程,并画出该质元的振动曲线.把给定时刻的值代入波函数,即可得该时刻下各质元相对于各自平衡位置的位移,并画出该时刻的波形曲线.

【例 5-1】 向右传播的平面简谐波的波速为 u,已知 a 点处质元的运动方程为

$$y_a = A\cos(\omega t + \varphi),$$

式中 φ 是 a 点处质元的初相位,求如图 5-7(a)和图 5-7(b)所示的两种坐标系下的波函数,以及距 a 点为 l 的 b 点处质元的运动方程.

解 (1)在如图 5-7(a)所示坐标系下求波函数.

解法一 根据平面波的物理特性求解.

先求坐标原点处质元的运动方程,a 点的坐标为 $x_a(x_a > 0)$,由于波向右传播,可知 O 点处的相位比 a 点处的相位超前 $2\pi \dfrac{x_a}{\lambda} = \dfrac{\omega x_a}{u}$,故 O 点处质元的运动方程为

$$y_O = A\cos\left(\omega t + \varphi + \frac{\omega x_a}{u}\right).$$

在波线上任取一点 P,横坐标为 x,P 点处的相位比 O 点处的相位落后 $-\dfrac{\omega}{u}x$,从而得到波函数为

$$y = A\cos\left[\omega\left(t - \frac{x}{u}\right) + \varphi + \frac{\omega x_a}{u}\right]. \tag{5-4}$$

也可以不求坐标原点 O 处质元的运动方程,根据 P 点处的相位比 a 点处的相位落后 $-\dfrac{\omega}{u}(x - x_a)$,由 a 点处质元的运动方程 $y_a = A\cos(\omega t + \varphi)$ 直接得出波函数为

$$y = A\cos\left[\omega t + \varphi - \frac{\omega}{u}(x - x_a)\right] = A\cos\left[\omega\left(t - \frac{x}{u}\right) + \varphi + \frac{\omega x_a}{u}\right].$$

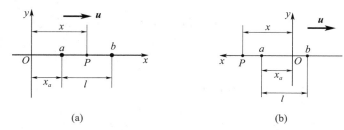

(a)	(b)

图 5-7

解法二 用比较法.

设波函数为 $y = A\cos\left[\omega\left(t - \dfrac{x}{u}\right) + \varphi_0\right]$,则 a 点($x = x_a$)处质元的运动方程为

$y_a = A\cos\left[\omega\left(t - \dfrac{x_a}{u}\right) + \varphi_0\right]$. 与给定的 a 点处质元的运动方程 $y_a = A\cos(\omega t + \varphi)$ 比较可得

$$\varphi_0 = \varphi + \frac{\omega x_a}{u},$$

由此得出波函数为

$$y = A\cos\left[\omega\left(t - \frac{x}{u}\right) + \varphi + \frac{\omega x_a}{u}\right].$$

接下来计算 b 点处质元的运动方程. 在如图 5-7(a) 所示坐标系下,b 点处质元的坐标为 $x_b = x_a + l$,代入波函数(5-4) 得 b 点处质元的运动方程为

$$y_b = A\cos\left[\omega t - \frac{\omega(x_a + l)}{u} + \varphi + \frac{\omega x_a}{u}\right] = A\cos\left(\omega t + \varphi - \frac{\omega}{u}l\right).$$

也可直接从 b 点处的相位比 a 点处的相位落后 $-\dfrac{\omega}{u}l$,得 b 点处质元的运动方程为

$$y_b = A\cos\left(\omega t + \varphi - \frac{\omega}{u}l\right).$$

(2) 在如图 5-7(b) 所示坐标系下求波函数. 注意在这种坐标系下,波沿 x 轴负方向传播.

先求坐标原点 O 处质元的运动方程. 设 a 点的坐标为 $x_a(x_a > 0)$,由于波向右传播,可知 O 点处的相位比 a 点处的相位落后 $-2\pi\dfrac{x_a}{\lambda} = -\dfrac{\omega x_a}{u}$,故 O 点处质元的运动方程为

$$y_O = A\cos\left(\omega t + \varphi - \frac{\omega x_a}{u}\right).$$

在波线上任取一点 P,横坐标为 x,P 点处的相位比 O 点处的相位超前 $\dfrac{\omega}{u}x$,由此可得波函数为

$$y = A\cos\left[\omega\left(t + \frac{x}{u}\right) + \varphi - \frac{\omega x_a}{u}\right]. \tag{5-5}$$

可见,同一列平面简谐波在不同坐标系下,波函数不同.

接下来计算 b 点处质元的运动方程. 在如图 5-7(b) 所示坐标系下,b 点处质元的坐标为 $x_b = -(l - x_a)$,代入波函数(5-5) 得 b 点处质元的运动方程为

$$y_b = A\cos\left[\omega t + \frac{\omega(x_a - l)}{u} + \varphi - \frac{\omega x_a}{u}\right] = A\cos\left(\omega t + \varphi - \frac{\omega}{u}l\right).$$

也可直接从 b 点处的相位比 a 点处的相位落后 $-\dfrac{\omega}{u}l$,得 b 点处质元的运动方程为

$$y_b = A\cos\left(\omega t + \varphi - \frac{\omega}{u}l\right).$$

可见,同一列平面简谐波在不同坐标系下,波线上质元的运动方程相同.

讨论:同一列平面简谐波在不同坐标系下,波函数与坐标系的选取有关;而波线上质元的运动方程却不受影响. 因为波动研究的介质中所有质元相对于各自平衡位置的位移问题,而振动只研究其中一个质元的位移随时间的变化问题.

【例 5-2】 一列平面简谐波沿 x 轴负方向传播,波长为 $\lambda = 40 \text{ cm}$,已知 $x = 0$ 处质元的振动曲线如图 5-8(a) 所示.

(1) 求 $x = 0$ 处质元的运动方程;

(2) 求该波的波函数;

（3）画出 $t = \dfrac{2}{3}$ s 时的波形曲线.

解 由 $x = 0$ 处质元的振动曲线可知，$T = 4$ s，$A = 10$ cm，$\omega = \dfrac{2\pi}{T} = \dfrac{\pi}{2}$ rad/s.

（1）**解法一** 设 $x = 0$ 处质元的运动方程为

$$y_0 = A\cos\left(\dfrac{\pi}{2}t + \varphi_0\right).$$

当 $t = 0$ 时，$y_0 = 5$ cm $= \dfrac{A}{2}$，$v_0 < 0$，可得

$$y_0 = A\cos\varphi_0 = \dfrac{A}{2}, \quad v_0 = -A\omega\sin\varphi_0 < 0,$$

解得 $\varphi_0 = \dfrac{\pi}{3}$.

或者由初始条件作旋转矢量图，如图 5-8(b) 所示，解得 $\varphi_0 = \dfrac{\pi}{3}$. 因此，$x = 0$ 处质元的运动方程为

$$y_0 = 0.1\cos\left(\dfrac{\pi}{2}t + \dfrac{\pi}{3}\right) \text{ (SI)}.$$

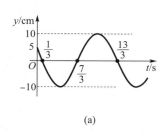
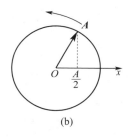
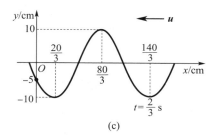

(a)　　　　　　　　　(b)　　　　　　　　　(c)

图 5-8

解法二 求 $x = 0$ 处质元的运动方程时，并不一定要研究 $t = 0$ 时质元的振动状态，也可以研究其他时刻的振动状态. 如本题，可以研究 $x = 0$ 处质元在 $t = \dfrac{1}{3}$ s 时的振动状态. 当 $t = \dfrac{1}{3}$ s 时，$x = 0$ 处质元的位移和速度分别为 $y_0\Big|_{t=\frac{1}{3}} = 0$，$v < 0$，有

$$y_0\Big|_{t=\frac{1}{3}} = A\cos\left(\dfrac{\pi}{2} \times \dfrac{1}{3} + \varphi_0\right) = 0, \quad v = -A\omega\sin\left(\dfrac{\pi}{6} + \varphi_0\right) < 0,$$

解得 $\varphi_0 = \dfrac{\pi}{3}$. 因此，$x = 0$ 处质元的运动方程为

$$y_0 = 0.1\cos\left(\dfrac{\pi}{2}t + \dfrac{\pi}{3}\right) \text{(SI)}.$$

（2）波沿 x 轴负方向传播，任意坐标为 x 的质元的相位比 $x = 0$ 处质元的相位超前 $2\pi\dfrac{x}{\lambda}$ $= 5\pi x$，故任意 x 处质元的运动方程为所求波函数，即

$$y = 0.1\cos\left(\dfrac{\pi}{2}t + 5\pi x + \dfrac{\pi}{3}\right) \text{(SI)}. \tag{5-6}$$

(3) 将 $t = \dfrac{2}{3}$ s 代入波函数(5-6),得

$$y\Big|_{t=\frac{2}{3}} = 0.1\cos\left(\frac{\pi}{3} + 5\pi x + \frac{\pi}{3}\right) = 0.1\cos\left(5\pi x + \frac{2}{3}\pi\right) \text{(SI)}$$

或

$$y\Big|_{t=\frac{2}{3}} = 10\cos\left(\frac{\pi}{20}x + \frac{2\pi}{3}\right) \text{ cm.}$$

由此画出 $t = \dfrac{2}{3}$ s 时的波形曲线,如图 5-8(c) 所示.

讨论:对于(1),(2) 问,也可先求出波函数,再求某点处质元的运动方程.

依题给的 $x = 0$ 处质元的振动曲线可知,$T = 4$ s,$A = 10$ cm,$\omega = \dfrac{2\pi}{T} = \dfrac{\pi}{2}$ rad/s. 又因波沿 x 轴负方向传播,故 x 处质元的相位比 $x = 0$ 处质元的相位超前 $2\pi\dfrac{x}{\lambda} = 5\pi x$,则可设波函数为

$$y = 0.1\cos\left(\frac{\pi}{2}t + 5\pi x + \varphi_0\right) \text{(SI)}.$$

对于 $x = 0$ 处的质元,由图 5-8(a) 可知,当 $t = 0$ 时,$y_0 = 5$ cm $= \dfrac{A}{2}$,$v_0 < 0$,故求得 $\varphi_0 = \dfrac{\pi}{3}$,则波函数为

$$y = 0.1\cos\left(\frac{\pi}{2}t + 5\pi x + \frac{\pi}{3}\right) \text{(SI)}.$$

将 $x = 0$ 代入波函数,得 $x = 0$ 处质元的运动方程为

$$y_0 = 0.1\cos\left(\frac{\pi}{2}t + \frac{\pi}{3}\right) \text{(SI)}.$$

【例 5-3】 图 5-9(a) 所示为一平面简谐波在 $t = 2.50$ s 时的波形曲线,已知波速为 $u = 0.08$ m/s,求:

(1) 该波的波长、周期、频率、振幅;

(2) a,b 两质元在 $t = 2.50$ s 时的运动方向;

(3) 该波的波函数以及 $t = 0$ 时的波形方程和波形曲线;

(4) P 点处质元的运动方程,并画出振动曲线;

(5) 与 P 点处质元振动状态相同点的位置.

解 (1) 从所给 $t = 2.50$ s 时的波形曲线可知,波长为 $\lambda = 0.40$ m,周期为 $T = \dfrac{\lambda}{u} = 5.00$ s,频率为 $\nu = \dfrac{1}{T} = 0.20$ Hz,振幅为 $A = 0.04$ m.

(2) 由于波沿 x 轴正方向传播,故将 $t = 2.50$ s 时的波形沿波的传播方向移动了 $\Delta x = u\Delta t$,如图 5-9(b) 所示. 可见,在 $t = 2.50$ s 时 a 质元沿 y 轴负方向运动,b 质元沿 y 轴正方向运动.

(3) 依题意,设波函数为

$$y = A\cos\left(2\pi\nu t - \frac{2\pi}{\lambda}x + \varphi_0\right) = 0.04\cos(0.4\pi t - 5\pi x + \varphi_0) \text{(SI)}.$$

由图 5-9(b) 可知,$t = 2.50$ s 时,$x = 0$ 处质元的 $y_0 = 0$,$v_0 < 0$. 将这些条件代入波函数得

$$y_0\Big|_{\substack{t=2.50\text{ s} \\ x=0}} = A\cos(\pi + \varphi_0) = 0, \quad v_0\Big|_{\substack{t=2.50\text{ s} \\ x=0}} = -A\omega\sin(\pi + \varphi_0) < 0,$$

解得 $\varphi_0 = -\dfrac{\pi}{2}$. 因此, 波函数为

$$y = 0.04\cos\left(0.4\pi t - 5\pi x - \dfrac{\pi}{2}\right)(\mathrm{SI}).\tag{5-7}$$

将 $t = 0$ 代入波函数 (5-7), 得 $t = 0$ 时的波形方程为

$$y\Big|_{t=0} = 0.04\cos\left(5\pi x + \dfrac{\pi}{2}\right)\ (\mathrm{SI}).\tag{5-8}$$

根据式 (5-8) 画出 $t = 0$ 时的波形曲线, 如图 5-9(c) 所示.

讨论: 也可根据波传播的物理特性, 由 $t = 2.50\ \mathrm{s} = \dfrac{T}{2}$ 可知, 将 $t = 2.50\ \mathrm{s}$ 时的波形曲线向 x 轴负方向平移 $\dfrac{\lambda}{2} = 0.20\ \mathrm{m}$, 即可得 $t = 0$ 时的波形曲线. 这是因为波速为 $u = 0.08\ \mathrm{m/s}$, 即波形每秒沿 x 轴正方向传播 $0.08\ \mathrm{m}$, $t = 2.50\ \mathrm{s}$ 时的波形曲线是 $t = 0$ 时的波形曲线沿 x 轴正方向平移 $\Delta x = u\Delta t = 0.08 \times 2.5\ \mathrm{m} = 0.20\ \mathrm{m}$ 而得.

(4) P 点的坐标为 $x_P = \dfrac{3\lambda}{4} = 0.30\ \mathrm{m}$, 将 x_P 代入波函数 (5-7), 得 P 点处质元的运动方程为

$$y_P = 0.04\cos\left(0.4\pi t - 1.50\pi - \dfrac{\pi}{2}\right) = 0.04\cos(0.4\pi t - 2\pi)$$

$$= 0.04\cos 0.4\pi t\ (\mathrm{SI}).$$

也可直接设 P 点处质元的运动方程为 $y_P = 0.04\cos(0.4\pi t + \varphi_P)$, 由图 5-9(a) 可知, $t = 2.50\ \mathrm{s}$ 时, $y_P = 0.04\cos(\pi + \varphi_P) = -0.04$, 解得 $\varphi_P = 0$, 所以

$$y_P = 0.04\cos 0.4\pi t\ (\mathrm{SI}).\tag{5-9}$$

根据式 (5-9) 画出 P 点处质元的振动曲线, 如图 5-9(d) 所示.

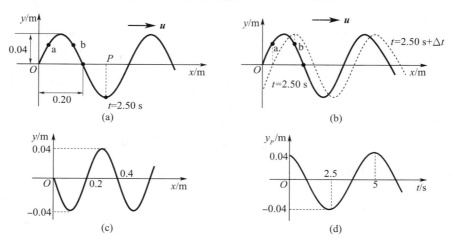

图 5-9

(5) 与 P 点处质元振动状态相同质元, 其与 P 点处质元的相位差为 $\pm 2k\pi$, $k = 0, 1, 2, \cdots$, 由式 (5-7) 和 (5-9) 有

$$\left(0.4\pi t - 5\pi x - \dfrac{\pi}{2}\right) - 0.4\pi t = \pm 2k\pi\quad (k = 0, 1, 2, \cdots),$$

解得与 P 点处质元振动状态相同点的坐标为

$$x = \left(\pm \frac{2}{5}k - \frac{1}{10}\right)\text{m} \quad (k = 0,1,2,\cdots). \tag{5-10}$$

或者根据波长的物理意义可知,与 P 点相隔为波长整数倍的质元与 P 点处质元的振动状态相同,有

$$x = \pm k\lambda + \frac{3}{4}\lambda = \left(\pm \frac{2}{5}k + \frac{3}{10}\right)\text{m} \quad (k = 0,1,2,\cdots). \tag{5-11}$$

注意:式(5-10) 和(5-11) 在形式上有点差异,但由 $k = 0,1,2,\cdots$ 给出的各值是一样的.

【例 5-4】　如图 5-10 所示,一平面简谐波沿 x 轴传播,波函数为

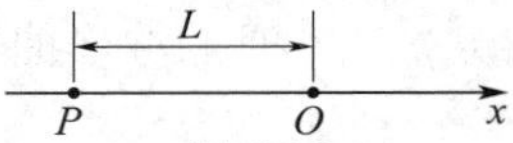

$$y = 0.05\cos\left[\pi(200t - 5x) + \frac{\pi}{2}\right] \text{(SI)}.$$

图 5-10

求:

(1) 该波的振幅、波长、频率、波速和初相位;

(2) P 点处质元的运动方程;

(3) P 点处质元的速度表达式与加速度表达式.

解　(1) 比较法. 将给定的波函数化为标准的波函数形式,再与标准的波函数比较,可得所求量. 依题意,有

$$y = 0.05\cos\left[\pi(200t - 5x) + \frac{\pi}{2}\right]$$

$$= 0.05\cos\left[200\pi\left(t - \frac{x}{40}\right) + \frac{\pi}{2}\right] = 0.05\cos\left[2\pi\left(\frac{t}{0.01} - \frac{x}{0.4}\right) + \frac{\pi}{2}\right].$$

平面简谐波标准的波函数为

$$y = A\cos\left[\omega\left(t \mp \frac{x}{u}\right) + \varphi_0\right] = A\cos\left[2\pi\left(\frac{t}{T} \mp \frac{x}{\lambda}\right) + \varphi_0\right] = A\cos\left[2\pi\left(\nu t \mp \frac{x}{\lambda}\right) + \varphi_0\right].$$

由此可得 $A = 0.05$ m, $u = 40$ m/s, $T = 0.01$ s, $\lambda = 0.4$ m, $\nu = 100$ Hz, $\varphi_0 = \dfrac{\pi}{2}$,且波沿 x 轴正方向传播.

(2) 将 P 点的坐标 $x = -L$ 代入波函数,可得 P 点处质元的运动方程为

$$y_P = 0.05\cos\left\{\pi[200t - 5(-L)] + \frac{\pi}{2}\right\}$$

$$= 0.05\cos\left(200\pi t + 5\pi L + \frac{\pi}{2}\right) \text{(SI)}.$$

(3) P 点处质元的速度表达式为

$$v_P = \frac{\mathrm{d}y_P}{\mathrm{d}t} = -10\pi\sin\left(200\pi t + 5\pi L + \frac{\pi}{2}\right) \text{(SI)},$$

加速度表达式为

$$a_P = \frac{\mathrm{d}v_P}{\mathrm{d}t} = -2 \times 10^3 \pi^2\cos\left(200\pi t + 5\pi L + \frac{\pi}{2}\right) \text{(SI)}.$$

【例 5-5】　如图 5-11(a) 所示,两相干波源在 x 轴上的位置分别为 S_1 和 S_2,其间距为 $d = 30$ m. 设波只沿 x 轴传播,两波源发出的波的强度分别为 I_1 和 I_2,波单独传播时波的强度保持不变. 已知 $x_1 = 9$ m 处和 $x_2 = 11$ m 处是相邻的两个因干涉而使振动的振幅最小的点. 设 S_2 点处的波源的初相位超前,求:

(1) 两列波的波长；

(2) 两波源的最小相位差；

(3) $x_3 = 3$ m，$x_4 = 10$ m，$x_5 = 15.5$ m 处质元的波的强度；

(4) 如果两相干波源发出的波的强度相等，在 S_1，S_2 两点连线上因干涉而静止不动的各点的位置.

图 5-11

解　设两波源的初相位分别为 φ_1，φ_2，其发出的两列相干波的波长为 λ. 依题意，$x_1 = 9$ m 处是干涉相消处，两列波在 x_1 点处引起的振动相位差为

$$\left[\varphi_2 - \frac{2\pi(d - x_1)}{\lambda}\right] - \left(\varphi_1 - \frac{2\pi x_1}{\lambda}\right) = (2k+1)\pi \quad (k = 0, \pm 1, \pm 2, \cdots),$$

即

$$\varphi_2 - \varphi_1 - \frac{2\pi(d - 2x_1)}{\lambda} = (2k+1)\pi \quad (k = 0, \pm 1, \pm 2, \cdots).$$

$x_2 = 11$ m 处是与 $x_1 = 9$ m 处相邻的干涉相消处，有

$$\varphi_2 - \varphi_1 - \frac{2\pi(d - 2x_2)}{\lambda} = (2k+3)\pi \quad (k = 0, \pm 1, \pm 2, \cdots).$$

联立求解，得

$$\frac{4\pi(x_2 - x_1)}{\lambda} = 2\pi.$$

(1) 两列波的波长为

$$\lambda = 2(x_2 - x_1) = 4 \text{ m}.$$

(2) 两列波的相位差为

$$\varphi_2 - \varphi_1 = \frac{2\pi(d - 2x_1)}{\lambda} + (2k+1)\pi = (2k+1)\pi + \frac{2\pi(30 - 2 \times 9)}{4}$$
$$= (2k+7)\pi \quad (k = 0, \pm 1, \pm 2, \cdots).$$

又由于 S_2 的初相位超前 S_1，故 $k \geqslant -3$，则当 $k = -3$ 时，可得两波源的最小相位差为

$$\Delta\varphi_{\min} = \pi.$$

(3) $x_3 = 3$ m，$x_4 = 10$ m，$x_5 = 15.5$ m 处质元都在 $0 < x < 30$ 区间内，如图 5-11(b) 所示，两列波在该区间内的任意点 P 处的相位差为

$$\Delta\varphi = \varphi_2 - \varphi_1 - \frac{2\pi}{\lambda}[(d - x) - x] = \varphi_2 - \varphi_1 - \frac{2\pi}{\lambda}(d - 2x) = x\pi + 2k\pi - 8\pi.$$

所以，当 $x_3 = 3$ m 时，$\Delta\varphi = -5\pi + 2k\pi$，这一点干涉相消，该点处波的强度为

$$I = I_1 + I_2 - 2\sqrt{I_1 I_2};$$

当 $x_4 = 10$ m 时，$\Delta\varphi = 2\pi + 2k\pi$，这一点干涉相长，该点处波的强度为

$$I = I_1 + I_2 + 2\sqrt{I_1 I_2};$$

当 $x_5 = 15.5$ m 时，$\Delta\varphi = 7.5\pi + 2k\pi$，质元的振动既不是干涉相长，也不是干涉相消，该点处波

的强度为

$$I = I_1 + I_2 + 2\sqrt{I_1 I_2} \cos \Delta\varphi = I_1 + I_2.$$

（4）在 S_1, S_2 两点连线上因干涉而静止不动的各点位置由两相干波在相遇点干涉相消决定，即两列相干波在相遇点引起的相位差为

$$\Delta\varphi = \varphi_2 - \varphi_1 - \frac{2\pi}{\lambda}(r_2 - r_1) = (2k_1 + 1)\pi \quad (k_1 = 0, \pm 1, \pm 2, \cdots), \tag{5-12}$$

式中 r_2, r_1 是因干涉而静止不动的各点 P 到两波源的距离.

如图 5-11(b) 所示，$r_1 = x, r_2 = d - x$，代入式(5-12)，得

$$\Delta\varphi = \varphi_2 - \varphi_1 - \frac{2\pi}{\lambda}[(d-x) - x] = (2k+7)\pi - \frac{2\pi}{\lambda}(d - 2x)$$

$$= (2k+7)\pi - \pi(15 - x) = (2k_1 + 1)\pi.$$

解得 S_1 与 S_2 之间因干涉而静止不动的点的坐标为

$$x = [2(k_1 - k) + 9] \text{ m}.$$

由于 $0 \leqslant x \leqslant 30$，故在 S_1, S_2 两点连线上因干涉而静止不动的点的坐标(单位：m)为 $x = 1,$ $3, 5, 7, \cdots, 29$，在 S_1, S_2 之间有 15 个点因干涉而静止不动.

【例 5-6】　　如图 5-12(a) 所示，一平面简谐波沿 x 轴正方向传播，BC 为波密介质的反射面，波由 P 点反射，$\overline{OP} = \frac{3}{4}\lambda$，$\overline{DP} = \frac{\lambda}{6}$. 在 $t = 0$ 时，O 点处质元的合振动是经过平衡位置向下运动. 设入射波和反射波的振幅均为 A，频率为 ν，求：

（1）驻波方程以及 O, P 两点之间波节和波腹的位置；

（2）D 点处入射波与反射波的合振动方程.

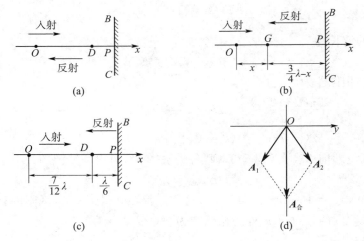

图 5-12

解　（1）求驻波方程.

解法一　选 O 点为坐标原点，设入射波的波函数为

$$y_1 = A\cos\left(2\pi\nu t - \frac{2\pi x}{\lambda} + \varphi\right). \tag{5-13}$$

如图 5-12(b) 所示，反射波在波线上任意 G 点引起的振动比入射波在 O 点引起的振动落

后的相位为

$$-\left[\frac{2\pi}{\lambda}(\overline{OP}+\overline{OP}-x)-\pi\right]=-\frac{2\pi}{\lambda}\left(2\times\frac{3\lambda}{4}-x\right)+\pi=-\frac{2\pi}{\lambda}\left(\frac{3\lambda}{2}-x\right)+\pi.$$

注意：BC 为波密介质的反射面，反射波波源处存在半波损失，由上式中的"π"反映.

于是反射波的波函数为

$$y_2=A\cos\left[2\pi\nu t+\varphi-\frac{2\pi}{\lambda}\left(\frac{3\lambda}{2}-x\right)+\pi\right]=A\cos\left(2\pi\nu t+\frac{2\pi x}{\lambda}+\varphi-2\pi\right),$$

即

$$y_2=A\cos\left(2\pi\nu t+\frac{2\pi x}{\lambda}+\varphi\right). \tag{5-14}$$

合成波表达式即驻波方程为

$$y=y_1+y_2=2A\cos\frac{2\pi x}{\lambda}\cos(2\pi\nu t+\varphi).$$

由题意，当 $t=0$ 时，$x=0$ 处质元的位移为 $y_0=0$，该质元向下运动，有 $\left.\dfrac{\partial y_0}{\partial t}\right|_{t=0}<0$，得

$$\varphi=\frac{\pi}{2},$$

所以驻波方程为

$$y=y_1+y_2=2A\cos\frac{2\pi x}{\lambda}\cos\left(2\pi\nu t+\frac{\pi}{2}\right). \tag{5-15}$$

解法二　选 O 点为坐标原点，设入射波与反射波的波函数分别为

$$y_1=A\cos\left(2\pi\nu t-\frac{2\pi x}{\lambda}+\varphi_1\right),\quad y_2=A\cos\left(2\pi\nu t+\frac{2\pi x}{\lambda}+\varphi_2\right).$$

由于 BC 为波密介质的反射面，反射波波源在 P 点处存在半波损失，P 点是波节处，即入射波和反射波在 t 时在 P 点处引起振动的相位差为

$$\left[\left(2\pi\nu t+\frac{2\pi x}{\lambda}+\varphi_2\right)-\left(2\pi\nu t-\frac{2\pi x}{\lambda}+\varphi_1\right)\right]\bigg|_{x=\frac{3\lambda}{4}}=\frac{4\pi}{\lambda}\cdot\frac{3\lambda}{4}+\varphi_2-\varphi_1=3\pi+\varphi_2-\varphi_1$$

$$=\pm(2k+1)\pi\quad(k=0,1,2,\cdots),$$

所以

$$\varphi_2=\varphi_1=\varphi.$$

由此可得驻波方程为

$$y=y_1+y_2=2A\cos\frac{2\pi x}{\lambda}\cos(2\pi\nu t+\varphi).$$

由题意，当 $t=0$ 时，$x=0$ 处质元的位移为 $y_0=0$，又 $\left.\dfrac{\partial y_0}{\partial t}\right|_{t=0}<0$，得

$$\varphi=\frac{\pi}{2},$$

所以驻波方程为

$$y=y_1+y_2=2A\cos\frac{2\pi x}{\lambda}\cos\left(2\pi\nu t+\frac{\pi}{2}\right).$$

波节的位置满足

$$A=\left|2A\cos\frac{2\pi}{\lambda}x\right|=0,$$

解得

$$x = \pm(2k+1)\frac{\lambda}{4} \quad (k=0,1,2,\cdots).$$

O,P 点之间，$0 \leqslant x \leqslant \dfrac{3\lambda}{4}$，上式中 $k=0,1$，即 $x=\dfrac{\lambda}{4}$，$x=\dfrac{3\lambda}{4}$ 处为波节.

　　波腹的位置满足

$$A = \left| 2A\cos\frac{2\pi}{\lambda}x \right| = 2A,$$

解得

$$x = \pm k\frac{\lambda}{2} \quad (k=0,1,2,\cdots).$$

O,P 点之间，$0 \leqslant x \leqslant \dfrac{3\lambda}{4}$，上式中 $k=0,1$，即 $x=0$，$x=\dfrac{\lambda}{2}$ 处为波腹.

　　(2) **解法一**　将 D 点坐标 $x_D = \dfrac{3\lambda}{4} - \dfrac{\lambda}{6} = \dfrac{7\lambda}{12}$ 代入驻波方程(5-15)，得 D 点处的合振动方程为

$$y_D = 2A\cos\left(\frac{2\pi}{\lambda} \cdot \frac{7\lambda}{12}\right)\cos\left(2\pi\nu t + \frac{\pi}{2}\right) = \sqrt{3}\,A\sin 2\pi\nu t.$$

　　解法二　由题意知，入射波在 O 点的运动方程为

$$y_{1O} = A\cos\left(2\pi\nu t + \frac{\pi}{2}\right),$$

如图 5-12(c) 所示，入射波在 D 点引起的振动比 O 点落后的相位为

$$-\frac{2\pi}{\lambda}x_D = -\frac{2\pi}{\lambda} \cdot \frac{7\lambda}{12} = -\frac{7}{6}\pi,$$

则入射波在 D 点引起的运动方程为

$$y_{1D} = A\cos\left(2\pi\nu t + \frac{\pi}{2} - \frac{7}{6}\pi\right) = A\cos\left(2\pi\nu t - \frac{2}{3}\pi\right). \tag{5-16}$$

反射波在 D 点引起的振动比 O 点落后的相位为(注意反射波源 P 点有半波损失)

$$-\frac{2\pi}{\lambda}(\overline{OP} + \overline{PD}) + \pi = -\frac{2\pi}{\lambda}\left(\frac{3\lambda}{4} + \frac{\lambda}{6}\right) + \pi = -\frac{5}{6}\pi,$$

则反射波在 D 点引起的运动方程为

$$y_{2D} = A\cos\left(2\pi\nu t + \frac{\pi}{2} - \frac{5}{6}\pi\right) = A\cos\left(2\pi\nu t - \frac{\pi}{3}\right). \tag{5-17}$$

由式(5-16),(5-17) 和旋转矢量法(见图 5-12(d))，得 D 点的合振幅和初相位分别为

$$A_{合} = 2A\cos\frac{\pi}{6} = \sqrt{3}\,A, \quad \varphi_D = -\frac{\pi}{2}.$$

所以，D 点处入射波与反射波的合振动方程为

$$y_D = \sqrt{3}\,A\cos\left(2\pi\nu t - \frac{\pi}{2}\right) = \sqrt{3}\,A\sin 2\pi\nu t.$$

第一篇模拟题一

一、选择题（每题 3 分，共 30 分）

1. 质点做曲线运动，其位矢为 $\boldsymbol{r}$，速度为 $\boldsymbol{v}$，加速度为 $\boldsymbol{a}$，路程为 s，切向加速度为 a_t，则下列表达式（　　　）.

(1) $\dfrac{\mathrm{d}v}{\mathrm{d}t} = a$；　　　　(2) $\dfrac{\mathrm{d}r}{\mathrm{d}t} = v$；

(3) $\dfrac{\mathrm{d}s}{\mathrm{d}t} = v$；　　　　(4) $\left|\dfrac{\mathrm{d}\boldsymbol{v}}{\mathrm{d}t}\right| = a_t$.

A. 只有 (1)，(4) 正确　　　　B. 只有 (2)，(4) 正确
C. 只有 (2) 正确　　　　D. 只有 (3) 正确

2. 在相对于地面静止的坐标系内，A，B 两船都以 2 m/s 的速率匀速行驶，A 船沿 x 轴正方向行驶，B 船沿 y 轴正方向行驶. 今在 A 船上设置与静止坐标系方向相同的坐标系（x,y 方向的单位矢量分别用 $\boldsymbol{i}$，$\boldsymbol{j}$ 表示），那么在 A 船上的坐标系中，B 船的速度（单位：m/s）为（　　　）.

A. $2\boldsymbol{i} + 2\boldsymbol{j}$　　　　B. $-2\boldsymbol{i} + 2\boldsymbol{j}$
C. $-2\boldsymbol{i} - 2\boldsymbol{j}$　　　　D. $2\boldsymbol{i} - 2\boldsymbol{j}$

3. 一人造地球卫星到地球中心 O 的最大距离和最小距离分别为 R_A 和 R_B. 设卫星在 A,B 两点处的角动量分别为 L_A,L_B，动能分别为 E_{kA},E_{kB}（见题图 1-1），则（　　　）.

A. $L_B > L_A, E_{kA} > E_{kB}$
B. $L_B > L_A, E_{kA} = E_{kB}$
C. $L_B = L_A, E_{kA} = E_{kB}$
D. $L_B = L_A, E_{kA} < E_{kB}$

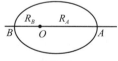

题图 1-1

4. 一质量为 m 的质点在外力作用下运动，其运动方程为

$$\boldsymbol{r} = A\cos \omega t\boldsymbol{i} + B\sin \omega t\boldsymbol{j},$$

式中 A,B,ω 都是正常量，则外力在 $t = 0$ 到 $t = \dfrac{\pi}{2\omega}$ 这段时间内所做的功为（　　　）.

A. $\dfrac{1}{2}m\omega^2(A^2 + B^2)$　　　　B. $m\omega^2(A^2 + B^2)$

C. $\dfrac{1}{2}m\omega^2(A^2 - B^2)$　　　　D. $\dfrac{1}{2}m\omega^2(B^2 - A^2)$

5. 题图 1-2(a) 为一绳长为 l、质量为 m 的单摆. 题图 1-2(b) 为一长度为 l、质量为 m 且能绕水平固定轴（O 轴）自由转动的均匀细棒. 现将单摆和细棒同时从与竖直线成 θ 角的位置，由静止释放，若单摆、细棒运动到竖直位置时，角速度分别为 ω_1,ω_2，则（　　　）.

A. $\omega_1 = \dfrac{1}{2}\omega_2$ 　　　　　　　　　　 B. $\omega_1 = \omega_2$

C. $\omega_1 = \dfrac{2}{3}\omega_2$ 　　　　　　　　　　 D. $\omega_1 = \sqrt{\dfrac{2}{3}}\,\omega_2$

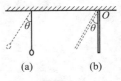

题图 1-2

6. 如题图 1-3 所示,劲度系数分别为 k_1 和 k_2 的两个轻弹簧串联在一起,下面挂有一质量为 m 的物体,构成一个竖挂的弹簧振子,则该弹簧振子的振动周期为（　　）.

A. $T = 2\pi\sqrt{\dfrac{m(k_1+k_2)}{2k_1k_2}}$ 　　　　　 B. $T = 2\pi\sqrt{\dfrac{m}{k_1+k_2}}$

C. $T = 2\pi\sqrt{\dfrac{m(k_1+k_2)}{k_1k_2}}$ 　　　　　 D. $T = 2\pi\sqrt{\dfrac{2m}{k_1+k_2}}$

题图 1-3

7. 一质点做简谐振动,其运动方程为 $x = A\cos(\omega t + \varphi)$,式中 T 为周期,当时间 $t = \dfrac{T}{2}$ 时,质点的速度为（　　）.

A. $-A\omega\sin\varphi$ 　　　　　　　　　 B. $A\omega\sin\varphi$

C. $-A\omega\cos\varphi$ 　　　　　　　　　 D. $A\omega\cos\varphi$

8. 一质点做简谐振动,振幅为 A,在起始时刻质点的位移为 $\dfrac{A}{2}$,且向 x 轴正方向运动,代表此简谐振动的旋转矢量图为（　　）.

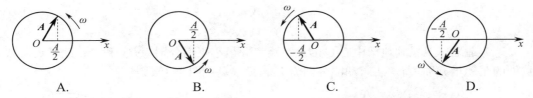

A. 　　　　　　　　 B. 　　　　　　　　 C. 　　　　　　　　 D.

9. 一平面简谐波在弹性介质中传播,在介质中的质元从平衡位置运动到最大位移处的过程中,（　　）.

A. 它的动能转换成势能

B. 它的势能转换成动能

C. 它从相邻的一段质元获得能量,其能量逐渐增大

D. 它把自己的能量传给相邻的一段质元,其能量逐渐减小

10. 一质点做简谐振动,周期为 T,振幅为 A. 当质点由平衡位置向 x 轴正方向运动时,它从 $\dfrac{A}{2}$ 运动到 A 这段路程所需要的时间为（　　）.

A. $\dfrac{T}{12}$ 　　　　　　 B. $\dfrac{T}{8}$ 　　　　　　 C. $\dfrac{T}{6}$ 　　　　　　 D. $\dfrac{T}{4}$

二、填空题（每题 3 分,共 24 分）

1. 一物体做斜抛运动,初速度 v_0 与水平方向的夹角为 θ,物体在轨道最高点处的曲率半径为_____.

2. 若作用于一力学系统上的外力的合力为零,则外力的合力矩_____（选填"一定"或

"不一定")为零;这种情况下力学系统的动量、角动量和机械能三个量中一定守恒的量为_____.

3. 一质量为 m 的物体,初速度为零,在外力作用下从坐标原点出发,沿 x 轴正方向运动.物体所受外力的大小为 $F = kx$,方向沿 x 轴正方向,物体从坐标原点运动到坐标为 x_0 的点的过程中,所受外力的冲量大小为_____.

4. 一半径为 R、具有光滑轴的定滑轮边缘绕一细绳,细绳的下端挂一质量为 m 的物体.细绳的质量可以忽略,细绳与定滑轮之间无相对滑动(见题图 1-4).若物体下落的加速度的大小为 a,则定滑轮对 O 轴的转动惯量 $J =$ _____.

5. 有一半径为 R 的均匀圆形水平转台,可绕通过转台中心 O 且垂直于盘面的竖直固定轴 OO' 转动,转动惯量为 J.转台上有一人,质量为 m.当他站在距离转轴为 $r(r < R)$ 的地方时,转台和人一起以角速度 ω_1 转动,如题图 1-5 所示.若转轴处摩擦可以忽略,则当人走到转台边缘时,转台和人一起转动的角速度为 $\omega_2 =$ _____.

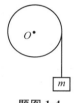

题图 1-4

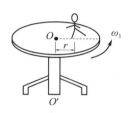

题图 1-5

6. 一个余弦横波以速度 u 沿 x 轴正方向传播,t 时刻的波形曲线如题图 1-6 所示.试分别指出图中 A,B,C 各质元在该时刻的运动方向.

A:_____; B:_____; C:_____.

7. 一列简谐波的频率为 5×10^4 Hz,波速为 1.5×10^3 m/s.在传播路径上相距 5×10^{-3} m 的两点之间的振动相位差为_____.

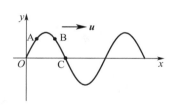

题图 1-6

8. 在固定端 $x = 0$ 处反射的反射波的波函数为 $y_2 = A\cos 2\pi \left(\nu t - \dfrac{x}{\lambda} \right)$.设反射波无能量损失,那么入射波的波函数为 $y_1 =$ _____.

三、判断题(对的画"√",错的画"×")(每题 2 分,共 6 分)

1. 质点做匀速圆周运动时,其切向加速度不变,但是法向加速度变化. ( )

2. 两个同方向、同频率、不同振幅的简谐运动的合成仍为简谐运动. ( )

3. 驻波中相邻两波节之间各点的相位相同,波节两侧各点的相位相反. ( )

四、证明题（10 分）

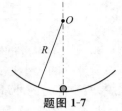

题图 1-7

如题图 1-7 所示,在竖直面内,半径为 R 的一段光滑圆弧形轨道上有一小球静止于轨道的最低处. 轻碰该小球,使其沿圆弧形轨道来回做小幅度运动,试证明:

（1）小球做简谐振动;

（2）此简谐振动的周期为 $T = 2\pi\sqrt{\dfrac{R}{g}}$.

五、计算题（每题 10 分,共 30 分）

1. 一质量为 0.25 kg 的质点,在力 $\boldsymbol{F} = t\boldsymbol{i}$(SI) 的作用下运动,式中 t 为时间. 当 $t = 0$ 时,质点以速度 $\boldsymbol{v} = 2\boldsymbol{j}$(SI) 通过坐标原点,求:

（1）质点在任意时刻的位矢 $\boldsymbol{r}$;

（2）质点的轨迹方程;

（3）在开始的 2 s 内,力 $\boldsymbol{F}$ 的冲量.

2. 如题图 1-8 所示,一长为 l、质量为 M 的均匀细杆可绕通过细杆上端的固定水平轴（O 轴）无摩擦地转动. 一质量为 m 的泥团在垂直于 O 轴的平面内以水平速度 v_0 打在细杆的中点并粘住,求:

（1）细杆和泥团一起转动时的角速度 ω;

（2）细杆能上摆的最大角度 θ.

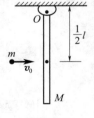

题图 1-8

3. 有一列向 x 轴正方向传播的平面简谐波,它在 $t = 0$ 时的波形曲线如题图 1-9 所示,波速为 600 m/s,求其波函数.

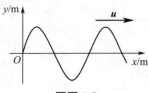

题图 1-9

第一篇模拟题二

一、选择题（每题 3 分，共 30 分）

1. 一质点在平面内运动，运动方程为 $r = at^2 i + bt^2 j$，式中 a,b 为常量，则该质点做（　　）.
   A. 匀速直线运动　　　　　　　　B. 变速直线运动
   C. 抛物线运动　　　　　　　　　D. 一般曲线运动

2. 某人骑自行车以速率 v 向西行驶，有风以相同速率从北偏东 $30°$ 方向吹来，则人感到风吹来的方向为（　　）.
   A. 北偏东 $30°$　　　　　　　　　B. 南偏东 $30°$
   C. 北偏西 $30°$　　　　　　　　　D. 西偏南 $30°$

3. 如题图 1-10 所示，湖中有一小船，有人用绳绕过岸上一定高度处的定滑轮拉湖中的小船向岸边运动. 设该人以速率 v_0 匀速收绳，绳不伸长，湖水静止，则小船的运动是（　　）.
   A. 匀加速运动　　　　B. 匀减速运动
   C. 变加速运动　　　　D. 变减速运动

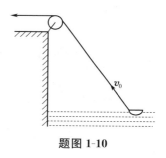

题图 1-10

4. 在水平冰面上以一定速度向东行驶的炮车，向东南（斜向上）方向发射一炮弹，对于炮车和炮弹这一系统，在此过程中（忽略冰面与炮车车轮之间的摩擦力及空气阻力），以下结论正确的是（　　）.
   A. 总动量守恒
   B. 总动量在炮弹前进的方向上分量守恒，其他方向分量不守恒
   C. 总动量在水平面上任意方向分量守恒，竖直方向分量不守恒
   D. 总动量在任何方向的分量均不守恒

5. 人造卫星绕地球做椭圆轨道运动，地球在椭圆轨道的一个焦点上，则卫星的（　　）.
   A. 动量不守恒，动能守恒
   B. 动量守恒，动能不守恒
   C. 对地心的角动量守恒，动能不守恒
   D. 对地心的角动量不守恒，动能守恒

6. 当一列平面简谐波在弹性介质中传播时，以下说法正确的是（　　）.
   A. 若弹性介质中质元的动能增大，则势能减小，总机械能守恒
   B. 弹性介质中质元的动能和势能都做周期性变化，但两者的相位不同
   C. 弹性介质中质元的动能和势能的相位在任意时刻都相同，但两者的数值不相等
   D. 弹性介质中质元在其平衡位置处势能最大

7. 一质点做简谐振动，周期为 T，则质点从平衡位置运动到振幅一半的位置处所需要的最

短时间为(　　).

A. $\dfrac{T}{12}$　　　　　B. $\dfrac{T}{6}$　　　　　C. $\dfrac{T}{4}$　　　　　D. $\dfrac{T}{2}$

8. 一列沿 x 轴正方向传播的平面简谐波,周期为 0.5 s,波长为 2 m,则在坐标原点处质元的振动相位传到 $x = 4$ m 处所需要的时间为(　　).

A. 0.5 s　　　　　B. 1 s　　　　　C. 2 s　　　　　D. 4 s

9. 一列平面简谐波沿 x 轴传播,波长为 2.5 m,A,B 为波线上相距为 1.0 m 的两个点,则 A,B 两点的相位差为(　　).

A. $\dfrac{\pi}{5}$　　　　　B. $\dfrac{2}{5}\pi$　　　　　C. $\dfrac{4}{5}\pi$　　　　　D. π

10. 把单摆摆球从平衡位置向角位移正方向拉开,使摆线与竖直方向成一微小角度 θ,然后由静止释放摆球任其摆动,从放手时开始计时. 若用余弦函数表示其运动方程,则该单摆振动的初相位为(　　).

A. π　　　　　B. $\dfrac{\pi}{2}$　　　　　C. 0　　　　　D. $\dfrac{\pi}{3}$

二、填空题(每题 3 分,共 24 分)

1. 质点 P 在水平面内沿一半径为 $R = 2$ m 的圆轨道转动,转动的角速度 ω 与时间 t 的函数关系为 $\omega = kt^2$(k 为常量). 若 $t = 2$ s 时,质点 P 的速度为 32 m/s,则 $t = 1$ s 时,质点 P 的速度为_____,加速度为_____.

2. 一艘正在沿直线行驶的电艇,在发动机关闭后,其加速度方向与速度方向相反,加速度的大小与速度的平方成正比,即 $\dfrac{\mathrm{d}v}{\mathrm{d}t} = -Kv^2$,式中 K 为常量,发动机关闭时电艇的速度是 v_0. 如果电艇在关闭发动机后又行驶了 x 距离,此时的速度为_____.

3. 当一列火车以 10 m/s 的速率向东行驶时,相对于地面竖直下落的雨滴在火车的窗子上形成的雨迹与竖直方向成 $30°$,则雨滴相对于地面、火车的速率分别为_____和_____.

4. 如题图 1-11 所示,一静止的均匀细棒,长为 L,质量为 M,可绕通过细棒的端点且垂直于细棒的光滑固定轴 O 在水平面内转动,转动惯量为 $\dfrac{1}{3}ML^2$. 一质量为 m、速率为 v 的子弹在水平面内沿与细棒垂直的方向射出并穿过细棒的自由端,设穿过细棒后子弹的速率为 $\dfrac{v}{2}$,则此时细棒的角速度为_____.

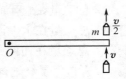

题图 1-11

5. 花样滑冰运动员绕通过自身的竖直轴转动,开始时两臂伸开,角速度为 ω_0. 然后运动员将两臂收回,转动惯量减小为原来的 $\dfrac{1}{3}$. 此时运动员转动的角速度变为_____.

6. 两个同方向、同频率的简谐振动的运动方程分别为

$$x_1 = 6 \times 10^{-2}\cos\left(5t + \dfrac{\pi}{2}\right)(\text{SI}), \quad x_2 = 2 \times 10^{-2}\cos\left(\dfrac{\pi}{2} - 5t\right)(\text{SI}).$$

它们的合振动的振幅为_____,初相位为_____.

7. 一列平面简谐波的波函数为

$$y = A\cos \omega\left(t - \frac{x}{u}\right) = A\cos\left(\omega t - \frac{\omega x}{u}\right),$$

式中 $\frac{x}{u}$ 表示_____,$\frac{\omega x}{u}$ 表示_____,y 表示_____.

8. 如题图 1-12 所示为一列平面简谐波在 $t = 0$ 时的波形曲线,且此时质元 P 向下运动,设 $\omega = 50\pi$,则该列波的波函数为 $y = $ _____.

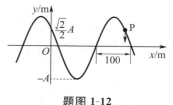

题图 1-12

三、判断题（对的画"√",错的画"×"）（每题 2 分,共 6 分）

1. 质点做圆周运动时,其所受的合外力一定指向圆心. （　）

2. 当一列平面简谐波在弹性介质中传播时,弹性介质中质元在其平衡位置处弹性势能最大. （　）

3. 一个复杂的振动能分解成几个简单的简谐振动,几个简单的简谐振动也能合成为一个复杂的振动. （　）

四、证明题（10 分）

在一竖直轻弹簧的下端悬挂一小球,弹簧被拉长 1.2 cm 后达到平衡. 现轻轻拉动小球,使其在竖直方向做振幅为 $A = 2$ cm 的振动.

（1）试证明此振动为简谐振动;

（2）选小球在最大正位移处开始计时,写出此振动的运动方程.

五、计算题（每题 10 分,共 30 分）

1. 一轴承光滑的定滑轮,质量为 $M = 2.0$ kg,半径为 $R = 0.1$ m. 一根不能伸长的轻绳,一端固定在定滑轮上,另一端系有一质量为 $m = 5.0$ kg 的物体,如题图 1-13 所示. 已知定滑轮的转动惯量为 $J = \frac{1}{2}MR^2$,其初角速度的大小为 $\omega_0 = 10.0$ rad/s,方向如图所示. 求:

（1）定滑轮的角加速度的大小和方向;

（2）定滑轮的角速度变为 0 时,物体上升的高度;

（3）当物体回到原来位置时,定滑轮的角速度的大小和方向.

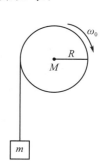

题图 1-13

2.一弹簧振子沿 x 轴做简谐振动,已知弹簧的劲度系数为 $k = 15.8$ N/m,物体的质量为 $m = 0.1$ kg,在 $t = 0$ 时物体相对于其平衡位置的位移为 $x_0 = 0.05$ m,速度为 $v_0 = -0.628$ m/s,写出弹簧振子的运动方程.

3.沿 x 轴负方向传播的平面简谐波在 $t = 0$ 时的波形曲线如题图 1-14 所示,设波速为 0.5 m/s,求:

(1) 坐标原点 O 处质元的运动方程;

(2) 此波的波函数;

(3) $t = 0$ 时,$x = 2$ m 处质元的振动速度.

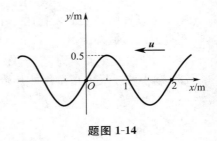

题图 1-14

第一篇模拟题三

一、选择题(每题 3 分,共 30 分)

1. 一质点以速率 $v = t^2$(SI) 做曲线运动,已知质点在任意时刻的切向加速度大小是其法向加速度大小的两倍,则质点在任意时刻的轨道曲率半径为( ).

A. t^2 B. t^3 C. t^4 D. t^5

2. 一力学系统由两质点组成,它们之间只有引力作用. 若两质点所受外力的矢量和为零,则此系统( ).

A. 动量、机械能以及对一固定轴的角动量都守恒

B. 动量、机械能守恒,但角动量是否守恒不能断定

C. 动量和角动量守恒,但机械能是否守恒不能断定

D. 动量守恒,但机械能和角动量是否守恒不能断定

3. 一质点同时在几个力作用下的位移为 $\Delta \boldsymbol{r} = 4\boldsymbol{i} - 5\boldsymbol{j} + 6\boldsymbol{k}$(SI),其中一个力为恒力 $\boldsymbol{F} = -3\boldsymbol{i} - 5\boldsymbol{j} + 9\boldsymbol{k}$(SI),则此力在该位移过程中所做的功为( ).

A. 67 J   B. 91 J   C. 17 J   D. -67 J

4. 光滑的水平桌面上有一长为 $2l$、质量为 m 的均匀细杆,可绕通过其中点 O 且垂直于桌面的竖直固定轴自由转动,转动惯量为 $\frac{1}{3}ml^2$,起初细杆静止. 有一质量为 m 的小球在桌面上正对着细杆的一端,在垂直于杆长的方向上,以速率 v 运动,如题图 1-15 所示. 当小球与细杆发生碰撞后,就与细杆粘在一起随杆转动. 以细杆和小球为一个系统,则这个系统碰撞后的转动角速度为( ).

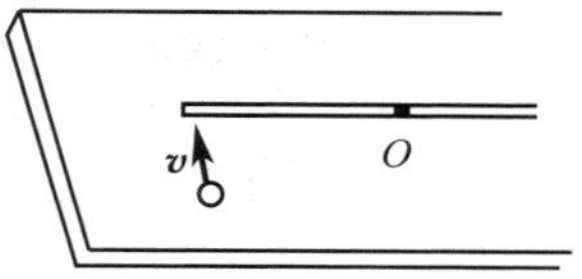

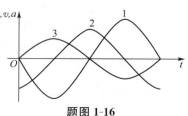

题图 1-15

A. $\dfrac{v}{2l}$ B. $\dfrac{2v}{3l}$ C. $\dfrac{3v}{4l}$ D. $\dfrac{3v}{l}$

5. 有一半径为 R 的水平圆转台,可绕通过其中心的竖直固定光滑轴转动,转动惯量为 J. 开始时转台以角速度 ω_0 匀速转动,此时有一质量为 m 的人站在转台中心,随后人沿半径方向向外跑去,当人到达转台边缘时,转台的角速度为( ).

A. $\dfrac{J}{J + mR^2}\omega_0$ B. $\dfrac{J}{(J + m)R^2}\omega_0$ C. $\dfrac{J}{mR^2}\omega_0$ D. ω_0

6. 题图 1-16 中三条曲线分别为简谐振动中的位移 x、速度 v、加速度 a 与时间 t 的关系曲线,则( ).

A. 曲线 3,1,2 分别表示 $x\text{-}t$,$v\text{-}t$,$a\text{-}t$ 曲线

B. 曲线 2,1,3 分别表示 $x\text{-}t$,$v\text{-}t$,$a\text{-}t$ 曲线

C. 曲线 1,3,2 分别表示 $x\text{-}t$,$v\text{-}t$,$a\text{-}t$ 曲线

D. 曲线 1,2,3 分别表示 $x\text{-}t$,$v\text{-}t$,$a\text{-}t$ 曲线

题图 1-16

7. 一列平面简谐波在弹性介质中传播,弹性介质中质元从最大位移处回到其平衡位置的过程中,( ).

A. 它的势能转化成动能

B. 它的动能转化成势能

C. 它从相邻的质元获得能量,其能量逐渐增大

D. 它把自己的能量传给相邻的质元,自身能量逐渐减小

8. 题图 1-17 所示为一列平面简谐波在 t 时刻的波形曲线.若此时 A 点处质元的动能在增大,则( ).

A. A 点处质元的势能在减小

B. 波沿 x 轴负方向传播

C. B 点处质元的动能在减小

D. 各点处的波的能量密度都不随时间变化

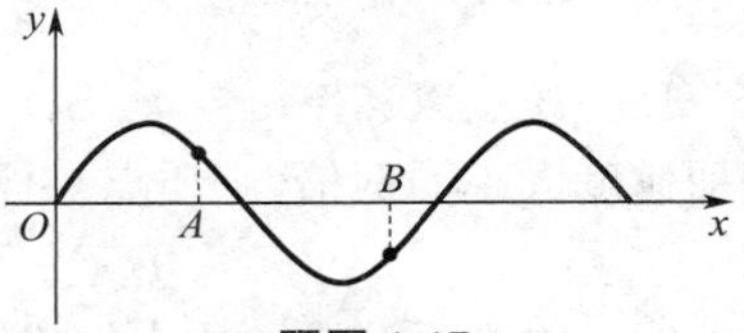

题图 1-17

9. 下列说法正确的是( ).

A. 波速的表达式为 $u = \lambda\nu$,则波源的频率越高,波速越大

B. 横波是沿水平方向振动的波,纵波是沿竖直方向振动的波

C. 机械波只能在弹性介质中传播,而电磁波可以在真空中传播

D. 波源振动的频率就是波的频率,波源振动的速度就是波速

10. 在简谐波的传播过程中,波线上相距 $\dfrac{\lambda}{2}$(λ 为波长)的两点的振动速度( ).

A. 大小相同,方向相反　　　　　　B. 大小相同,方向相同

C. 大小不同,方向相同　　　　　　D. 大小不同,方向相反

二、填空题(每题 3 分,共 24 分)

1. 一质量为 m 的质点在 Oxy 平面内运动,其位矢为 $\boldsymbol{r} = a\cos\omega t\boldsymbol{i} + b\sin\omega t\boldsymbol{j}$(SI),式中 a,b,ω 均为正常量,且 $a > b$,则质点所受的作用力 $\boldsymbol{F}$ 为_____.

2. 已知一质量为 m 的质点在 x 轴上运动,质点只受到指向坐标原点的引力的作用,引力的大小与质点到坐标原点的距离 x 的平方成反比,即 $f = -\dfrac{k}{x^2}$,式中 k 为比例系数.设质点在 $x = A$ 处的速度为零,则质点在 $x = \dfrac{A}{4}$ 处的速度的大小为_____.

3. 力 $\boldsymbol{F}$ 作用在质量为 $1.0\,\mathrm{kg}$ 的质点上,使之沿 x 轴运动.已知在此力作用下质点的运动方程为 $x = 3t - 4t^2 + t^3$(SI),则在 0 到 3 s 的时间内,

(1) 力 $\boldsymbol{F}$ 的冲量的大小为 $I =$ _____;

(2) 力 $\boldsymbol{F}$ 对质点所做的功为 $A =$ _____.

4. 一转动着的飞轮的转动惯量为 J,在 $t = 0$ 时角速度为 ω_0,此后飞轮经历制动过程,阻力矩 $\boldsymbol{M}$ 的大小与角速度 ω 的平方成正比,比例系数为 k(k 为大于 0 的常量).当 $\omega = \dfrac{\omega_0}{3}$ 时,飞轮的角加速度为 $\beta =$ _____,从开始制动到 $\omega = \dfrac{\omega_0}{3}$ 所经过的时间为 $t =$ _____.

5. 如题图 1-18 所示,一长为 L 的轻质细杆,两端分别固定质量为 m 和 $3m$ 的小球,此系统

在竖直面内可绕过中点 O 且与细杆垂直的水平光滑固定轴（O 轴）转动. 开始时,细杆与水平方向的夹角为 $60°$,处于静止状态,无初转速地释放小球后,细杆和小球这一刚体系统绕 O 轴转动. 系统绕 O 轴的转动惯量为 $J =$ _____. 释放小球后,当细杆转到水平位置时,小球所受的合外力矩 $M =$ _____,角加速度为_____.

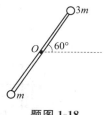

题图 1-18

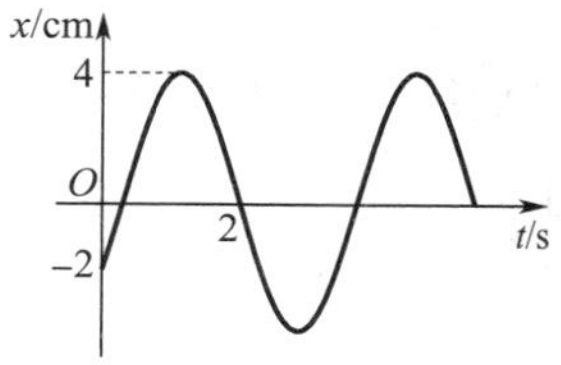

题图 1-19

6. 一质点做简谐振动,其振动曲线如题图 1-19 所示,由此可得质点的振动周期为 $T =$ _____,用余弦函数描述质点的简谐振动时,其初相位为_____.

7. 设一反射波的波函数为

$$y_2 = 0.15\cos\left[100\pi\left(t - \frac{x}{200}\right) + \frac{\pi}{2}\right] \text{(SI)}.$$

波在 $x = 0$ 处发生反射,反射点为自由端,则形成的驻波的波函数为_____.

8. 一列平面简谐波在介质中传播时,若介质中一质元在 t 时刻的机械能为 10 J,则在 $t + T$（T 为波的周期）时刻,该质元的动能为_____.

三、判断题（对的画"√",错的画"×"）（每题 2 分,共 6 分）

1. 一列平面简谐波在弹性介质中传播,弹性介质中质元的动能增大时,其势能减小,机械能守恒. （　　）

2. 刚体转动时转动惯量的大小主要取决于刚体的质量大小. （　　）

3. 对于质点系,只有外力才能改变质点系的动量,内力对质点系内各质点的动量无贡献. （　　）

四、证明题（10 分）

一质量为 m_1、长为 l 的均匀细棒,静止平放在滑动摩擦系数为 μ 的水平桌面上,它可绕通过其端点 O 且与桌面垂直的固定光滑轴（O 轴）转动,细棒绕 O 轴的转动惯量为 $J = \frac{1}{3}m_1 l^2$. 另有一水平运动的质量为 m_2 的小滑块,沿垂直于细棒的方向与细棒的另一端点 A 相碰撞,设碰撞时间极短. 已知小滑块在碰撞前后的速度分别为 v_1 和 v_2,如题图 1-20 所示. 试证明碰撞后细棒从开始转动到停止转动所需的时间为 $t = 2m_2 \dfrac{v_1 + v_2}{\mu m_1 g}$.

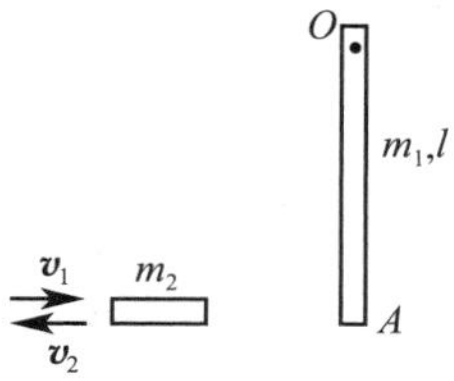

俯视图

题图 1-20

五、计算题(每题 10 分,共 30 分)

1. 如题图 1-21 所示,质量为 $M_1 = 15$ kg 的圆轮,可绕水平光滑固定轴转动,一轻绳缠绕于轮上,另一端通过质量为 $M_2 = 5$ kg 的圆盘形定滑轮悬有质量为 $m = 10$ kg 的物体,设轻绳与定滑轮间无相对滑动,圆轮、定滑轮绕通过轮心且垂直于横截面的水平光滑轴的转动惯量分别为 $J_1 = \frac{1}{2}M_1R^2$,$J_2 = \frac{1}{2}M_2r^2$. 当物体由静止开始下降了 $h = 0.5$ m 时,求:

(1) 物体的速度;

(2) 轻绳中的张力.

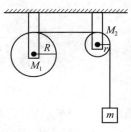

题图 1-21

2. 一列平面简谐波沿 x 轴负方向传播,波长为 λ,P 点处质元的振动曲线如题图 1-22(a) 所示. 求:

(1) P 点处质元的运动方程;

(2) 此波的波函数;

(3) 如题图 1-22(b) 所示,$d = \frac{\lambda}{2}$,求坐标原点 O 处质元的运动方程.

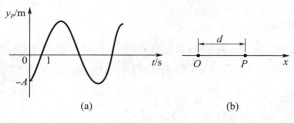

(a)　　　　　　　　　　(b)

题图 1-22

3. 一列平面简谐波的周期为 $T = 0.5$ s,波长为 10 m,振幅为 $A = 0.1$ m. 当 $t = 0$ 时,波源处质元正处于其最大正位移处,若波源位于坐标原点,且波沿 x 轴正方向传播,求:

(1) 此波的波函数;

(2) 当 $t = \frac{T}{4}$ 时,$\frac{\lambda}{4}$ 处质元的位移;

(3) 当 $t = \frac{T}{2}$ 时,$\frac{\lambda}{4}$ 处质元的振动速度.

第一篇模拟题四

一、选择题（每题 3 分，共 30 分）

1. 粒子 B 的质量是粒子 A 质量的 4 倍. 开始时粒子 A 的速度为 $3i+4j$，粒子 B 的速度为 $2i-7j$. 由于两者的相互作用，粒子 A 的速度变为 $7i-4j$，此时粒子 B 的速度变为（　　）.

    A. $i-5j$　　　　　　B. $2i-7j$　　　　　　C. 0　　　　　　D. $5i-3j$

2. 已知地球的质量为 m，太阳的质量为 M，地心与日心的距离为 R，引力常量为 G，则地球绕太阳做圆周运动时，对日心的角动量为（　　）.

    A. $m\sqrt{GMR}$　　　　B. $\sqrt{\dfrac{GMm}{R}}$　　　　C. $Mm\sqrt{\dfrac{G}{R}}$　　　　D. $\sqrt{\dfrac{GMm}{2R}}$

3. 一艘质量为 m 的宇宙飞船关闭发动机返回地球时，可认为该宇宙飞船只在地球的引力场中运动. 已知地球质量为 M，引力常量为 G，当它从距地心 R_1 处下降到 R_2 处时，宇宙飞船增加的动能应等于（　　）.

    A. $\dfrac{GMm}{R_2}$　　　　　　　　　　　　　　B. $\dfrac{GMm}{R_2^2}$

    C. $GMm\dfrac{R_1-R_2}{R_1 R_2}$　　　　　　　　　D. $GMm\dfrac{R_1-R_2}{R_1^2}$

4. 质量相等的两物体 A，B 分别固定在轻弹簧两端，将其竖直静置在光滑水平支持面上，如题图 1-23 所示. 若把支持面迅速抽走，则在抽走的瞬间，物体 A，B 的加速度大小分别为（　　）.

    A. $a_A=0,a_B=g$　　　　　　　　B. $a_A=g,a_B=0$

    C. $a_A=2g,a_B=0$　　　　　　　D. $a_A=0,a_B=2g$

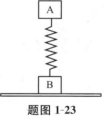

题图 1-23

5. 关于机械能守恒和动量守恒的条件有以下几种说法，其中正确的是（　　）.

    A. 不受外力作用的系统，其动量和机械能守恒

    B. 所受合外力为零，内力都是保守力的系统，其机械能守恒

    C. 不受外力，而内力都是保守力的系统，其动量和机械能守恒

    D. 外力对系统做的功为零，其机械能和动量守恒

6. 对质点系有以下几种说法：

    （1）质点系总动量的改变与内力无关；

    （2）质点系总动能的改变与内力无关；

    （3）质点系机械能的改变与保守内力无关.

在上述说法中，（　　）.

    A. 只有（1）是正确的　　　　　　B. （1），（3）是正确的

C. (1),(2) 是正确的　　　　　　　　　　　　D. (2),(3) 是正确的

7. 如题图 1-24 所示,A,B 为两个相同的绕着轻绳的定滑轮. A 的绳端挂一质量为 M 的物体,B 的绳端受拉力 F 的作用,且 $F = Mg$. 设 A,B 两定滑轮的角加速度分别为 β_A 和 β_B,不计滑轮轴的摩擦,则有(　　).

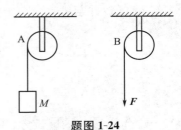

题图 1-24

A. $\beta_A = \beta_B$

B. $\beta_A > \beta_B$

C. $\beta_A < \beta_B$

D. 开始时 $\beta_A = \beta_B$,以后 $\beta_A < \beta_B$

8. 一圆盘在水平面内绕一竖直固定轴转动,已知圆盘对转轴的转动惯量为 J,初始角速度为 ω_0,后来变为 $\dfrac{\omega_0}{2}$. 在上述过程中,阻力矩所做的功为(　　).

A. $\dfrac{1}{4} J \omega_0^2$ 　　　　B. $-\dfrac{1}{8} J \omega_0^2$ 　　　　C. $-\dfrac{1}{4} J \omega_0^2$ 　　　　D. $-\dfrac{3}{8} J \omega_0^2$

9. 一弹簧振子做简谐振动,机械能为 E_1. 如果简谐振动的振幅增加为原来的 2 倍,重物的质量增加为原来的 4 倍,则它的机械能 E_2 变为(　　).

A. $\dfrac{E_1}{4}$ 　　　　B. $\dfrac{E_1}{2}$ 　　　　C. $2E_1$ 　　　　D. $4E_1$

10. 题图 1-25 所示为一列平面简谐波在 $t = 0$ 时的波形曲线,该波的振幅为 $A = 0.1$ m,波速为 200 m/s,则 P 点处质元的振动速度的表达式为(　　).

A. $v = -0.2\pi \cos(2\pi t - \pi)$ (SI)

B. $v = -0.2\pi \cos(\pi t - \pi)$ (SI)

C. $v = 0.2\pi \cos\left(2\pi t - \dfrac{\pi}{2}\right)$ (SI)

D. $v = 0.2\pi \cos\left(\pi t - \dfrac{3\pi}{2}\right)$ (SI)

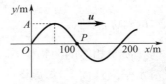

题图 1-25

二、填空题(每题 3 分,共 24 分)

1. 一运动质点的速率与路程的关系为 $v = 1 + s^2$ (SI),则其切向加速度用路程 s 表示为 _____ (SI).

2. 一质量为 m 的质点受指向圆心的大小为 $F = \dfrac{k}{r^2}$ 的力的作用,做半径为 r 的圆周运动,质点的速率为 $v =$ _____. 若取距圆心无穷远处为势能零点,质点的机械能为 $E =$ _____.

3. 一质点从静止出发,做半径为 $R = 3$ m 的圆周运动,切向加速度的大小为 3 m/s^2,当加速度与半径成 $45°$ 角时,质点所经过的时间为 $t =$ _____.

4. 如题图 1-26 所示,一人造地球卫星绕地球做椭圆轨道运动,近地点为 A,远地点为 B,A,B 两点距地心分别为 r_1,r_2. 设卫星的质量为 m,地球的质量为 M,引力常量为 G,则卫星在 A,B 两点处的万有引力势能之差为 $E_{pB} - E_{pA} =$ _____;卫星在 A,B 两点处的动能之差为 $E_{kB} - E_{kA} =$ _____.

题图 1-26

5. 如题图 1-27 所示,一长为 L、质量为 m 的均匀细杆,可绕通过细杆的端点 O 并与细杆垂直的水平固定轴转动. 细杆的另一端连接一质量为 m 的小球,细杆从水平位置由静止开始自由下摆,忽略轴处的摩擦,当细杆转至与竖直方向成 θ 角时,小球与细杆的角速度为 $\omega =$ _____.

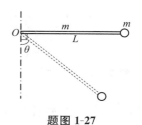

题图 1-27

6. 一半径为 R 的水平圆盘以角速度 ω 做匀速转动. 一质量为 m 的人从圆盘边缘走到圆盘中心,圆盘对人所做的功为 $A =$ _____.

7. 在静止的升降机中,一摆长为 l 的单摆的振动周期为 T_0. 当升降机以加速度 $a = \dfrac{g}{2}$ 竖直下降时,单摆的振动周期为 $T =$ _____.

8. 一质点沿 x 轴做简谐振动,振幅为 $A = 4$ cm,周期为 $T = 2$ s,取其平衡位置为坐标原点. 若 $t = 0$ 时,质点第一次通过 $x = -2$ cm 处,且沿 x 轴负方向运动,那么质点第二次通过 $x = -2$ cm 处的时刻为_____.

三、判断题(对的画"√",错的画"×")(每题 2 分,共 6 分)

1. 如果一质点同时具有切向加速度和法向加速度,则质点做一般曲线运动. ( )

2. 质点系的动量改变取决于系统的外力,而动能改变不仅取决于系统的外力,还取决于系统的内力. ( )

3. 在机械波传播过程中,某一质元的动能和势能具有相同的值. ( )

四、证明题(10 分)

如题图 1-28 所示,一劲度系数为 k 的弹簧的一端固定在墙上,另一端连接一质量为 M 的容器,容器可在光滑水平面上运动. 当弹簧未变形时容器位于 O 点,现使容器自 O 点左侧 l_0 处从静止开始运动,当容器每一次经过 O 点时,从上方滴管中滴入一质量为 m 的油滴. 试证明容器中滴入 n 滴油以后,容器运动过程中距 O 点的最远距离为

$$x = \sqrt{\frac{M}{M + nm}} \, l_0.$$

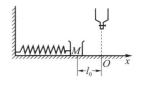

题图 1-28

五、计算题（每题 10 分，共 30 分）

1. 一静止的圆盘，其质量为 m_2，半径为 R，可绕通过其圆心 O 的水平固定轴转动。现有一质量为 m_1、速度为 v 的子弹沿圆周切线方向嵌入圆盘的边缘，如题图 1-29 所示。求：

（1）子弹嵌入圆盘后，圆盘的角速度 ω；

（2）由子弹与圆盘组成的系统在此过程中的动能增量。

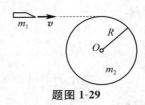

题图 1-29

2. 已知一列平面简谐波的波函数为 $y = A\cos \pi(4t + 2x)$ (SI)，

（1）求该波的波长、频率和波速；

（2）写出 $t = 4.2$ s 时各波峰的坐标表达式，并求出此时离坐标原点最近的波峰的坐标；

（3）求 $t = 4.2$ s 时离坐标原点最近的波峰通过坐标原点的时刻 t。

3. 一列平面简谐波沿 x 轴正方向传播，波速为 0.08 m/s，在 $t = 0$ 时，其波形曲线如题图 1-30 所示，求：

（1）该波的波函数；

（2）P 点处质元的运动方程。

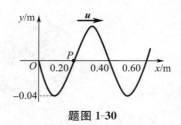

题图 1-30

第二篇 电 磁 学

第六单元

电荷与电场

一、基本要求

（1）理解电场的概念、电场强度的定义和场强叠加原理的意义. 掌握利用场强叠加原理求简单带电体电场分布的方法.

（2）理解高斯定理和环路定理. 能熟练地用高斯定理求解对称性场源电荷产生的电场，特别是均匀带电的球体、导线、平板等的电场.

（3）理解静电场的保守性，理解电势概念的引入条件及其意义. 掌握利用场强的线积分求电势和已知电荷分布利用电势叠加原理求电势的方法.

（4）理解电通量、电场线、等势面的概念，了解场强和电势的微分关系.

（5）理解电势能、电势差、电场力的功及其相互关系.

（6）了解静电场中导体静电平衡的条件及电荷分布的规律.

（7）理解电容的定义及其物理意义.

（8）了解电介质的极化现象及其微观机理.

（9）了解有电介质时的高斯定理及环路定理，能用高斯定理处理电介质中较简单的电场问题.

（10）理解电场能量密度的概念，会计算一些简单的带电体产生的电场中储存的能量.

二、基本概念与规律

1. 库仑定律

（1）**两种电荷**：自然界只存在正、负两种电荷. 与用丝绸摩擦过的玻璃棒所带电荷的电性相同的电荷叫作正电荷；与用毛皮摩擦后的橡胶棒所带电荷的电性相同的电荷叫作负电荷.

电荷守恒定律：自然界中两种电荷的总量是守恒的，使物质带电的过程，就是使电荷从一个物体转移到另一个物体（如摩擦起电和接触带电），或者是从物体的一部分转移到另一部分（静电感应）. 在一个与外界没有电荷交换的系统内，无论进行怎样的物理过程，系统内正、负电荷量的代数和总是保持不变，这就是电荷守恒定律.

电荷量子化：任何物体的电荷量都是元电荷（$e = 1.6 \times 10^{-19}$ C）的整数倍，电子、质子的电荷量都等于元电荷.

(2) **点电荷**：当带电体的线度远小于它与其他带电体之间的距离时,以致带电体的形状和大小对相互作用力的影响可忽略不计,就可以把这样的带电体看作点电荷.

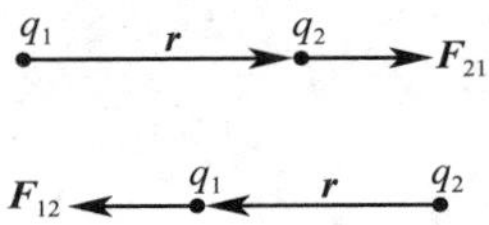

图 6-1

库仑定律：在惯性系中,真空中两个静止的点电荷之间的作用力的大小与它们的电荷量 q_1 和 q_2 的乘积成正比,与它们之间的距离 r 的平方成反比.作用力的方向沿着它们的连线方向,同号电荷互相排斥,异号电荷互相吸引,如图 6-1 所示.库仑定律用矢量公式表示为

$$F = \frac{1}{4\pi\varepsilon_0} \frac{q_1 q_2}{r^2} e_r,$$

式中 ε_0 称为真空介电常量,其值为 $8.85 \times 10^{-12} \ C^2/N \cdot m^2$;e_r 是施力点电荷指向受力点电荷方向的单位矢量.

(3) **静电力的叠加原理**：当 n 个静止的点电荷 $q_1, q_2, \cdots, q_n$ 同时存在时,施于某一点电荷 q_0 的力就等于各点电荷单独存在时施于 q_0 的静电力的矢量和.于是 q_0 受到的总静电力可表示为

$$F = F_1 + F_2 + \cdots + F_n = \sum_{i=1}^n F_i.$$

2. 电场强度

(1) **电场强度的定义**.电场中某点处的电场强度 E 的大小等于正检验电荷 q_0 在该点处所受的电场力的大小与 q_0 的比值,其方向为该检验电荷所受电场力的方向,即

$$E = \frac{F}{q_0}.$$

(2) **场强叠加原理**：n 个点电荷在空间任意一点处所激发的总场强等于各个点电荷单独存在时在该点处所激发的场强的矢量和,即

$$E = E_1 + E_2 + \cdots + E_n = \sum_{i=1}^n E_i.$$

它是电场的基本性质之一.利用这一原理可以计算任意带电体所激发的场强.

(3) **场强的计算**.点电荷 q 的场强为

$$E = \frac{F}{q_0} = \frac{1}{4\pi\varepsilon_0} \frac{q}{r^2} e_r.$$

该场强是球对称的,即到该点电荷距离相等的球面上各点的场强的大小相等.

点电荷系 $q_i(i = 1, 2, \cdots, n)$ 的场强：根据点电荷的电场及场强叠加原理可得点电荷系的场强为

$$E = \sum_{i=1}^n E_i = \sum_{i=1}^n \frac{1}{4\pi\varepsilon_0} \frac{q_i}{r_i^2} e_{ri}.$$

电荷连续分布的带电体的场强：可将电荷连续分布的带电体分成无数个点电荷.因此,可以应用点电荷系的场强计算式,将求和运算变为积分运算,即

$$E = \int dE = \int \frac{1}{4\pi\varepsilon_0} \frac{dq}{r^2} e_r.$$

注意：这是矢量积分,具体计算时应先将 dE 分解为 $dE = dE_x i + dE_y j$,再积分,即

$$E = \int dE = \int (dE_x i + dE_y j) = \int dE_x i + \int dE_y j = E_x i + E_y j.$$

3. 高斯定理

（1）**电场线.** 电场线是在空间画出的能够形象描述电场性质的一系列曲线. 它必须既能反映场强的大小，又能反映场强的方向. 电场线上每点的切线方向为该点处的场强方向，穿过垂直于场强的单位面积上的电场线条数为该处的场强大小. 因此，电场线密的地方，场强大；电场线疏的地方，场强小.

电场线的性质：电场线起始于正电荷，终止于负电荷，不间断，不闭合. 任意两条电场线不相交，因为空间中任意一点处的场强只有一个确定的方向.

（2）**电通量.** 穿过电场中任意曲面的电场线条数称为通过此曲面的电场强度通量，简称电通量.

电通量的计算步骤如下：

均匀电场中通过某一平面的电通量：若平面与场强垂直，则 $\Phi_e = ES$；若平面与场强不垂直，则可将平面在垂直于场强方向上投影，而此投影面的电通量与原平面的电通量一致，所以 $\Phi_e = ES_\perp = ES\cos\theta = \boldsymbol{E}\cdot\boldsymbol{S}$，如图 6-2 所示.

任意电场中任意曲面的电通量：可将曲面分割成无数个小面积元 $\mathrm{d}S$，则 $\mathrm{d}\Phi_e = \boldsymbol{E}\cdot\mathrm{d}\boldsymbol{S}$，其中面积元矢量 $\mathrm{d}\boldsymbol{S}$ 的大小等于 $\mathrm{d}S$，方向为面积元的正法线方向. 对整个曲面积分，即可得通过曲面的电通量为

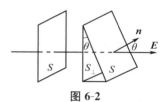

图 6-2

$$\Phi_e = \iint_S \mathrm{d}\Phi_e = \iint_S \boldsymbol{E}\cdot\mathrm{d}\boldsymbol{S}.$$

任意电场中任意闭合曲面的电通量：对整个闭合曲面积分，即

$$\Phi_e = \oiint_S \boldsymbol{E}\cdot\mathrm{d}\boldsymbol{S}.$$

规定正法线方向为外法线方向，这样电场线穿出闭合曲面为正，穿入闭合曲面为负.

（3）**高斯定理.** 在真空静电场中，通过任意闭合曲面的电通量等于该闭合曲面内电荷的代数和除以 ε_0，即

$$\Phi_e = \oiint_S \boldsymbol{E}\cdot\mathrm{d}\boldsymbol{S} = \begin{cases} \dfrac{1}{\varepsilon_0}\sum q_{in} & （不连续分布场源电荷）, \\[3mm] \dfrac{1}{\varepsilon_0}\iiint_V \rho\,\mathrm{d}V & （连续分布场源电荷）, \end{cases}$$

式中 $\sum q_{in}$ 为闭合曲面 S 内的电荷量的代数和，ρ 为体电荷密度.

理解高斯定理应注意以下几点：① 上式中场强 $\boldsymbol{E}$ 为闭合曲面 S 内、外的电荷（整个空间所有电荷）共同产生的，而电通量 Φ_e 只和 S 内的电荷有关. 注意区分场强与电通量两个概念. 例如，图 6-3 中有两个点电荷 1 和 2，有一闭合曲面 S 和位于闭合曲面上的一点 P，则 P 点处的场强是由两个点电荷共同决定的，但是通过闭合曲面 S 的电通量只与闭合曲面围住的点电荷有关，而通过 S 上某一部分曲面的电通量仍与整个空间所有点电荷有关. ② 闭合曲面内电荷的代数和为零并不能表示闭合曲面内无电荷. 同样，通过闭合曲面的电通量为零也并不能得到闭合曲面上各点处的场强为零. ③ 高斯定理说明静电场是有源场，其场源为电荷.

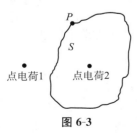

图 6-3

点电荷1　　点电荷2

4. 电势

(1) **静电力做功的特点**. 静电力做功只与检验电荷的始末位置有关,与路径无关,所以静电场为保守场,静电力为保守力.

(2) **静电场的环路定理**:在静电场中,场强沿任意闭合路径 L 的线积分恒为零,即

$$\oint_L \boldsymbol{E} \cdot \mathrm{d}\boldsymbol{l} = 0.$$

这是静电力做功和路径无关及电场线不闭合的数学表述,该式说明静电场为无旋场.

(3) **电势能**. 电荷 q_0 在电场中某点 a 处的电势能 W_a,在数值上等于把电荷 q_0 从该点沿任意路径移到电势零点时静电力所做的功,即

$$W_a = \int_a^{\text{电势零点}} q_0 \boldsymbol{E} \cdot \mathrm{d}\boldsymbol{l}.$$

(4) **电势**. 电场中某点 a 处的电势 U_a,在数值上等于单位正电荷在该点所具有的电势能,即把单位正电荷从该点沿任意路径移到电势零点时电场力所做的功,即

$$U_a = \frac{W_a}{q_0} = \int_a^{\text{电势零点}} \boldsymbol{E} \cdot \mathrm{d}\boldsymbol{l}.$$

电势差:空间任意两点之间的电势之差,即

$$U_{ab} = U_a - U_b = \int_a^{\text{电势零点}} \boldsymbol{E} \cdot \mathrm{d}\boldsymbol{l} - \int_b^{\text{电势零点}} \boldsymbol{E} \cdot \mathrm{d}\boldsymbol{l} = \int_a^b \boldsymbol{E} \cdot \mathrm{d}\boldsymbol{l}.$$

电势差与电势零点的选取无关.

在静电场中 a 和 b 两点之间移动电荷时,静电力所做的功等于该电荷在这两点间电势能增量的负值,也等于该电荷的电荷量 q_0 与电势差的乘积,即

$$A_{ab} = \int_a^b q_0 \boldsymbol{E} \cdot \mathrm{d}\boldsymbol{l} = -\Delta W = -(W_b - W_a) = -q_0(U_b - U_a) = q_0 U_{ab}.$$

常见的电势计算公式如下:

点电荷 $\qquad U_a = \dfrac{q}{4\pi\varepsilon_0 r}$ (以无穷远处为电势零点),

点电荷系 $\qquad U_a = \displaystyle\sum_{i=1}^n \dfrac{q_i}{4\pi\varepsilon_0 r_i}$ (电势叠加原理),

连续分布带电体 $\qquad U_a = \displaystyle\int \dfrac{\mathrm{d}q}{4\pi\varepsilon_0 r}$ (标量积分,不必考虑方向).

5. 电场强度和电势梯度的关系

(1) **等势面**. 电势相等的点组成的面叫作**等势面**. 点电荷的等势面是同心球面. 相邻等势面的电势差相等. 等势面密处,场强大;等势面疏处,场强小.

(2) **电场强度和电势梯度的关系**. 电场线与等势面处处正交,且电场线指向电势降低的方向.

积分关系 $\qquad U_a = \displaystyle\int_a^{\text{电势零点}} \boldsymbol{E} \cdot \mathrm{d}\boldsymbol{l},$

微分关系 $\qquad \boldsymbol{E} = -\nabla U.$

6. 导体的静电平衡条件

(1) 导体内部的场强处处为零.

(2) 导体表面的场强处处与导体表面垂直.

7. 静电平衡时导体上的电荷分布

电荷只分布在导体表面,导体内部净电荷为零.

8. 静电平衡时导体的电势分布规律

导体为等势体,其表面为等势面.

9. 电容

电容是描述导体或导体组(电容器)容纳电荷能力的物理量. 孤立导体所带电荷量 Q 与其电势 U 之比称为孤立导体的电容,即

$$C = \frac{Q}{U}.$$

电容器的电容:两极板中任意极板所带电荷量 Q 与两极板 a,b 之间的电势差 U_{ab} 之比,即

$$C = \frac{Q}{U_{ab}}.$$

它在数值上等于电容器升高单位电势差时,在极板上需要增加的电荷量.

电容的值只与电容器的几何形状及极板间的电介质性质有关,与电容器是否带电及所带电荷量的多少无关.

10. 电介质的极化

处于电场中的电介质,其表面会出现正、负极化电荷(或束缚电荷),这种现象称为电介质的极化. 此时,电介质中的电场为外电场 E_0 与极化电荷产生的附加电场 E' 的矢量和,即

$$E = E_0 + E'.$$

无极分子(正、负电荷重心重合的分子)的极化是由于外电场使无极分子的正、负电荷重心产生相对位移,形成感应电矩,感应电矩和外电场有相同的方向,从而使电介质的表面出现正、负电荷,这种电荷称为极化电荷. 有极分子(正、负电荷重心相互错开的分子)的极化是由于在外电场中,有极分子的固有电矩(在无外电场时其排列是混乱的)受到力矩的作用发生转动,其趋势是转向与外电场一致的方向,从而在宏观上使电介质的表面出现正、负极化电荷.

11. 电位移 D

电位移是描述电场性质的辅助量. 在各向同性电介质中,它与场强成正比,即

$$D = \varepsilon_0 \varepsilon_r E = \varepsilon E,$$

式中 ε_r 称为电介质的相对介电常量,ε 称为电介质的介电常量.

12. 有电介质时的高斯定理

穿过任意闭合曲面 S 的 D 通量等于 S 内自由电荷的代数和,即

$$\oiint_S D \cdot dS = \sum q_0.$$

利用有电介质时的高斯定理可以简便地求解具有一定对称性的电介质中的电场分布.

13. 有电介质时的环路定理

电介质中的场强沿任意闭合路径的线积分等于零,即

$$\oint_L E \cdot dl = 0.$$

这说明有电介质时的静电场仍然是保守场.

14. 静电场的能量

静电场中所储存的能量称为静电场的能量. 单位体积的电场中所储存的能量称为电场能量密度,它在数值上等于场强与电位移点积的一半,即

$$w = \frac{1}{2}\boldsymbol{D} \cdot \boldsymbol{E}.$$

于是,体积为 V 的电场空间所储存的电场能量为

$$W_{e} = \iiint_{V} w \mathrm{d}V = \iiint_{V} \frac{1}{2}\varepsilon E^{2} \mathrm{d}V = \iiint_{V} \frac{D^{2}}{2\varepsilon} \mathrm{d}V.$$

电容器所储存的电场能量为

$$W_{e} = \frac{Q^{2}}{2C} = \frac{1}{2}CU^{2} = \frac{1}{2}QU.$$

附:知识脉络图

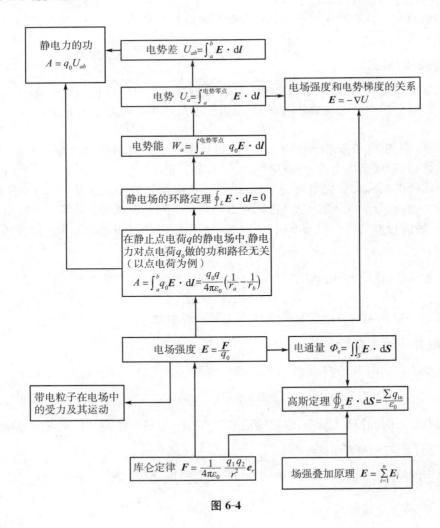

图 6-4

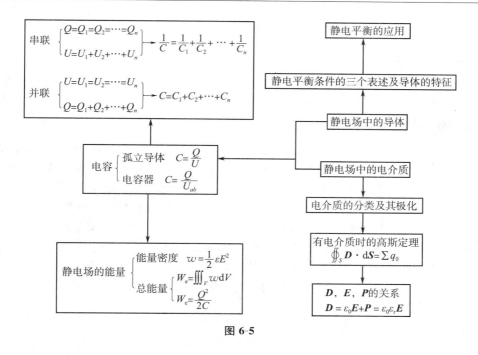

图 6-5

三、典型例题

电场问题分为真空中的静电场和电介质中的静电场. 主要解题方法有以下几种.

1. 求真空中的静电场的场强的主要方法

（1）利用点电荷的场强公式 $E = \dfrac{q}{4\pi\varepsilon_0 r^2} e_r$ 和场强叠加原理联合求解. 依电荷分布的几何形状以及密度分布建立合适的坐标系, 在这个坐标系中先写出场强的分量, 再积分. 积分时首先要注意场强是场点的函数, 但积分是对场源电荷的分布积分; 其次要注意积分变量的统一和上下限的取值.

（2）用高斯定理 $\oint_S E \cdot \mathrm{d}S = \dfrac{1}{\varepsilon_0} \sum q_{in}$ 求场强 E. 这需要找到一个合适的高斯面 S, 使得能够判断面积元 $\mathrm{d}S$ 上场强的方向, 且与面积元的外法向量 e_n 的夹角为 $\theta = 0, \pi$ 或 $\dfrac{\pi}{2}$. 这就要求带电体的电荷分布具有对称性. 若电荷分布具有球对称性, 合适的高斯面就是同心球面; 若电荷分布具有轴对称性, 高斯面就取带上下底的同轴圆柱面或带左右底的同轴圆柱面. 用高斯定理求电场分布一般有以下步骤: ① 做对称性分析, 从场源电荷分布的对称性, 分析场强的对称性; ② 选合适的高斯面, 能方便地计算出通过该面的电通量; ③ 由高斯定理求解场强.

2. 求真空中的静电场的电势的主要方法

（1）场强积分法. 已知场强分布求电势, 利用公式 $U_a = \displaystyle\int_a^{\text{电势零点}} E \cdot \mathrm{d}l$ 求解. 关键是选择合适的路径 L, 通常选一条电场线或一段电场线加一段与电场线垂直的折线, 在选定的路径上做路径积分. 这种方法通常是针对场强易求的带电体激发的电场的情况.

（2）利用点电荷的电势公式 $U = \dfrac{q}{4\pi\varepsilon_0 r}$ 和电势叠加原理求电势. 需根据带电体的形状选取合适的坐标系，找出场点与场源的关系，然后求积分.

注意：电势零点的选取原则上是任意的，但为了方便计算，对有限大的带电体，一般选无穷远处为电势零点（$U_\infty = 0$）；对无限大的带电体，选有限远处某点 P 处的电势为零（$U_P = 0$）.

*3. 电介质中的静电场问题

电介质中的静电场问题大致分为四类：第一类是计算导体处于静电平衡后的场强及电势；第二类是计算电容器的电容；第三类是计算电介质中的电场；第四类是计算电场中的能量.

求解第一类问题时要注意外电场会引起导体上的电荷分布发生变化，弄清它们的变化后再求解；第二类问题是先假定电容器上带有电荷，再求其场强和电势差，最后代入电容的定义式；第三类问题主要是计算电介质中具有对称性的电场，要运用有电介质时的高斯定理求解；最后一类问题，求解电场能量时，首先要求解场强的空间分布，找出能量密度的表达式，再代入公式求积分.

【例 6-1】 如图 6-6(a)所示，真空中一长为 L 的均匀带电细直杆，电荷量为 $Q(Q>0)$. 细直杆延长线上距杆的一端为 d 处有一点电荷，电荷量为 $q(q>0)$.

（1）求点电荷所受的静电力；

（2）将点电荷沿任意路径移动到无穷远处，求电场力所做的功 A_1；

（3）将点电荷沿任意路径移动到细直杆延长线上距杆另一端为 d 的 P 点，求电场力所做的功 A_2.

解 （1）**解法一** 先求点电荷所在位置处的场强，再求点电荷所受的静电力. 建立如图 6-6(b)所示的坐标系. 在细直杆上距 O 点为 x 处选取一长为 dx 的电荷元，其电荷量为 $dq = \dfrac{Q}{L}dx$. 此电荷元在点电荷所在处产生的场强大小为

$$dE = \frac{1}{4\pi\varepsilon_0} \frac{dq}{(L+d-x)^2} = \frac{Q}{4\pi L\varepsilon_0} \frac{dx}{(L+d-x)^2}.$$

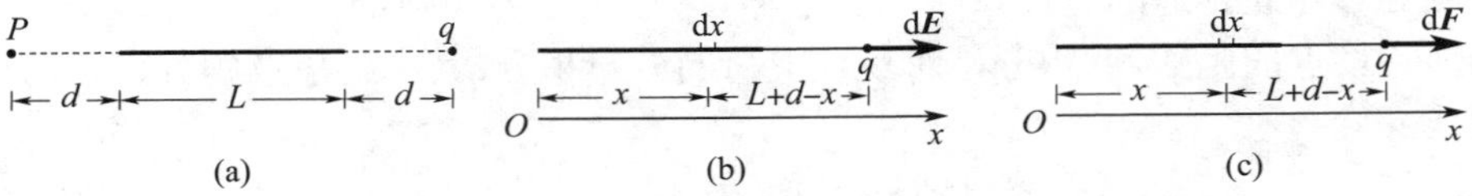

图 6-6

因为所有电荷元在点电荷所在处产生的场强都沿 x 轴正方向，所以

$$E = \int dE = \frac{Q}{4\pi L\varepsilon_0} \int_0^L \frac{dx}{(L+d-x)^2} = \frac{Q}{4\pi d\varepsilon_0(L+d)}.$$

由于 $Q>0$，故场强方向沿 x 轴正方向，则点电荷所受静电力的大小为

$$F = qE = \frac{qQ}{4\pi d\varepsilon_0(L+d)}.$$

由于 $q>0$，故静电力的方向沿 x 轴正方向.

解法二 在带电细直杆上任取一电荷元，其电荷量为 dq，由库仑定律求出电荷元对点电荷的作用力，再积分求出带电细直杆对点电荷的静电力.

建立如图 6-6(c)所示的坐标系. 在细直杆上距 O 点为 x 处选取一长为 dx 的电荷元，其电荷量为 $dq = \dfrac{Q}{L}dx$. 该电荷元对点电荷的作用力大小为

$$dF = \frac{1}{4\pi\varepsilon_0} \frac{q\,dq}{(L+d-x)^2} = \frac{qQ}{4\pi L\varepsilon_0} \frac{dx}{(L+d-x)^2}.$$

由于 $Q > 0$,故细直杆上所有电荷元对点电荷的作用力方向都沿 x 轴正方向,所以带电细直杆对点电荷的静电力的大小为

$$F = \frac{qQ}{4\pi L\varepsilon_0} \int_0^L \frac{dx}{(L+d-x)^2} = \frac{qQ}{4\pi d\varepsilon_0(L+d)},$$

方向沿 x 轴正方向.

（2）以无穷远处为电势零点,电荷元在点电荷所在处产生的电势为

$$dU = \frac{1}{4\pi\varepsilon_0} \frac{dq}{L+d-x} = \frac{Q}{4\pi L\varepsilon_0} \frac{dx}{L+d-x}.$$

对上式进行积分,可得点电荷所在处的电势为

$$U_1 = \int dU = \frac{Q}{4\pi L\varepsilon_0} \int_0^L \frac{dx}{L+d-x} = \frac{Q}{4\pi L\varepsilon_0} \ln\frac{L+d}{d},$$

则将点电荷沿任意路径移动到无穷远处,电场力所做的功为

$$A_1 = q(U_1 - U_\infty) = q(U_1 - 0) = \frac{qQ}{4\pi\varepsilon_0 L} \ln\frac{L+d}{d}.$$

本问题还可以利用公式 $A = \int \boldsymbol{F} \cdot d\boldsymbol{l}$ 来计算,请读者自己完成.

（3）由于 P 点和点电荷所在位置关于细直杆中心左右对称,故 P 点处的场强与点电荷所在处的场强大小相等,方向相反. P 点处的电势 U_2 与点电荷所在处的电势 U_1 大小相等,则将点电荷沿任意路径移动到 P 点,电场力所做的功为

$$A_2 = q(U_1 - U_2) = 0.$$

【例 6-2】　一带电细线弯成如图 6-7(a) 所示的半径为 R 的半圆周,细线在 Oxy 平面内.

（1）如果电荷在细线上分布均匀,且细线的电荷量为 Q,求 O 点处的场强与电势;

（2）如果细线上的电荷分布不均匀,且线电荷密度为 $\lambda = \lambda_0\sin\theta$,式中 θ 为对圆心的张角,求 O 点处的场强与电势.

解　（1）当细线上的电荷分布均匀时,线电荷密度为 $\lambda = \dfrac{Q}{\pi R}$,如图 6-7(b) 所示,在细线上对圆心张角 θ 处取一长度为 dl 的电荷元,其电荷量为

$$dq = \lambda\,dl = \frac{Q}{\pi R} R\,d\theta = \frac{Q}{\pi}\,d\theta.$$

此电荷元在 O 点处产生的场强的大小为

$$dE = \frac{dq}{4\pi\varepsilon_0 R^2} = \frac{Q}{4\pi^2\varepsilon_0 R^2}\,d\theta.$$

因为不同电荷元在 O 点处产生的场强的方向不同,所以将 $d\boldsymbol{E}$ 分解成沿 x 轴和 y 轴的分量,即

$$dE_x = -dE\cos\theta = -\frac{Q}{4\pi^2\varepsilon_0 R^2}\cos\theta\,d\theta, \quad dE_y = -dE\sin\theta = -\frac{Q}{4\pi^2\varepsilon_0 R^2}\sin\theta\,d\theta.$$

根据对称性,则有

$$E_x = \int dE_x = 0, \quad E_y = \int dE_y = -\frac{Q}{4\pi^2\varepsilon_0 R^2} \int_0^\pi \sin\theta\,d\theta = -\frac{Q}{2\pi^2\varepsilon_0 R^2}.$$

所以 O 点处的场强为

$$E_O = E_y\boldsymbol{j} = -\frac{Q}{2\pi^2\varepsilon_0 R^2}\boldsymbol{j}.$$

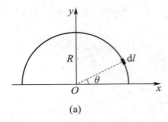 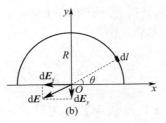

图 6-7

以无穷远处为电势零点,则电荷元在 O 点处产生的电势为

$$dU = \frac{dq}{4\pi\varepsilon_0 R} = \frac{Q}{4\pi^2\varepsilon_0 R}d\theta.$$

对上式进行积分,有

$$U_O = \int dU = \int_0^\pi \frac{Q}{4\pi^2\varepsilon_0 R}d\theta = \frac{Q}{4\pi\varepsilon_0 R}.$$

(2) 当细线上的电荷分布不均匀时,所选电荷元的电荷量为

$$dq = \lambda dl = R\lambda_0 \sin\theta d\theta,$$

此电荷元在 O 点处产生的场强的大小为

$$dE = \frac{dq}{4\pi\varepsilon_0 R^2} = \frac{\lambda_0 \sin\theta}{4\pi\varepsilon_0 R}d\theta.$$

将 $d\boldsymbol{E}$ 分解成沿 x 轴和 y 轴的分量,即

$$dE_x = -dE\cos\theta = -\frac{\lambda_0\cos\theta\sin\theta}{4\pi\varepsilon_0 R}d\theta, \quad dE_y = -dE\sin\theta = -\frac{\lambda_0\sin^2\theta}{4\pi\varepsilon_0 R}d\theta.$$

对 dE_x 和 dE_y 分别积分,有

$$E_x = -\frac{\lambda_0}{4\pi\varepsilon_0 R}\int_0^\pi \cos\theta\sin\theta d\theta = 0, \quad E_y = -\frac{\lambda_0}{4\pi\varepsilon_0 R}\int_0^\pi \sin^2\theta d\theta = -\frac{\lambda_0}{8\varepsilon_0 R}.$$

所以 O 点处的场强为

$$\boldsymbol{E}_O = E_y\boldsymbol{j} = -\frac{\lambda_0}{8\varepsilon_0 R}\boldsymbol{j}.$$

以无穷远处为电势零点,则电荷元在 O 点处产生的电势为

$$dU = \frac{dq}{4\pi\varepsilon_0 R} = \frac{\lambda_0}{4\pi\varepsilon_0}\sin\theta d\theta.$$

对上式进行积分,有

$$U_O = \int dU = \int_0^\pi \frac{\lambda_0}{4\pi\varepsilon_0}\sin\theta d\theta = \frac{\lambda_0}{2\pi\varepsilon_0}.$$

细线的电荷量为

$$Q = \int dq = R\lambda_0 \int_0^\pi \sin\theta d\theta = 2R\lambda_0,$$

所以 O 点处的电势为

$$U_O = \frac{\lambda_0}{2\pi\varepsilon_0} = \frac{2R\lambda_0}{4\pi\varepsilon_0 R} = \frac{Q}{4\pi\varepsilon_0 R}.$$

电荷不均匀分布的结果与电荷均匀分布时相同. 这是因为电势是标量,同时所有电荷元到 O 点

的距离都相等.

【例 6-3】　有两根半径为 R 的无限长直导线,彼此平行放置,两直导线轴线的距离为 $d(d \geqslant 2R)$,沿轴线方向单位长度上的电荷量分别为 $+\lambda$ 和 $-\lambda$,如图 6-8(a) 所示. 设两直导线之间的相互作用不影响它们的电荷分布,试求两直导线之间的电势差.

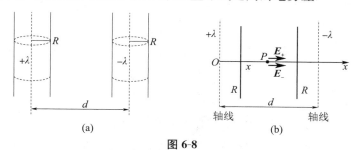

图 6-8

解　建立如图 6-8(b) 所示的坐标系,取左侧长直导线轴线上的一点为坐标原点,作 x 轴垂直于轴线且指向右侧. 在两轴线组成的平面上,在 $R<x<(d-R)$ 区域内,由教材例 6.3.3 可得坐标为 x 的 P 点处的场强的大小为

$$E = E_+ + E_- = \frac{\lambda}{2\pi\varepsilon_0 x} + \frac{\lambda}{2\pi\varepsilon_0(d-x)},$$

方向沿 x 轴正方向,则两直导线之间的电势差为

$$U = \int_R^{d-R} E \, dx = \frac{\lambda}{2\pi\varepsilon_0} \int_R^{d-R} \left(\frac{1}{x} + \frac{1}{d-x}\right) dx$$

$$= \frac{\lambda}{2\pi\varepsilon_0} \left[\ln x - \ln(d-x)\right]\Big|_R^{d-R} = \frac{\lambda}{\pi\varepsilon_0} \ln\frac{d-R}{R}.$$

【例 6-4】　一半径为 R 的带电球体,其体电荷密度为 $\rho = \dfrac{qr}{\pi R^4}$,式中 q 为正常量,r 为球体内任意一点到球心的距离. 试求:

(1) 带电球体的电荷量;

(2) 球内、外各点的场强;

(3) 球内、外各点的电势.

解　(1) 在球内取半径为 r、厚为 dr 的同心薄球壳,则可将该球壳视为电荷均匀分布的带电体,该球壳所包含的电荷量为

$$dq = \rho dV = \frac{qr \cdot 4\pi r^2 \, dr}{\pi R^4} = \frac{4qr^3 \, dr}{R^4}.$$

对上式进行积分,可得球体的电荷量为

$$Q = \iiint_V dq = \frac{4q}{R^4} \int_0^R r^3 \, dr = q.$$

(2) 在球内作一半径为 r 的同心球面为高斯面,由高斯定理 $\oiint_S \boldsymbol{E} \cdot d\boldsymbol{S} = \frac{1}{\varepsilon_0} \sum q_{in} = \frac{1}{\varepsilon_0} \iiint_V \rho dV$,有

$$4\pi r^2 E_1 = \frac{1}{\varepsilon_0} \int_0^r \frac{qr}{\pi R^4} 4\pi r^2 \, dr = \frac{qr^4}{\varepsilon_0 R^4},$$

解得球内距球心为 r 处的场强的大小为

$$E_1 = \frac{qr^2}{4\pi\varepsilon_0 R^4} \quad (r \leqslant R),$$

方向沿半径方向向外.

在球外作一半径为 r 的同心球面为高斯面,由高斯定理有

$$4\pi r^2 E_2 = \frac{q}{\varepsilon_0},$$

解得球外距球心为 r 处的场强的大小为

$$E_2 = \frac{q}{4\pi\varepsilon_0 r^2} \quad (r > R),$$

方向沿半径方向向外.

（3）以无穷远处为电势零点,球内距球心为 r 处的电势为

$$U_1 = \int_r^R \boldsymbol{E}_1 \cdot \mathrm{d}\boldsymbol{l} + \int_R^\infty \boldsymbol{E}_2 \cdot \mathrm{d}\boldsymbol{l} = \int_r^R \frac{qr^2}{4\pi\varepsilon_0 R^4}\mathrm{d}r + \int_R^\infty \frac{q}{4\pi\varepsilon_0 r^2}\mathrm{d}r$$

$$= \frac{q}{12\pi\varepsilon_0 R} - \frac{qr^3}{12\pi\varepsilon_0 R^4} + \frac{q}{4\pi\varepsilon_0 R} = \frac{q}{12\pi\varepsilon_0 R}\left(4 - \frac{r^3}{R^3}\right) \quad (r \leqslant R).$$

球外距球心为 r 处的电势为

$$U_2 = \int_r^\infty \boldsymbol{E}_2 \cdot \mathrm{d}\boldsymbol{l} = \int_r^\infty \frac{q}{4\pi\varepsilon_0 r^2}\mathrm{d}r = \frac{q}{4\pi\varepsilon_0 r} \quad (r > R).$$

【例 6-5】 如图 6-9(a)所示,面电荷密度分别为 $+\sigma$ 和 $-\sigma$ 的两块无限大均匀带电平行平面,分别与 x 轴垂直相交于 $x_1 = a$,$x_2 = -a$ 两点.设坐标原点 O 处为电势零点,试求空间的电势分布,并画出电势分布曲线.

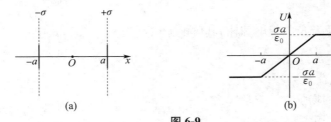

图 6-9

解 由场强叠加原理和教材例 6.3.4 可得场强分布为

$$E = \begin{cases} \dfrac{-\sigma}{\varepsilon_0} & (-a \leqslant x \leqslant a), \\ 0 & (-\infty < x < -a, a < x < +\infty). \end{cases}$$

由场强与电势梯度的关系可求电势分布.在 $-\infty < x < -a$ 范围内,

$$U = \int_x^0 E\mathrm{d}x = \int_x^{-a} 0\mathrm{d}x + \int_{-a}^0 \frac{-\sigma}{\varepsilon_0}\mathrm{d}x = \frac{-\sigma a}{\varepsilon_0};$$

在 $-a \leqslant x \leqslant a$ 范围内,

$$U = \int_x^0 E\mathrm{d}x = \int_x^0 \frac{-\sigma}{\varepsilon_0}\mathrm{d}x = \frac{\sigma x}{\varepsilon_0};$$

在 $a < x < +\infty$ 范围内,

$$U = \int_x^0 E\mathrm{d}x = \int_x^a 0\mathrm{d}x + \int_a^0 \frac{-\sigma}{\varepsilon_0}\mathrm{d}x = \frac{\sigma a}{\varepsilon_0}.$$

电势分布曲线如图 6-9(b)所示.

注意：此题不能选无穷远处为电势零点，因为带电体无穷大，若选无穷远处为电势零点，则空间各点电势都为无穷大.

【例6-6】 真空中有一正方体形状的高斯面，边长为 $a = 0.1$ m，位于如图 6-10 所示位置. 已知空间的场强分布为

$$E_x = bx, \quad E_y = 0, \quad E_z = 0,$$

式中 $b = 1\,000$ N/(C·m)，试求通过该高斯面的电通量.

解 通过 $x = a$ 处的平面 1 的电通量为

$$\Phi_{e1} = -E_1 S_1 = -ba^3.$$

通过 $x = 2a$ 处的平面 2 的电通量为

$$\Phi_{e2} = E_2 S_2 = 2ba^3.$$

其他平面的电通量都为零. 因此，通过该高斯面的电通量为

$$\Phi_e = \Phi_{e1} + \Phi_{e2} = 2ba^3 - ba^3 = ba^3 = 1 \text{ N·m}^2/\text{C}.$$

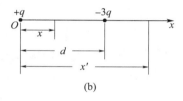

图 6-10

【例6-7】 如图 6-11(a) 所示，两个点电荷的电荷量分别为 $+q$ 和 $-3q$，相距为 d. 问：

(1) 在两个点电荷的连线上场强 $\boldsymbol{E} = \boldsymbol{0}$ 的点，与电荷量为 $+q$ 的点电荷相距多远？

(2) 若选无穷远处为电势零点，两个点电荷的连线上电势 $U = 0$ 的点，与电荷量为 $+q$ 的点电荷相距多远？

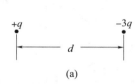

图 6-11

解 建立如图 6-11(b) 所示的坐标系，取电荷量为 $+q$ 的点电荷所在处为坐标原点，x 轴为两点电荷连线，且指向电荷量为 $-3q$ 的点电荷.

(1) 设 $\boldsymbol{E} = \boldsymbol{0}$ 的点的坐标为 x'，则

$$\boldsymbol{E} = \frac{q}{4\pi\varepsilon_0 x'^2}\boldsymbol{i} - \frac{3q}{4\pi\varepsilon_0 (x' - d)^2}\boldsymbol{i} = \boldsymbol{0},$$

可得 $2x'^2 + 2dx' - d^2 = 0$，解得

$$x' = -\frac{1}{2}(1 + \sqrt{3})d,$$

另有一解 $\frac{1}{2}(\sqrt{3} - 1)d$ 不符合题意，舍去，于是连线上场强为零的点在电荷量为 $+q$ 的点电荷左侧，与其相距 $\frac{1}{2}(1 + \sqrt{3})d$.

(2) 设 $U = 0$ 的点的坐标为 x，则

$$U = \frac{q}{4\pi\varepsilon_0 x} - \frac{3q}{4\pi\varepsilon_0 (d - x)} = 0,$$

解得

$$x = \frac{d}{4},$$

于是连线上场强为零的点在两个点电荷之间，与电荷量为 $+q$ 的点电荷相距 $\frac{d}{4}$.

【例 6-8】 电荷以相同的面电荷密度 σ 分布在半径分别为 $r_1 = 10$ cm 和 $r_2 = 20$ cm 的两个同心球壳上,设无穷远处为电势零点,球心处的电势为 $U_0 = 300$ V.

(1) 求面电荷密度 σ;

(2) 若要使球心处的电势也为零,外球壳上应放掉多少电荷量?

解 (1) 由教材例 6.4.1 和电势叠加原理(球心处的电势为两个同心带电球壳在球心处产生的电势的叠加),可得球心处的电势为

$$U_0 = \frac{1}{4\pi\varepsilon_0}\left(\frac{q_1}{r_1} + \frac{q_2}{r_2}\right) = \frac{1}{4\pi\varepsilon_0}\left(\frac{4\pi r_1^2 \sigma}{r_1} + \frac{4\pi r_2^2 \sigma}{r_2}\right) = \frac{\sigma}{\varepsilon_0}(r_1 + r_2),$$

则面电荷密度为

$$\sigma = \frac{U_0 \varepsilon_0}{r_1 + r_2} = 8.85 \times 10^{-9} \text{ C/m}^2.$$

(2) 设外球壳上放电后面电荷密度为 σ',则有

$$U_0' = \frac{1}{\varepsilon_0}(\sigma r_1 + \sigma' r_2) = 0, \quad \text{即} \quad \sigma' = -\frac{r_1}{r_2}\sigma.$$

外球壳上变成带负电,应放掉的电荷量为

$$q' = 4\pi r_2^2(\sigma - \sigma') = 4\pi r_2^2 \sigma\left(1 + \frac{r_1}{r_2}\right) = 4\pi\sigma r_2(r_1 + r_2) = 4\pi\varepsilon_0 U_0 r_2 \approx 6.67 \times 10^{-9} \text{ C}.$$

【例 6-9】 用质子轰击重原子核.因重原子核的质量比质子的质量大得多,可以把重原子核看成固定的.设重原子核的电荷量为 Ze,质子的质量为 m、电荷量为 e、轰击速度为 v_0.若质子不是正对重原子核射来,v_0 的延长线与重原子核的垂直距离为 b,如图 6-12 所示,试求质子离重原子核的最小距离 r.

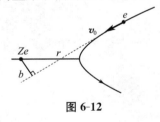

图 6-12

解 设质子原先离重原子核很远,相对于最小距离 r,可以认为质子在重原子核无穷远处.在前后两种距离下,能量守恒,即

$$\frac{Ze^2}{4\pi\varepsilon_0 r} + \frac{mv^2}{2} = \frac{mv_0^2}{2}, \tag{6-1}$$

式中 v 为质子与重原子核相距为 r 时的速度.质子在有心力作用下,相对于重原子核所在点的角动量守恒,即

$$mvr = mv_0 b,$$

由此可得

$$v = \frac{bv_0}{r}.$$

将上式代入式(6-1),经整理后得到

$$r^2 - \frac{Ze^2}{2\pi\varepsilon_0 mv_0^2}r - b^2 = 0,$$

解得

$$r = \frac{Ze^2}{4\pi\varepsilon_0 mv_0^2} + \sqrt{\left(\frac{Ze^2}{4\pi\varepsilon_0 mv_0^2}\right)^2 + b^2},$$

另有一解为负值,不符合题意,舍去.

【例 6-10】 如图 6-13 所示,两块很大的导体平板平行放置,面积都是 S,有一定厚度,电荷量分别为 Q_1, Q_2.如果不计边缘效应,则 A, B, C, D 四个表面的面电荷密度分别是多大?

解　无论两导体上原来的电荷如何分布,静电平衡后,其上的电荷只分布在外表面上,且导体内部场强为零.

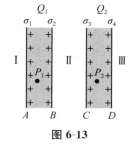

图 6-13

设 A,B,C,D 这四个表面的面电荷密度分别为 $\sigma_1,\sigma_2,\sigma_3,\sigma_4$,则由电荷守恒定律可得

$$(\sigma_1+\sigma_2)S=Q_1, \tag{6-2}$$

$$(\sigma_3+\sigma_4)S=Q_2. \tag{6-3}$$

取水平向右为场强的正方向,由于导体内部 P_1,P_2 点处的场强均为零,由场强叠加原理以及教材例 6.3.4 可得

$$\frac{\sigma_1}{2\varepsilon_0}-\frac{\sigma_2}{2\varepsilon_0}-\frac{\sigma_3}{2\varepsilon_0}-\frac{\sigma_4}{2\varepsilon_0}=0, \quad \frac{\sigma_1}{2\varepsilon_0}+\frac{\sigma_2}{2\varepsilon_0}+\frac{\sigma_3}{2\varepsilon_0}-\frac{\sigma_4}{2\varepsilon_0}=0,$$

化简可得

$$\sigma_1-\sigma_2-\sigma_3-\sigma_4=0, \tag{6-4}$$

$$\sigma_1+\sigma_2+\sigma_3-\sigma_4=0. \tag{6-5}$$

联立式(6-2)~(6-5),解得

$$\sigma_1=\sigma_4=\frac{Q_1+Q_2}{2S}, \quad \sigma_2=\frac{Q_1-Q_2}{2S}, \quad \sigma_3=-\frac{Q_1-Q_2}{2S}.$$

思考:① 如果把 B 表面接地,电荷分布有什么变化? ② 如果左边的平板的两表面均匀带电,右边的平板不带电,结果如何?

【例 6-11】　一平行板电容器接在电压为 U 的电源上,板间距离为 d. 现将一厚度为 d、体积为电容器容积的一半、相对电容率为 ε_r 的均匀电介质插入电容器的极板之间,如图 6-14 所示.忽略边缘效应,求图中 Ⅰ、Ⅱ 区域的场强 E 和电位移 D 的大小.

解　以 E_1,E_2 和 D_1,D_2 分别表示 Ⅰ、Ⅱ 区域的场强和电位移.根据静电平衡条件可知,电容器的上、下极板均为等势体,且极板之间的电压为 U,所以

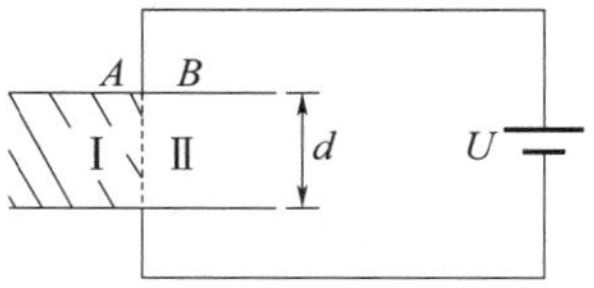

$$E_1 d=E_2 d=U,$$

解得

$$E_1=E_2=\frac{U}{d}.$$

图 6-14

于是由关系式 $D=\varepsilon E$ 可得

$$D_1=\varepsilon_1 E_1=\varepsilon_r\varepsilon_0 E_1=\varepsilon_r\varepsilon_0\frac{U}{d}, \quad D_2=\varepsilon_2 E_2=\varepsilon_0 E_2=\varepsilon_0\frac{U}{d}.$$

注意:本题容易错误地认为 $E_2=E_0=\dfrac{U}{d}$,$E_1=\dfrac{E_0}{\varepsilon_r}=\dfrac{U}{\varepsilon_r d}$.造成这种错误的根源在于忽略了公式 $E=\dfrac{E_0}{\varepsilon_r}$ 成立的条件:电容器上的电荷量不变.但在本例中,插入电介质后,$\sigma_A\ne\sigma_B$,因而 $E=\dfrac{E_0}{\varepsilon_r}$ 不成立.

【例 6-12】　如图 6-15 所示,放置三个平行板电容器 A,B,C,极板面积均为 S,极板间距均为 d,其中 A 极板间为空气,B 极板间放置一厚度为 $\dfrac{d}{2}$、相对电容率为 ε_r 的电介质板,C 极板间放置一厚度为 $\dfrac{d}{2}$ 的导体板.

（1）证明：三个平行板电容器的电容关系为 $C_A < C_B < C_C$；

（2）当平行板电容器的两极板间电压相同且不变时，比较各平行板电容器所带电荷量及所储存的电场能量.

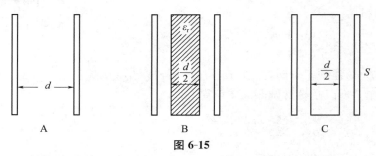

图 6-15

解　（1）设平行板电容器极板所带电荷量为 Q，对于电容器 A，两极板间的电压为

$$U_A = \int_0^d \boldsymbol{E} \cdot \mathrm{d}\boldsymbol{l} = \frac{\sigma}{\varepsilon_0} d = \frac{Qd}{\varepsilon_0 S},$$

式中 σ 为极板上的面电荷密度，故

$$C_A = \frac{Q}{U_A} = \frac{\varepsilon_0 S}{d}.$$

同理，对于电容器 B，有

$$U_B = \frac{\sigma d}{2\varepsilon_0} + \frac{\sigma d}{2\varepsilon_0 \varepsilon_r} = \left(1 + \frac{1}{\varepsilon_r}\right)\frac{Qd}{2\varepsilon_0 S},$$

故

$$C_B = \frac{Q}{U_B} = \frac{2\varepsilon_0 S}{d\left(1 + \dfrac{1}{\varepsilon_r}\right)} = \frac{2\varepsilon_r}{1 + \varepsilon_r} C_A.$$

对于电容器 C，由于导体板所在空间的场强为零，所以

$$U_C = \frac{\sigma d}{2\varepsilon_0} = \frac{Qd}{2\varepsilon_0 S},$$

解得

$$C_C = \frac{2\varepsilon_0 S}{d} = 2C_A.$$

由于 $\varepsilon_r > 1$，所以 $1 < \dfrac{2\varepsilon_r}{1 + \varepsilon_r} < 2$. 整理以上结果可知

$$C_A < C_B < C_C.$$

（2）当各电容器两极板间电压相同且不变时，根据电容的定义式 $C = \dfrac{Q}{U}$ 及电容关系，可得

$$Q_A < Q_B < Q_C.$$

根据 $W = \dfrac{1}{2}CU^2$ 和电容关系，可得

$$W_A < W_B < W_C.$$

【例 6-13】　一半径为 R 的均匀带电球体，体电荷密度为 ρ，球体周围充满了相对电容率为 ε_r 的均匀电介质，求电场储存的总能量.

解　由于电荷及电介质分布均具有球对称性，因而可用高斯定理求解.

在带电球体内部,取半径为 r 的同心球面为高斯面,由高斯定理有

$$\oiint_S \boldsymbol{E} \cdot \mathrm{d}\boldsymbol{S} = 4\pi r^2 E_内 = \frac{q}{\varepsilon_0} = \frac{1}{\varepsilon_0} \rho \frac{4}{3} \pi r^3,$$

解得带电球体内部的场强的大小为

$$E_内 = \frac{\rho r}{3\varepsilon_0},$$

式中 $r \leqslant R$ 为球体内部任意一点到球心的距离. 故带电球体内部电场储存的能量为

$$W_内 = \iiint_V w \mathrm{d}V = \int_0^R \frac{1}{2}\varepsilon_0 \left(\frac{\rho r}{3\varepsilon_0}\right)^2 4\pi r^2 \mathrm{d}r = \frac{2\pi}{45\varepsilon_0}\rho^2 R^5.$$

在带电球体外部 $(r > R)$,由有电介质时的高斯定理可以求得

$$D_外 = \frac{1}{4\pi r^2}\rho \frac{4}{3}\pi R^3 = \frac{\rho R^3}{3r^2},$$

$$E_外 = \frac{D_外}{\varepsilon_0 \varepsilon_r} = \frac{\rho R^3}{3\varepsilon_0 \varepsilon_r r^2}.$$

故带电球体外部电场储存的能量为

$$W_外 = \iiint_V w \mathrm{d}V = \int_R^\infty \frac{1}{2}\varepsilon_0 \varepsilon_r \left(\frac{\rho R^3}{3\varepsilon_0 \varepsilon_r r^2}\right)^2 4\pi r^2 \mathrm{d}r = \frac{2\pi}{9\varepsilon_0 \varepsilon_r}\rho^2 R^5.$$

电场储存的总能量为

$$W = W_内 + W_外 = \frac{2\pi}{45\varepsilon_0}\rho^2 R^5 + \frac{2\pi}{9\varepsilon_0 \varepsilon_r}\rho^2 R^5 = \frac{2\pi\rho^2 R^5}{45\varepsilon_0 \varepsilon_r}(\varepsilon_r + 5).$$

【例 6-14】　一无限长的圆柱形导体,半径为 R,沿轴线方向单位长度的电荷量为 λ,将此圆柱形导体放在无限大的均匀电介质中,电介质的相对电容率为 ε_r,求:

(1) 场强 E 的分布;

(2) 电势 U 的分布(设圆柱形导体的电势为 U_0).

解　(1) 作一半径为 r、高为 l 的同轴封闭圆柱面为高斯面,由有电介质时的高斯定理得

$$\oiint_S \boldsymbol{D} \cdot \mathrm{d}\boldsymbol{S} = 2\pi r l D = \begin{cases} 0 & (r < R), \\ \lambda l & (r \geqslant R), \end{cases}$$

解得

$$D = \begin{cases} 0 & (r < R), \\ \dfrac{\lambda}{2\pi r} & (r \geqslant R). \end{cases}$$

根据 $D = \varepsilon_0 \varepsilon_r E$,可得场强的分布为

$$E = \frac{D}{\varepsilon_0 \varepsilon_r} = \begin{cases} 0 & (r < R), \\ \dfrac{\lambda}{2\pi r \varepsilon_0 \varepsilon_r} & (r \geqslant R). \end{cases}$$

(2) 圆柱形导体的电势为 U_0,由电势差的定义式可得距离圆柱形导体轴线 r 处的电势 U_r 满足

$$U_r - U_0 = \int_r^R \boldsymbol{E} \cdot \mathrm{d}\boldsymbol{l} = \int_r^R \frac{\lambda \mathrm{d}r}{2\pi \varepsilon_0 \varepsilon_r r} = -\frac{\lambda}{2\pi \varepsilon_0 \varepsilon_r}\ln\frac{r}{R} \quad (r \geqslant R).$$

考虑到导体为等势体,所以

$$U_r = \begin{cases} U_0 & (r < R), \\ U_0 - \dfrac{\lambda}{2\pi\varepsilon_0\varepsilon_r}\ln\dfrac{r}{R} & (r \geqslant R). \end{cases}$$

【例 6-15】　一平行板电容器,极板间距为 $d = 5.00$ mm,极板面积为 $S = 100$ cm^2,用电动势为 $\mathscr{E} = 300$ V 的电源给电容器充电.

(1) 若两极板之间为真空,求此电容器的电容 C_0、极板上的面电荷密度 σ_0、两极板间的场强大小 E_0;

(2) 该电容器充电后与电源断开,再在两极板间插入厚度为 $d = 5.00$ mm、相对电容率为 $\varepsilon_r = 5.0$ 的玻璃片,求其电容 C、两极板间的场强大小 E 以及电势差 U;

(3) 该电容器充电后,仍与电源相接,在两极板间插入与(2)相同的玻璃片,求其电容 C'、两极板间的场强大小 E' 以及极板上的电荷量 Q.

解　(1) 由平行板电容器公式得

$$C_0 = \varepsilon_0 \frac{S}{d} = 8.85 \times 10^{-12} \times \frac{100 \times 10^{-4}}{5.0 \times 10^{-3}} \text{ F} = 1.77 \times 10^{-11} \text{ F}.$$

再由 $q = U'C_0 = \mathscr{E}C_0$,式中 q 为极板上的电荷量,U' 为电容器的电势差,可得

$$\sigma_0 = \frac{q}{S} = \frac{\mathscr{E}C_0}{S} = \frac{300 \times 1.77 \times 10^{-11}}{100 \times 10^{-4}} \text{ C/m}^2 = 5.31 \times 10^{-7} \text{ C/m}^2,$$

$$E_0 = \frac{U'}{d} = \frac{\mathscr{E}}{d} = \frac{300}{5.0 \times 10^{-3}} \text{ V/m} = 6.0 \times 10^4 \text{ V/m}.$$

(2) 插入电介质后,电容器极板上的电荷量不变. 电容、场强大小及电势差分别为

$$C = \varepsilon_r C_0 = 5.0 \times 1.77 \times 10^{-11} \text{ F} = 8.85 \times 10^{-11} \text{ F},$$

$$E = \frac{E_0}{\varepsilon_r} = \frac{6.0 \times 10^4}{5.0} \text{ V/m} = 1.2 \times 10^4 \text{ V/m},$$

$$U = Ed = 1.2 \times 10^4 \times 5.0 \times 10^{-3} \text{ V} = 60.0 \text{ V}.$$

(3) 由于电介质与(2)问相同,且电容器极板间的电势差不变,所以

$$C' = C = 8.85 \times 10^{-11} \text{ F},$$

$$E' = \frac{U'}{d} = \frac{\mathscr{E}}{d} = \frac{300}{5.0 \times 10^{-3}} \text{ V/m} = 6.0 \times 10^4 \text{ V/m},$$

$$Q = C'U' = C'\mathscr{E} = 8.85 \times 10^{-11} \times 300 \text{ C} \approx 2.66 \times 10^{-8} \text{ C}.$$

【例 6-16】　如图 6-16 所示,一平行板电容器里有两层均匀电介质 1 和 2,其相对电容率分别为 $\varepsilon_{r1} = 4.00$,$\varepsilon_{r2} = 2.00$,厚度分别为 $d_1 = 2.00$ mm,$d_2 = 3.00$ mm,极板面积为 $S = 50$ cm^2,两极板间的电压为 $U = 200$ V,求:

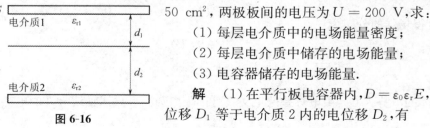

图 6-16

(1) 每层电介质中的电场能量密度;

(2) 每层电介质中储存的电场能量;

(3) 电容器储存的电场能量.

解　(1) 在平行板电容器内,$D = \varepsilon_0\varepsilon_r E$,由电介质 1 内的电位移 D_1 等于电介质 2 内的电位移 D_2,有

$$E_1\varepsilon_0\varepsilon_{r1} = E_2\varepsilon_0\varepsilon_{r2}, \quad E_2 = \frac{\varepsilon_{r1}}{\varepsilon_{r2}}E_1 = 2E_1.$$

而两极板间的电压为

$$U = E_1 d_1 + E_2 d_2 = 200 \text{ V},$$

所以

$$E_1 = \frac{U}{d_1 + 2d_2} = \frac{200}{(2+6) \times 10^{-3}} \text{ V/m} = 2.5 \times 10^4 \text{ V/m},$$

$$E_2 = 2E_1 = 5.0 \times 10^4 \text{ V/m}.$$

由电场能量密度公式可得

$$w_{\text{e1}} = \frac{1}{2} \varepsilon_0 \varepsilon_{\text{r1}} E_1^2 = \frac{1}{2} \times 8.85 \times 10^{-12} \times 4 \times (2.5 \times 10^4)^2 \text{ J/m}^3 \approx 1.1 \times 10^{-2} \text{ J/m}^3,$$

$$w_{\text{e2}} = \frac{1}{2} \varepsilon_0 \varepsilon_{\text{r2}} E_2^2 = \frac{1}{2} \times 8.85 \times 10^{-12} \times 2 \times (5.0 \times 10^4)^2 \text{ J/m}^3 \approx 2.2 \times 10^{-2} \text{ J/m}^3.$$

（2）电介质 1 中储存的电场能量为

$$W_1 = w_{\text{e1}} V_1 = 1.1 \times 10^{-2} \times 50 \times 10^{-4} \times 2.0 \times 10^{-3} \text{ J} = 1.1 \times 10^{-7} \text{ J}.$$

电介质 2 中储存的电场能量为

$$W_2 = w_{\text{e2}} V_2 = 2.2 \times 10^{-2} \times 50 \times 10^{-4} \times 3.0 \times 10^{-3} \text{ J} = 3.3 \times 10^{-7} \text{ J}.$$

（3）电容器储存的电场能量为

$$W = W_1 + W_2 = (1.1 \times 10^{-7} + 3.3 \times 10^{-7}) \text{ J} = 4.4 \times 10^{-7} \text{ J}.$$

【例 6-17】　设计一圆柱形电容器的电容为 C,耐压为 U,内筒附近的场强大小为 E_0. 若圆柱长为 L,则圆柱形电容器内、外筒的最小半径 r_1, r_2 应各为多少?

解　设圆柱形电容器内、外筒的电荷量分别为 $+q, -q$,内筒单位长度的电荷量为 λ,内、外筒之间的电压为 U,如图 6-17 所示,则

$$C = \frac{q}{U}, \quad \lambda = \frac{q}{L} = C \frac{U}{L}.$$

选取与圆柱共轴,半径为 r、高度为 L 的封闭圆柱面为高斯面,由高斯定理有

$$2\pi r L E = \frac{\lambda L}{\varepsilon_0}, \quad E = \frac{\lambda}{2\pi \varepsilon_0 r} = \frac{CU}{2\pi \varepsilon_0 L r}.$$

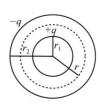

图 6-17

由内筒表面处的场强大小为 $E = E_0$ 可得

$$r_1 = \frac{CU}{2\pi \varepsilon_0 L E_0},$$

再由圆柱形电容器的电容公式 $C = \dfrac{2\pi \varepsilon_0 L}{\ln \dfrac{r_2}{r_1}}$ 可得

$$r_2 = r_1 \mathrm{e}^{\frac{2\pi \varepsilon_0 L}{C}} = \frac{CU}{2\pi \varepsilon_0 L E_0} \mathrm{e}^{\frac{2\pi \varepsilon_0 L}{C}}.$$

第七单元

电流与磁场

一、基本要求

(1) 掌握磁感应强度的概念,理解毕奥-萨伐尔定律,并能利用它和磁场叠加原理求简单情况下载流体的磁场分布,特别是载流直导线和载流直螺线管的磁场分布.

(2) 理解磁场中高斯定理和安培环路定理.掌握安培环路定理,能利用它计算具有一定对称性的载流体的磁场分布.

(3) 掌握安培力和洛伦兹力公式,能做简单计算.

(4) 理解载流线圈的磁矩的定义并能计算它受均匀磁场作用时的力矩.

(5) 了解磁化现象及其微观解释.

(6) 了解有磁介质时的高斯定理和安培环路定理,能用安培环路定理处理较简单的磁介质中的磁场问题.

(7) 了解各向同性磁介质中磁场强度 H 与磁感应强度 B 的联系与区别.

(8) 了解铁磁质的磁化机制和特性.

二、基本概念与规律

1. 磁感应强度

(1) **磁感应强度**.磁感应强度是定量描述磁场各点处特性的基本物理量,可用一运动正检验电荷在磁场中的受力情况来定义,其表达式为

$$B = \frac{F_{\max} \times v}{q_0 v^2},$$

式中 q_0 为运动正检验电荷的电荷量,v 为其运动速度,$F_{\max}$ 为该检验电荷以不同方向运动时所受的最大磁场力(此时速度方向与磁场方向垂直).磁感应强度的大小为 $B = \dfrac{F_{\max}}{q_0 v}$,方向由右手螺旋定则确定.

(2) **磁感应线**.磁感应线的切线方向表示该点处的磁感应强度 B 的方向,而该点处穿过垂直于磁感应强度 B 方向的单位面积上的磁感应线的条数等于该点处的磁感应强度 B 的大小.

磁感应线的特点:① 磁感应线是无头无尾的闭合曲线;② 两条磁感应线不会相交;③ 磁感应线密集处磁感应强度大,磁感应线稀疏处磁感应强度小.

(3) **磁通量**.在磁场中,通过一给定曲面的磁感应线条数称为磁通量,用 Φ_m 表示.通过面

积元 dS 的磁通量为

$$\mathrm{d}\Phi_\mathrm{m} = \boldsymbol{B} \cdot \mathrm{d}\boldsymbol{S} = B\mathrm{d}S\cos\theta,$$

式中 $\mathrm{d}\boldsymbol{S} = \mathrm{d}S\boldsymbol{e}_\mathrm{n}$，$\boldsymbol{e}_\mathrm{n}$ 为面积元 dS 的法向单位矢量，θ 为磁感应强度 $\boldsymbol{B}$ 和 $\boldsymbol{e}_\mathrm{n}$ 的夹角. 通过任意曲面 S 的磁通量为

$$\Phi_\mathrm{m} = \iint_S \boldsymbol{B} \cdot \mathrm{d}\boldsymbol{S}.$$

2. 磁场的高斯定理

由于磁感应线为闭合曲线，因此穿过任意闭合曲面的磁感应线的净条数（穿出为正，穿入为负）应等于零，即

$$\oiint_S \boldsymbol{B} \cdot \mathrm{d}\boldsymbol{S} = 0. \tag{7-1}$$

式(7-1) 称为磁场的高斯定理. 该式反映了磁场和电场是两类不同特性的场，磁场属于涡旋场，而电场属于发散场.

3. 毕奥-萨伐尔定律

在真空中的一载流导线上任取一电流元 $I\mathrm{d}\boldsymbol{l}$，该电流元在空间任意一点 P 处所产生的磁感应强度 $\mathrm{d}\boldsymbol{B}$ 为

$$\mathrm{d}\boldsymbol{B} = \frac{\mu_0}{4\pi} \frac{I\mathrm{d}\boldsymbol{l} \times \boldsymbol{e}_r}{r^2},$$

式中 $\mu_0 = 4\pi \times 10^{-7}$ H/m 为真空磁导率，$\boldsymbol{e}_r$ 为电流元指向 P 点的单位矢量，r 为电流元到 P 点的距离. 对上式进行积分可得整个载流导线在 P 点处产生的磁感应强度为

$$\boldsymbol{B} = \int \mathrm{d}\boldsymbol{B} = \int \frac{\mu_0}{4\pi} \frac{I\mathrm{d}\boldsymbol{l} \times \boldsymbol{e}_r}{r^2}.$$

注意：① $\mathrm{d}\boldsymbol{B}$ 的方向由 $I\mathrm{d}\boldsymbol{l}$ 和 $\boldsymbol{e}_r$ 的方向决定，可根据右手螺旋定则判定；

② 磁场也遵守叠加原理；

③ 此式为矢量积分，因此如果各个电流元所产生的磁感应强度的方向不一致，就需要先分解到坐标轴方向，再分别积分.

4. 几种典型的恒定电流所产生的磁场

(1) 如图 7-1 所示，有限长载流直导线在 P 点处产生的磁感应强度的大小为

$$B = \frac{\mu_0 I}{4\pi r}(\cos\theta_1 - \cos\theta_2),$$

式中 r 为 P 点到直导线的垂直距离，θ_1 和 θ_2 分别是载流直导线的流进端和流出端到 P 点的连线与电流方向之间的夹角. 磁感应强度的方向由右手螺旋定则判定.

推论：① 无限长载流直导线（$\theta_1 = 0$，$\theta_2 = \pi$）附近一点处的磁感应强度的大小为

$$B = \frac{\mu_0 I}{2\pi r}.$$

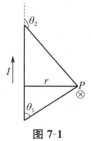

图 7-1

② 半无限长载流直导线 $\left(\theta_1 = 0, \theta_2 = \dfrac{\pi}{2}\ \text{或}\ \theta_1 = \dfrac{\pi}{2}, \theta_2 = \pi\right)$ 附近一点处的磁感应强度

的大小为

$$B = \frac{\mu_0 I}{4\pi r}.$$

半无限长载流直导线只给出这两种特殊情形,其他情形要具体计算 θ_1 和 θ_2.

(2) 半径为 R,通有电流为 I 的载流圆导线轴线上到圆心距离为 x 处的磁感应强度的大小为

$$B = \frac{\mu_0 R^2 I}{2(R^2 + x^2)^{3/2}} = \frac{\mu_0}{2\pi} \frac{\pi R^2 I}{(R^2 + x^2)^{3/2}} = \frac{\mu_0}{2\pi} \frac{IS}{(R^2 + x^2)^{3/2}},$$

方向由右手螺旋定则确定.

推论:① 一段张角为 φ 的载流圆弧导线在圆心处产生的磁感应强度的大小为

$$B = \frac{\mu_0 I}{4\pi R}\varphi.$$

② 载流圆导线在圆心处产生的磁感应强度的大小为

$$B = \frac{\mu_0 I}{2R}.$$

③ 半圆形载流导线在圆心处产生的磁感应强度的大小为

$$B = \frac{\mu_0 I}{4R}.$$

④ N 匝载流圆导线在圆心处产生的磁感应强度的大小为

$$B = \frac{\mu_0 I}{2R}N.$$

(3) 无限长载流螺线管的磁场分布为

$$B = \mu_0 n I \text{(管内)}, \quad B = 0 \text{(管外)},$$

式中 n 为螺线管单位长度的匝数.

5. 安培环路定理

在恒定电流的磁场中,磁感应强度 $\boldsymbol{B}$ 沿任何闭合曲线 L 的线积分(亦称 $\boldsymbol{B}$ 的环流)等于闭合曲线 L 所包围的电流的代数和的 μ_0 倍,其表达式为

$$\oint_L \boldsymbol{B} \cdot \mathrm{d}\boldsymbol{l} = \mu_0 \sum I_{\text{in}}.$$

理解安培环路定理要注意以下几点:

① 电流的正负按规定选取,当电流方向与闭合曲线 L 的绕行方向符合右手螺旋定则时,此电流为正,否则为负.

② 注意理解闭合曲线 L"包围"的电流的意义. 对于闭合的恒定电流,只有与 L 相铰链的电流,才算被 L 包围的电流. 或者可以这样判定:以闭合曲线 L 为边界任意作一曲面,电流与曲面有多少交点就有多少电流. 由右手螺旋定则判定电流的正负,穿进为正电流,穿出为负电流,逐一计算便可. 因为曲面是任意的,所以可作一特殊面考虑. 例如,当闭合曲线在一个平面内时,可以作一个以此曲线为边界的平面来判定.

③ 上式右端 $\sum I_{\text{in}}$ 为闭合曲线 L 所包围的电流的代数和,但在左端的 $\boldsymbol{B}$ 却代表空间所有电流产生的磁感应强度的矢量和,其中也包括那些不被 L 所包围的电流产生的磁感应强度,只不过后者对沿 L 的 $\boldsymbol{B}$ 的线积分无贡献.

④ 此式仅对恒定电流成立,时变电流的磁场需另行讨论.

6. 运动电荷的磁场

以速度 v 运动、电荷量为 q 的粒子在空间某一点 P 处产生的磁感应强度为

$$\boldsymbol{B} = \frac{\mu_0}{4\pi} \frac{q\boldsymbol{v} \times \boldsymbol{e}_r}{r^2},$$

式中 r 为带电粒子到 P 点的距离，$\boldsymbol{e}_r$ 为带电粒子指向 P 点的单位矢量.

7. 磁场对运动电荷的作用力 —— 洛伦兹力

电荷量为 q 的粒子以速度 v 在磁场中运动时，其受磁场的作用力称为洛伦兹力，表达式为

$$\boldsymbol{F}_{\mathrm{m}} = q\boldsymbol{v} \times \boldsymbol{B},$$

式中 $\boldsymbol{B}$ 为粒子所在位置处的磁感应强度.

注意：① $\boldsymbol{F}_{\mathrm{m}}$ 与由 v 和 $\boldsymbol{B}$ 确定的平面垂直，其方向由右手螺旋定则确定. 因 $\boldsymbol{F}_{\mathrm{m}} \perp v$，故洛伦兹力对粒子不做功，只改变粒子速度的方向.

② 均匀磁场中，$v \perp \boldsymbol{B}$ 时粒子做圆周运动，v 和 $\boldsymbol{B}$ 不垂直时，粒子做螺旋线运动.

③ q 可正可负，当 q 为负值时，$\boldsymbol{F}_{\mathrm{m}}$ 和 $v \times \boldsymbol{B}$ 的方向相反.

8. 磁场对载流导线的作用力 —— 安培力

安培力是磁场对处于其中的载流导线的作用力. 电流元 $I\mathrm{d}\boldsymbol{l}$ 在磁场中受到的安培力为

$$\mathrm{d}\boldsymbol{F} = I\mathrm{d}\boldsymbol{l} \times \boldsymbol{B},$$

方向由右手螺旋定则确定. 对上式进行积分，可得一段任意形状的载流导线所受的安培力为

$$\boldsymbol{F} = \int \mathrm{d}\boldsymbol{F} = \int I\mathrm{d}\boldsymbol{l} \times \boldsymbol{B}. \tag{7-2}$$

注意：① 式(7-2)中的积分为矢量积分，原则上要先分解再求各分量的积分.

② 对处于均匀磁场中的直导线，式(7-2)变成

$$\boldsymbol{F} = I\boldsymbol{l} \times \boldsymbol{B}.$$

平行长直导线间的相互作用力：两根平行长直导线，分别通有电流 I_1 和 I_2，它们之间的距离为 d，则单位长度载流导线所受安培力的大小为 $F = \dfrac{\mu_0 I_1 I_2}{2\pi d}$，如果两导线中的电流同向，那么相互作用力为吸引力，反之为排斥力.

9. 磁场对载流线圈的作用

在均匀磁场中，任意形状的载流平面线圈受磁场的作用力为零，但受到磁力矩的作用，其表达式为

$$\boldsymbol{M} = \boldsymbol{p}_{\mathrm{m}} \times \boldsymbol{B}, \tag{7-3}$$

式中 $\boldsymbol{p}_{\mathrm{m}} = NIS\boldsymbol{e}_{\mathrm{n}}$ 为线圈的磁矩，$\boldsymbol{e}_{\mathrm{n}}$ 为载流线圈法向单位向量（按电流方向以右手螺旋定则确定的正方向），N 为线圈匝数，S 为线圈的面积.

磁力矩的作用总是使载流线圈的法线方向转向与磁场方向平行的方向.

注意：① 载流平面线圈在均匀磁场中所受合安培力为零，磁力矩一般不为零，因此线圈只转动，不平动.

② 式(7-3)对均匀磁场中任意形状的平面线圈都成立，但该公式只适用于均匀磁场，对非均匀磁场，线圈所受合安培力和磁力矩一般均不为零.

10. 磁力的功

直导线或载流线圈在磁场中运动时，磁力或磁力矩要做功. 当导线或线圈在均匀磁场中运

动时,磁力或磁力矩所做的功为

$$A = I\Delta\Phi,$$

式中 $\Delta\Phi$ 为线圈运动时闭合回路环绕的面积内磁通量的增量(对于导线,则是导线切割磁感应线的条数),I 为导线或线圈中的电流.

11. 带电粒子在磁场中的运动

(1)**圆周运动**. 一质量为 m、电荷量为 q 的粒子,以速度 v 沿垂直于磁场方向进入一均匀磁场中,此粒子在洛伦兹力的作用下做圆周运动,其回旋半径为 $R = \dfrac{mv}{qB}$,回旋周期为 $T = \dfrac{2\pi m}{qB}$. 回旋半径与粒子速度成正比,回旋周期与粒子速度无关,这一点被用在回旋加速器中来加速带电粒子.

(2)**螺旋运动**. 若带电粒子进入磁场时,其速度 v 的方向与磁场方向不垂直,则可将速度分解为垂直于磁场方向的分量 $v_\perp$ 与平行于磁场方向的分量 $v_{/\!/}$. 垂直于磁场方向的速度分量使带电粒子在垂直于磁场的平面内做圆周运动,半径为 $R = \dfrac{mv_\perp}{qB}$,周期为 $T = \dfrac{2\pi m}{qB}$;平行于磁场方向的速度分量使粒子沿磁场方向做匀速直线运动,两种运动的合运动的轨迹为一个轴线沿磁场方向的螺旋线,螺距为 $h = v_{/\!/}T = \dfrac{2\pi m}{qB}v_{/\!/}$.

12. 霍尔效应

如图 7-2 所示,在一个高为 h、厚为 d 的金属导体中通以电流,将金属导体放入磁感应强度

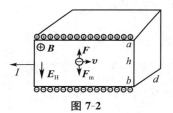

图 7-2

为 $\boldsymbol{B}$ 的均匀磁场中,使磁场方向与电流方向垂直. 由于洛伦兹力的作用,导体中的负电荷 q(电子) 将向下偏转,这时 b 面聚集一些负电荷,a 面聚集一些多余正电荷,并产生了由 a 面指向 b 面的静电场,称为霍尔电场. 当导体中负电荷(载流子)所受的洛伦兹力与电场力平衡时,有

$$qE_{\mathrm{H}} = qvB,$$

即 $E_{\mathrm{H}} = vB$,此时,负电荷停止向下偏转. 由于聚集电荷产生的电场,导体两侧会出现电势差 $U_{\mathrm{H}} = U_b - U_a = -E_{\mathrm{H}}h = -vBh$;已知负电荷漂移速率 v 与电流 I 的关系为 $I = -ndhqv$. 由此可求得

$$U_{\mathrm{H}} = \frac{IB}{nqd} = R_{\mathrm{H}}\frac{IB}{d},$$

式中 n 为载流子浓度,$R_{\mathrm{H}} = \dfrac{1}{nq}$ 为霍尔系数. 如果其他条件相同而载流子带正电,则将得到导体 b 面带正电,a 面带负电的结果. 可见,通过测定霍尔电压的方向即可判定载流子的类型.

注意:① 实际应用中通常给定电压方向,要判断载流子的类型,常用的方法是先假定载流子为正,然后进行判断,如果所得结果与题设一致,说明载流子就是正的,否则为负.

② 载流子浓度越大,即导体的导电性越好,霍尔电压越小,这说明导电性不好的半导体的霍尔效应比较明显.

③ 利用霍尔效应可以对磁场进行比较精确的测定.

13. 磁介质中的磁场

介质置于外磁场中会被磁化,产生附加磁场,这种介质称为磁介质. 此时,磁介质中的磁感应强度 $\boldsymbol{B}$ 为外磁场的磁感应强度 $\boldsymbol{B}_0$ 与附加磁场的磁感应强度 $\boldsymbol{B}'$ 的矢量和,即

$$\boldsymbol{B} = \boldsymbol{B}_0 + \boldsymbol{B}'.$$

当均匀磁介质充满整个外磁场时,磁介质的相对磁导率定义为

$$\mu_r = \frac{B}{B_0}.$$

它是一个无量纲的常数,用来描述磁介质的磁学特性.

14. 磁介质的种类

依据相对磁导率 μ_r 的不同,磁介质可分为三类: μ_r 略大于 1 的磁介质称为顺磁质; μ_r 略小于 1 的磁介质称为抗磁质; $\mu_r \gg 1$ 的磁介质称为铁磁质. 顺磁质和抗磁质统称为弱磁质,铁磁质称为强磁质. 另外,对于超导体,有 $\mu_r = 0$.

15. 弱磁质磁化的微观机制

在外磁场的作用下,顺磁质分子的分子磁矩的方向将会发生转动,但由于热运动的影响,它们只能在一定程度上沿着外磁场方向排列,从而在整体上显示出一定的磁性,即顺磁质被磁化了.

抗磁质的磁化可用感应电流来解释. 抗磁质中电子的运动相当于一个圆电流,当抗磁质引入外磁场后,该等效电流的附加磁矩总是与外磁场方向相反,于是便出现了抗磁性.

16. 磁化电流

磁介质在外磁场中被磁化后,会产生一种沿着磁介质表面流动的电流,称为磁化电流,以 I_s 表示.

17. 磁场强度

磁场强度 $\boldsymbol{H}$ 是一个描述磁场性质的辅助量,它与磁感应强度 $\boldsymbol{B}$ 的关系为

$$\boldsymbol{H} = \frac{\boldsymbol{B}}{\mu},$$

式中 $\mu = \mu_0 \mu_r$ 为磁介质的磁导率.

18. 有磁介质时的安培环路定理

磁场强度 $\boldsymbol{H}$ 沿任意闭合曲线的环流等于此闭合曲线所围(穿过以该闭合曲线为边界的任意曲面)的传导电流的代数和 $\sum I_0$,即

$$\oint_L \boldsymbol{H} \cdot \mathrm{d}\boldsymbol{l} = \sum I_0.$$

利用安培环路定理可以较方便地计算某些具有对称性分布的磁介质的磁场.

19. 有磁介质时的高斯定理

通过磁介质磁场中任意闭合曲面的磁通量恒等于零,即

$$\oiint_S \boldsymbol{B} \cdot \mathrm{d}\boldsymbol{S} = 0.$$

它说明磁介质中的磁场仍为无源场.

20. 铁磁质的特性

铁磁质具有如下几个特性：

（1）相对磁导率 μ_r 很大．

（2）有磁滞现象，磁滞回线的形状随铁磁质的不同而有所差异．

（3）反复磁化要损耗能量，称为磁滞损耗，其大小与磁滞回线所围面积成正比．

（4）有一临界温度，称为居里点，当温度超过居里点时，铁磁质就会变成一般的顺磁质．

21. 铁磁质的磁化

根据磁畴理论，在不强的外磁场作用下，磁畴的磁化方向与外磁场方向较接近，铁磁质发生微弱磁化；之后增大外磁场到一定值，磁畴的磁化方向突然偏转，基本上转到与外磁场一致的方向，使铁磁质的磁场大增；若再增大外磁场，则只能使少量未按外磁场方向取向的磁矩沿着外磁场取向，导致铁磁质的磁场的缓慢增加；当各磁矩都沿外磁场取向后，不管如何增大外磁场，铁磁质的磁场均不变化，即达到了磁饱和．

由于上述过程为不可逆过程，因此当过程反向进行，即逐步减小外磁场时，磁畴将不能同步复原，因而便出现了磁滞现象．

附：知识脉络图

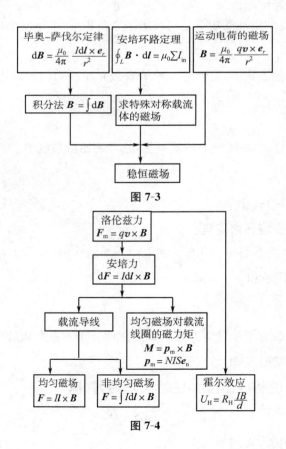

图 7-3

图 7-4

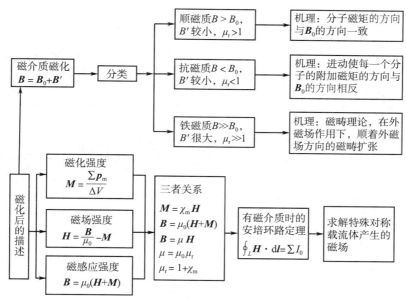

图 7-5

附：电场与磁场的比较（表 7-1 为电介质与磁介质的特征，表 7-2 为电场与磁场的比较）

表 7-1

		电介质及电介质中的电场			磁介质及磁介质中的磁场
介质特征	包括	绝缘体	包括	所有物质	
	电介质分类	无极分子电介质（位移极化）	磁介质分类	弱磁质	顺磁质（$\mu_r > 1$）：铝、锰 抗磁质（$\mu_r < 1$）：铜、金
		有极分子电介质（转向极化）		强磁质	铁磁质（$\mu_r \gg 1$）：铁、钴、镍 超导体（$\mu_r = 0$）
	电场关系	极化电场与外电场反向 $E = E_0 - E'$	磁场关系	顺磁质、铁磁质	附加磁场与外磁场同向 $B = B_0 + B'$
				抗磁质、超导体	附加磁场与外磁场反向 $B = B_0 - B'$
	介电常量 $\varepsilon = \varepsilon_0 \varepsilon_r$	真空介电常量（或真空电容率） $\varepsilon_0 = 8.85 \times 10^{-12}$ N·m²/C² 相对介电常量 ε_r（常数，$\varepsilon_r \geqslant 1$）	磁导率 $\mu = \mu_0 \mu_r$	真空磁导率 $\mu_0 = 4\pi \times 10^{-7}$ N/A² 相对磁导率 μ_r（常数，$\mu_r \geqslant 1$）	
重要关系	极化率	$\chi_e = \varepsilon_r - 1$（常数，$\chi_e > 0$）	磁化率	$\chi_m = \mu_r - 1$（常数，$\chi_m > 0$）	
	极化强度	$\boldsymbol{P} = \chi_e \boldsymbol{D}$（各向同性均匀电介质）	磁化强度	$\boldsymbol{M} = \chi_m \boldsymbol{H}$（各向同性均匀磁介质）	
	面极化电荷密度	$\sigma' = P_n$	面磁化电流密度	$i_s = M$	

续表

	电介质及电介质中的电场		磁介质及磁介质中的磁场	
辅助量	电位移	$D = \varepsilon_0 E + P$ 各向同性均匀电介质 $E = \dfrac{D}{\varepsilon_0 \varepsilon_r}$	磁场强度	$H = \dfrac{B}{\mu_0} - M$ 各向同性均匀磁介质 $B = \mu_0 \mu_r H$

表 7-2

		电　　场			磁　　场
高斯定理	真空	$\oiint_S E \cdot dS = \dfrac{1}{\varepsilon_0} \sum q_{in}$	安培环路定理	真空	$\oint_L B \cdot dl = \mu_0 \sum I_{in}$
	电介质	$\oiint_S D \cdot dS = \sum q_0$ 式中 q_0 为闭合曲面所包围的自由电荷(根据电荷的正、负取正负号)		磁介质	$\oint_L H \cdot dl = \sum I_0$ 式中 I_0 为闭合曲线 L 所包围的传导电流,与 L 方向成右手螺旋关系时取正号. H 由 L 内、外电流决定
	意义	静电场是有源场,电场线不闭合(有起止点)		意义	磁场力是非保守力,磁场是有旋场
	应用要点	当电场或电荷分布具有对称性时,取高斯面 S(使 S 或其中的一部分的法向与电场线平行),先由高斯定理求电位移 D;对各向均匀电介质,再由下式求场强 E: $E = \dfrac{D}{\varepsilon} = \dfrac{D}{\varepsilon_0 \varepsilon_r}$		应用要点	当磁场或电流分布具有对称性时,沿磁感应线方向取闭合曲线 L,先由安培环路定理求磁场强度 H;对各向均匀磁介质,再由下式求磁感应强度 B: $B = \mu H = \mu_0 \mu_r H$
环路定理		$\oint_L E \cdot dl = 0$ 意义:静电力是保守力,电场是无旋场	高斯定理		$\oiint_S B \cdot dS = 0$ 意义:磁场是无源场,磁感应线是闭合曲线
能量	电容器	$W_e = \dfrac{1}{2} CU^2 = \dfrac{Q^2}{2C} = \dfrac{1}{2} QU$	自感线圈(详见第八单元)		$W_m = \dfrac{1}{2} LI^2$(适用于 L 一定的任意线圈)
	一般公式	电场能量密度 $w_e = \dfrac{1}{2} \varepsilon_0 E^2$ $W_e = \iiint_V w_e dV$(V 为电场空间) 在电介质中,将 ε_0 改为 ε 或 $\varepsilon_0 \varepsilon_r$	一般公式(详见第八单元)		磁场能量密度 $w_m = \dfrac{1}{2} \mu_0 H^2 = \dfrac{1}{2\mu_0} B^2 = \dfrac{1}{2} BH$ $W_m = \iiint_V w_m dV$(V 为磁场空间) 在磁介质中,将 μ_0 改为 μ 或 $\mu_0 \mu_r$

三、典型例题

本章主要问题涉及载流体产生的磁场、磁场对导线或线圈的作用以及磁介质中的磁场.

1. 载流体产生的磁场

(1)用积分法或叠加法求解磁场,要学会由毕奥-萨伐尔定律通过积分法求解任意形状载流体的磁场,同时要注意利用已有的结论,如载流直导线、圆形线圈(包括圆弧导线)等的磁场的磁感应强度,通过叠加法求出复杂载流体的磁场.

（2）另一类是用安培环路定理求解磁场,这类题要求磁场必须具有一定的对称性,解此类题的关键是找到易于计算的安培回路.

2. 磁场对载流导线的作用

这类题又分磁场是均匀磁场还是非均匀磁场.均匀磁场对直载流导线的作用力的计算较容易,而对于弯载流导线一般采用把两端连接成直导线进行等效.非均匀磁场对载流导线作用力的计算一般要用积分法.另一类计算是求均匀磁场对载流线圈的磁力矩,可直接用公式求解.

* 3. 有磁介质时的安培环路定理

这是本单元的难点.应注意,安培环路定理是普遍成立的,但应用安培环路定理来求解磁场问题是有条件的,那就是磁场的分布应该具有一定的对称性.因此,求解时必须先对磁场是否具有对称性进行分析.和真空中的情形类似,用有磁介质时的安培环路定理求解磁场问题时要注意选择好安培回路:一是要使待求场点位于安培回路上;二是要使含有 **H** 的线积分易于算出来.

【例 7-1】　在真空中,电流由长直导线 l_1 沿垂直于底边 bc 的方向经 a 点流入一电阻均匀分布的正三角形金属线框,再由 b 点沿 cb 延长线方向从三角形框流出,经长直导线 l_2 返回电源,如图 7-6 所示.已知长直导线上的电流为 I,正三角形线框的边长为 L,求正三角形的中心点 O 处的磁感应强度 **B**.

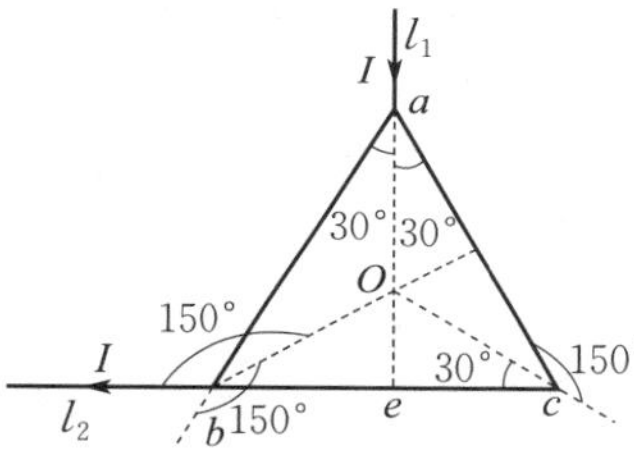

解　本题可将导线分成 l_1, ab, ac, cb, l_2 这 5 段,故 O 点处的磁感应强度为

$$\boldsymbol{B}_O = \boldsymbol{B}_1 + \boldsymbol{B}_{ab} + \boldsymbol{B}_{ac} + \boldsymbol{B}_{cb} + \boldsymbol{B}_2,$$

式中 $\boldsymbol{B}_1, \boldsymbol{B}_{ab}, \boldsymbol{B}_{ac}, \boldsymbol{B}_{cb}, \boldsymbol{B}_2$ 分别为这 5 段在 O 点处产生的磁感应强度.

图 7-6

因为 O 点在 l_1 的延长线上,故 $\boldsymbol{B}_1 = \boldsymbol{0}$.正三角形金属线圈的电阻均匀分布,$2R_{ab} = R_{acb}$,则 $I_{ab} = 2I_{ac} = 2I_{cb}$.又 ab 为一段有限长载流直导线,且 $\theta_1 = 30°$,$\theta_2 = 150°$,所以 $\boldsymbol{B}_{ab}$ 的大小为

$$B_{ab} = \frac{\mu_0 I_{ab}}{4\pi r}(\cos 30° - \cos 150°),$$

式中 r 为 O 点到导线的垂直距离,且 $r = \frac{\sqrt{3}}{6}L$,其方向垂直纸面向外.同理,

$$B_{ac} = \frac{\mu_0 I_{ac}}{4\pi r}(\cos 30° - \cos 150°), \quad B_{cb} = \frac{\mu_0 I_{cb}}{4\pi r}(\cos 30° - \cos 150°),$$

$\boldsymbol{B}_{ac}$ 和 $\boldsymbol{B}_{cb}$ 的方向都垂直纸面向里,所以

$$\boldsymbol{B}_{ab} + \boldsymbol{B}_{ac} + \boldsymbol{B}_{cb} = \boldsymbol{0}.$$

对于导线 l_2,$\theta_1 = 150°$,$\theta_2 = 180°$,所以 $\boldsymbol{B}_2$ 的大小为

$$B_2 = \frac{\mu_0 I}{4\pi r}(\cos 150° - \cos 180°) = (2\sqrt{3} - 3)\frac{\mu_0 I}{4\pi L},$$

方向垂直纸面向里.故 O 点处磁感应强度的大小为

$$B_O = (2\sqrt{3} - 3)\frac{\mu_0 I}{4\pi L},$$

方向垂直纸面向里.

这是一类常见的求磁感应强度的题目,特点是将载流导线弯成某种特定形状,求某点处的磁感应强度. 对于这类问题,可以利用磁场叠加原理求解,把导线分成几段,并分段求解. 解题时常见的错误有:不知道 ab 段与 acb 段电流不同;场点到导线的垂直距离分辨不清;θ_1 和 θ_2 分辨不清.

讨论:若将图 7-6 改成如图 7-7 所示的形状,O 点处的磁感应强度又为多少?

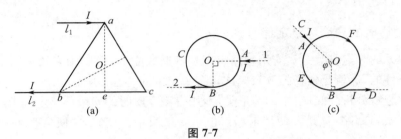

图 7-7

请读者自行验证:只要是一个对称形状,电阻均匀的线圈,无论电流从何处流入,从何处流出,则闭合线圈部分在其对称中心处产生的磁感应强度都为零.

【例 7-2】 一载流导线弯成如图 7-8 所示的形状,求 O 点处的磁感应强度.

解 将导线分成如图 7-8 所示的 4 段,分段求解,则 O 点处的磁感应强度为

$$B_O = B_1 + B_2 + B_3 + B_4,$$

式中 B_1, B_2, B_3, B_4 分别为 l_1, l_2, l_3, l_4 在 O 点处产生的磁感应强度.

l_1 为半无限长载流直导线,则 B_1 的大小为

$$B_1 = \frac{\mu_0 I}{4\pi R},$$

方向垂直纸面向里.

l_2 为有限长载流直导线,$\theta_1 = 45°$,$\theta_2 = 135°$,则 B_2 的大小为

$$B_2 = \frac{\mu_0 I}{4\pi r}(\cos 45° - \cos 135°) = \frac{\mu_0 I}{2\pi R},$$

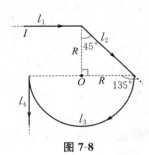

图 7-8

式中 r 为 O 点到 l_2 的垂直距离,方向垂直纸面向里.

l_3 为半圆形载流导线,则 B_3 的大小为

$$B_3 = \frac{\mu_0 I}{4R},$$

方向垂直纸面向里.

l_4 为半无限长载流直导线,则 B_4 的大小为

$$B_4 = \frac{\mu_0 I}{4\pi R},$$

方向垂直纸面向外. 所以,O 点处的磁感应强度的大小为

$$B_O = B_1 + B_2 + B_3 - B_4 = \frac{\mu_0 I}{2\pi R} + \frac{\mu_0 I}{4R},$$

方向垂直纸面向里.

【例 7-3】　如图 7-9(a) 所示,将一金属薄片弯成半径为 $R = 1.0$ cm 的无限长 $\frac{1}{4}$ 圆筒,沿轴向通有 $I = 10.0$ A 的电流.设电流在金属片上均匀分布,试求圆筒轴线上任意一点 P 处的磁感应强度.

解　本题示意图为一剖面图,电流分布在 $\frac{1}{4}$ 圆筒上,可将圆筒切割成一条一条的无限长直导线,每一条直导线都在 P 点处产生磁场,将每一条直导线产生的磁场叠加,即可求得总磁场.

如图 7-9(b) 所示,取一狭条,此狭条对圆心的张角为 $\mathrm{d}\theta$,则

$$\mathrm{d}I = \frac{2I}{\pi}\mathrm{d}\theta.$$

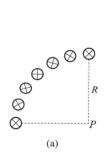
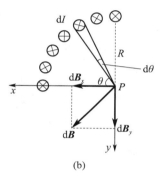

图 7-9

$\mathrm{d}I$ 在 P 点处产生的磁感应强度的大小为

$$\mathrm{d}B = \frac{\mu_0 \mathrm{d}I}{2\pi R},$$

方向由右手螺旋定则确定.

建立如图 7-9(b) 所示的坐标系,P 点为坐标原点,并将 $\mathrm{d}\boldsymbol{B}$ 分解到两坐标轴上,可得

$$\mathrm{d}B_x = \mathrm{d}B\sin\theta, \quad \mathrm{d}B_y = \mathrm{d}B\cos\theta.$$

对上面两式分别积分,得

$$B_x = \int \mathrm{d}B_x = \int_0^{\frac{\pi}{2}} \frac{\mu_0}{2\pi R} \frac{2I}{\pi} \sin\theta\mathrm{d}\theta = \frac{10\mu_0}{\pi^2 R} = \frac{4}{\pi} \times 10^{-4}\ \text{T},$$

$$B_y = \int \mathrm{d}B_y = \int_0^{\frac{\pi}{2}} \frac{\mu_0}{2\pi R} \frac{2I}{\pi} \cos\theta\mathrm{d}\theta = \frac{10\mu_0}{\pi^2 R} = \frac{4}{\pi} \times 10^{-4}\ \text{T}.$$

于是 P 点处磁感应强度的大小为

$$B_P = \sqrt{B_x^2 + B_y^2} = \frac{4\sqrt{2}}{\pi} \times 10^{-4}\ \text{T} \approx 1.8 \times 10^{-4}\ \text{T},$$

方向与 x 轴的夹角为 45°.

【例 7-4】　如图 7-10(a) 所示,一无限长载流薄平板宽度为 b,线电流密度(沿宽度方向单位长度上的电流) 为 δ(常量),求:

(1) 与平板共面,在板一侧,且与同侧板边相距为 a 的任意一点 P 处的磁感应强度;

(2) 在平板中垂线上且与平板距离为 a 的 P 点处的磁感应强度.

解　(1) 建立如图 7-10(a) 所示的坐标系,P 点为坐标原点,在平板上选一狭条,宽为 $\mathrm{d}x$,

则此狭条为一无限长载流直导线，其电流为 $\mathrm{d}I = \delta\mathrm{d}x$，在 P 点处产生的磁感应强度的大小为

$$\mathrm{d}B = \frac{\mu_0\mathrm{d}I}{2\pi x} = \frac{\mu_0\delta\mathrm{d}x}{2\pi x},$$

方向垂直纸面向里.

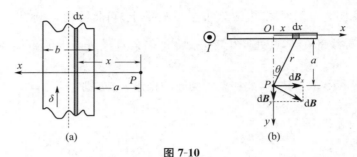

图 7-10

因为每一狭条在 P 点处产生的磁感应强度的方向都垂直纸面向里，所以 P 点处的磁感应强度的大小为

$$B = \int\mathrm{d}B = \int_a^{a+b}\frac{\mu_0\delta\mathrm{d}x}{2\pi x} = \frac{\mu_0\delta}{2\pi}\ln\frac{a+b}{a},$$

方向垂直纸面向里.

注意：当每个狭条在所求场点的磁感应强度方向都相同时，才可直接用 $B = \int\mathrm{d}B$ 进行积分运算.

（2）建立如图 7-10(b) 所示的坐标系，以平板的中心 O 为坐标原点，在平板上选取一狭条，宽为 $\mathrm{d}x$，则此狭条为一无限长载流直导线，其电流为 $\mathrm{d}I = \delta\mathrm{d}x$，它在 P 点处产生的磁感应强度的大小为

$$\mathrm{d}B = \frac{\mu_0\mathrm{d}I}{2\pi r} = \frac{\mu_0\delta\mathrm{d}x}{2\pi r},$$

方向由右手螺旋定则确定. 因为任意狭条在 P 点处产生的磁感应强度的方向都不一样，所以需要将 $\mathrm{d}\boldsymbol{B}$ 在相互垂直的两条坐标轴方向进行分解，可得

$$\mathrm{d}B_x = \mathrm{d}B\cos\theta, \quad \mathrm{d}B_y = \mathrm{d}B\sin\theta,$$

式中 $\cos\theta = \dfrac{a}{r} = \dfrac{a}{\sqrt{a^2+x^2}}$，$\sin\theta = \dfrac{x}{r} = \dfrac{x}{\sqrt{a^2+x^2}}$.

对 $\mathrm{d}B_x$ 和 $\mathrm{d}B_y$ 分别积分，可得

$$B_x = \int\mathrm{d}B_x = \frac{\mu_0\delta a}{2\pi}\int_{-\frac{b}{2}}^{\frac{b}{2}}\frac{\mathrm{d}x}{a^2+x^2} = \frac{\mu_0\delta}{\pi}\arctan\frac{b}{2a},$$

$$B_y = \int\mathrm{d}B_y = \frac{\mu_0\delta}{2\pi}\int_{-\frac{b}{2}}^{\frac{b}{2}}\frac{x\mathrm{d}x}{a^2+x^2} = 0.$$

于是 P 点处的磁感应强度为

$$\boldsymbol{B} = B_x\boldsymbol{i} + B_y\boldsymbol{j} = \frac{\mu_0\delta}{\pi}\arctan\frac{b}{2a}\boldsymbol{i}.$$

当 b 趋于无穷大时，该平板为无限大载流平板，板外任意一点处的磁感应强度的大小为 $B = \dfrac{1}{2}\mu_0\delta$，方向与平板平行.

【例 7-5】　一无限长载流圆柱体,电流为 I,半径为 R,电流沿截面均匀分布.

(1)求磁场分布;

(2)若在圆柱体内挖一个半径为 $\dfrac{R}{2}$ 且与此圆柱内切的圆柱形空腔,电流仍均匀分布,且面电流密度为 δ,求在圆柱体外、位于两圆柱体中心连线上的任意一点 P 处的磁感应强度.

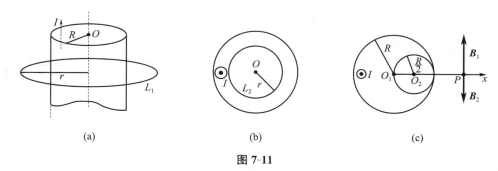

图 7-11

解　(1)由电流的分布可知,磁场为轴对称磁场,在与轴线距离相等的地方磁感应强度大小相等,方向由右手螺旋定则确定.

对于圆柱体外任意一点,选取如图 7-11(a)所示的安培回路 L_1,则

$$\oint_{L_1} \boldsymbol{B} \cdot \mathrm{d}\boldsymbol{l} = \oint_{L_1} B\mathrm{d}l\cos 0 = 2\pi r B = \mu_0 I,$$

所以

$$B = \frac{\mu_0 I}{2\pi r},$$

方向由右手螺旋定则确定,沿 L_1 的逆时针切线方向(从上往下看).结论与无限长载流直导线一样.

对于圆柱体内任意一点,选取如图 7-11(b)所示的安培回路 L_2,则

$$\oint_{L_2} \boldsymbol{B} \cdot \mathrm{d}\boldsymbol{l} = \oint_{L_2} B\mathrm{d}l\cos 0 = 2\pi r B = \mu_0 \frac{\pi r^2}{\pi R^2} I = \mu_0 \frac{r^2}{R^2} I,$$

所以

$$B = \frac{\mu_0 I r}{2\pi R^2},$$

方向由右手螺旋定则确定,沿 L_2 的逆时针切线方向.

(2)可将此问题看成一无限长载流大圆柱体(实心)与一载有相反方向电流的无限长载流小圆柱体(空腔)所产生的磁场的叠加,如图 7-11(c)所示.大圆柱体所带电流为 $\pi R^2 \delta$,方向垂直纸面向外;小圆柱体所带电流为 $\pi \left(\dfrac{R}{2}\right)^2 \delta$,方向垂直纸面向里.以大圆柱体中心 O_1 为坐标原点,直线 $O_1 P$ 为 x 轴建立坐标系.

大圆柱体在 P 点处产生的磁感应强度的大小为

$$B_1 = \frac{\mu_0 \pi R^2 \delta}{2\pi x} = \frac{\mu_0 R^2 \delta}{2x},$$

方向向上.

小圆柱体在 P 点处产生的磁感应强度的大小为

$$B_2 = \frac{\mu_0 \pi \left(\frac{R}{2}\right)^2 \delta}{2\pi \left(x - \frac{R}{2}\right)} = \frac{\mu_0 R^2 \delta}{4(2x - R)},$$

方向向下.

　　所以,总的磁感应强度的大小为

$$B = \frac{\mu_0 R^2 \delta}{2}\left[\frac{1}{x} - \frac{1}{2(2x - R)}\right],$$

方向向上.

　　【例 7-6】　　如图 7-12(a) 所示,均匀带电刚性细杆 AB,线电荷密度为 $\lambda(\lambda > 0)$,绕垂直于刚性细杆的 O 轴以角速度 ω 匀速转动(O 点在细杆 AB 的延长线上),求:

　　(1) O 点处的磁感应强度 $\boldsymbol{B}_0$;

　　(2) 细杆的磁矩 $\boldsymbol{p}_{\mathrm{m}}$;

　　(3) 当 $a \gg b$ 时,$\boldsymbol{B}_0$ 和 $\boldsymbol{p}_{\mathrm{m}}$ 的大小.

　　解　　(1) 如图 7-12(b) 所示,对于 $r \sim r + \mathrm{d}r$ 段,其电荷量为 $\mathrm{d}q = \lambda \mathrm{d}r$,旋转形成圆电流,则该段的电流为

$$\mathrm{d}I = \frac{\mathrm{d}q}{T} = \frac{\lambda \omega}{2\pi}\mathrm{d}r.$$

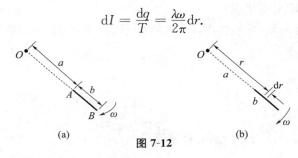

图 7-12

该圆电流在 O 点处产生的磁感应强度的大小为

$$\mathrm{d}B_0 = \frac{\mu_0 \mathrm{d}I}{2r} = \frac{\lambda \omega \mu_0}{4\pi}\frac{\mathrm{d}r}{r},$$

方向垂直纸面向里. 细杆上每一段旋转形成的圆电流在 O 点处产生的磁感应强度的方向都相同,对上式进行积分,可得细杆在 O 点处产生的磁感应强度的大小为

$$B_0 = \int \mathrm{d}B_0 = \frac{\lambda \omega \mu_0}{4\pi}\int_a^{a+b}\frac{\mathrm{d}r}{r} = \frac{\lambda \omega \mu_0}{4\pi}\ln\frac{a+b}{a},$$

方向垂直纸面向里.

　　(2) 根据磁矩的定义,可得 $r \sim r + \mathrm{d}r$ 段的磁矩的大小为

$$\mathrm{d}p_{\mathrm{m}} = \pi r^2 \mathrm{d}I = \frac{1}{2}\lambda \omega r^2 \mathrm{d}r,$$

方向垂直纸面向里. 对上式进行积分,可得细杆的磁矩的大小为

$$p_{\mathrm{m}} = \int \mathrm{d}p_{\mathrm{m}} = \int_a^{a+b}\frac{1}{2}\lambda \omega r^2 \mathrm{d}r = \lambda \omega \frac{(a+b)^3 - a^3}{6},$$

方向垂直纸面向里.

　　(3) 若 $a \gg b$,则 $\ln\frac{a+b}{a} \approx \frac{b}{a}$,有 $B_0 \approx \frac{\omega \mu_0}{4\pi}\frac{\lambda b}{a} = \frac{\omega \mu_0 q}{4\pi a}$. 因此当 $a \gg b$ 时,细杆可视为一个质点,细杆在 O 点处产生的磁感应强度相当于细杆上的电荷全部集中为点电荷,在 O 点处产生

的磁感应强度.

同理,当 $a \gg b$ 时, $(a+b)^3 \approx a^3 \left(1+\dfrac{3b}{a}\right)$,则 $p_m \approx \dfrac{\lambda\omega}{6}a^3 \dfrac{3b}{a} = \dfrac{1}{2}q\omega a^2$,与电荷全部集中为

点电荷运动时的磁矩相同.

【例 7-7】　如图 7-13 所示,一半径为 R 的带电塑料圆盘,其中半径为 r 的阴影部分均匀带正电荷,面电荷密度为 $+\sigma$,其余部分均匀带负电荷,面电荷密度为 $-\sigma$.当圆盘以角速度 ω 匀速旋转时,测得圆盘中心 O 处的磁感应强度为零,问 R 与 r 满足什么关系?

解　带电圆盘转动时,可将带电圆盘看作无数的电流圆环,将圆环在 O 点处产生的磁场叠加,即可求得 O 点处的磁感应强度.如图 7-13 所示,对于 $\rho \sim \rho + \mathrm{d}\rho$ 圆环,其电荷量为 $\mathrm{d}q = \sigma 2\pi\rho\mathrm{d}\rho$,则电流为

$$\mathrm{d}I = \frac{\mathrm{d}q}{T} = \sigma 2\pi\rho\mathrm{d}\rho \frac{\omega}{2\pi} = \sigma\omega\rho\mathrm{d}\rho,$$

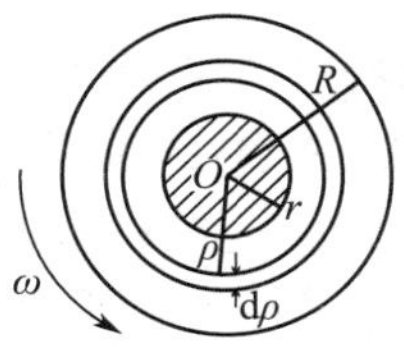

图 7-13

所以它在 O 点处产生的磁感应强度的大小为

$$\mathrm{d}B = \frac{\mu_0\sigma\omega\rho\mathrm{d}\rho}{2\rho} = \frac{1}{2}\mu_0\sigma\omega\mathrm{d}\rho,$$

方向垂直纸面向外.将 $\mathrm{d}B$ 从 0 到 r 积分,可得正电荷部分在 O 点处产生的磁感应强度的大小为

$$B_+ = \int_0^r \frac{\mu_0\sigma\omega}{2}\mathrm{d}\rho = \frac{\mu_0\sigma\omega}{2}r.$$

令 $\sigma = -\sigma$,将 $\mathrm{d}B$ 从 r 到 R 积分,可得负电荷部分在 O 点处产生的磁感应强度的大小为

$$B_- = \int_r^R \frac{\mu_0(-\sigma)\omega}{2}\mathrm{d}\rho = -\frac{\mu_0\sigma\omega}{2}(R-r),$$

式中负号表示 $\boldsymbol{B}_-$ 的方向与 $\boldsymbol{B}_+$ 相反,其方向垂直纸面向里.由于 O 点处的磁感应强度为零,因此 $B_+ + B_- = 0$,解得 $R = 2r$.

【例 7-8】　在一均匀磁场中有一半圆形载流导线,半径为 R,电流为 I,磁场方向与半圆面垂直,求半圆形载流导线所受的安培力.

解　在导线上选取一电流元 $I\mathrm{d}\boldsymbol{l}$,设电流沿顺时针方向,磁场方向垂直纸面向里,如图 7-14(a) 所示.因为电流方向与磁场垂直,所以此电流元所受安培力的大小为 $\mathrm{d}F = IB\mathrm{d}l = IBR\mathrm{d}\theta$,方向沿着径向.因为各电流元所受安培力的方向不同,所以需要将 $\mathrm{d}\boldsymbol{F}$ 在相互垂直的两条坐标轴方向进行分解,可得

$$\mathrm{d}F_x = \mathrm{d}F\cos\theta, \quad \mathrm{d}F_y = \mathrm{d}F\sin\theta.$$

由对称性可知

$$F_x = \int\mathrm{d}F_x = 0,$$

所以半圆形载流导线所受的安培力的大小为

$$F = F_y = \int\mathrm{d}F_y = \int\mathrm{d}F\sin\theta = IBR\int_0^\pi \sin\theta\mathrm{d}\theta = 2IBR,$$

方向竖直向上.

讨论:若另有一由 N 端沿直径流向 M 端的载流导线,电流大小仍为 I,则此导线所受的安培力的大小为

$$F' = IB \cdot 2R,$$

方向竖直向下.所以,半圆形闭合线圈所受安培力为零.此结论可推广为:任意载流线圈在均匀

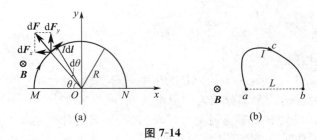

图 7-14

磁场中所受安培力为零.

注意：① 此结论只在均匀磁场中适用.

② 此结论只能说明所受安培力为零,磁力矩是否为零需另行计算.

若将半圆形载流导线改成任意形状的载流导线 acb,其起点与终点之间的距离为 L,如图 7-14(b) 所示,如何求它所受的安培力? 请读者自行讨论.

【例 7-9】 一无限长载流直导线,电流为 I_1,在其附近有一长为 L、电流为 I_2(方向向右) 的导线 ab,导线 ab 与无限长直导线共面且垂直,导线的 a 端与无限长直导线的距离为 d,求导线 ab 所受的安培力.

解　　建立如图 7-15 所示的坐标系. 在导线 ab 上选取一电流元 $I_2 \mathrm{d}x$,则无限长直导线在此处产生的磁感应强度的大小为

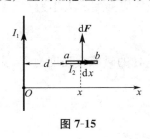

图 7-15

$$B = \frac{\mu_0 I_1}{2\pi x},$$

方向垂直纸面向里,所以电流元所受安培力的大小为

$$\mathrm{d}F = I_2 B \mathrm{d}x = I_2 \frac{\mu_0 I_1}{2\pi x} \mathrm{d}x,$$

方向竖直向上. 每一电流元受力方向都竖直向上,所以

$$F = \int_d^{d+L} \mathrm{d}F = \frac{\mu_0 I_1 I_2}{2\pi} \int_d^{d+L} \frac{\mathrm{d}x}{x} = \frac{\mu_0 I_1 I_2}{2\pi} \ln \frac{d+L}{d},$$

方向竖直向上.

【例 7-10】 如图 7-16 所示,一半径为 R 的半圆形闭合线圈 $MNPM$,电流为 I,放在磁感应强度为 $\boldsymbol{B}$ 的均匀磁场中,磁场方向与线圈平面平行.

(1) 求线圈所受的磁力矩;

(2) 若线圈绕 NP 转过 θ 角,则线圈所受的磁力矩的大小为多少?

(3) 若线圈受磁力矩的作用绕 NP 转过 $90°$,则磁力矩做的功为多少?

解　(1) 半圆形闭合线圈的磁矩为

$$\boldsymbol{p}_{\mathrm{m}} = IS\boldsymbol{e}_{\mathrm{n}} = \frac{\pi}{2} IR^2 \boldsymbol{e}_{\mathrm{n}}.$$

由磁力矩公式 $\boldsymbol{M} = \boldsymbol{p}_{\mathrm{m}} \times \boldsymbol{B}$ 得

$$M = p_{\mathrm{m}} B \sin \theta = ISB \sin 90° = \frac{\pi}{2} IR^2 B,$$

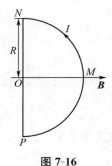

图 7-16

由右手螺旋定则可知,$\boldsymbol{M}$ 的方向竖直向上.

(2) 由磁力矩公式 $\boldsymbol{M} = \boldsymbol{p}_{\mathrm{m}} \times \boldsymbol{B}$ 可知磁力矩的大小为

$$M = p_m B \sin\left(\frac{\pi}{2} - \theta\right) = \frac{\pi}{2} IR^2 B \cos\theta.$$

注意：在计算磁力矩时，用到的矢量积运算中的角度是指线圈的法线方向 e_n（p_m 的方向）与磁感应强度 B 的方向的夹角.

（3）根据磁力矩做功公式 $A = I\Delta\Phi_m$，起始处线圈中的磁通量为零，转过 $90°$ 时，

$$\Phi_m = \boldsymbol{B} \cdot \boldsymbol{S} = BS\cos 0 = BS,$$

则

$$\Delta\Phi_m = BS - 0 = \frac{\pi}{2}BR^2.$$

于是磁力矩做的功为

$$A = I\Delta\Phi_m = \frac{\pi}{2}BIR^2.$$

【例7-11】 在以硅钢为材料制成的环形铁芯上单层密绕线圈 $N = 500$ 匝. 设铁芯中心线的周长为 $l = 0.55$ m. 当线圈中通以一定电流时，测得铁芯中的磁感应强度的大小为 $B = 1$ T，磁场强度的大小为 $H = 3$ A/cm，求：

（1）线圈中的电流；

（2）硅钢的相对磁导率.

解 本题是已知充满均匀磁介质的螺绕环内的磁场，求线圈中的电流. 由于载流螺绕环的电流分布具有对称性，因此应该先用有磁介质时的安培环路定理来求电流，再通过 B 与 H 的关系求相对磁导率. 另外，由磁场的特性可知，铁芯内的磁感应线为一系列以环心为中心的圆周.

（1）将磁场强度沿铁芯的中心线取积分，由安培环路定理 $\oint_L \boldsymbol{H} \cdot \mathrm{d}\boldsymbol{l} = \sum I_0$，得

$$Hl = NI,$$

解得

$$I = \frac{lH}{N} = \frac{0.55 \times (3 \times 100)}{500} \text{ A} = 0.33 \text{ A}.$$

（2）由 $\mu = \mu_0\mu_r = \dfrac{B}{H}$，得

$$\mu_r = \frac{B}{\mu_0 H} = \frac{1}{4\pi \times 10^{-7} \times 3 \times 100} \approx 2\,654.$$

【例7-12】 一同轴电缆，芯线是半径为 R_1、磁导率为 μ_1 的铜线，包线是内径为 R_2、外径为 R_3、磁导率为 μ_3 的铝圆筒，其横截面如图 7-17 所示. 设芯线与铝圆筒内的传导电流为 I，流向相反，且均匀分布在横截面上，芯线和铝圆筒之间充满磁导率为 μ_2 的均匀磁介质，求：

（1）磁场强度的分布；

（2）磁感应强度的分布.

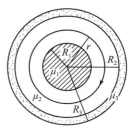

图 7-17

解 （1）设电流由芯线流进，包线流出. 沿顺时针方向取半径为 r 的圆周作为安培回路，如图 7-17 所示，穿过安培回路的电流为 I'. 利用安培环路定理可得

$$H = \frac{I'}{2\pi r}.$$

当 $r \leqslant R_1$ 时,$I' = \dfrac{r^2}{R_1^2} I$,于是有

$$H = \frac{Ir}{2\pi R_1^2};$$

当 $R_1 < r \leqslant R_2$ 时,$I' = I$,于是有

$$H = \frac{I}{2\pi r};$$

当 $R_2 < r \leqslant R_3$ 时,$I' = I - \dfrac{(r^2 - R_2^2)I}{R_3^2 - R_2^2} = \dfrac{(R_3^2 - r^2)I}{R_3^2 - R_2^2}$,于是有

$$H = \frac{I}{2\pi r} \frac{R_3^2 - r^2}{R_3^2 - R_2^2};$$

当 $r > R_3$ 时,$I' = 0$,于是有

$$H = 0.$$

(2) 当 $r \leqslant R_1$ 时,由关系式 $B = \mu H$,得

$$B = \frac{\mu_1 I r}{2\pi R_1^2}.$$

同理可得,当 $R_1 < r \leqslant R_2$ 时,

$$B = \frac{\mu_2 I}{2\pi r};$$

当 $R_2 < r \leqslant R_3$ 时,

$$B = \frac{\mu_3 I}{2\pi r} \frac{R_3^2 - r^2}{R_3^2 - R_2^2};$$

当 $r > R_3$ 时,

$$B = 0.$$

【例 7-13】 一铁环中心线的周长为 $l = 0.5$ m,横截面积为 $S = 1.5 \times 10^{-4}$ m^2,在铁环上密绕线圈 $N = 500$ 匝. 当线圈中通有电流 $I = 3.0 \times 10^{-3}$ A 时,通过铁环横截面的磁通量为 $\Phi = 3.0 \times 10^{-6}$ Wb. 求:

(1) 磁介质中的磁感应强度和磁场强度;

(2) 磁介质的磁导率和相对磁导率.

解 (1) 根据磁通量的定义可得

$$B = \frac{\Phi}{S} = \frac{3.0 \times 10^{-6}}{1.5 \times 10^{-4}} \text{ T} = 2.0 \times 10^{-2} \text{ T}.$$

取铁环的中心线为安培回路,由有磁介质时的安培环路定理,有

$$Hl = NI,$$

解得

$$H = \frac{NI}{l} = \frac{500 \times 3.0 \times 10^{-3}}{0.5} \text{ A/m} = 3.0 \text{ A/m}.$$

(2) 由 $\mu = \mu_0 \mu_r = \dfrac{B}{H}$,得

$$\mu = \frac{B}{H} = \frac{2.0 \times 10^{-2}}{3.0} \text{ H/m} \approx 6.67 \times 10^{-3} \text{ H/m},$$

$$\mu_r = \frac{\mu}{\mu_0} = \frac{6.67 \times 10^{-3}}{4\pi \times 10^{-7}} \approx 5\ 311.$$

【例 7-14】　一螺绕环中心线的周长为 $l = 10$ cm，螺绕环上均匀密绕线圈 $N = 200$ 匝，线圈中通有电流 $I = 100$ mA.

（1）求螺绕环内的磁感应强度的大小 B_0 和磁场强度的大小 H_0.

（2）若螺绕环内充满相对磁导率为 $\mu_r = 4\,200$ 的磁介质，则磁介质中的磁感应强度的大小 B 和磁场强度的大小 H 是多少？

（3）磁介质内由导线中电流产生的 B_0 和由磁化电流产生的 B' 各是多少？

解　（1）取螺绕环的中心线为安培回路，利用安培环路定理可得磁场强度的大小为

$$H_0 = \frac{NI}{l} = \frac{200 \times 100 \times 10^{-3}}{10 \times 10^{-2}} \text{ A/m} = 200 \text{ A/m},$$

磁感应强度的大小为

$$B_0 = \mu_0 H_0 = 4\pi \times 10^{-7} \times 200 \text{ T} \approx 2.5 \times 10^{-4} \text{ T}.$$

（2）若螺绕环内充满磁介质，同理可得

$$H = H_0 = 200 \text{ A/m},$$

$$B = \mu_0 \mu_r H_0 = \mu_r B_0 = 4\,200 \times 2.5 \times 10^{-4} \text{ T} = 1.05 \text{ T}.$$

（3）由（1）问可知 $B_0 = 2.5 \times 10^{-4}$ T，又由 $B = B_0 + B'$ 可得

$$B' = B - B_0 = (1.05 - 2.5 \times 10^{-4}) \text{T} \approx 1.05 \text{ T}.$$

【例 7-15】　下列关于稳恒磁场的磁场强度 H 的说法中正确的是（　　）.

A. H 仅与传导电流有关

B. 若闭合曲线内没有包围传导电流，则曲线上各点处的 H 必为零

C. 若闭合曲线上各点处的 H 均为零，则该曲线所包围传导电流的代数和为零

D. 以闭合曲线 L 为边缘的任意曲面的 H 通量均相等

解　A. B 与传导电流有关，而 M 与磁化电流有关. 因此，由 $H = \dfrac{B}{\mu_0} - M$ 可知，H 不只是跟传导电流有关.

B. 只要闭合曲线上处处满足 $H \perp \mathrm{d}l$，H 可以不为零.

C. 闭合曲线上各点处的 H 均为零，必定有 $\oint_L H \cdot \mathrm{d}l = 0$.

D. 曲面的法向不同，H 通量 $\iint_S H \cdot \mathrm{d}S$ 的正负也不同.

因此，只有 C 说法是正确的.

【例 7-16】　一环形铁芯中心线的周长为 $l = 20$ cm，铁芯上均匀密绕线圈 $N = 100$ 匝，如图 7-18 所示，线圈中通有电流 $I = 0.3$ A 时，铁芯的相对磁导率为 $\mu_r = 500$. 求铁芯中的磁感应强度与磁场强度.

解　取铁芯的中心线为安培回路，由安培环路定理有

$$\oint_L H \cdot \mathrm{d}l = Hl = NI,$$

解得

$$H = \frac{NI}{l} = \frac{100 \times 0.3}{20 \times 10^{-2}} \text{ A/m} = 150 \text{ A/m}.$$

由 $B = \mu H = \mu_0 \mu_r H$，得

$$B = \mu_0 \mu_r H = 4\pi \times 10^{-7} \times 500 \times 150 \text{ T} \approx 9.42 \times 10^{-2} \text{ T}.$$

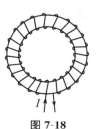

图 7-18

电磁场与麦克斯韦方程组

一、基本要求

(1) 掌握法拉第电磁感应定律.

(2) 理解产生动生电动势的原因,能计算动生电动势并判断它的方向.

(3) 理解感生电场的意义,能计算简单情况下感生电动势和感生电场,并能判定其方向.

(4) 理解自感系数和互感系数的定义及其物理意义,能计算简单载流回路的自感系数和互感系数.

(5) 理解磁场能量的概念和磁场能量密度公式,能计算一些简单的对称情况下磁场空间储存的磁场能量.

(6) 理解位移电流、位移电流密度的概念.

(7) 了解麦克斯韦方程组的积分形式及各方程的物理意义.

(8) 了解电磁波产生的条件及其性质.

二、基本概念与规律

1. 电磁感应的基本概念与基本规律

电磁感应现象:只要穿过闭合回路所围面积的磁通量 Φ_m 发生变化,回路中有感应电动势(感应电流)存在的现象.

产生感应电流的条件:

(1) 导体构成闭合回路(若不构成闭合回路,则没有感应电流,但有感应电动势存在);

(2) 通过闭合回路所围面积的磁通量 Φ_m 发生变化.

楞次定律:闭合回路中感应电流的方向,总是使感应电流产生的磁场通过闭合回路的磁通量阻碍原磁通量的变化.

注意:(1) 感应电流产生的磁场和原磁场的方向可以相同,也可以相反.

(2) 楞次定律是能量守恒定律在电磁感应现象中的必然反映.

法拉第电磁感应定律:闭合回路中产生的感应电动势为穿过回路所围面积的磁通量对时间变化率的负值,即

$$\mathscr{E} = -\frac{\mathrm{d}\Phi_m}{\mathrm{d}t},$$

式中负号表示感应电动势的方向,说明感应电动势或感应电流本身产生的通过回路的磁通量

总是反抗原磁通量的变化. 如果回路是由 N 匝紧密排列的线圈串联组成, 通过每匝线圈的磁通量都是 Φ_m, 则有

$$\mathscr{E} = -N\frac{\mathrm{d}\Phi_m}{\mathrm{d}t} = -\frac{\mathrm{d}(N\Phi_m)}{\mathrm{d}t} = -\frac{\mathrm{d}\Psi}{\mathrm{d}t},$$

式中 $\Psi = N\Phi_m$ 称为全磁通.

感应电动势和感应电流的方向判断按以下步骤进行:

(1) 任意选定闭合回路的绕行方向.

(2) 规定回路所围面积的法线方向的单位矢量 e_n 与回路的绕行方向满足右手螺旋定则. 这样若 e_n 与磁感应强度 B 所成夹角 $\theta < \frac{\pi}{2}$, 则 $\Phi_m > 0$; 若 e_n 与磁感应强度 B 所成夹角 $\theta > \frac{\pi}{2}$, 则 $\Phi_m < 0$.

(3) 感应电动势或感应电流是标量, 通过法拉第电磁感应定律计算, 如果 $\mathscr{E} > 0$, 则 $\mathscr{E}$ (或感应电流 I) 的方向与回路所选绕行方向一致; 如果 $\mathscr{E} < 0$, 则 $\mathscr{E}$ (或感应电流 I) 的方向与所选绕行方向相反.

动生电动势: 磁场保持不变, 由导体回路或回路中的部分导体在磁场中运动产生的感应电动势. 通过回路所围面积的磁通量的变化是回路的面积发生变化所致. 动生电动势是磁场对导体中载流子作用 (洛伦兹力) 的结果, 洛伦兹力提供非静电力, 该非静电力对应的非静电场强为

$$E_k = \frac{F}{q} = v \times B.$$

计算动生电动势的公式如下:

(1) 对于不成回路的导体, 有

$$\mathscr{E}_{ab} = \int_a^b (v \times B) \cdot \mathrm{d}l = \int_a^b vB\sin\theta_1\cos\theta_2\,\mathrm{d}l,$$

式中 $\mathrm{d}l$ 的方向是从 a 到 b, v 是导体切割磁感应线的速度, B 是导体所在处的磁感应强度, θ_1 是 v 与 B 的夹角, θ_2 是 $v \times B$ 与 $\mathrm{d}l$ 的夹角. 若 $\theta_1 = 0, \pi$, 或 $\theta_2 = \frac{\pi}{2}$, 都有 $\mathscr{E}_{ab} = 0$.

(2) 对于构成回路的导体, 有

$$\mathscr{E} = \oint_L (v \times B) \cdot \mathrm{d}l.$$

(3) 动生电动势方向的判断. 注意电势差 $U_{ab} = U_a - U_b$, 由

$$\mathscr{E}_{ab} = \int_a^b (v \times B) \cdot \mathrm{d}l = U_b - U_a$$

与

$$\mathscr{E} = \oint_L (v \times B) \cdot \mathrm{d}l$$

可得, 若 $\mathscr{E}_{ab} > 0$, 则 b 点电势高, b 为正极, 方向为 $a \to b$; 若 $\mathscr{E}_{ab} < 0$, 则 a 点电势高, a 为正极, 方向为 $b \to a$; 若 $\mathscr{E} > 0$, 则 $\mathscr{E}$ 的方向与积分所选绕行方向一致; 若 $\mathscr{E} < 0$, 则 $\mathscr{E}$ 的方向与积分所选绕行方向相反.

感生电动势: 磁场随时间变化而在导体中产生的感应电动势. 回路中磁通量的变化是由磁场变化所致, 变化的磁场在空间激发感生电场 (涡旋电场).

麦克斯韦感生电场假设: 变化的磁场在周围空间, 甚至在磁场之外 ($B = 0$) 的区域都激发

一个非静电场 —— 感生电场 E_k.

感生电场的电场线是无头无尾的闭合曲线,是无源有旋非保守场,所以有

$$\oiint_S E_k \cdot dS = 0, \quad \oint_L E_k \cdot dl \neq 0.$$

根据法拉第电磁感应定律和电动势的定义,有

$$\mathscr{E} = \oint_L E_k \cdot dl = -\frac{d\Phi_m}{dt} = -\frac{d}{dt}\iint_S B \cdot dS = -\iint_S \frac{\partial B}{\partial t} \cdot dS.$$

于是感生电场与变化的磁场的关系为

$$\oint_L E_k \cdot dl = -\iint_S \frac{\partial B}{\partial t} \cdot dS,$$

式中积分面积 S 是由导体回路 L 所围的任意曲面.利用此积分关系式求解感生电场 E_k,只适用于对少数有对称性的问题.

计算感生电动势的公式有如下几个:

(1) 在一段导体 ab 上,有

$$\mathscr{E}_{ab} = \int_a^b E_k \cdot dl.$$

(2) 对导体回路,有

$$\mathscr{E} = -\iint_S \frac{\partial B}{\partial t} \cdot dS.$$

感生电动势方向的判定方法与动生电动势方向的判定方法相同.

自感电动势:当一个回路中的电流 i 变化(或者回路的大小、形状、周围的磁介质发生变化)时,它所激发的磁场通过回路所围面积的磁通量也发生变化,使线圈自身回路中产生的感应电动势.其数学表达式为

$$\mathscr{E}_L = -\frac{d\Phi_L}{dt} = -L\frac{di}{dt},$$

式中 $\Phi_L = Li$ 为自感磁通量;L 称为自感系数,它与线圈的尺寸、几何形状及周围磁介质的磁导率有关.在国际单位制中,L 的单位是亨[利](H).

根据 $\mathscr{E}_L = -L\frac{di}{dt}$,当回路中的电流增大,即 $\frac{di}{dt} > 0$ 时,$\mathscr{E}_L < 0$,这说明 $\mathscr{E}_L$ 与电流方向相反;当电流减小,即 $\frac{di}{dt} < 0$ 时,$\mathscr{E}_L > 0$,这说明 $\mathscr{E}_L$ 与电流方向相同.

公式中负号表示自感电动势将反抗线圈中电流的变化.这说明自感有维持原电路状态的能力,自感系数就是这种能力大小的量度,它表征回路电磁惯性的大小.

互感电动势:当两闭合导体回路中的电流变化(包括两回路的几何形状、相对位置和周围磁介质发生变化)时,相互在对方回路中激起的感应电动势.其数学表达式为

$$\mathscr{E}_{12} = -\frac{d\Phi_{12}}{dt} = -M_{12}\frac{di_2}{dt}, \quad \mathscr{E}_{21} = -\frac{d\Phi_{21}}{dt} = -M_{21}\frac{di_1}{dt},$$

式中 $\Phi_{12} = M_{12}i_2$,$\mathscr{E}_{12}$ 分别为第二个回路在第一个回路中引起的互感磁通量和互感电动势;$\Phi_{21} = M_{21}i_1$,$\mathscr{E}_{21}$ 分别为第一个回路在第二个回路中引起的互感磁通量和互感电动势;$M_{12} = M_{21} = M$ 称为互感系数,它不仅与两个线圈各自的尺寸、几何形状及周围磁介质的磁导率有关,还与两个线圈的相对位置有关.M 的单位也是亨[利](H).

两个线圈之间的互感系数 M 与两个线圈的自感系数 L_1, L_2 之间的关系为

$$M = k\sqrt{L_1 L_2},$$

式中 $k(0 \leqslant k \leqslant 1)$ 为两个线圈之间的耦合系数. 当两个线圈之间无互感, 即两个线圈各自的磁通量互不通过对方时, 有 $k = 0$; 当两个线圈的磁通量互相都全部通过对方, 即两个线圈之间无漏磁时, 有 $k = 1$(这种现象称为全耦合).

两个互感线圈的串联有如下两种情况:

(1) 顺接(串联两个线圈后, 线圈中的磁通量互相加强). 顺接时的总自感系数为

$$L = L_1 + L_2 + 2M.$$

(2) 反接(串联两个线圈后, 线圈中的磁通量互相削弱). 反接时的总自感系数为

$$L = L_1 + L_2 - 2M.$$

2. 磁场能量

自感磁能: 一个自感系数为 L 的线圈通以电流 I 时, 在其周围建立磁场的过程中电源克服自感电动势做功转化为的磁场能量. 其数学表达式为

$$W_\mathrm{m} = \frac{1}{2}LI^2.$$

互感磁能: 由于互感的存在, 在保持一载流线圈中电流 I 不变时, 电源克服互感电动势做功转化为的磁场能量. 其数学表达式为

$$W_{12} = W_{21} = MI_1 I_2.$$

这样, 分别通有电流 I_1 和 I_2 的两个回路所组成的系统的总磁场能量为

$$W = \frac{1}{2}L_1 I_1^2 + \frac{1}{2}L_2 I_2^2 \pm MI_1 I_2,$$

式中"$+$"表示对应两个回路激发的磁通量相互加强, "$-$"表示对应两个回路激发的磁通量相互减弱.

磁场能量密度: 单位体积中的磁场能量称为磁场能量密度. 其数学表达式为

$$w_\mathrm{m} = \frac{1}{2\mu}B^2 = \frac{1}{2}\mu H^2 = \frac{1}{2}\boldsymbol{B} \cdot \boldsymbol{H}.$$

适用条件: 只适用于弱磁质, 最后一个等式只适用于各向同性的弱磁质($\boldsymbol{B} = \mu\boldsymbol{H}$).

对磁场能量密度进行积分可得磁场所储存的磁场能量为

$$W = \iiint_V \frac{1}{2\mu}B^2 \mathrm{d}V = \iiint_V \frac{1}{2}BH \mathrm{d}V,$$

式中 V 为所求磁场区域的空间体积. 如果磁场具有球对称性, 则可将对体积的积分简化为对半径的积分.

3. 位移电流

麦克斯韦位移电流的假设: 变化的电场可视为一种等效电流 —— 位移电流 I_d, 它激发感生磁场 $\boldsymbol{B}_\mathrm{d}\left(\text{磁场强度 } \boldsymbol{H}_\mathrm{d} = \dfrac{\boldsymbol{B}_\mathrm{d}}{\mu_0}\right)$, 感生磁场为无源有旋矢量场, 所以有

$$\oiint_S \boldsymbol{B}_\mathrm{d} \cdot \mathrm{d}\boldsymbol{S} = 0, \quad \oint_L \boldsymbol{H}_\mathrm{d} \cdot \mathrm{d}\boldsymbol{l} = I_\mathrm{d}.$$

位移电流与变化电场的关系: 通过某曲面的位移电流 I_d 等于该曲面电位移通量对时间的

变化率,即

$$I_\mathrm{d} = \frac{\mathrm{d}\Phi_\mathrm{d}}{\mathrm{d}t} = \frac{\mathrm{d}}{\mathrm{d}t}\iint_S \boldsymbol{D} \cdot \mathrm{d}\boldsymbol{S} = \iint_S \frac{\partial \boldsymbol{D}}{\partial t} \cdot \mathrm{d}\boldsymbol{S} = \iint_S \boldsymbol{j}_\mathrm{d} \cdot \mathrm{d}\boldsymbol{S} = \oint_L \boldsymbol{H}_\mathrm{d} \cdot \mathrm{d}\boldsymbol{l},$$

式中 $\boldsymbol{j}_\mathrm{d}$ 为位移电流密度,其定义式为

$$\boldsymbol{j}_\mathrm{d} = \frac{\partial \boldsymbol{D}}{\partial t} = \varepsilon_0 \varepsilon_\mathrm{r} \frac{\partial \boldsymbol{E}}{\partial t},$$

即空间某点处的位移电流密度等于该点的电位移对时间的导数. $\boldsymbol{j}_\mathrm{d}$ 的方向永远与电路中传导电流的方向一致,但与场强的方向可以相同,也可以相反. 如果 $\frac{\partial \boldsymbol{E}}{\partial t} > 0$, $\boldsymbol{j}_\mathrm{d}$ 与该处场强 $\boldsymbol{E}$ 的方向相同;如果 $\frac{\partial \boldsymbol{E}}{\partial t} < 0$, $\boldsymbol{j}_\mathrm{d}$ 与该处场强 $\boldsymbol{E}$ 的方向相反.

传导电流与位移电流的异同:两者都产生磁场,但传导电流会产生焦耳热. 而位移电流实质是变化的电场,无论是导体、介质或真空中都可以存在,本质上与传导电流无共同之处,是从产生磁场的能力上定义的,不伴有电荷的任何运动,所以它在导体中不产生焦耳热.

全电流定律:通过某曲面的全电流等于通过该截面的传导电流 I_c 和位移电流 I_d 的代数和,即

$$I_\text{全} = I_\mathrm{c} + I_\mathrm{d}.$$

全电流总是连续的、闭合的,即

$$\oiint_S \left(\boldsymbol{j}_\mathrm{c} + \frac{\partial \boldsymbol{D}}{\partial t}\right) \cdot \mathrm{d}\boldsymbol{S} = 0.$$

全电流的安培环路定律:

$$\oint_L \boldsymbol{H} \cdot \mathrm{d}\boldsymbol{l} = I_\mathrm{c} + I_\mathrm{d} = \iint_S \left(\boldsymbol{j}_\mathrm{c} + \frac{\partial \boldsymbol{D}}{\partial t}\right) \cdot \mathrm{d}\boldsymbol{S},$$

式中 S 是以 L 为边界所围的任意曲面.

4. 麦克斯韦方程组(积分形式)

$$\oiint_S \boldsymbol{D} \cdot \mathrm{d}\boldsymbol{S} = \iiint_V \rho \mathrm{d}V = \sum q_\mathrm{in}, \tag{8-1}$$

$$\oiint_S \boldsymbol{B} \cdot \mathrm{d}\boldsymbol{S} = 0, \tag{8-2}$$

$$\oint_L \boldsymbol{E} \cdot \mathrm{d}\boldsymbol{l} = -\iint_S \frac{\partial \boldsymbol{B}}{\partial t} \cdot \mathrm{d}\boldsymbol{S}, \tag{8-3}$$

$$\oint_L \boldsymbol{H} \cdot \mathrm{d}\boldsymbol{l} = \iint_S \left(\boldsymbol{j}_\mathrm{c} + \frac{\partial \boldsymbol{D}}{\partial t}\right) \cdot \mathrm{d}\boldsymbol{S}, \tag{8-4}$$

式中 V 是 S 所围的体积, S 是以 L 为边界的任意曲面.

麦克斯韦方程组的物理意义:方程(8-1)说明电场是有源场;方程(8-2)说明磁场是无源场;方程(8-3)说明变化的磁场也可激发电场;方程(8-4)说明不仅电流能激发磁场,而且变化的电场也能产生磁场. 由此看出,一个变化的电场总是伴随着一个磁场,一个变化的磁场总是伴随着一个电场. 这表明了电磁场中电现象和磁现象之间紧密的联系,而这种联系就确定了统一的电磁场.

5. 电磁场与电磁波

变化的电场和磁场互相激发,互相转化,交替产生,以有限的速率由近及远地在空中传播,

形成电磁波.

平面电磁波的波动方程:在无限大均匀介质中,当不存在自由电荷和传导电流时,麦克斯韦方程组可导出平面电磁波的波动方程,沿 x 轴正方向传播的平面电磁波的微分方程如下:

电场遵守的方程为

$$\frac{\partial^2 E_y}{\partial x^2} = \varepsilon\mu\, \frac{\partial^2 E_y}{\partial t^2},$$

其特解为

$$E_y = E_m\cos\left[\omega\left(t - \frac{x}{u}\right) + \varphi_0\right].$$

磁场遵守的方程为

$$\frac{\partial^2 H_z}{\partial x^2} = \varepsilon\mu\, \frac{\partial^2 H_z}{\partial t^2},$$

其特解为

$$H_z = H_m\cos\left[\omega\left(t - \frac{x}{u}\right) + \varphi_0\right].$$

由波动方程可知,电磁波在真空和介质中的速率分别为

$$c = \frac{1}{\sqrt{\varepsilon_0\mu_0}} = 2.997\ 924\ 58\times10^8\ \text{m/s} \approx 3\times10^8\ \text{m/s},$$

$$u = \frac{1}{\sqrt{\varepsilon\mu}} = \frac{c}{\sqrt{\varepsilon_r\mu_r}} = \frac{c}{n} < c,$$

式中 $n = \sqrt{\varepsilon_r\mu_r} \geqslant 1$ 为介质的折射率.

电磁波的基本特点如下:

① 传播不需要介质,在真空中也可以传播. 电磁场与实物一样,有一定的质量、能量、动量和动量矩,具有粒子性,电磁场的基本粒子是光子.

② 电磁波是横波,且 $\boldsymbol{E}$ 振动、$\boldsymbol{H}$ 振动与传播速度 $\boldsymbol{u}$ 三者两两垂直,三者满足右手螺旋定则,传播速度 $\boldsymbol{u}$ 的方向由 $\boldsymbol{E}\times\boldsymbol{H}$ 确定,$\boldsymbol{E}$ 与 $\boldsymbol{H}$ 的大小关系为 $\sqrt{\varepsilon}\,E = \sqrt{\mu}\,H$.

③ $\boldsymbol{E}$ 振动和 $\boldsymbol{H}$ 振动相位相同,同相位变化,即同地同时达到最大,同地同时减到最小.

④ $\boldsymbol{E}$ 振动、$\boldsymbol{H}$ 振动分别在各自确定的平面内振动.

沿 x 轴正方向传播的平面电磁波的方程为

$$E_y = E_m\cos\left[\omega\left(t - \frac{x}{u}\right) + \varphi_0\right],$$

$$H_z = H_m\cos\left[\omega\left(t - \frac{x}{u}\right) + \varphi_0\right].$$

电磁场或电磁波的能量密度(辐射能):

$$w = w_e + w_m = \frac{1}{2}\varepsilon E^2 + \frac{1}{2\mu}B^2.$$

对各向同性的介质,$\boldsymbol{D} = \varepsilon\boldsymbol{E}$,$\boldsymbol{B} = \mu\boldsymbol{H}$ 及 $\sqrt{\varepsilon}\,E = \sqrt{\mu}\,H$,有

$$w = \frac{1}{2}\varepsilon E^2 + \frac{1}{2\mu}B^2 = \frac{1}{2}\varepsilon E^2 + \frac{1}{2}\mu H^2 = \sqrt{\varepsilon\mu}\,EH = \varepsilon E^2.$$

电磁波的能流密度(坡印亭矢量):在单位时间内通过垂直于波传播方向的单位面积上的

能量,用 S 表示,有

$$S = E \times H = wu.$$

其方向为波的传播方向,即波速的方向.

能流密度 S 对时间的平均值称为平均能流密度或波的密度,并用 I 表示,有

$$I = \overline{S} = \overline{EH} = \frac{1}{2}E_{\mathrm{m}}H_{\mathrm{m}} = \frac{1}{2}\sqrt{\frac{\varepsilon}{\mu}}E_{\mathrm{m}}^2 \propto E_{\mathrm{m}}^2.$$

附:知识脉络图

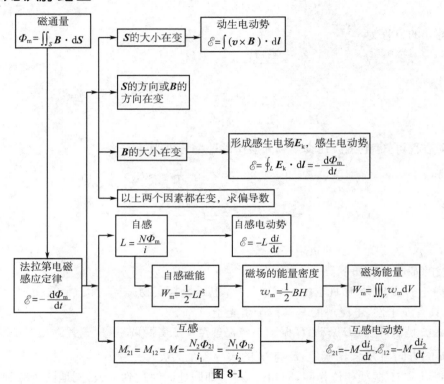

图 8-1

三、典型例题

【例 8-1】　一根长为 L 的铜棒,在均匀磁场 B 中以匀角速度 ω 绕通过其一端 O 的垂直轴旋转,B 的方向垂直纸面向里,如图 8-2(a)所示.设 $t = 0$ 时,铜棒自由端位于 b 点,Ob 与 Ob_1 成 θ 角(b_1 为铜棒转动平面上的一个固定点),求在任意 t 时刻铜棒两端之间的感应电动势.

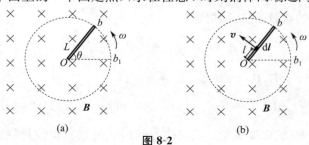

(a)　　　　　　　　(b)

图 8-2

解　这是典型的导线在磁场中切割磁感应线，导线中产生动生电动势的问题，有两种解法.

解法一　直接用动生电动势的公式求解.如图 8-2(b) 所示，选定积分方向为从 O 到 b，在铜棒上距 O 点为 l 处取线元 $\mathrm{d}l$，其方向由 O 点指向 A 点，$\mathrm{d}l$ 处的速度大小为 $v = \omega l$，方向垂直于 $\boldsymbol{B}$，$\boldsymbol{v} \times \boldsymbol{B}$ 的大小为 vB，方向与 $\mathrm{d}l$ 相反，则在线元 $\mathrm{d}l$ 上的动生电动势为

$$\mathrm{d}\mathscr{E} = -vB\mathrm{d}l = -\omega lB\mathrm{d}l.$$

由于各线元 $\mathrm{d}l$ 上产生的动生电动势的方向相同，因此铜棒中的动生电动势为

$$\mathscr{E} = \int \mathrm{d}\mathscr{E} = -\int_0^L B\omega l\,\mathrm{d}l = -\frac{1}{2}B\omega L^2,$$

式中负号表示任意 t 时刻铜棒两端之间的感应电动势方向从 b 指向 O，O 点电势高.

解法二　用法拉第电磁感应定律求解.用法拉第电磁感应定律求解时，要构成回路，我们作一假想扇形回路 Ob_1bO，选逆时针方向为回路的绕行方向，由右手螺旋定则可得回路所围面积的法线方向垂直纸面向外，则 $\boldsymbol{S}$ 与 $\boldsymbol{B}$ 的夹角为 π.设 t 时刻，弧 $\overset{\frown}{b_1b}$ 对应的圆心角为 $\theta + \omega t$，穿过回路的磁通量为

$$\Phi_{\mathrm{m}} = \boldsymbol{B} \cdot \boldsymbol{S} = BS\cos \pi = -\frac{1}{2}BL^2(\theta + \omega t),$$

回路中的感应电动势为

$$\mathscr{E} = -\frac{\mathrm{d}\Phi_{\mathrm{m}}}{\mathrm{d}t} = \frac{1}{2}BL^2 \frac{\mathrm{d}(\theta + \omega t)}{\mathrm{d}t} = \frac{1}{2}B\omega L^2.$$

又因为 $\mathscr{E} = \mathscr{E}_{Ob_1} + \mathscr{E}_{b_1b} + \mathscr{E}_{bO} = 0 + 0 - \mathscr{E}_{Ob} = \frac{1}{2}B\omega L^2$，所以

$$\mathscr{E}_{Ob} = -\frac{1}{2}B\omega L^2.$$

【例 8-2】　如图 8-3(a) 所示，一通有恒定电流 I 的长直导线旁有与之共面的导线 acb ($bc = ca = L$)，导线 acb 的 b 端到长直导线的距离为 d，且以速率 v 匀速向上运动.求 $\mathscr{E}_{bc}$ 和 $\mathscr{E}_{ca}$ 的值.

解　长直导线中通有恒定电流 I，在其周围空间产生稳恒的非均匀磁场.建立如图 8-3(b) 所示的坐标系，距长直导线为 x 处的磁感应强度的大小为

$$B = \frac{\mu_0 I}{2\pi x},$$

方向垂直纸面向里.首先考虑 bc 段，在 bc 段上任取一线元 $\mathrm{d}x$，其方向沿 x 轴正方向，运动方向沿 y 轴正方向，如图 8-3(b) 所示，则线元 $\mathrm{d}x$ 上的动生电动势为

$$\mathrm{d}\mathscr{E} = (\boldsymbol{v} \times \boldsymbol{B}) \cdot \mathrm{d}\boldsymbol{x} = -vB\mathrm{d}x.$$

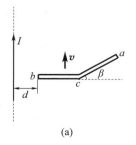

(a)

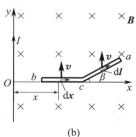

(b)

图 8-3

选取积分方向为从 b 到 c,对上式进行积分可得

$$\mathscr{E}_{bc} = -\int_d^{d+L} vB\,\mathrm{d}x = -\int_d^{d+L} v\frac{\mu_0 I}{2\pi x}\mathrm{d}x = -\frac{\mu_0 Iv}{2\pi}\ln\frac{d+L}{d} < 0.$$

$\mathscr{E}_{bc} < 0$,说明电动势的方向与积分方向相反,即从 c 指向 b,b 点电势比 c 点高.

再考虑 ca 段,在 ca 段上任取一线元 $\mathrm{d}l$,其方向沿杆从 c 点指向 a 点,其运动方向沿 y 轴正方向.由右手螺旋定则知 $\boldsymbol{v}\times\boldsymbol{B}$ 的方向沿 x 轴负方向,其与 $\mathrm{d}l$ 的夹角为 $\pi-\beta$,如图8-3(b)所示,则线元 $\mathrm{d}l$ 上的动生电动势为

$$\mathrm{d}\mathscr{E} = (\boldsymbol{v}\times\boldsymbol{B})\cdot\mathrm{d}l = -vB\cos\beta\mathrm{d}l = -v\frac{\mu_0 I}{2\pi x}\cos\beta\mathrm{d}l. \tag{8-5}$$

选取积分方向为从 c 到 a,式(8-5)中 B 是 x 的函数,而积分是对 ca 段上的 $\mathrm{d}l$ 而言的,所以要先统一积分变量后再积分.利用几何关系 $\cos\beta\mathrm{d}l = \mathrm{d}x$,对式(8-5)积分得

$$\begin{aligned}\mathscr{E}_{ca} &= -\int_{ca} v\frac{\mu_0 I}{2\pi x}\cos\beta\mathrm{d}l = -\int_{d+L}^{d+L+L\cos\beta} v\frac{\mu_0 I}{2\pi x}\mathrm{d}x\\ &= -\frac{\mu_0 Iv}{2\pi}\ln\frac{d+L+L\cos\beta}{d+L} < 0.\end{aligned}$$

$\mathscr{E}_{ca} < 0$,说明电动势的方向从 a 指向 c,c 点电势比 a 点高.

注意:b 点与 a 点的电势差为 $U_{ba} = U_b - U_a = (U_b - U_c) - (U_a - U_c) = \mathscr{E}_{cb} - \mathscr{E}_{ca} > 0$.

【例8-3】 如图8-4所示,载有电流为 I 的长直导线附近,放一半圆形导线 MeN 与长直导线共面,且端点 M,N 的连线与长直导线垂直.半圆形导线的半径为 b,圆心 O_1 与导线相距为 a.设半圆形导线以速度 $\boldsymbol{v}$ 向上平移,求半圆形导线中的感应电动势的大小和方向以及 M,N 两端的电势差 U_{MN}.

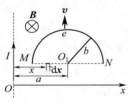

图 8-4

解 作一条辅助线 MN,构成回路 $MeNM$,则当回路 $MeNM$ 向上平移时,通过回路 $MeNM$ 所围面积的磁通量为 $\Phi_m = 0$.回路 $MeNM$ 的总电动势为

$$\mathscr{E}_{总} = \mathscr{E}_{MeN} + \mathscr{E}_{NM} = 0,$$

即

$$\mathscr{E}_{MeN} = -\mathscr{E}_{NM} = \mathscr{E}_{MN}.$$

在 MN 上距长直导线为 x 处取一线元 $\mathrm{d}x$,其方向沿 x 轴正方向,此处的磁感应强度的大小为 $B = \dfrac{\mu_0 I}{2\pi x}$,则在线元 $\mathrm{d}x$ 上产生的动生电动势为

$$\mathrm{d}\mathscr{E} = (\boldsymbol{v}\times\boldsymbol{B})\cdot\mathrm{d}\boldsymbol{x} = -v\frac{\mu_0 I}{2\pi x}\mathrm{d}x.$$

选取积分方向为从 M 到 N,对上式进行积分可得

$$\mathscr{E}_{MN} = -\int_{a-b}^{a+b} v\frac{\mu_0 I}{2\pi x}\mathrm{d}x = -\frac{\mu_0 Iv}{2\pi}\ln\frac{a+b}{a-b},$$

即

$$\mathscr{E}_{MeN} = -\frac{\mu_0 Iv}{2\pi}\ln\frac{a+b}{a-b} < 0.$$

$\mathscr{E}_{MeN} < 0$,说明电动势的方向为从 N 到 e 再到 M.对于 M,N 两端的电势差,有

$$U_{MN} = U_M - U_N = -\mathscr{E}_{MN} = \frac{\mu_0 Iv}{2\pi}\ln\frac{a+b}{a-b}.$$

【例8-4】　如图 8-5(a) 所示,一通有电流为 $I = I_0 \cos \omega t$ 的长直导线,近旁有与之共面的带滑动边的矩形线圈 $ACDE$,滑动边 CD 以速度 v 向右匀速运动,设开始时,CD 与 AE 边重合,求任意 t 时刻矩形线圈中的感应电动势.

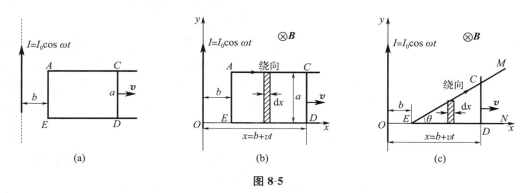

图 8-5

解　建立如图 8-5(b) 所示的坐标系,距长直载流导线为 x 处的磁感应强度为

$$B = \frac{\mu_0 I}{2\pi x} = \frac{\mu_0 I_0 \cos \omega t}{2\pi x}.$$

解法一　设矩形线圈回路的绕行方向为顺时针方向,则通过如图 8-5(b) 所示的面积元 $\mathrm{d}S = a\mathrm{d}x$ 的磁通量为

$$\mathrm{d}\Phi_\mathrm{m} = \boldsymbol{B} \cdot \mathrm{d}\boldsymbol{S} = \frac{\mu_0 I}{2\pi x} a \mathrm{d}x.$$

所以任意 t 时刻穿过矩形线圈所围面积的磁通量为

$$\Phi_\mathrm{m} = \int \mathrm{d}\Phi_\mathrm{m} = \int_b^{b+vt} \frac{\mu_0 I}{2\pi x} a \mathrm{d}x = \frac{\mu_0 a}{2\pi} I_0 \cos \omega t \ln \frac{b+vt}{b}.$$

注意:用法拉第电磁感应定律求解问题,很关键的一步是求出任意 t 时刻穿过回路的磁通量 Φ_m.

矩形线圈中的感应电动势为

$$\mathscr{E} = -\frac{\mathrm{d}\Phi_\mathrm{m}}{\mathrm{d}t} = -\frac{\mu_0 I_0 a}{2\pi}\left(-\omega \sin \omega t \ln \frac{b+vt}{b} + \frac{v\cos \omega t}{b+vt}\right),$$

即

$$\mathscr{E} = \frac{\mu_0 I_0 a}{2\pi}\left(\omega \sin \omega t \ln \frac{b+vt}{b} - \frac{v\cos \omega t}{b+vt}\right).$$

由上式可知,线圈中的感应电动势的方向随时间变化.

注意:上式中的感应电动势,第一项是感生电动势 —— 由磁场随时间变化导致,第二项是动生电动势 —— 由面积随时间变化,即导线 CD 切割磁感应线导致,所以此题也可由求感生电动势的公式和动生电动势的公式分别求解.

解法二　线框中只有导线 CD 做切割磁感应线运动,任意 t 时刻,CD 在 $x = b + vt$ 处,在 CD 上任取一线元 $\mathrm{d}l$,其方向沿 y 轴负方向.此时 CD 上的动生电动势为

$$\mathscr{E}_{CD} = \int_{CD} (\boldsymbol{v} \times \boldsymbol{B}) \cdot \mathrm{d}\boldsymbol{l} = \int_0^a vB \sin \frac{\pi}{2} \cos \pi \mathrm{d}y = -vBa = -\frac{\mu_0 I_0 av\cos \omega t}{2\pi(b+vt)}.$$

由于磁场随时间变化,在整个线圈中要产生感生电动势,取线圈的绕行方向为顺时针方向,有

$$\mathscr{E}_k = \oint_L \boldsymbol{E}_k \cdot \mathrm{d}\boldsymbol{l} = -\iint_S \frac{\partial \boldsymbol{B}}{\partial t} \cdot \mathrm{d}\boldsymbol{S} = \int_b^{b+vt} \frac{\mu_0 I_0 a}{2\pi x} \omega \sin \omega t \, \mathrm{d}x = \frac{\mu_0 I_0 a}{2\pi} \omega \sin \omega t \ln \frac{b+vt}{b},$$

所以

$$\mathscr{E} = \mathscr{E}_k + \mathscr{E}_{CD} = \frac{\mu_0 I_0 a}{2\pi} \left(\omega \sin \omega t \ln \frac{b+vt}{b} - \frac{v \cos \omega t}{b+vt} \right).$$

如果不是矩形线圈,而是有一弯成 θ 角的金属架 EMN 放在与之共面的长直导线产生的磁场中,E 点到长直导线的距离为 b,导体杆 CD 垂直于 EN 边,并在金属架上以恒定速度 v 向右滑动,如图 8-5(c) 所示.设 $t = 0$ 时,CD 在 $x = b$ 处,求任意 t 时刻金属架中的感应电动势.

这种情形与矩形线圈不同的是面积元 $\mathrm{d}S$ 的高 y 是变化的,斜边 EM 是 y,x 的函数,此直线的方程为

$$y = (x - b)\tan \theta.$$

设金属架回路的绕行方向为顺时针方向,则此回路所围面积的法线方向与 $\boldsymbol{B}$ 的夹角为 0.在如图 8-5(c) 所示的面积元 $\mathrm{d}S = y\mathrm{d}x$ 上,通过面积元的磁通量为

$$\mathrm{d}\Phi_m = \boldsymbol{B} \cdot \mathrm{d}\boldsymbol{S} = \frac{\mu_0 I}{2\pi x} y \mathrm{d}x,$$

所以任意 t 时刻穿过金属架所围面积的磁通量为

$$\Phi_m = \int \mathrm{d}\Phi_m = \int_b^{b+vt} \frac{\mu_0 I}{2\pi x} y \mathrm{d}x = \int_b^{b+vt} \frac{\mu_0 I}{2\pi x} (x - b)\tan \theta \mathrm{d}x = \frac{\mu_0 I_0 \cos \omega t}{2\pi} \tan \theta \left(vt - b\ln \frac{b+vt}{b} \right).$$

于是金属架中的感应电动势为

$$\mathscr{E} = -\frac{\mathrm{d}\Phi_m}{\mathrm{d}t} = -\frac{\mu_0 I_0}{2\pi} \tan \theta \left[-\omega \sin \omega t \left(vt - b\ln \frac{b+vt}{b} \right) + \cos \omega t \left(1 - \frac{b}{b+vt} \right) v \right]$$

$$= \frac{\mu_0 I_0}{2\pi} \tan \theta \left[\omega \sin \omega t \left(vt - b\ln \frac{b+vt}{b} \right) - \cos \omega t \left(1 - \frac{b}{b+vt} \right) v \right].$$

由上式可知,金属架中的感应电动势的方向随时间变化.

【例 8-5】 如图 8-6(a) 所示,有一弯成 θ 角的金属架 COD 放在磁场中,磁感应强度 $\boldsymbol{B}$ 的方向垂直于金属架 COD 所在平面.一导体杆 MN 垂直于 OD,并在金属架上以恒定速度 v 向右滑动.设 $t = 0$ 时,导体杆在 $x = 0$ 处.求下列两种情形下,导体杆内的感应电动势 $\mathscr{E}$:

(1) 磁场为均匀磁场,且 $\boldsymbol{B}$ 不随时间改变;

(2) 磁场为非均匀磁场,且 $B = Kx\cos \omega t$.

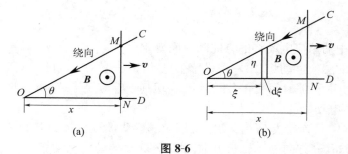

(a)　　　　　　　(b)

图 8-6

解 (1) 如图 8-6(a) 所示,选取回路的绕行方向为逆时针方向,设 $ON = x$,因为 $S_{\triangle MON} = \frac{1}{2} x \cdot \tan \theta \cdot x = \frac{x^2}{2}\tan \theta$,所以通过回路所围面积的磁通量为

$$\Phi_{\mathrm{m}} = \frac{x^2}{2} B\tan\theta = \frac{(vt)^2}{2} B\tan\theta = \frac{v^2 t^2}{2} B\tan\theta.$$

于是由法拉第电磁感应定律可得

$$\mathscr{E} = -\frac{\mathrm{d}\Phi_{\mathrm{m}}}{\mathrm{d}t} = -\frac{\mathrm{d}}{\mathrm{d}t}\left(\frac{v^2 t^2}{2} B\tan\theta\right) = -Bv^2 t\tan\theta < 0,$$

电动势的方向与回路的绕行方向相反,即在导体杆 MN 内 $\mathscr{E}$ 的方向为由 M 指向 N.

（2）对于非均匀磁场,且 $B = Kx\cos\omega t$. 如图 8-6(b) 所示,取回路的绕行方向为逆时针方向,选取长度为 $\mathrm{d}\xi$ 的面积元,则通过面积元的磁通量为

$$\mathrm{d}\Phi_{\mathrm{m}} = B\mathrm{d}S = B\eta\mathrm{d}\xi = B\xi\tan\theta\mathrm{d}\xi = K\xi^2\cos\omega t\tan\theta\mathrm{d}\xi.$$

对上式进行积分,可得整个回路的磁通量为

$$\Phi_{\mathrm{m}} = \int\mathrm{d}\Phi_{\mathrm{m}} = \int_0^x K\xi^2\cos\omega t\tan\theta\mathrm{d}\xi = \frac{1}{3}Kx^3\cos\omega t\tan\theta.$$

又由 $x = vt$,则回路中的感应电动势为

$$\mathscr{E} = -\frac{\mathrm{d}\Phi_{\mathrm{m}}}{\mathrm{d}t} = \frac{1}{3}K\omega v^3 t^3\sin\omega t\tan\theta - Kv^3 t^2\cos\omega t\tan\theta$$

$$= Kv^3\tan\theta\left(\frac{1}{3}\omega t^3\sin\omega t - t^2\cos\omega t\right).$$

若 $\mathscr{E} > 0$,则感应电动势的方向与所设绕行方向一致;若 $\mathscr{E} < 0$,则感应电动势的方向与所设绕行方向相反.

【例 8-6】　如图 8-7(a) 所示,一均匀密绕的长直螺线管,半径为 R,长为 $L(L \gg R)$,单位长度线圈的匝数为 n,通有随时间变化的电流 $I = I(t)$,求:

（1）螺线管内、外部的感生电场 $\boldsymbol{E}_{\mathrm{k}}$;

（2）螺线管内长为 $2l$ 的金属杆 AC 上的感生电动势.

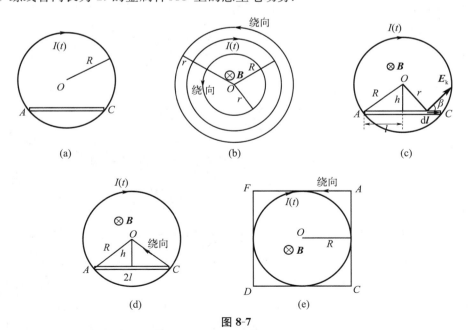

图 8-7

解　（1）依题意,$L \gg R$,可把螺线管视为无限长,因此螺线管内部的磁感应强度的大小为

$$B = \mu_0 n I(t),$$

方向由右手螺旋定则确定,在图(a)所示情况下,垂直纸面向里. 螺线管内部变化的磁场在整个空间激发感生电场 E_k. 螺线管内部磁场分布均匀,整体轴对称,因此磁场的变化率 $\dfrac{dB}{dt}$ 也均匀,有轴对称性,由变化的磁场激发的 E_k 也应有同样的轴对称性.

感生电场 E_k 的电场线是以螺线管轴线为轴的圆柱面上的一系列同心圆,半径相同的地方, E_k 大小相等,方向沿圆周切向. 选以 O 为圆心, r 为半径,逆时针绕行方向的环路 L 为积分回路, L 所围的圆面 S 为积分曲面,圆面的法线方向与 $\boldsymbol{B}$ 的夹角为 π,如图 8-7(b) 所示.

当 $r < R$ 时,

$$\oint_L \boldsymbol{E}_k \cdot d\boldsymbol{l} = E_k 2\pi r = -\frac{d}{dt}\iint_S \boldsymbol{B} \cdot d\boldsymbol{S} = -\frac{d}{dt}\iint_S B\cos\pi dS = \frac{dB}{dt}\iint_S dS = \pi r^2 \frac{dB}{dt},$$

解得

$$E_k = \frac{r}{2}\frac{dB}{dt} = \frac{r\mu_0 n}{2}\frac{dI(t)}{dt}.$$

当 $r \geqslant R$ 时,由于螺线管外部磁场为零,磁通量只在半径为 R 的圆面内,有

$$\oint_L \boldsymbol{E}_k \cdot d\boldsymbol{l} = E_k 2\pi r = -\frac{d}{dt}\iint_S \boldsymbol{B} \cdot d\boldsymbol{S} = -\frac{d}{dt}\iint_S B\cos\pi dS = \frac{dB}{dt}\iint_S dS = \pi R^2 \frac{dB}{dt},$$

解得

$$E_k = \frac{R^2}{2r}\frac{dB}{dt} = \frac{R^2 \mu_0 n}{2r}\frac{dI(t)}{dt}.$$

E_k 的方向:如果 $\dfrac{dI(t)}{dt} > 0$,则 $E_k > 0$, E_k 与所选回路的绕行方向一致,即逆时针切向方向;如果 $\dfrac{dI(t)}{dt} < 0$,则 $E_k < 0$, E_k 与所选回路的绕行方向相反,即顺时针切向方向.

(2) 螺线管内长为 $2l$ 的金属杆 AC 上的感生电动势可用两种解法.

解法一 在导体上任取一线元 $d\boldsymbol{l}$,其方向由 A 指向 C,如图 8-7(c) 所示, $d\boldsymbol{l}$ 上产生的感生电动势为

$$d\mathscr{E} = \boldsymbol{E}_k \cdot d\boldsymbol{l} = E_k \cos\beta dl = \frac{r\mu_0 n}{2}\frac{dI(t)}{dt}\cos\beta dl.$$

于是金属杆 AC 上的感生电动势为

$$\mathscr{E}_{AC} = \int_0^{2l} \frac{r\mu_0 n}{2}\frac{dI(t)}{dt}\cos\beta dl = \int_0^{2l} \frac{r\mu_0 n}{2}\frac{h}{r}\frac{dI(t)}{dt}dl$$

$$= l\mu_0 nh\frac{dI(t)}{dt} = l\sqrt{R^2 - l^2}\mu_0 n\frac{dI(t)}{dt}.$$

$\mathscr{E}_{AC}$ 的方向:如果 $\dfrac{dI(t)}{dt} > 0$,则 $\mathscr{E}_{AC} > 0$,方向从 A 到 C;如果 $\dfrac{dI(t)}{dt} < 0$,则 $\mathscr{E}_{AC} < 0$,方向从 C 到 A.

如果金属杆 AC 沿半径方向放置,由于 $\boldsymbol{E}_k \perp d\boldsymbol{l}$,有 $d\mathscr{E} = \boldsymbol{E}_k \cdot d\boldsymbol{l} = 0$,则在这种感生电场中,沿半径方向放置的任意长度的导体杆上的感生电动势都为零. 利用这一点,我们可以在半径方向上加两导线 OA, OC,使之与 AC 杆构成回路,用法拉第电磁感应定律求解.

解法二 如图 8-7(d) 所示,取回路 $ACOA$,选逆时针方向为绕行方向,则任意 t 时刻穿过回路所围面积的磁通量为

$$\Phi_{\mathrm{m}} = \iint_S \boldsymbol{B} \cdot \mathrm{d}\boldsymbol{S} = \boldsymbol{B} \cdot \boldsymbol{S}_{AOC} = -Blh.$$

于是回路的感生电动势为

$$\mathscr{E} = -\frac{\mathrm{d}\Phi_{\mathrm{m}}}{\mathrm{d}t} = \frac{\mathrm{d}}{\mathrm{d}t}(Blh) = lh\frac{\mathrm{d}B}{\mathrm{d}t} = l\sqrt{R^2 - l^2}\,\mu_0 n\frac{\mathrm{d}I(t)}{\mathrm{d}t}.$$

而由 $\mathscr{E} = \mathscr{E}_{AC} + \mathscr{E}_{CO} + \mathscr{E}_{OA} = \mathscr{E}_{AC} + 0 + 0 = \mathscr{E}_{AC}$ 可见,三角形回路中的感生电动势就是 AC 杆上的感生电动势.

如果有一电阻为 r_0 的正方形金属导体回路 $ACDFA$ 包在螺线管外,如图 8-7(e) 所示,其上感生电流为多少?

回路虽然没有处在磁场中,但处在感生电场中,根据法拉第电磁感应定律,选 $AFDCA$ 为回路,逆时针方向为绕行方向,则回路中的感生电动势为

$$\mathscr{E} = -\frac{\mathrm{d}\Phi_{\mathrm{m}}}{\mathrm{d}t} = -\frac{\mathrm{d}}{\mathrm{d}t}(B\pi R^2 \cos \pi) = \pi R^2 \frac{\mathrm{d}B}{\mathrm{d}t} = \pi R^2 \mu_0 n\frac{\mathrm{d}I(t)}{\mathrm{d}t}.$$

每根导线上的感生电动势为回路中 $\mathscr{E}$ 的 $\dfrac{1}{4}$. 回路中的感生电流为

$$I = \frac{\mathscr{E}}{r_0} = \frac{\pi R^2 \mu_0 n}{r_0}\frac{\mathrm{d}I(t)}{\mathrm{d}t}.$$

I 的方向:如果 $\dfrac{\mathrm{d}I(t)}{\mathrm{d}t} > 0$,$I$ 的方向与所选回路绕行方向一致,即逆时针方向;如果 $\dfrac{\mathrm{d}I(t)}{\mathrm{d}t} < 0$,$I$ 的方向与所选回路绕行方向相反,即顺时针方向.

如果套在螺线管外的不是金属回路,而是塑料回路,则回路中有与金属回路相等的感生电动势存在. 但由于塑料回路中没有可移动的自由电荷,所以不会产生感生电流.

【例 8-7】 有两个长均为 L,匝数分别为 N_1,N_2,半径分别为 R_1,R_2 的长直螺线管($L \gg R_1$,$L \gg R_2$),现在将小螺线管完全放入大螺线管(两者轴线重合),如图 8-8 所示,求:

(1) 两个螺线管的自感系数 L_1,L_2;

(2) 两个螺线管之间的互感系数 M_{12} 与 M_{21}.

解 依题意,因 $L \gg R_1$,$L \gg R_2$,可忽略边缘效应,即认为两个长直螺线管为无限长. 设内、外螺线管中通有电流 I_1 与 I_2,各自激发的磁场几乎完全集中在螺线管内部,管内的磁感应强度分别为

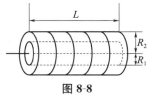

图 8-8

$$B_1 = \mu_0 n_1 I_1 = \mu_0 \frac{N_1}{L} I_1 \quad (r < R_1),$$

$$B_2 = \mu_0 n_2 I_2 = \mu_0 \frac{N_2}{L} I_2 \quad (r < R_2).$$

由 I_1 所产生的磁场穿过自身螺线管截面 1 和外螺线管截面 2 的全磁通分别为

$$\Psi_1 = N_1 \Phi_{\mathrm{m1}} = N_1 B_1 S_1 = \mu_0 N_1^2 I_1 \frac{\pi R_1^2}{L},$$

$$\Psi_{21} = N_2 \Phi_{21} = N_2 B_1 S_1 = \mu_0 N_2 N_1 I_1 \frac{\pi R_1^2}{L}.$$

注意:内螺线管激发的磁场只在 $r < R_1$ 范围内,在 $R_1 < r < R_2$ 范围内无磁场.

同理,由 I_2 所产生的磁场穿过自身螺线管截面 2 和内螺线管截面 1 的全磁通分别为

$$\Psi_2 = N_2 \Phi_{m2} = N_2 B_2 S_2 = \mu_0 N_2^2 I_2 \frac{\pi R_2^2}{L},$$

$$\Psi_{12} = N_1 \Phi_{12} = N_1 B_2 S_1 = \mu_0 N_1 N_2 I_2 \frac{\pi R_1^2}{L}.$$

（1）由自感系数的定义求得两个螺线管的自感系数 L_1, L_2 分别为

$$L_1 = \frac{\Psi_1}{I_1} = \mu_0 N_1^2 \frac{\pi R_1^2}{L} = \mu_0 n_1^2 V_1,$$

$$L_2 = \frac{\Psi_2}{I_2} = \mu_0 N_2^2 \frac{\pi R_2^2}{L} = \mu_0 n_2^2 V_2,$$

式中 $n_1 = \dfrac{N_1}{L}, n_2 = \dfrac{N_2}{L}$ 分别是两个螺线管单位长度的匝数；$V_1 = \pi R_1^2 L, V_2 = \pi R_2^2 L$ 分别是两个螺线管管内的体积.

（2）由互感系数的定义求得两个螺线管之间的互感系数 M_{12}, M_{21} 分别为

$$M_{12} = \frac{\Psi_{12}}{I_2} = \mu_0 N_1 N_2 \frac{\pi R_1^2}{L} = \mu_0 n_1 n_2 V_1,$$

$$M_{21} = \frac{\Psi_{21}}{I_1} = \mu_0 N_1 N_2 \frac{\pi R_1^2}{L} = \mu_0 n_1 n_2 V_1.$$

可见，$M_{12} = M_{21}$，此结论对任意两个线圈均成立. 在求解另一些问题时，求 M 只需先求 Ψ_{12} 或者 Ψ_{21} 即可，视具体情况看求哪一个方便而定.

讨论：如果两个螺线管的半径相同，情况会怎样？

由于 $R_1 = R_2, V_1 = V_2, N_1 \neq N_2$，则 $L_1 \neq L_2$，但 $M = \sqrt{L_1 L_2}$.

【例 8-8】 一无限长直导线通以电流 $I = I_0 \sin \omega t$，在长直导线同一平面内有一矩形线框，其短边与长直导线平行，线框的尺寸及位置如图 8-9(a) 所示，求：

（1）长直导线和线框的互感系数；

（2）线框中的互感电动势.

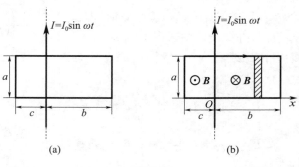

图 8-9

解 （1）依题意（便于求长直导线的磁场穿过线框的磁通量），建立如图 8-9(b) 所示的坐标系，则坐标为 x 的点处的磁感应强度大小为

$$B = \frac{\mu_0 I}{2\pi x},$$

方向由右手螺旋定则判断. 如图 8-9(b) 所示，以顺时针方向为绕行方向，则任意 t 时刻穿过线

框所围面积的磁通量为

$$\Phi_{\mathrm{m}} = \iint_S \boldsymbol{B} \cdot \mathrm{d}\boldsymbol{S} = \iint_S B\cos 0\mathrm{d}S = \int_c^b \frac{\mu_0 I}{2\pi x} a\,\mathrm{d}x = \frac{\mu_0 Ia}{2\pi}\ln\frac{b}{c}.$$

注意：长直导线左、右两边相等面积上的磁通量大小相等，但符号相反，互相抵消.

于是长直导线和线框的互感系数为

$$M = \frac{\Phi_{\mathrm{m}}}{I} = \frac{\mu_0 a}{2\pi}\ln\frac{b}{c}.$$

可见，互感系数 M 仅与两个线圈（长直导线可视为无限大闭合线圈的一部分）的几何形状、相对位置以及周围磁介质（如果长直导线和线框在磁介质中，则上式中的 μ_0 要换为 μ）有关. 如果要长直导线和线框的互感系数 $M = 0$，则 $b = c$，即长直导线在线框的中垂线上.

（2）线框中的互感电动势为

$$\mathscr{E} = -M\frac{\mathrm{d}I}{\mathrm{d}t} = -\frac{\mu_0 a}{2\pi}\ln\frac{b}{c}I_0\frac{\mathrm{d}\sin\omega t}{\mathrm{d}t} = -\frac{\mu_0 a}{2\pi}\ln\frac{b}{c}I_0\omega\cos\omega t.$$

若 $\mathscr{E} > 0$，则 $\mathscr{E}$ 的方向为顺时针方向；反之，则为逆时针方向.

【例8-9】 一矩形截面的螺绕环，总匝数为 N，几何尺寸如图8-10所示，图中下半部矩形表示螺绕环的截面.

（1）若 $h = 0.01\text{ m}$，$N = 100$ 匝，$\dfrac{D_2}{D_1} = \mathrm{e}$（自然常数），求螺绕环的自感系数 L；

（2）若线圈通以交变电流 $I = I_0\cos\omega t$，求螺绕环线圈上的自感电动势 $\mathscr{E}_{\mathrm{L}}$；

（3）若线圈通以电流 I，求螺绕环内储存的磁场能量 W_{m}.

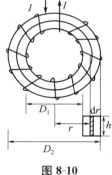

图 8-10

解 （1）设螺绕环线圈通有电流 I，电流产生的磁场只集中在螺绕环内，以环心为中心，半径为 r 的圆环上各点的 $\boldsymbol{B}$ 大小相等，方向沿环路切向，磁感应线为同心圆. 选一半径为 $r\left(\dfrac{D_1}{2} < r < \dfrac{D_2}{2}\right)$ 的磁感应线为安培环路，由安培环路定理可得

$$\oint_L \boldsymbol{B} \cdot \mathrm{d}\boldsymbol{l} = 2\pi r B = \mu_0 NI,$$

解得环内的磁感应强度大小为

$$B = \frac{\mu_0 NI}{2\pi r}.$$

由于环内磁场是非均匀磁场，在螺绕环内取面积元 $\mathrm{d}S = h\,\mathrm{d}r$，通过该面积元的磁通量为

$$\mathrm{d}\Phi_{\mathrm{m}} = \boldsymbol{B} \cdot \mathrm{d}\boldsymbol{S} = B\mathrm{d}S = Bh\,\mathrm{d}r,$$

穿过一匝线圈的磁通量为

$$\Phi_{\mathrm{m}} = \int \mathrm{d}\Phi_{\mathrm{m}} = \int_{\frac{D_1}{2}}^{\frac{D_2}{2}} Bh\,\mathrm{d}r = \int_{\frac{D_1}{2}}^{\frac{D_2}{2}} \frac{\mu_0 NI}{2\pi r}h\,\mathrm{d}r = \frac{\mu_0 NIh}{2\pi}\ln\frac{D_2}{D_1}.$$

于是穿过螺绕环的全磁通为

$$\Psi = N\Phi_{\mathrm{m}} = \frac{\mu_0 N^2 Ih}{2\pi}\ln\frac{D_2}{D_1}.$$

由自感系数的定义可得螺绕环的自感系数为

$$L = \frac{\Psi}{I} = \frac{\mu_0 N^2 h}{2\pi} \ln \frac{D_2}{D_1}.$$

将 $h = 0.01\ \text{m}, N = 100\ \text{匝}, \dfrac{D_2}{D_1} = \text{e}$ 代入上式,有

$$L = \frac{\Psi}{I} = \frac{\mu_0 N^2 h}{2\pi} \ln \frac{D_2}{D_1} = \frac{4\pi \times 10^{-7} \times 100^2 \times 0.01}{2\pi} \ln \text{e}\ \text{H} = 2 \times 10^{-5}\ \text{H}.$$

讨论:如果将该螺绕环锯成两个半环式的螺绕环,自感系数分别为 L_1, L_2,则整个螺绕环可以看成由两个半环式的螺绕环串联顺接而成,因此有

$$L = L_1 + L_2 + 2M = L_1 + L_2 + 2\sqrt{L_1 L_2},$$

式中 M 为两个半环式螺绕环的互感系数. 若 $L_1 = L_2$,则

$$L_1 = L_2 = \frac{L}{4}.$$

在(1)问中,如果螺绕环中充满相对磁导率为 μ_r 的磁介质,则螺绕环的自感系数 L 要增大 μ_r 倍,即

$$L = \frac{\Psi}{I} = \frac{\mu_0 \mu_r N^2 h}{2\pi} \ln \frac{D_2}{D_1}.$$

如果螺绕环很细,即内、外半径相差很小$\left(\text{平均半径为}\ R,\text{横截面积为}\ S,\text{单位长度的匝数为}\ n = \right.$
$\left. \dfrac{N}{2\pi R},\text{螺绕环管内的体积为}\ V = 2\pi R S\right)$,则环内磁场可认为是均匀磁场,有

$$B = \frac{\mu_0 \mu_r N I}{2\pi R} = \mu_0 \mu_r n I.$$

穿过螺绕环的全磁通为

$$\Psi = N\Phi_m = 2\pi R n \mu_0 \mu_r n I S = V n^2 \mu_0 \mu_r I.$$

这种螺绕环的自感系数为

$$L = \frac{\Psi}{I} = \mu_0 \mu_r n^2 V.$$

上式说明,这种螺绕环与长直螺线管的自感系数有相同的数学表达式.

(2)因线圈中有随时间交变的电流 $I = I_0 \cos \omega t$,则由 I 所激发的磁场也是变化的,所以螺绕环线圈上有自感电动势 $\mathscr{E}_L$. 由自感电动势的定义有

$$\mathscr{E}_L = -L \frac{\text{d}I}{\text{d}t} = -\frac{\mu_0 N^2 h}{2\pi} \ln \frac{D_2}{D_1} \frac{\text{d}I}{\text{d}t} = \frac{\mu_0 N^2 h \omega I_0 \sin \omega t}{2\pi} \ln \frac{D_2}{D_1}.$$

注意:自感电动势也可由法拉第电磁感应定律求解,有

$$\mathscr{E} = -\frac{\text{d}\Psi}{\text{d}t} = -\frac{\mu_0 N^2 h}{2\pi} \ln \frac{D_2}{D_1} \frac{\text{d}I}{\text{d}t} = \frac{\mu_0 N^2 h \omega I_0 \sin \omega t}{2\pi} \ln \frac{D_2}{D_1} = \mathscr{E}_L.$$

可见,利用自感电动势的定义,结合法拉第电磁感应定律可求自感系数 L,即

$$L = -\frac{\mathscr{E}_L}{\dfrac{\text{d}I}{\text{d}t}} = -\frac{\mathscr{E}}{\dfrac{\text{d}I}{\text{d}t}} = \frac{\mu_0 N^2 h}{2\pi} \ln \frac{D_2}{D_1}.$$

(3)**解法一**　由自感磁能的表达式 $W_m = \dfrac{1}{2} L I^2$ 可得螺绕环内储存的磁场能量为

$$W_m = \frac{1}{2} L I^2 = \frac{\mu_0 N^2 h I^2}{4\pi} \ln \frac{D_2}{D_1}.$$

解法二　高为 h，内、外半径分别为 r 和 $r+\mathrm{d}r$ 的同轴圆柱薄筒体积元 $\mathrm{d}V = 2\pi rh\,\mathrm{d}r$ 内的磁场能量为

$$w_{\mathrm{m}} = \frac{1}{2\mu_0}B^2 = \frac{\mu_0 N^2 I^2}{8\pi^2 r^2},$$

则螺绕环内储存的磁场能量为

$$W_{\mathrm{m}} = \iiint_V w_{\mathrm{m}}\mathrm{d}V = \int_{\frac{D_1}{2}}^{\frac{D_2}{2}} w_{\mathrm{m}}2\pi rh\,\mathrm{d}r = \int_{\frac{D_1}{2}}^{\frac{D_2}{2}} \frac{\mu_0 N^2 I^2 h}{4\pi r}\mathrm{d}r = \frac{\mu_0 N^2 I^2 h}{4\pi}\ln\frac{D_2}{D_1}.$$

上述两种解法等效. 从解法一可得出求解自感系数的第三种解法: 已知自感磁能时, 可由 $W_{\mathrm{m}} = \dfrac{1}{2}LI^2$ 解出

$$L = \frac{2W_{\mathrm{m}}}{I^2} = \frac{\mu_0 N^2 h}{2\pi}\ln\frac{D_2}{D_1}.$$

【例 8-10】　在真空中, 有半径为 R 的两块金属圆形板构成平行板电容器, 如图 8-11(a) 所示, 若两极板与一交变电源相接, 极板上的电荷量为 $q = q_0\cos\omega t$, 忽略边缘效应. 求:

(1) 两极板间位移电流密度 $\boldsymbol{j}_{\mathrm{d}}$ 的大小、方向以及两极板间的位移电流 I_{d};

(2) 电容器内距两极板中心连线为 r 处的磁感应强度.

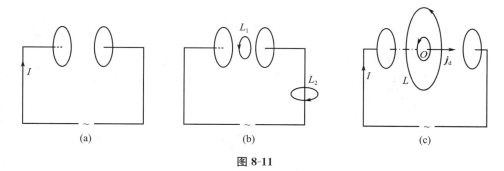

图 8-11

解　(1) 对于平行板电容器, 忽略边缘效应, 极板间的电位移均匀分布. 设任意 t 时刻, 极板上的面自由电荷密度为 σ_0, 则两极板间的电位移为

$$D = \sigma_0 = \frac{q}{S} = \frac{q_0}{\pi R^2}\cos\omega t.$$

根据图示电流 I 的方向, $\boldsymbol{D}$ 从左极板指向右极板. 根据位移电流密度 $\boldsymbol{j}_{\mathrm{d}} = \dfrac{\partial \boldsymbol{D}}{\partial t}$, 得 $\boldsymbol{j}_{\mathrm{d}}$ 的大小为

$$j_{\mathrm{d}} = \left| \frac{\mathrm{d}D}{\mathrm{d}t} \right| = \left| \frac{q_0\omega}{\pi R^2}\sin\omega t \right|.$$

如果 $\dfrac{\mathrm{d}D}{\mathrm{d}t} < 0$(放电), $\boldsymbol{j}_{\mathrm{d}}$ 与极板间电位移 $\boldsymbol{D}$ 的方向(也是场强 $\boldsymbol{E}$ 的方向)相反; 如果 $\dfrac{\mathrm{d}D}{\mathrm{d}t} > 0$(充电), $\boldsymbol{j}_{\mathrm{d}}$ 与极板间电位移 $\boldsymbol{D}$ 的方向(也是场强 $\boldsymbol{E}$ 的方向)相同. 两极板间的位移电流 I_{d} 为

$$I_{\mathrm{d}} = \frac{\mathrm{d}\Phi_{\mathrm{d}}}{\mathrm{d}t} = \iint_s \frac{\partial \boldsymbol{D}}{\partial t}\cdot\mathrm{d}\boldsymbol{S} = j_{\mathrm{d}}S = \left| \frac{q_0\omega}{\pi R^2}\sin\omega t \right|\pi R^2 = q_0\omega|\sin\omega t|,$$

上式积分是对极板之间与极板等大的任意圆面进行的.

这与电路中传导电流 $I_{\mathrm{c}} = \dfrac{\mathrm{d}q}{\mathrm{d}t} = q_0\omega|\sin\omega t|$ 相等.

注意：由于两极板间的位移电流 I_d 等于电路中的传导电流 I_c，因此如图 8-11(b) 所示，沿极板间半径 r 小于 R 的环路 L_1 的磁场强度 H 的环流与沿环路 L_2 的磁场强度 H 的环流之间有

$$\oint_{L_1} \boldsymbol{H} \cdot \mathrm{d}l' = j_d \pi r^2 = \frac{I_c}{\pi R^2} \pi r^2 < \oint_{L_2} \boldsymbol{H} \cdot \mathrm{d}l' = I_c.$$

（2）由全电流的安培环路定律有

$$\oint_L \boldsymbol{H} \cdot \mathrm{d}l = I_c + I_d = \iint_S \left(\boldsymbol{j}_c + \frac{\partial \boldsymbol{D}}{\partial t} \right) \cdot \mathrm{d}\boldsymbol{S},$$

式中 S 是以 L 为边界所围的任意曲面.

由于位移电流成柱状对称分布，激发的磁场有同样的轴对称性，即离两极板中心连线相距为 r 的圆环上，磁场强度、磁感应强度大小相等，方向与 $\boldsymbol{j}_d$ 满足右手螺旋定则的圆周切向，磁感应线是以极板中心连线为轴的同心圆.选一半径为 r 的磁感应线 L 为积分回路，L 所围圆面 S 为积分曲面.

如图 8-11(c) 所示，环路 L 绕行方向为逆时针方向（从右向左看），L 所围圆面的法线方向与 $\boldsymbol{j}_d$ 方向一致.注意电容器内无传导电流，$\boldsymbol{j}_c = \boldsymbol{0}$，当 $r \leqslant R$ 时，

$$\oint_L \boldsymbol{H} \cdot \mathrm{d}l = H 2\pi r = \iint_S \boldsymbol{j}_d \cdot \mathrm{d}\boldsymbol{S} = j_d \pi r^2 = \pi r^2 \frac{\mathrm{d}D}{\mathrm{d}t},$$

解得

$$H = \frac{r}{2} \frac{\mathrm{d}D}{\mathrm{d}t}.$$

当 $r > R$ 时，注意大于极板半径的地方 $\boldsymbol{j}_d = \boldsymbol{0}$，$I_d$ 只在半径为 R 的圆面内，有

$$\oint_L \boldsymbol{H} \cdot \mathrm{d}l = H 2\pi r = \iint_S \boldsymbol{j}_d \cdot \mathrm{d}\boldsymbol{S} = j_d \pi R^2 = \pi R^2 \frac{\mathrm{d}D}{\mathrm{d}t},$$

解得

$$H = \frac{R^2}{2r} \frac{\mathrm{d}D}{\mathrm{d}t}.$$

如果 $\dfrac{\mathrm{d}D}{\mathrm{d}t} > 0$，则 $H > 0$，$\boldsymbol{H}$ 与所选回路绕行方向一致；如果 $\dfrac{\mathrm{d}D}{\mathrm{d}t} < 0$，则 $H < 0$，$\boldsymbol{H}$ 与所选回路绕行方向相反.

注意：平行板之间的电位移仅是时间的函数.

由于是在真空中，有 $\boldsymbol{B} = \mu_0 \boldsymbol{H}$，解得

$$B = \mu_0 H = \frac{\mu_0 r}{2} \frac{\mathrm{d}D}{\mathrm{d}t} = -\frac{\mu_0 r}{2} \frac{q_0 \omega}{\pi R^2} \sin \omega t \quad (r \leqslant R),$$

$$B = \mu_0 H = \frac{\mu_0 R^2}{2r} \frac{\mathrm{d}D}{\mathrm{d}t} = -\frac{\mu_0 q_0 \omega}{2\pi r} \sin \omega t \quad (r > R).$$

如果 $\sin \omega t > 0$，则 $B < 0$，$\boldsymbol{B}$ 与所选回路绕行方向相反；如果 $\sin \omega t < 0$，则 $B > 0$，$\boldsymbol{B}$ 与所选回路绕行方向一致.

第二篇模拟题一

一、选择题（每题 3 分，共 30 分）

1. 如题图 2-1 所示，半径为 R_1 的均匀带电球壳 1，电荷量为 Q_1，其外有一同心的半径为 R_2 的均匀带电球壳 2，电荷量为 Q_2，则距球心 O 为 $r(R_1 < r < R_2)$ 的某点 P 处的场强为（　　）.

A. $E = \dfrac{Q_1}{4\pi\varepsilon_0 r^2} r$

B. $E = \dfrac{Q_1 + Q_2}{4\pi\varepsilon_0 r^2} r$

C. $E = \dfrac{Q_1}{4\pi\varepsilon_0 r^3} r$

D. $E = \dfrac{Q_1 + Q_2}{4\pi\varepsilon_0 r^3} r$

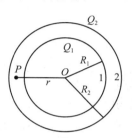

题图 2-1

2. 关于场强与电势梯度之间的关系，下列说法中正确的是（　　）.

A. 电场中场强为零的点，电势必为零

B. 电场中电势为零的点，场强必为零

C. 在场强不变的空间，电势处处相等

D. 在电势不变的空间，场强处处为零

3. 已知某电场的电场线分布情况如题图 2-2 所示，现观察到一负电荷从 M 点移动到 N 点，有人根据这个图得出下列几个结论，其中正确的是（　　）.

A. 场强 $E_M < E_N$

B. 电势 $U_M < U_N$

C. 电势能 $W_M < W_N$

D. 电场力的功 $A > 0$

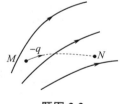

题图 2-2

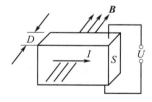

题图 2-3

4. 一铜板厚度为 $D = 1.00$ mm，放置在磁感应强度为 $B = 1.35$ T 的均匀磁场中，磁场方向垂直于铜板的侧表面，如题图 2-3 所示. 现测得铜板上、下两表面的电势差为 $U = 1.10 \times 10^{-5}$ V，已知铜板中自由电子数密度为 $n = 4.20 \times 10^{28}$ m^{-3}，元电荷为 $e = 1.60 \times 10^{-19}$ C，则此铜板中的电流为（　　）.

　A. 82.2 A　　　　　B. 54.8 A　　　　　C. 30.8 A　　　　　D. 22.2 A

5. A，B 两个电子垂直于磁场方向射入一均匀磁场后做圆周运动，A 电子的速率是 B 电子速率的两倍. 设 R_A，R_B 分别为 A 电子与 B 电子的轨道半径，T_A，T_B 分别为它们各自的周期，则（　　）.

　A. $R_A : R_B = 2 : 1$，$T_A : T_B = 2 : 1$　　　B. $R_A : R_B = 1 : 2$，$T_A : T_B = 1 : 1$

　C. $R_A : R_B = 1 : 1$，$T_A : T_B = 1 : 2$　　　D. $R_A : R_B = 2 : 1$，$T_A : T_B = 1 : 1$

6. 无限大均匀带电平面 A,其附近放一与它平行的有一定厚度的无限大平面导体板 B,如题图 2-4 所示.已知 A 上的面电荷密度为 $+\sigma$,则在导体板 B 的两个表面 1 和 2 上的面感生电荷密度为(　　).

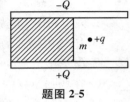

A. $\sigma_1 = -\sigma, \sigma_2 = +\sigma$

B. $\sigma_1 = -\dfrac{1}{2}\sigma, \sigma_2 = +\dfrac{1}{2}\sigma$

C. $\sigma_1 = -\dfrac{1}{2}\sigma, \sigma_2 = -\dfrac{1}{2}\sigma$

D. $\sigma_1 = -\sigma, \sigma_2 = 0$

题图 2-4

7. 两个半径相同的金属球,一个为空心,另一个为实心,比较两者各自孤立时的电容,则(　　).

A. 空心球电容大　　　　　　　　　　B. 实心球电容大

C. 两球电容相等　　　　　　　　　　D. 两球电容大小关系无法确定

8. 一平行板电容器水平放置,两极板间的一半空间充有各向同性均匀电介质,另一半为空气,如题图 2-5 所示.当两极板带上恒定的等量异号电荷时,有一个质量为 m、电荷量为 $+q$ 的质点,在极板间的空气区域中处于平衡.此后,若把电介质抽去,则该质点(　　).

A. 保持不动　　　　　　　　　　　　B. 向下运动

C. 向上运动　　　　　　　　　　　　D. 是否运动不能确定

题图 2-5

9. 磁介质有三种,用相对磁导率 μ_r 表征它们各自的特性时,有(　　).

A. 顺磁质 $\mu_r > 0$,抗磁质 $\mu_r < 0$,铁磁质 $\mu_r \gg 1$

B. 顺磁质 $\mu_r > 1$,抗磁质 $\mu_r = 1$,铁磁质 $\mu_r \gg 1$

C. 顺磁质 $\mu_r > 1$,抗磁质 $\mu_r < 1$,铁磁质 $\mu_r \gg 1$

D. 顺磁质 $\mu_r < 0$,抗磁质 $\mu_r < 1$,铁磁质 $\mu_r > 0$

10. 对于位移电流,有下述四种说法,其中正确的是(　　).

A. 位移电流是指变化的电场

B. 位移电流是由线性变化的磁场产生的

C. 位移电流的热效应服从焦耳-楞次定律

D. 位移电流的磁效应不服从安培环路定理

二、填空题(每题 3 分,共 27 分)

1. 真空中有一半径为 R 的半圆细环,电荷量为 Q,半圆细环均匀带电,如题图 2-6 所示.设无穷远处为电势零点,则圆心 O 处的电势为 $U_O =$ _____,若将一电荷量为 q 的点电荷从无穷远处移动到圆心 O 处,则电场力做的功为 $A =$ _____.

2. 如题图 2-7 所示,平行的无限长载流直导线 A 和 C,电流都为 I,方向垂直纸面向外,两根载流直导线之间相距为 a,则

(1) 两根载流直导线中点(P 点)的磁感应强度为 $\boldsymbol{B}_P =$ _____;

(2) 磁感应强度 $\boldsymbol{B}$ 沿图中闭合曲线 L 的线积分 $\oint_L \boldsymbol{B} \cdot \mathrm{d}\boldsymbol{l} =$ _____.

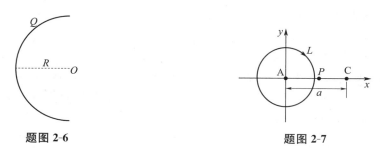

题图 2-6　　　　　　　　　　　题图 2-7

3. 如题图 2-8 所示，有一半径为 $R = 0.2$ m、通有电流为 $I = 5$ A 的半圆形闭合线圈 $acba$ 置于均匀磁场 $\boldsymbol{B}$ 中，$B = 0.5$ T，磁场方向与线圈平面平行，则线圈中圆弧形载流导线 abc 所受安培力的大小为 $F_{abc} = $ _____；线圈 $acba$ 所受磁力矩的大小为 $M = $ _____，其方向为_____.

4. 把电容器中的电介质板拉出，电介质板所受的拉力为 $\boldsymbol{F}$，如题图 2-9(a) 所示，电容器中储存的电场能量将_____；在题图 2-9(b) 所示的情况下，电容器中储存的电场能量将_____（选填"增加""减少"或"不变"）.

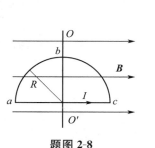

题图 2-8

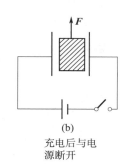

(a)　　　　　　　(b)
充电后仍与　　　充电后与电
电源连接　　　　源断开

题图 2-9

5. 如题图 2-10 所示，有一根无限长直导线绝缘地紧贴在矩形线圈的中心轴 OO' 上，则直导线与矩形线圈之间的互感系数为_____.

6. 电荷量分别为 q_1 和 q_2 的两个点电荷单独在空间中时，在各点处产生的场强分别为 $\boldsymbol{E}_1$ 和 $\boldsymbol{E}_2$，则两个点电荷在空间各点处产生的场强为 $\boldsymbol{E} = \boldsymbol{E}_1 + \boldsymbol{E}_2$. 现在作一闭合曲面 S，如题图 2-11 所示，当只有电荷量为 q_1 的点电荷存在时，通过 S 的电通量为 $\oiint_S \boldsymbol{E}_1 \cdot \mathrm{d}\boldsymbol{S} = $ _____；当两个点电荷都存在时，通过 S 的电通量为 $\oiint_S \boldsymbol{E} \cdot \mathrm{d}\boldsymbol{S} = $ _____.

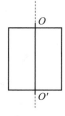

题图 2-10

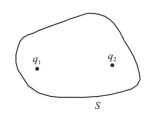

题图 2-11

7. 如题图 2-12 所示，均匀磁场 $\boldsymbol{B}$ 中放一半径为 R、均匀带有正电荷的圆环，其线电荷密度

为 λ,圆环可绕通过圆环中心 O 且与环面垂直的转轴旋转.当圆环以角速度 ω 转动时,圆环受到的磁力矩的大小为_____,其方向为_____.

8.如题图 2-13 所示,把一块原来不带电的金属板 B,移近一块已带有正电荷且电荷量为 Q 的金属板 A,两金属板平行放置.设两金属板的面积都为 S,间距为 d,忽略边缘效应.当 B 不接地时,两金属板间的电势差为 $U_{AB} = $ _____;当 B 接地时,两金属板间的电势差为 $U'_{AB} = $ _____.

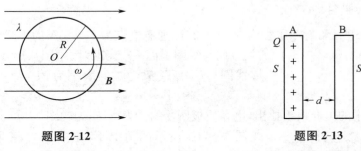

题图 2-12　　　　　　　　　　　题图 2-13

9.一空气平行板电容器,电容为 C,极板间距为 d.充电后,两极板间的相互作用力为 F,则两极板间的电势差为_____,极板上的电荷量为_____.

三、作图题(3 分)

在题图 2-14 中作出半径为 R、均匀带正电荷的球体的 E-r 关系曲线,其中 E 为球体所产生的场强的大小,r 表示场点到球心的距离.

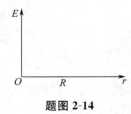

题图 2-14

四、证明题(10 分)

一半径为 R 的均匀带电细圆环,其线电荷密度为 λ,水平放置.有一质量为 m、电荷量为 q 的粒子沿圆环轴线自上而下向圆环中心运动,如题图 2-15 所示.已知该粒子在距圆环中心为 h 时的速率为 v_1,试证明该粒子到达圆环中心 O 时的速率为

$$v_2 = \left[v_1^2 + 2gh - \frac{\lambda q R}{m \varepsilon_0} \left(\frac{1}{R} - \frac{1}{\sqrt{h^2 + R^2}} \right) \right]^{\frac{1}{2}}.$$

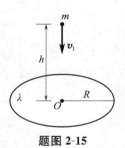

题图 2-15

五、计算题(每题 10 分,共 30 分)

1. 一细玻璃棒弯成半径为 R 的 $\frac{1}{4}$ 圆弧,其上电荷均匀分布,电荷量为 $+Q$,如题图 2-16 所示,试求圆心 O 处的电场强度.

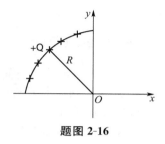

题图 2-16

2. 一半径为 R 的带电球体,其体电荷密度分布为

$$\rho = \begin{cases} Ar & (r \leqslant R), \\ 0 & (r > R), \end{cases}$$

式中 A 为常量,r 为空间中某点到球心的距离. 试求球体内、外部的场强分布.

3. 如题图 2-17 所示,无限长直导线通以恒定电流 I,近旁有一与之共面的直角三角形线圈 ABC,已知 AC 长为 b,且与直导线平行,BC 长为 a. 若线圈以速度 v 沿垂直于导线的方向向右移动,当 B 点与直导线相距为 d 时,求三角形线圈内的感应电动势的大小和方向.

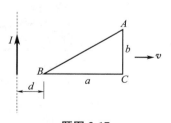

题图 2-17

第二篇模拟题二

一、选择题（每题 3 分，共 30 分）

1. 关于高斯定理的理解有下列几种说法，其中正确的是（　　）.

A. 如果高斯面上 E 处处为零，则高斯面内必无电荷

B. 如果高斯面内无电荷，则高斯面上 E 处处为零

C. 如果高斯面上 E 处处不为零，则高斯面内必有电荷

D. 如果高斯面内有净电荷，则通过高斯面的电通量必不为零

2. 无限长直圆柱体，半径为 R，沿轴向均匀通有电流. 设有任意一点 P，P 点与圆柱体轴线的距离为 r. 当 $r < R$ 时，P 点处的磁感应强度的大小为 B_i；当 $r > R$ 时，P 点处的磁感应强度的大小为 B_e，则有（　　）.

A. B_i，B_e 均与 r 成正比　　　　　　　　B. B_i，B_e 均与 r 成反比

C. B_i 与 r 成反比，B_e 与 r 成正比　　　　D. B_i 与 r 成正比，B_e 与 r 成反比

3. 两个同心薄金属球壳，半径分别为 R_1 和 $R_2(R_2 > R_1)$，若分别带上电荷量为 q_1 和 q_2 的电荷，则两者的电势分别为 U_1 和 U_2（选无穷远处为电势零点）. 现用导线将两球壳连接，则它们的电势为（　　）.

A. U_1　　　　　　B. U_2　　　　　　C. $U_1 + U_2$　　　　　　D. $\frac{1}{2}(U_1 + U_2)$

4. 一导体球外充满相对电容率为 ε_r 的均匀电介质，若测得导体表面附近场强大小为 E，则导体球面上的面自由电荷密度 σ 为（　　）.

A. $\varepsilon_0 E$　　　　B. $\varepsilon_0 \varepsilon_r E$　　　　C. $\varepsilon_r E$　　　　D. $(\varepsilon_0 \varepsilon_r - \varepsilon_0)E$

5. 顺磁质的磁导率（　　）.

A. 比真空磁导率略小　　　　　　　　B. 比真空磁导率略大

C. 远小于真空磁导率　　　　　　　　D. 远大于真空磁导率

6. 关于稳恒电流磁场的磁场强度 H，下列几种说法中正确的是（　　）.

A. H 仅与传导电流有关

B. 若闭合曲线 L 内没有包围传导电流，则该曲线上各点处的 H 必为零

C. 若闭合曲线 L 上各点处的 H 均为零，则该曲线所包围传导电流的代数和为零

D. 以闭合曲线 L 为边缘的任意曲面的 H 通量均相等

7. 如题图 2-18 所示，两个线圈 P 和 Q 并联地接到一电压恒定的电源上. 线圈 P 的自感系数和电阻均为线圈 Q 的两倍，线圈 P 和 Q 之间的互感可忽略不计. 当达到稳定状态后，线圈 P 和 Q 的磁场能量的比值为（　　）.

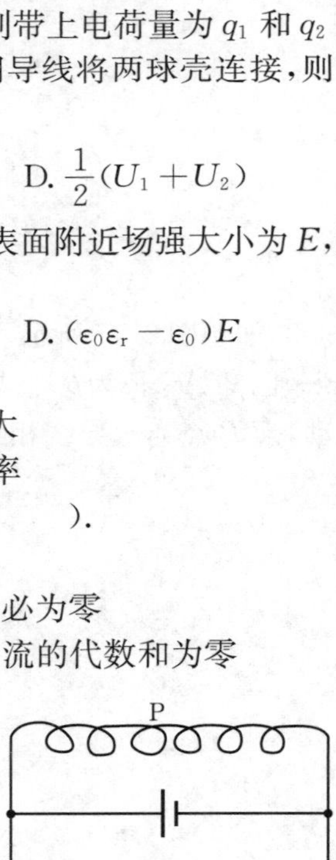

A. 4　　　　　　　　　　　　　　　B. 2

C. 1　　　　　　　　　　　　　　　D. $\frac{1}{2}$

题图 2-18

8.有两个直径相同、电荷量不同的金属球,一个是实心的,另一个是空心的,现使两者相互接触一下再分开,则两金属球上的电荷(　　).

A. 不变化

B. 平均分配

C. 集中到空心金属球上

D. 集中到实心金属球上

9.一个带负电荷的质点,在电场力的作用下从 A 点出发经 C 点运动到 B 点.已知质点的速率是增加的,下面关于 C 点处场强的方向的四个图示中正确的是(　　).

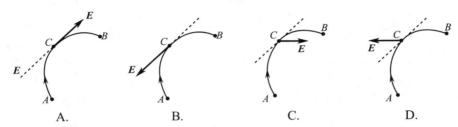

A. 　　　　B. 　　　　C. 　　　　D.

10. 在如题图 2-19 所示的装置中,当不太长的条形磁铁在闭合线圈内振动时(忽略空气阻力),(　　).

题图 2-19

A. 振幅会逐渐加大

B. 振幅会逐渐减小

C. 振幅不变

D. 振幅先减小后增大

二、填空题(每题 3 分,共 24 分)

1.静电场中有一质子沿题图 2-20 所示路径从 a 点经 c 点移动到 b 点时,电场力做的功为 8×10^{-15} J,则当质子从 b 点沿另一路径回到 a 点的过程中,电场力做的功为 $A =$ _____;若设 a 点处的电势为零,则 b 点处的电势为 $U_b =$ _____.

2.一根通有电流 I 的长直导线旁共面放置一个长为 a、宽为 b 的矩形线框,线框的长边与载流长直导线平行,且两者相距为 b,如题图 2-21 所示.在此情形中,通过矩形线框所围面积的磁通量为 $\Phi_m =$ _____.

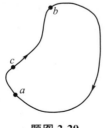

题图 2-20

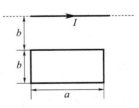

题图 2-21

3.如题图 2-22 所示,一半径为 a、通有恒定电流 I 的 $\frac{1}{4}$ 圆弧形载流导线 bc 置于均匀磁场 $\boldsymbol{B}$ 中,则该载流导线所受安培力的大小为_____.

4. 如题图 2-23 所示,将一负电荷从无穷远处移动到一个不带电的导体附近,则导体内的场强会_____,导体的电势会_____(选填"增大""不变"或"减小").

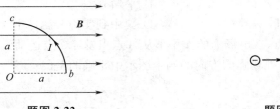

题图 2-22　　　　　　　　　　　题图 2-23

5. 一无限长圆柱形直导线,通有 $I = 1$ A 的电流,直导线外紧包一层相对磁导率为 $\mu_r = 2$ 的圆筒形磁介质,直导线半径为 $R_1 = 0.1$ cm,磁介质的内半径为 R_1,外半径为 $R_2 = 0.2$ cm,则距直导线轴线为 $r_1 = 0.15$ cm 处的磁感应强度的大小为_____,距轴线为 $r_2 = 0.25$ cm 处的磁场强度的大小为_____.

6. 在半径为 R 的圆柱形空间内有一磁感应强度为 $\boldsymbol{B}$ 的均匀磁场,$\boldsymbol{B}$ 的大小以速率 $\dfrac{\mathrm{d}B}{\mathrm{d}t}$ 变化. 有一长度为 l_0 的金属棒 ab 置于该圆柱形均匀磁场内(见题图 2-24),则金属棒 ab 内的感生电动势的大小为 $\mathscr{E} =$ _____,a 点处的感生电场的大小为 $E_k =$ _____.

7. 如题图 2-25 所示,一半径为 r 的金属小圆环,在初始时刻与一半径为 $a(a \gg r)$ 的金属大圆环共面且同心. 在大圆环中通以恒定电流 I,方向如图所示. 如果小圆环以恒定角速度 ω 绕自身任意方向的直径转动,设小圆环的电阻为 R,则任意 t 时刻通过小圆环所围面积的磁通量为 $\Phi_m =$ _____,小圆环中的感应电流为 $i =$ _____.

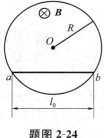

题图 2-24　　　　　　　　　　　题图 2-25

8. 半径为 r 的两块圆板组成的平行板电容器充满了电,在放电时两极板间的场强的大小为 $E = E_0 \mathrm{e}^{-\frac{t}{RC}}$,式中 E_0, R, C 均为常量,则两极板间的位移电流的大小为_____,其方向与场强方向_____(选填"相同""相反"或"无关").

三、作图题(3 分)

如题图 2-26 所示为静电场的等势线图,已知 $U_1 > U_2 > U_3$. 在图上画出 a, b 两点处的场强方向,并比较两点处场强的大小:E_a _____ E_b(选填"<""=" 或 ">").

题图 2-26

四、判断题（对的画"√"，错的画"×"）（每题 1 分，共 3 分）

一带电体可作为点电荷处理的条件是：

(1) 电荷必须呈球形分布. （　　）

(2) 带电体的线度与它到其他带电体之间距离相比可忽略不计. （　　）

(3) 电荷量很小. （　　）

五、证明题（10 分）

题图 2-27 所示为一直角三角形闭合导线，两直角边长度均为 b. 该三角形区域的磁感应强度为 $\boldsymbol{B} = B_0 x^2 y \mathrm{e}^{-at}\boldsymbol{k}$，式中 B_0 和 a 是常量，$\boldsymbol{k}$ 为 z 轴的单位矢量，试证明直角三角形导线中的感生电动势为

$$\mathscr{E} = -\frac{\mathrm{d}\Phi_{\mathrm{m}}}{\mathrm{d}t} = \frac{b^5}{60}aB_0\mathrm{e}^{-at}.$$

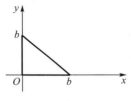

题图 2-27

六、计算题（每题 10 分，共 30 分）

1. 一段半径为 a 的细圆弧导线，对圆心 O 的张角为 θ_0，其上均匀分布有正电荷，电荷量为 q，如题图 2-28 所示. 试以 a,q,θ_0 表示圆心 O 处的场强，并说明其方向.

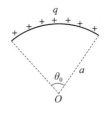

题图 2-28

2. 一无限长导线弯成如题图2-29所示的形状,设各线段都在同一平面(纸面)内,其中第2段是半径为 R 的 $\frac{1}{4}$ 圆弧,其余为直线,导线中通有电流 I,求图中 O 点处的磁感应强度.

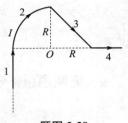

题图 2-29

3. 半径为 R 的半圆线圈 ACD 通有电流 I_2,置于电流为 I_1 的无限长载流直导线激发的磁场中,直导线恰过半圆的直径,直导线和半圆线圈相互绝缘,如题图 2-30 所示.求半圆线圈受到的安培力.

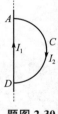

题图 2-30

第二篇 模拟题三

一、选择题(每题 3 分,共 30 分)

1. 电荷量为 $-q$ 的点电荷位于圆心 O 处,A,B,C,D 为同一圆周上的四点,如题图 2-31 所示.现将一试验电荷从 A 点分别移动到 B,C,D 各点,则试验电荷( ).

A. 从 A 点移动到 B 点,电场力做的功最大

B. 从 A 点移动到 C 点,电场力做的功最大

C. 从 A 点移动到 D 点,电场力做的功最大

D. 从 A 点移动到各点,电场力做的功相等

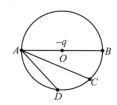

题图 2-31

2. 在静电场中,下列说法中正确的是( ).

A. 带正电的物体,其电势一定为正值

B. 场强相等处,电势梯度一定相等

C. 场强为零处,电势也一定为零

D. 等势面上各点处的场强一定相等

3. 把正方形细线圈用细线挂在载流直导线 AB 的附近,两者在同一平面内,直导线 AB 固定,线圈可以活动.当正方形细线圈通以如题图 2-32 所示的电流时,线圈将( ).

A. 不动

B. 发生转动,同时靠近直导线

C. 发生转动,同时离开直导线

D. 靠近直导线

4. 一通有电流 I 的导体,厚度为 D,横截面积为 S,放置在磁感应强度为 $\boldsymbol{B}$ 的均匀磁场中,磁场方向垂直于导体的侧表面,如题图 2-33 所示.现测得导体上、下两表面的电势差为 U,则此导体的霍尔系数等于( ).

A. $\dfrac{UDS}{IB}$

B. $\dfrac{IBU}{DS}$

C. $\dfrac{UD}{IB}$

D. $\dfrac{IUS}{BD}$

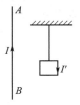

题图 2-32

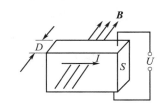

题图 2-33

5.有一接地的金属球,用一弹簧吊起,金属球原来不带电.若在它的下方放置一电荷量为 q 的点电荷,如题图 2-34 所示,则(　　).

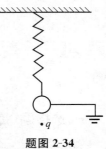

A.只有当 $q>0$ 时,金属球才下移

B.只有当 $q<0$ 时,金属球才下移

C.无论 q 是正是负,金属球都下移

D.无论 q 是正是负,金属球都不动

题图 2-34

6.设有一个带正电的导体球壳,当球壳内充满电介质,球壳外为真空时,球壳外任意一点处的场强大小和电势分别用 E_1,U_1 表示;当球壳内、外均为真空时,球壳外任意一点处的场强大小和电势分别用 E_2,U_2 表示,则两种情况下球壳外同一点处的场强大小和电势的关系为(　　).

A.$E_1=E_2$,$U_1=U_2$　　　　　　　　B.$E_1=E_2$,$U_1>U_2$

C.$E_1>E_2$,$U_1>U_2$　　　　　　　　D.$E_1<E_2$,$U_1<U_2$

7.细导线均匀密绕成长为 l、半径为 $a(l \gg a)$、总匝数为 N 的螺线管,螺线管内充满相对磁导率为 μ_r 的均匀磁介质.若导线中载有恒定电流 I,则螺线管中任意一点处的(　　).

A.磁感应强度的大小为 $B=\mu_0 \mu_r NI$

B.磁感应强度的大小为 $B=\dfrac{\mu_r NI}{l}$

C.磁场强度的大小为 $H=\dfrac{\mu_0 NI}{l}$

D.磁场强度的大小为 $H=\dfrac{NI}{l}$

8.一无限长圆柱形载流直导线置于均匀无限大磁介质之中,若导线通有恒定电流 I,磁介质的相对磁导率为 $\mu_r(\mu_r>1)$,则与直导线接触的磁介质表面上的磁化电流 I' 为(　　).

A.$(1-\mu_r)I$　　　B.$(\mu_r-1)I$　　　C.$\mu_r I$　　　D.$\dfrac{1}{\mu_r}$

9.半径为 a 的圆线圈置于磁感应强度为 $\boldsymbol{B}$ 的均匀磁场中,线圈平面与磁场方向垂直,线圈的电阻为 R.转动线圈使其法线方向与 $\boldsymbol{B}$ 的夹角为 $\alpha=60°$,此时线圈中通过的电荷量(　　).

A.与线圈面积成正比,与线圈转动所用的时间无关

B.与线圈面积成正比,与线圈转动所用的时间成正比

C.与线圈面积成反比,与线圈转动所用的时间成正比

D.与线圈面积成反比,与线圈转动所用的时间无关

10.如题图 2-35 所示,有一无限长通有电流的扁平铜片,宽度为 a,厚度不计,电流 I 在铜片上均匀分布,与铜片共面并距铜片右边缘为 b 的 P 点处的磁感应强度 $\boldsymbol{B}$ 的大小为(　　).

A.$\dfrac{\mu_0 I}{2\pi(a+b)}$　　　　　　　　B.$\dfrac{\mu_0 I}{2\pi a}\ln\dfrac{a+b}{b}$

C.$\dfrac{\mu_0 I}{2\pi b}\ln\dfrac{a+b}{b}$　　　　　　　　D.$\dfrac{\mu_0 I}{\pi(a+2b)}$

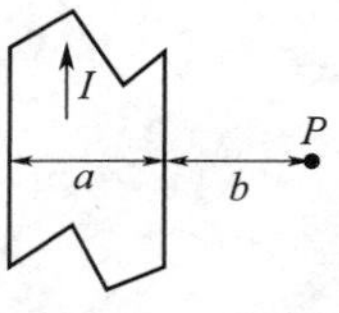

题图 2-35

二、填空题（每题 3 分，共 21 分）

1. 如题图 2-36 所示，真空中两个电荷量为 $+Q$ 的点电荷相距 $2R$. 若以其中一点电荷所在处 O 点为中心，以 R 为半径作球面 S，则通过球面的电通量为_____；若以 r_0 表示球面外法线方向的单位矢量，则球面上 a，b 两点处的场强分别为_____，_____.

2. 如题图 2-37 所示，磁感应强度 B 沿闭合曲线 L 的环流为 $\oint_L B \cdot dl = $ _____.

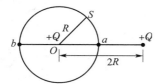

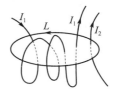

题图 2-36   题图 2-37

3. 如题图 2-38 所示，A_1，A_2 点的距离为 0.1 m，A_1 处有一电子，其初速度 v 的方向竖直向上，大小为 1.0×10^7 m/s；若它所处的空间为均匀磁场，电子在洛伦兹力的作用下沿圆形轨道运动到 A_2 处，则磁场中各点处的磁感应强度 B 的大小为 $B = $ _____，方向为_____，电子通过这段路程所需时间为 $t = $ _____（电子的质量为 $m_e = 9.11 \times 10^{-31}$ kg）.

4. 电荷量为 q、半径为 r_1 的金属球 A，与一原先不带电且内、外半径分别为 r_2 和 r_3 的金属球壳 B 同心放置，如题图 2-39 所示，则图中 P 点处的电场强度为 $E = $ _____. 如果用导线将 A，B 连接起来，设无穷远处为电势零点，则 A 球的电势为 $U = $ _____.

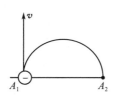

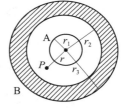

题图 2-38   题图 2-39

5. 导线 abc（$ab = bc = l$）在均匀磁场中以 v 竖直向上运动，如题图 2-40 所示，则导线 ab 上的动生电动势为 $\mathscr{E}_{ab} = $ _____，导线 bc 上的动生电动势为 $\mathscr{E}_{bc} = $ _____，c 点的电势比 b 点的电势_____（选填"高"或"低"）.

6. 软磁材料的特点是_____，它们适用于制造_____.

7. 如题图 2-41 所示，一磁导率为 μ_1 的无限长均匀磁介质圆柱体，半径为 R_1，圆柱体均匀地通有电流 I. 在它外面还有一半径为 R_2 的无限长同轴圆柱面，其上通有与前者方向相反的电流 I，两者之间充满磁导率为 μ_2 的均匀磁介质，则在 $0 < r < R_1$ 的空间，磁场强度 H 的大小为_____.

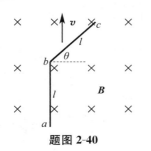

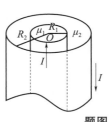

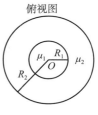

题图 2-40   题图 2-41

三、作图题（3 分）

题图 2-42 所示为一放电的圆形平行板电容器，试在图中画出电容器在极板间某点 P 处的场强的方向和磁感应强度的方向.

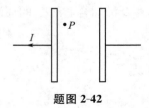

题图 2-42

四、判断题（对的画"√"，错的画"×"）（每题 1 分，共 6 分）

1. 两根无限长载流直导线相互正交放置，如题图 2-43 所示. I_1 沿 y 轴正方向，I_2 沿 z 轴负方向. 若电流为 I_1 的导线固定，电流为 I_2 的导线可以自由运动，则电流为 I_2 的导线的运动趋势是：

（1）绕 x 轴转动.　　　　　　　　　　　　　　　　　　　　　　　　（　　）

（2）绕 y 轴转动.　　　　　　　　　　　　　　　　　　　　　　　　（　　）

（3）沿 x 轴方向平动.　　　　　　　　　　　　　　　　　　　　　　（　　）

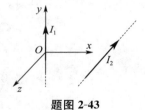

题图 2-43

2. 载流线圈的磁场能量的公式为 $W = \dfrac{1}{2}LI^2$，该公式

（1）只适用于无限长密绕螺线圈.　　　　　　　　　　　　　　　　　（　　）

（2）只适用于单匝圆线圈.　　　　　　　　　　　　　　　　　　　　　（　　）

（3）适用于自感系数 L 一定的任意线圈.　　　　　　　　　　　　　（　　）

五、证明题（10 分）

如题图 2-44 所示，一线电荷密度为 λ 的长直带电导线，近旁有与其共面、边长为 a 的正方形线圈，线圈的一边与直导线平行，且两者相距为 a. 正方形线圈以变速率 $v = v(t)$ 向上运动，线圈的电阻为 R，证明：若不计线圈自身的自感，t 时刻正方形线圈中的感应电流

$$\left| i(t) \right| = \frac{\mu_0}{2\pi R} \lambda a \left| \frac{\mathrm{d}v(t)}{\mathrm{d}t} \right| \ln 2.$$

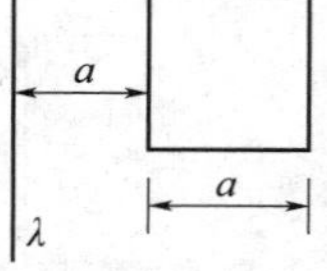

题图 2-44

六、计算题（每题 10 分，共 30 分）

1. 如题图 2-45 所示，电荷均匀分布在长为 $2l$、电荷量为 q 的细杆上，求在细杆延长线上与细杆的近端相距为 a 的 P 点处的电势（设无穷远处为电势零点）.

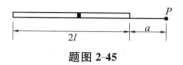

题图 2-45

2. 有一长直导体圆管，内、外半径分别为 R_1 和 R_2，如题图 2-46 所示，它所载的电流 I_1 均匀分布在其横截面上. 导体旁边有一绝缘无限长直导线，载有电流 I_2，且在中部绕了一个半径为 R 的圆圈. 设导体圆管的轴线与长直导线平行，相距为 d，而且它们与圆圈导线共面，求圆圈导线圆心 O 处的磁感应强度 $\boldsymbol{B}$.

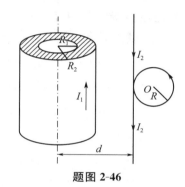

题图 2-46

3. 如题图 2-47 所示，一长直导线载有恒定电流 I，近旁有一个两条对边与它平行且共面的矩形线圈，线圈以恒定速度 v 沿垂直于导线的方向向右运动. 设 $t = 0$ 时，线圈位于图示位置，求：

(1) 在任意 t 时刻通过矩形线圈所围面积的磁通量；

(2) 在图示位置时矩形线圈中的电动势.

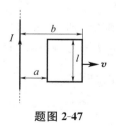

题图 2-47

第二篇模拟题四

一、选择题（每题 3 分，共 30 分）

1. 一平行板电容器始终与电压一定的电源相连，当电容器两极板间为真空时，场强为 E_0，电位移为 D_0，而当两极板间充满相对电容率为 ε_r 的各向同性均匀电介质时，场强为 E，电位移为 D，则（　　）．

    A. $E = \dfrac{E_0}{\varepsilon_r}, D = D_0$ B. $E = E_0, D = \varepsilon_r D_0$

    C. $E = \dfrac{E_0}{\varepsilon_r}, D = \dfrac{D_0}{\varepsilon_r}$ D. $E = E_0, D = D_0$

2. 取一闭合曲线 L，使三根载流导线穿过 L 所围成的曲面．现改变三根导线之间的相互间隔，但不越出闭合曲线，则（　　）．

    A. 闭合曲线 L 内的 $\sum I$ 不变，L 上各点处的 $\boldsymbol{B}$ 不变

    B. 闭合曲线 L 内的 $\sum I$ 不变，L 上各点处的 $\boldsymbol{B}$ 改变

    C. 闭合曲线 L 内的 $\sum I$ 改变，L 上各点处的 $\boldsymbol{B}$ 不变

    D. 闭合曲线 L 内的 $\sum I$ 改变，L 上各点处的 $\boldsymbol{B}$ 改变

3. 一质量为 m、电荷量为 q 的粒子，以与均匀磁场 $\boldsymbol{B}$ 垂直的速度 v 射入磁场，则通过粒子运动轨道所围面积的磁通量 Φ_m 与磁感应强度 $\boldsymbol{B}$ 的大小的关系曲线是（　　）．

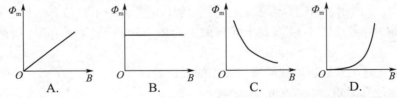

4. 一长直导线横截面半径为 a，导线外同轴地套一半径为 b 的薄圆筒，两者互相绝缘，且外圆筒接地，如题图 2-48 所示．设导线单位长度的电荷量为 $+\lambda$，设地面的电势为零，则导线和薄圆筒之间的 P 点（$OP = r$）处的场强大小和电势分别为（　　）．

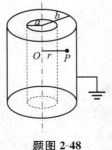

    A. $E = \dfrac{\lambda}{4\pi\varepsilon_0 r^2}, U = \dfrac{\lambda}{2\pi\varepsilon_0} \ln \dfrac{b}{a}$

    B. $E = \dfrac{\lambda}{4\pi\varepsilon_0 r^2}, U = \dfrac{\lambda}{2\pi\varepsilon_0} \ln \dfrac{b}{r}$

    C. $E = \dfrac{\lambda}{2\pi\varepsilon_0 r}, U = \dfrac{\lambda}{2\pi\varepsilon_0} \ln \dfrac{a}{r}$

题图 2-48

D. $E = \dfrac{\lambda}{2\pi\varepsilon_0 r}, U = \dfrac{\lambda}{2\pi\varepsilon_0}\ln\dfrac{b}{r}$

5. 两个完全相同的电容器 C_1 和 C_2，串联后与电源连接. 现将一各向同性的均匀电介质板插入 C_1 中，如题图 2-49 所示，则（　　）.

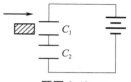

A. 电容器组的总电容减小

B. C_1 上的电荷量大于 C_2 上的电荷量

C. C_1 上的电压高于 C_2 上的电压

D. 电容器组储存的电场能量增大

题图 2-49

6. 用顺磁质做成一个空心的圆柱形细管，然后在细管上密绕一层细导线. 当导线中通以恒定电流时，下述四种说法中正确的是（　　）.

A. 细管外部和细管内部空腔处的磁感应强度均为零

B. 磁介质中的磁感应强度比空腔处的磁感应强度大

C. 磁介质中的磁感应强度比空腔处的磁感应强度小

D. 磁介质中的磁感应强度与空腔处的磁感应强度相等

7. 在铁环上绕有 $N = 200$ 匝的一层线圈，通以 $I = 2.5$ A 的电流，通过铁环横截面的磁通量为 $\varPhi_m = 5\times10^{-4}$ Wb，且铁环横截面的半径远小于铁环的平均半径，则铁环中的磁场能量为（　　）.

A. 0.300 J　　　　　B. 0.250 J　　　　　C. 0.157 J　　　　　D. 0.125 J

8. 一矩形线框长为 a，宽为 b，置于均匀磁场中，线框绕 OO' 轴以角速度 ω 匀速旋转，如题图 2-50 所示. 设 $t = 0$ 时，线框平面处于纸面内，则任意 t 时刻线框中的感应电动势的大小为（　　）.

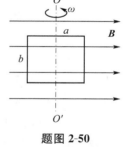

A. $2abB\mid\cos\omega t\mid$　　　　　　　　B. ωabB

C. $\dfrac{1}{2}\omega abB\mid\cos\omega t\mid$　　　　　　　D. $\omega abB\mid\cos\omega t\mid$

题图 2-50

9. 有一半径为 R 的单匝圆线圈，通以电流 I，若将该导线弯成匝数为 $N = 2$ 的平面圆线圈，并通以同样的电流，则线圈中心处的磁感应强度和线圈的磁矩分别为原来的（　　）.

A. 4 倍和 $\dfrac{1}{8}$　　　B. 4 倍和 $\dfrac{1}{2}$　　　C. 2 倍和 $\dfrac{1}{4}$　　　D. 2 倍和 $\dfrac{1}{2}$

10. 一平行板电容器，充电后与电源断开，若用绝缘手柄将电容器两极板的间距拉大，则两极板间的电势差 U_{12}、场强的大小 E、电场能量 W_e 将发生的变化为（　　）.

A. U_{12} 减小，E 减小，W_e 减小　　　　　B. U_{12} 增大，E 增大，W_e 增大

C. U_{12} 增大，E 不变，W_e 增大　　　　　D. U_{12} 减小，E 不变，W_e 不变

二、填空题（每题 3 分，共 24 分）

1. 由一根绝缘细线围成边长为 L 的正方形线圈，使它均匀带电，其线电荷密度为 λ，则在正方形线圈中心处的场强的大小为 $E = $ _____.

2. 题图 2-51 中的曲线表示一种球对称性静电场的电势分布，r 表示场点到对称中心的距离. 这是 _____ 的电场.

3. 真空中均匀带电的球壳和球体，如果两者的半径和电荷量都相等，则带电球壳的电场能

量 W_{e1} 与带电球体的电场能量 W_{e2} 相比，W_{e1} _____ W_{e2}（选填"大于""小于"或"等于"）.

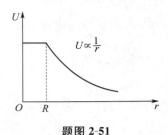

题图 2-51

4. 在真空中，电流由长直导线 1 沿半径方向经 a 点流入一电阻均匀的环形导线，再由 b 点沿切向流出，经长直导线 2 返回电源，如题图 2-52 所示. 已知直导线上的电流为 I，环形导线的半径为 R，$\angle aOb = 90°$，则圆心 O 处的磁感应强度的大小为 $B =$ _____.

5. 截面积为 S，截面形状为矩形的直金属条中通有电流 I. 金属条放在磁感应强度为 $\boldsymbol{B}$ 的均匀磁场中，$\boldsymbol{B}$ 的方向垂直于金属条的左、右侧面，如题图 2-53 所示. 在图示情况下金属条的上表面将积累_____电荷，载流子所受的洛伦兹力的大小为 $F_{\mathrm{m}} =$ _____（设金属中载流子浓度为 n）.

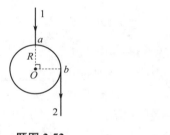

题图 2-52

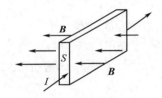

题图 2-53

6. 一平行板电容器，充电后与电源保持连接，然后使两极板间充满相对电容率为 ε_r 的各向同性均匀电介质，这时两极板上的电荷量是原来的_____倍；电场强度是原来的_____倍；电场能量是原来的_____倍.

7. 在一根铁芯上，同时绕有两个线圈. 初级线圈的自感系数为 L_1，次级线圈的自感系数为 L_2. 设两个线圈通以电流时，各自产生的磁通量全部穿过两个线圈. 若初级线圈中通入变化电流 $i_1(t)$，次级线圈断开，则次级线圈中的感应电动势为_____.

8. 平行板电容器的电容 C 为 $20.0\ \mu\mathrm{F}$，两极板上的电压变化率为 $\dfrac{\mathrm{d}U}{\mathrm{d}t} = 1.50 \times 10^5\ \mathrm{V/s}$，则该平行板电容器中的位移电流为_____.

三、判断题（对的画"√"，错的画"×"）（每题 1 分，共 6 分）

下面列出的是真空中静电场的场强和电势：

（1）电荷量为 q 的点电荷的电场为 $\boldsymbol{E} = \dfrac{q}{4\pi\varepsilon_0 r^2}$（$r$ 为点电荷到场点的距离）. 　　　（　　）

（2）电荷量为 q 的点电荷的电势为 $U = \dfrac{q}{4\pi\varepsilon_0 r^2}$（设无穷远处为电势零点）. 　　　（　　）

(3) 无限长均匀带电直导线(线电荷密度为 λ)的电场为 $E = \frac{\lambda}{2\pi\varepsilon_0 r^3} r$($r$ 为带电直导线到场点的垂直于直导线的矢量). ( )

(4) 无限大均匀带电平面(面电荷密度为 σ)的电场为 $E = \frac{\sigma}{2\varepsilon_0}$. ( )

(5) 半径为 R 的均匀带电球壳(面电荷密度为 σ)外的电场为 $E = \frac{\sigma R^2}{\varepsilon_0 r^3} r$($r$ 为从球心指向场点的位矢). ( )

(6) 半径为 R 的均匀带电球壳(面电荷密度为 σ)内的电场为 $E = 0$. ( )

四、证明题(10 分)

两个同心的均匀带电球壳,内球壳半径为 R_1,电荷量为 Q_1;外球壳半径为 R_2,电荷量为 Q_2. 设无穷远处为电势零点,P 点在两个球壳之间,且距离球心为 r. 证明:

(1) P 点处的电场强度为 $E = \frac{Q_1}{2\pi\varepsilon_0 r^3} r$($r$ 为从球心指向 P 点的位矢);

(2) P 点处的电势为 $U = \frac{Q_1}{4\pi\varepsilon_0 r} + \frac{Q_2}{4\pi\varepsilon_0 R_2}$.

五、计算题(每题 10 分,共 30 分)

1. 两个电荷量分别为 $+q$ 和 $-3q$ 的点电荷,相距为 d,问:

(1) 在它们的连线上电场强度 $E = 0$ 的点与电荷量为 $+q$ 的点电荷相距多远?

(2) 若选无穷远处为电势零点,两个点电荷之间电势 $U = 0$ 的点与电荷量为 $+q$ 的点电荷相距多远?

2. 一无限长圆柱形铜导体,半径为 R,通有均匀分布的电流 I. 今取一长为 1 m、宽为 $2R$ 的矩形平面 S,如题图 2-54 所示,求通过该矩形平面的磁通量.

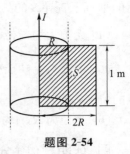

题图 2-54

3. 一半径为 L 的均匀导体圆盘绕通过中心 O 的垂直轴转动,角速度为 ω,盘面与均匀磁场 $\boldsymbol{B}$ 垂直,如题图 2-55 所示.

(1) A 为圆盘边缘上的一点,求 OA 中的动生电动势;

(2) C 为圆盘上的一点,CA 的长度为 d,求 C,A 两点的电势差 U_{AC};

(3) E 为圆盘边缘上的一点,求 E,A 两点的电势差 U_{AE}.

题图 2-55

第三篇　波动光学

第九单元

光 的 干 涉

一、基本要求

（1）理解获得相干光的两种方法 —— 分波面法和分振幅法的意义. 能分析、确定杨氏双缝干涉、劈尖干涉、牛顿环干涉条纹的位置.

（2）理解光程差的物理意义, 掌握其计算方法, 包括和半波损失相应的附加光程差以及它和相位差的关系. 知道薄透镜不引起附加光程差的意义.

（3）了解增透膜的原理和迈克耳孙干涉仪的基本结构和工作原理.

二、基本概念与规律

1. 光的干涉的基本知识

光或光波是一定波段的电磁波, 它包括红外线、可见光、紫外线和 X 射线等. 可见光的波长范围为 $760 \sim 390$ nm, 频率范围为 $3.95 \times 10^{14} \sim 7.69 \times 10^{14}$ Hz.

（1）**光速和折射率**. 光在真空和介质中的速率分别为

$$c = \frac{1}{\sqrt{\varepsilon_0 \mu_0}} = 2.997\ 924\ 58 \times 10^8 \text{ m/s} \approx 3 \times 10^8 \text{ m/s},$$

$$u = \frac{1}{\sqrt{\varepsilon \mu}} = \frac{c}{\sqrt{\varepsilon_r \mu_r}} = \frac{c}{n} < c,$$

式中 $n = \sqrt{\varepsilon_r \mu_r} \geqslant 1$ 为介质的折射率. 由于光穿过不同介质时, 频率或角频率是不变的, 所以同一频率的单色光由一种介质进入另一种介质时, 波速和波长随介质的不同而不同.

频率为 ν 的单色光在真空和介质中的波长分别为

$$\lambda = \frac{c}{\nu},$$

$$\lambda_n = \frac{u}{\nu} = \frac{\lambda}{n}.$$

可见, 频率为 ν 的单色光在真空中的波长大于在介质中的波长.

注意：复色光在介质中传播时，介质对不同波长（或频率）的光表现出不同的折射率，这种现象称为光的色散. 色散形成的彩色光带称为光谱.

（2）**光矢量和光强**. 光中参与物质相互作用（感光作用、生理作用）的是 E 矢量，称为光矢量. 空间各点处光矢量的大小、方向随时间和空间做周期性变化.

沿 x 轴正方向传播的平面光的波函数为

$$E_y = E_m \cos\left[\omega\left(t - \frac{x}{u}\right) + \varphi_0\right],$$

$$H_z = H_m \cos\left[\omega\left(t - \frac{x}{u}\right) + \varphi_0\right].$$

根据电磁波的理论，光的强度（简称光强）I 是电磁波的平均能流密度 $\overline{S}$，正比于光矢量振幅的平方，有

$$I = \overline{S} = \overline{EH} = \frac{1}{2}E_m H_m = \frac{1}{2}\sqrt{\frac{\varepsilon}{\mu}}E_m^2 \propto E_m^2.$$

（3）**光程和光程差**. 光程 L：光在介质中所经历的几何路程 r 与介质的折射率 n 的乘积 nr.

光程的来历：光在介质中传播时，光振动的相位沿传播方向逐点落后. 以 λ_n 表示光在折射率为 n 的介质中的波长，则通过几何路程 r 时，光振动的相位落后 $\Delta\varphi = 2\pi\dfrac{r}{\lambda_n} = 2\pi\dfrac{nr}{\lambda}$. 从相位改变这一角度考虑，在介质中光经过 r 距离所发生的相位改变，等于真空中经过 nr 距离所发生的相位改变. 因此，光在介质中经过 r 按相位变化等效折合到真空中就是 nr（光在真空中的波长大于在介质中的波长，多行进一段几何距离才能与在介质中引起的相位差相同）. 可见，光程就是将光在介质中所走过的路程折算为光在真空中的路程.

如果光连续穿过几种介质，则光程为

$$L = \sum_i n_i r_i = \sum_i \frac{c}{u_i}r_i = \sum_i c\Delta t_i.$$

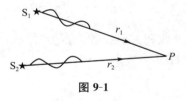

图 9-1

光程差 δ：两束光到达相遇点的光程的差值. 设从同相位相干光源 S_1 和 S_2 发出的两相干光，分别在折射率为 n_1 和 n_2 的介质中传播，相遇点 P 与 S_1，S_2 的距离分别为 r_1，r_2，如图 9-1 所示，则两相干光到达 P 点的光程差为

$$\delta = n_2 r_2 - n_1 r_1.$$

如果 $n_2 = n_1 = n$，则 $\delta = n(r_2 - r_1)$；如果 $n = 1$，则 $\delta = r_2 - r_1$ 就是几何路程之差.

光在介质中传播时，已知两束光的光程差，可根据下式求相位差：

$$\Delta\varphi = \varphi_{20} - \varphi_{10} - \left(\frac{2\pi}{\lambda_2}r_2 - \frac{2\pi}{\lambda_1}r_1\right) = \varphi_{20} - \varphi_{10} - \frac{2\pi}{\lambda}(n_2 r_2 - n_1 r_1) = \varphi_{20} - \varphi_{10} - \frac{2\pi}{\lambda}\delta.$$

若两束光的初相位相同，即 $\varphi_{20} - \varphi_{10} = 0$，则 $\Delta\varphi = -\dfrac{2\pi}{\lambda}\delta$.

（4）**光的干涉现象**. 两列或两列以上频率相同、振动方向相同、相位差恒定的光，在它们的叠加区域里，某些地方光强始终加强，某些地方光强始终减弱，且有稳定的空间分布，这种现象称为光的干涉. 这种光的强弱分布的稳定图形，称为干涉图样. 干涉是波动的共性之一.

（5）**光的相干条件**（必要条件）：① 两列光的频率相同；② 两列光的振动方向相同；③ 在叠加处两列光的相位差恒定.

(6) **相干光的获得**. 考虑到普通光源的发光特点和光的相干条件, 为了从普通光源获得满足相干条件的两列相干光, 有如下两个要求: 一是光源必须是点光源; 二是从一个波列上分出两列相干波列. 这种"一分为二"的方法有分波面法和分振幅法.

如图 9-2(a) 和 (b) 所示, 从同一波列分割出来的子波列经历不同的光程之后相遇, 才能发生干涉.

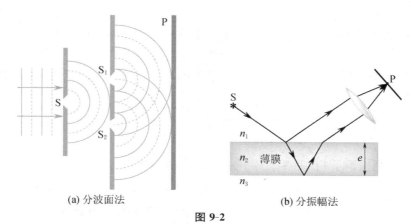

(a) 分波面法　　　　　　　　　　(b) 分振幅法

图 9-2

实际上光源不可能是点光源, 要发生干涉对光源的线度是有要求的, 称为空间相干性; 又因相干光应该是单色光, 但光源发出的光的频率不可能唯一, 谱线都有一定的宽度, 所以谱线宽度 $\Delta\lambda$ 要小, 称为时间相干性.

时间相干性来源于原子辐射发光的时间 Δt(相干时间) 有限, 所以波列有一定的长度 L(相干长度), 因此能发生干涉的两束相干光的最大光程差 δ_m 应等于波列长度 L.

因此, 光的干涉除满足相干的三个必要条件外, 还要注意光的空间相干性与时间相干性.

(7) **光的相干叠加与非相干叠加**. 如图 9-1 所示, 设两列相干光传到 P 点处的光矢量表示为

$$E_1 = A_1\cos\left(\omega t + \varphi_{10} - \frac{2\pi r_1}{\lambda}\right) = A_1\cos(\omega t + \varphi_1),$$

$$E_2 = A_2\cos\left(\omega t + \varphi_{20} - \frac{2\pi r_1}{\lambda}\right) = A_2\cos(\omega t + \varphi_2).$$

根据同方向、同频率简谐振动的合成, P 点处合振动的方程为

$$E = E_1 + E_2 = A\cos(\omega t + \varphi),$$

合振幅为

$$A = \sqrt{A_1^2 + A_2^2 + 2A_1 A_2\cos(\varphi_2 - \varphi_1)}.$$

P 点处的光强为

$$I = A^2 = A_1^2 + A_2^2 + 2A_1 A_2\cos(\varphi_2 - \varphi_1) = I_1 + I_2 + 2\sqrt{I_1 I_2}\cos\Delta\varphi = I_1 + I_2 + I_{12},$$

式中 I_{12} 称为干涉项, $\Delta\varphi = \varphi_2 - \varphi_1$ 为两相干光在相遇点处同一时刻的相位差, 即

$$\Delta\varphi = \varphi_2 - \varphi_1 = \varphi_{20} - \varphi_{10} - \frac{2\pi}{\lambda}(r_2 - r_1).$$

空间各点处的光强、干涉项 I_{12} 随位置不同而不同, 但有稳定分布, 称为光的相干叠加, 干涉场中某点处的光强取决于该点处光振动的合成. A_1, A_2 确定后, 光强由干涉点上光振动的相

位差 $\Delta\varphi = \varphi_2 - \varphi_1$ 决定.

如果两列光的频率不同,或振动方向垂直,相位差 $\Delta\varphi$ 是时间 t 的函数,则在观察时间内,空间各点的 $\cos\Delta\varphi = 0$(对时间平均),干涉项 $I_{12} \equiv 0$,空间各处的光强为

$$I = I_1 + I_2.$$

这就是光的非相干叠加,形成均匀照明.

(8) 干涉相长和干涉相消的条件.

① 干涉相长(极大、加强)条件. 如果两相干波在某点 P 处的相位差为

$$\Delta\varphi = \pm 2k\pi \quad (k = 0,1,2,\cdots),$$

则 $\cos\Delta\varphi = 1$,两振动同相,$A = A_1 + A_2$,P 点处的光强有最大值,为明纹中心,即

$$I = I_{\max} = I_1 + I_2 + 2\sqrt{I_1 I_2} \xrightarrow{I_1 = I_2} 4I_1.$$

② 干涉相消(极小、减弱)条件. 如果两相干波在某点 P 处的相位差为

$$\Delta\varphi = \pm(2k+1)\pi \quad (k = 0,1,2,\cdots),$$

则 $\cos\Delta\varphi = -1$,两振动反相,$A = |A_1 - A_2|$,P 点处的光强有最小值,为暗纹中心,即

$$I = I_{\min} = I_1 + I_2 - 2\sqrt{I_1 I_2} \xrightarrow{I_1 = I_2} 0.$$

当两相干波源的初相位相同,即 $\varphi_{20} - \varphi_{10} = 0$ 时,干涉相长和干涉相消的条件用光程差表示,因为 $\Delta\varphi = \varphi_{20} - \varphi_{10} - \dfrac{2\pi}{\lambda}(r_2 - r_1) = \dfrac{2\pi}{\lambda}(r_1 - r_2) = \dfrac{2\pi}{\lambda}\delta$,干涉相长条件为

$$\delta = \pm k\lambda \quad (k = 0,1,2,\cdots),$$

即光程差 δ 为波长整数倍的空间各点是明纹中心.

干涉相消条件为

$$\delta = \pm\frac{(2k+1)\lambda}{2} \quad (k = 0,1,2,\cdots),$$

即光程差 δ 为半波长的奇数倍的各点是暗纹中心.

在任意相位差的叠加点,其光强为

$$I = I_1 + I_2 + 2\sqrt{I_1 I_2}\cos\Delta\varphi \xrightarrow{I_1 = I_2} 4I_1\cos^2\frac{\Delta\varphi}{2}.$$

由上述讨论可知,两列光强(振幅)相等的相干波相干叠加产生的干涉现象最明显. 由于干涉现象,光的能量在空间发生了重新分布. 光强极大、极小之处是干涉明纹或暗纹中心,明纹、暗纹中心之间光强连续变化,如图 9-3 所示.

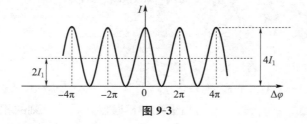

图 9-3

2. 杨氏双缝干涉

杨氏双缝干涉实验装置如图 9-4(a) 所示,S 为单色线光源,S_1,S_2 为与 S 等距离的两条非常近的平行狭缝(宽度视为无限小),在距 S_1 和 S_2 较远处放置一个观察屏.

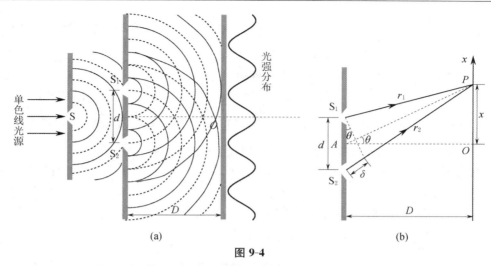

图 9-4

S_1，S_2 是来自 S 的同一波面上的两个不同部分，它们是同相位、等光强的两个相干光源. 此装置应用分波面法产生相干光源.

由图 9-4(b)可知，由于 $x \ll D$，$d \ll D$，所以 θ 很小，近似有 $\sin\theta \approx \tan\theta$. 两相干光在 P 点处的光程差为

$$\delta = r_2 - r_1 = d\sin\theta \approx d\tan\theta = d\frac{x}{D}.$$

根据干涉相长与干涉相消条件得出，当 $\delta = \pm k\lambda (k = 0, 1, 2, \cdots)$ 时，P 点处为明纹中心；当 $\delta = \pm(2k-1)\frac{\lambda}{2}(k = 1, 2, \cdots)$ 时，P 点处为暗纹中心. 于是得明纹、暗纹中心的坐标分别为

$$x_k = \pm k\frac{D}{d}\lambda \quad (k = 0, 1, 2, \cdots),$$

$$x_k = \pm(2k-1)\frac{D}{d}\frac{\lambda}{2} \quad (k = 1, 2, \cdots).$$

注意：观察屏上光程差 $\delta \neq \pm k\lambda$ 和 $\delta \neq \pm(2k-1)\frac{\lambda}{2}$ 的点的光强介于最明和最暗之间，从而认为条纹都有一定的宽度. 相邻明纹中心或暗纹中心之间的距离就称为干涉条纹的宽度.

干涉条纹的特点如下：

① 当 $k = 0$ 时，$x_0 = 0$，O 点处是零级明纹(中央明纹)中心.

当 $k = 1, 2, \cdots$ 时，依次得到第 1 级、第 2 级 $\cdots\cdots$ 明纹和暗纹，k 称为干涉级.

② 干涉条纹的宽度(或条纹的间距)为

$$\Delta x = \frac{D\lambda}{d},$$

与干涉级 k 无关.

③ 各级明纹中心处的光强相等，与 k 无关，其值为

$$I_{\max} = 4I_1\cos^2\frac{\Delta\varphi}{2} = 4I_1\cos^2\frac{\pi}{\lambda}\delta = 4I_1\cos^2\frac{\pi}{\lambda}(\pm k\lambda) = 4I_1.$$

综上可得，杨氏双缝干涉条纹是一组明暗相间的等间隔、等宽度、等光强、关于中央明纹对称且与缝平行的直条纹. 条纹位置及光强分布如图 9-4(a)所示.

讨论：① 从干涉条纹的宽度公式 $\Delta x = \dfrac{D\lambda}{d}$ 可知，若两缝的间距 d 变小，观察屏与缝的距离 D 变大，光源的波长变大，则 Δx 变大，干涉效果明显. 若 d 变大，其他条件不变，则 Δx 变小，条纹变密，向观察屏中央集中. 当 d 大到一定程度时，条纹过于细密无法分辨，拥挤在一起成为一条明亮带.

② 由明纹中心的坐标 $x_k = \pm k\dfrac{D}{d}\lambda\,(k = 0,1,2,\cdots)$ 可知，若用白光照射，在观察屏上可以得到白色的中央明纹和关于中央明纹对称的其他各级彩色条纹.

③ 在折射率为 n 的介质（如煤油）中做杨氏双缝干涉实验，与在空气中相比，条纹的间距变小.

在观察屏上的 P 点处，两相干光的光程差为

$$\delta = nd\sin\theta \approx nd\tan\theta = nd\,\frac{x}{D}.$$

根据干涉相长和干涉相消的条件，可得观察屏上明纹、暗纹中心的坐标分别为

$$x_k = \pm k\frac{D}{nd}\lambda \quad (k = 0,1,2,\cdots),$$

$$x_k = \pm(2k-1)\frac{D}{nd}\frac{\lambda}{2} \quad (k = 1,2,\cdots).$$

干涉条纹的宽度为 $\Delta x = \dfrac{D\lambda}{nd}$.

④ 如果在双缝的一条缝上加一厚度为 a，折射率为 n 的透明薄片，如图 9-5 所示，则干涉条纹会发生移动.

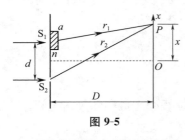

图 9-5

不加薄片时，两相干光在 P 点处的光程差为 $\delta = r_2 - r_1 = d\sin\theta$；加了薄片后，两相干光在 P 点处的光程差为 $\delta' \approx r_2 - (r_1 - a + na)$. 两种情况下两光程差的差为附加光程差 $\Delta\delta$，它引起条纹移动 Δk，有 $\Delta\delta = \delta - \delta' = (n-1)a = \Delta k\lambda$. 可见，原来的零级（$\delta = 0$）变为 $\Delta k = \dfrac{(n-1)a}{\lambda}$ 级，所以原来的第 k 级明（暗）纹，现在变为第 $k + \Delta k$ 级明（暗）纹.

现在明纹中心的坐标为

$$x_k = \frac{D(\Delta k \pm k)}{d}\lambda = \frac{D[(n-1)a \pm k\lambda]}{d} \quad (k = 0,1,2,\cdots).$$

当 $k = 0$ 时，$x_0 \neq 0$，中央明纹中心不在中央位置. 现在中央明纹中心在 $x_0 = \dfrac{D[(n-1)a]}{d}$. 这说明原中央明纹向加薄片的那一端移动了，即在真空中传播的光靠增加几何距离来补偿加了薄片后引起的附加光程差 $\Delta\delta$. 但条纹的间距不变，仍为 $\Delta x = \dfrac{D\lambda}{d}$.

反过来，如果从实验中知道原来的第 k 级现在是第 k' 级（设 $k' > k$），则可间接测出薄片的厚度 a，或者薄片的折射率 n，有

$$a = \frac{(k'-k)\lambda}{n-1}, \quad n = \frac{(k'-k)\lambda}{a} + 1.$$

注意：附加光程差 $\Delta\delta$ 引起条纹移动，移动的级数 Δk 与附加光程差 $\Delta\delta$ 的关系为

$$\Delta\delta = -\delta' = \Delta k\lambda,$$

Δk 不一定为整数. 条纹每移动一个级数, 光程差变动一个波长. 在光学实验中, 薄透镜的使用不引起附加光程差.

劳埃德镜、菲涅耳双面镜等的干涉情况与此相似.

注意: 劳埃德镜实验的主要目的在于证明, 当光是从光疏介质(折射率为 n_1)入射光密介质(折射率为 n_2, $n_2 > n_1$)并在其分界面上反射时, 将发生**半波损失**, 反射光的相位突变 π, 相当于损失了半个波长的光程差. 如图 9-6 所示, 从实光源 S_1 和虚光源 S_2 发出的相干光在 O 点处的光程差为 $\delta = 0$, O 点本该是亮点, 但却是暗点, 因为反射光发生了半波损失, 两相干光在 O 点处的光程差变为 $\delta = \dfrac{\lambda}{2}$, O 点处为暗纹中心.

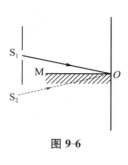

图 9-6

3. 薄膜干涉

薄膜干涉实验装置如图 9-7 所示, 入射光从折射率为 n_1 的介质以入射角 i 照射厚度为 e、折射率为 n_2 的均匀透明薄膜.

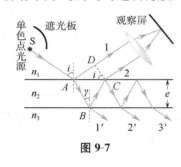

图 9-7

利用均匀透明薄膜的上表面和下表面对入射光依次反射和透射获得相干光, 相干光相遇会发生干涉, 如图 9-7 所示. 由于光强经多次反射和折射而减小, 通常只讨论反射光中的相干光 1, 2 的干涉问题. 这是利用分割振幅而得到的相干光, 称为分振幅法.

注意: 两相干光 1, 2 都是经过界面的反射而得到的, 要考虑是否有半波损失. 当薄膜干涉中涉及的三种介质的折射率呈阶梯形分布, 即

① $n_1 > n_2 > n_3$ 时, 没有半波损失;

② $n_1 < n_2 < n_3$ 时, 不需要考虑半波损失(两相干光 1, 2 都有半波损失, 附加光程差为 λ, 只引起条纹的移动或条纹的级次发生变化, 不改变条纹的明暗位置).

如图 9-7 所示, 没有或不考虑半波损失时, 两相干光 1, 2 的光程差为

$$\delta = 2e\sqrt{n_2^2 - n_1^2\sin^2 i}. \tag{9-1}$$

当薄膜干涉中涉及的三种介质的折射率呈夹心形分布, 即 $n_1 > n_2$ 且 $n_2 < n_3$ 时或 $n_1 < n_2$ 且 $n_2 > n_3$ 时, 考虑半波损失, 两相干光 1, 2 的光程差为

$$\delta = 2e\sqrt{n_2^2 - n_1^2\sin^2 i} + \frac{\lambda}{2}. \tag{9-2}$$

从式(9-1)和(9-2)可知, 两相干光的光程差由薄膜的厚度 e 和入射角 i 决定. 当光垂直照射薄膜时, 干涉条件为

$$2en_2 + \delta' = \begin{cases} k\lambda & (k = 1, 2, \cdots) \quad \text{干涉相长}, \\ (2k+1)\dfrac{\lambda}{2} & (k = 0, 1, 2, \cdots) \quad \text{干涉相消}. \end{cases}$$

当考虑半波损失时, $\delta' = \dfrac{\lambda}{2}$; 当不考虑半波损失时, $\delta' = 0$.

薄膜干涉有以下两类：

① **等厚干涉**：平行光以相同的倾角 i 照射厚度不均匀的薄膜. 由式(9-1)或(9-2)可知,光程差由薄膜的厚度 e 决定,薄膜厚度 e 相同的地方光程差相同,对应同一级条纹.

因此,等厚干涉的条纹形状由薄膜等厚点的轨迹决定而形成在薄膜的表面附近.

② **等倾干涉**：能发出各种倾角 i 的扩展面光源 S 照射平面镜 M,被 M 反射的部分光射向厚度为 e、折射率为 n_2 的均匀透明薄膜. 入射倾角 i 相同的那些光线,光程差相同、干涉情况相同,构成同一级干涉条纹. 面光源上的一点向薄膜发出的倾角相等的光构成一个圆锥面,经薄膜反射后在观察屏上形成一个圆,圆的位置决定于倾角 i.

因此,等倾条纹是一组内疏外密的圆环,条纹级次越高,半径越小. 面光源上各点的等倾条纹严格重合,它们的非相干叠加增强了条纹的亮度,如图 9-8 所示.

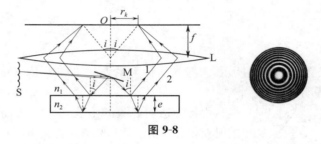

图 9-8

(1) **劈尖膜**—— 等厚干涉的例子之一.

如图 9-9(a)所示,将两块平板玻璃的一端叠合,另一端夹很薄的纸片或头发丝使两块平板玻璃之间形成 $\theta(\theta \approx 10^{-4}\ \mathrm{rad})$ 很小的劈尖.

如果劈尖中夹的是空气,则为空气劈尖($n_2 = 1, n_1 > n_2, n_3 > n_2$,需要考虑半波损失);如果劈尖中夹的是介质,则为介质劈尖(是否考虑半波损失,要看 n_1, n_2, n_3 的关系).

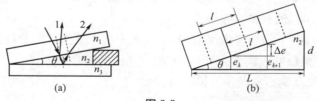

图 9-9

用单色光垂直($i = 0$)照射劈尖膜表面,一部分光在劈尖膜上表面反射出光线 1,另一部分光在劈尖膜下表面上反射出光线 2,这两束相干光线相遇发生干涉. 设 e_k 为劈尖膜的厚度,相同 e_k 处两相干光的光程差相同,形成同一级干涉条纹,各级明纹、暗纹都与一定的 e_k 相对应. 由于等厚点的轨迹是直线,从而在劈尖膜表面上形成与劈棱平行的明暗相间分布的均匀直条纹.

如果 n_1, n_2, n_3 呈夹心形分布,需要考虑半波损失,劈尖膜上发生干涉相长和干涉相消的条件为

$$\delta = 2n_2 e_k + \frac{\lambda}{2} = \begin{cases} k\lambda & (k = 1, 2, \cdots) & \text{干涉相长}, \\ (2k+1)\dfrac{\lambda}{2} & (k = 0, 1, 2, \cdots) & \text{干涉相消}. \end{cases}$$

于是解得第 k 级明纹中心和暗纹中心对应的劈尖膜厚度分别为

$$e_k = \left(k - \frac{1}{2}\right)\frac{\lambda}{2n_2} \quad (k = 1, 2, \cdots),$$

$$e_k = \frac{k\lambda}{2n_2} \quad (k = 0, 1, 2, \cdots).$$

显然当 $e_k = 0$ 时,$\delta = \frac{\lambda}{2}$,因此劈棱处是零级暗纹.

如果 n_1, n_2, n_3 呈阶梯形分布,不考虑(或没有)半波损失,劈尖膜上发生干涉相长和干涉相消的条件为

$$\delta = 2n_2 e_k = \begin{cases} k\lambda & (k = 0, 1, 2, \cdots) \quad 干涉相长, \\ (2k-1)\dfrac{\lambda}{2} & (k = 1, 2, \cdots) \quad 干涉相消. \end{cases}$$

于是解得第 k 级明纹中心和暗纹中心对应的劈尖膜厚度分别为

$$e_k = \frac{k\lambda}{2n_2} \quad (k = 0, 1, 2, \cdots),$$

$$e_k = \frac{(2k-1)\lambda}{4n_2} \quad (k = 1, 2, \cdots).$$

显然当 $e_k = 0$ 时,$\delta = 0$,因此劈棱处是零级明纹.

可见,考虑半波损失与不考虑半波损失的条纹明暗互补.

如图 9-9(b) 所示,相邻明纹中心或暗纹中心之间劈尖膜的厚度差为

$$\Delta e = e_{k+1} - e_k = \frac{\lambda}{2n_2}.$$

相邻明纹或暗纹的间距(也是明纹、暗纹的宽度)为

$$l = \frac{\Delta e}{\sin\theta} = \frac{\lambda}{2n_2 \sin\theta} \approx \frac{\lambda}{2n_2\theta}.$$

讨论:① 当用白光照射时,将看到分开的彩色直条纹. 对于同一级的干涉条纹,波长较小的光的明纹对应的劈尖膜的厚度较小.

② 楔角 θ 越小,干涉条纹分布就越稀疏.

③ 劈尖膜上表面向上平移,条纹向劈棱方向移动;劈尖膜上表面向下平移,条纹向劈尖开口方向移动,条纹的宽度不变.

④ 劈棱不动,若楔角 θ 增大,则条纹变密,且向劈棱方向移动;若楔角 θ 变小,则条纹变疏,且向劈尖开口方向移动.

⑤ 此实验可用来测微小厚度和波长. 如图 9-9(b) 所示为等厚条纹,劈棱处是零级暗纹,测出劈棱到厚度 d 处的距离 L 和相邻明纹之间的距离 l,则 $d \approx L\sin\theta = L\dfrac{\Delta e}{l} = \dfrac{\lambda L}{2n_2 l}$. 如果已知厚度 d,则可用此式测出波长. 此实验还可用来测微小角度. 通过测 m 个相邻的明纹或暗纹的间距 $(m-1)l$ 和 m 个相邻的明纹或暗纹之间的劈尖膜的厚度差 $(m-1)\Delta e$ 来计算楔角 θ,有 $\theta \approx \dfrac{\Delta e}{l} = \dfrac{(m-1)\Delta e}{(m-1)l}$.

此实验可用来检查工件的平整度. 如图 9-10 所示,在平板玻璃上放与其成微小夹角的工件,若工件是平整的,则干涉条纹为直条纹;若工件是不平整的,则干涉条纹发生弯曲. 如果条纹向劈棱方向扭曲,工件表面的纹路是凹陷的;如果条纹向劈尖开口方向扭曲,工件表面的纹

路是凸起的.

（2）**牛顿环**—— 等厚干涉的例子之二.

牛顿环的实验装置如图 9-11 所示，一个曲率半径 R 很大的平凸透镜（折射率为 n_1）下表面和平板玻璃（折射率为 n_3）上表面之间的空隙构成空气劈尖，也可以在空隙充满折射率为 n_2 的透明介质.

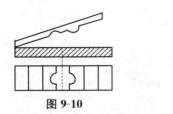

图 9-10

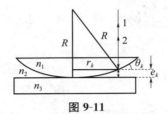

图 9-11

用单色光垂直（$i=0$）照射平凸透镜，一部分光在劈尖膜上表面反射出光线 1，另一部分光的劈尖膜下表面反射出光线 2，这两束相干光相遇发生干涉. 相同厚度 e_k 处两相干光的光程差相同，形成同一级干涉条纹，各级干涉条纹都与一定的 e_k 相对应，由于等厚点的轨迹是圆，从而在平凸透镜平面上形成明暗相间的、分布不均匀的、内疏外密的一组同心圆环，中心处是圆形暗斑（考虑半波损失）或圆形亮斑（不考虑半波损失）.

由图 9-11 可知，膜的厚度为 e_k 处对应的圆环的半径为 $r_k \approx \sqrt{2Re_k}$，对应 e_k 处发生干涉相长和干涉相消的条件如下：

如果 n_1, n_2, n_3 呈夹心形分布，需要考虑半波损失，有

$$\delta = 2n_2 e_k + \frac{\lambda}{2} = 2n_2 \frac{r_k^2}{2R} + \frac{\lambda}{2} = \begin{cases} k\lambda & (k=1,2,\cdots) \quad \text{干涉相长}, \\ (2k+1)\dfrac{\lambda}{2} & (k=0,1,2,\cdots) \quad \text{干涉相消}. \end{cases}$$

于是得出第 k 级明环、暗环中心的半径分别为

$$r_k = \sqrt{\frac{(2k-1)R\lambda}{2n_2}} \quad (k=1,2,\cdots),$$

$$r_k = \sqrt{\frac{kR\lambda}{n_2}} \quad (k=0,1,2,\cdots).$$

如果 n_1, n_2, n_3 呈阶梯形分布，则不考虑（或没有）半波损失，两相干光的相位差为 $\delta = 2n_2 e_k = 2n_2 \dfrac{r_k^2}{2R}$，其他讨论与上面的相同.

讨论：① k 增大，环的半径 r_k 也增大，所以对于牛顿环实验，级次是从环心往外数的.

② r_k 与 k 的平方根成正比，因此条纹分布不均匀，越往外（k 大）条纹越密，这是因为牛顿环是一个 θ 不等的劈尖，越往外 θ_k 越大，而条纹的宽度与 θ_k 成反比，条纹的宽度越窄，如图 9-12 所示.

③ 平凸透镜的曲率半径 R 变小，即各处 θ_k 变大，或者平凸透镜往上平移，即各处 e_k 变大，则条纹向中心浓缩且条纹变密；反之亦然.

如图 9-13 所示，平凸透镜往上平移距离为 d 时，某点处厚度由 e_k 变为 $e_k + d$，则在视场中移过该点的条纹数由附加光程差 $\Delta\delta = \delta' - \delta = 2n_2 d = \Delta k\lambda$ 决定. 它引起条纹向中心收进 $\Delta k = \dfrac{2n_2 d}{\lambda}$ 条，中心不再是零级暗纹（或零级明纹）.

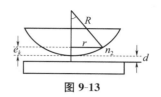

图 9-12　　　　　　　　　　　　　　　　图 9-13

④ 此实验可以用来测量光的波长和平凸透镜的曲率半径. 测量出第 m 级和第 k 级暗环的半径(考虑半波损失)，有 $r_m^2 = \dfrac{mR\lambda}{n_2}$，$r_k^2 = \dfrac{kR\lambda}{n_2}$，可间接测出曲率半径 $R = n_2\dfrac{r_m^2 - r_k^2}{(m-k)\lambda}$ 或波长 $\lambda = n_2\dfrac{r_m^2 - r_k^2}{(m-k)R}$. 也可由此实验测透明介质的折射率 n_2.

(3) **迈克耳孙干涉仪** —— 等倾干涉的例子之一.

迈克耳孙干涉仪的结构和光路如图 9-14(a) 所示，S 为能发出各种方向的光的扩展面光源，M_1 和 M_2 为两面精密磨光的平面反射镜，互相垂直地放置在两臂上，G_1 和 G_2 为两块厚薄均匀、几何形状完全相同的光学平面镜. G_1 是分光板，G_2 是补偿板(起补偿光程的作用). 分光板 G_1 将一束入射光分振幅形成光强近乎相等的反射光和透射光，这两束光传播方向互相垂直，再经两平面镜 M_1 和 M_2 反射后通过透镜 L 会聚，发生干涉. 这一干涉可看成是 M_2' 和 M_1 (或 M_1' 和 M_2) 所夹的空气薄膜的干涉. 若 M_1 和 M_2 严格垂直，即 M_2' 和 M_1 平行，就形成厚度均匀的空气薄膜，可观察到等倾干涉. 若 M_2 和 M_1 不严格垂直，即 M_2' 和 M_1 不平行，就形成劈尖形的空气薄膜，可观察到等厚干涉.

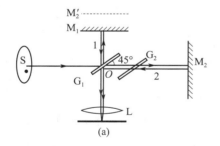

图 9-14

在光学中，迈克耳孙干涉仪主要用于长度和折射率的测量. 干涉条纹每移动一条，M_2' 与 M_1 之间的空气薄膜厚度改变 $\dfrac{\lambda}{2}$，如已知光源的波长 λ、条纹移动数 Δk，可测得空气薄膜的厚度变化为 $\Delta e = \Delta k\dfrac{\lambda}{2}$. 如已知 Δe，Δk，可测得光谱线的波长.

在迈克耳孙干涉仪的一条臂上放一长为 l，折射率为 n 的待测介质，如图 9-14(b) 所示，将引起附加光程差，使原来的条纹移动 Δk 条，有

$$\Delta\delta = \delta - \delta' = 2(n-1)l = \Delta k\lambda.$$

通过数出条纹移动数 Δk，测得介质的折射率为

$$n = \frac{\Delta k \lambda}{2l} + 1.$$

反过来,已知 n,可用下式测微小长度:

$$l = \frac{\Delta k \lambda}{2(n-1)}.$$

(4) 增透膜和增反膜 —— 等倾干涉的例子之二.

增透膜(增强透射光):在物件上均匀地镀上一层折射率为 n_2,厚度为 e 的薄膜,利用薄膜干涉原理使某种波长的光的反射光干涉相消,从而使这种光的反射光减弱,透射光相对增强(见图 9-15).

图 9-15

注意:反射光完全相消要求增透膜的折射率为 $n_2 = \sqrt{n_1 n_3}$.

增反膜(增强反射光):在物件上均匀地镀上一层折射率为 n_2,厚度为 e 的薄膜,利用薄膜干涉原理使某种波长的光的反射光干涉相长,从而使这种光的反射光增强,透射光减弱.

如果 n_1, n_2, n_3 呈夹心形分布,则要考虑半波损失.

在正入射(入射角 $i = 0$)的情况下,如果要求增强透射光,则当增透膜的厚度满足 $\delta = 2n_2 e + \frac{\lambda}{2} = (2k+1)\frac{\lambda}{2} (k = 1, 2, \cdots)$ 时,反射光干涉相消.当 $k = 1$ 时,可得增透膜的最小厚度为

$$e_{\min} = \frac{\lambda}{2n_2}.$$

如果要求增强反射光,则当增反膜的厚度满足 $\delta = 2n_2 e + \frac{\lambda}{2} = k\lambda (k = 1, 2, \cdots)$ 时,反射光干涉相长.当 $k = 1$ 时,可得增反膜的最小厚度为

$$e_{\min} = \frac{\lambda}{4n_2}.$$

如果 n_1, n_2, n_3 呈阶梯形分布,则不必考虑半波损失.

在正入射的情况下,如果要求增强透射光,则增透膜的厚度满足 $\delta = 2n_2 e = (2k+1)\frac{\lambda}{2}$ $(k = 0, 1, 2, \cdots)$ 时,反射光干涉相消.当 $k = 0$ 时,可得增透膜的最小厚度为

$$e_{\min} = \frac{\lambda}{4n_2}.$$

如果要求增强反射光,则增反膜的厚度满足 $\delta = 2n_2 e = k\lambda (k = 1, 2, \cdots)$ 时,反射光干涉相长.当 $k = 1$ 时,可得增反膜的最小厚度为

$$e_{\min} = \frac{\lambda}{2n_2}.$$

4. 多光束干涉

可用分波面法获得 N 束同相位、同振幅的相干光.如图 9-16 所示,一束单色光垂直薄膜入射照在 N 条平行、分割波面相同面积的单狭缝上,缝上每一点作为新的子波波源(同相位的),可发出各种衍射角 $\left(-\frac{\pi}{2} < \theta < \frac{\pi}{2}\right)$ 的光线,对应点发出 N 条衍射角为 θ 的平行相干光,通过透镜会聚在 θ 方向上.由于光程差是 θ 的函数,从而在观察屏上形成明暗相间的多光束干涉条纹.

设两相邻狭缝中心之间的距离为 $d = a + b$,式中 a
为透光缝的宽度,b 为不透光部分的宽度. 从图 9-17(b)
可知,两相邻光线的光程差和相位差分别为 $\delta = d\sin\theta$,
$\Delta\varphi = \dfrac{2\pi\delta}{\lambda}$,根据波动理论,$N$ 个振幅(A) 相等、相位依次
落后 $\Delta\varphi$ 的相干波在 P 点处会聚引起合振动的合振幅为

$$A_合 = A\,\frac{\sin\dfrac{N\Delta\varphi}{2}}{\sin\dfrac{\Delta\varphi}{2}},$$

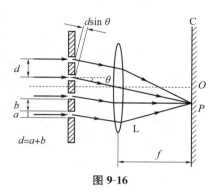

图 9-16

合光强为

$$I = A^2\,\frac{\sin^2\dfrac{N\Delta\varphi}{2}}{\sin^2\dfrac{\Delta\varphi}{2}}.$$

由于 θ 不同,光程差和相位差不同,会聚点的光强就不同.

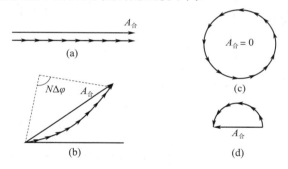

图 9-17

多光束干涉的主极大条件为 $\Delta\varphi = \pm 2k\pi(k = 0,1,2,\cdots)$,即
$$d\sin\theta = \pm k\lambda \quad (k = 0,1,2,\cdots).$$
此式称为光栅方程,决定光强有最大值的位置,即相邻两缝衍射角为 θ 的平行光的光程差等于
波长的整数倍时,会聚在 θ 方向上是明纹,各级主极大等光强,都为 $I = N^2A^2$. 主极大的条件
可用光矢量 $\boldsymbol{A}$ 的叠加来解释,如图 9-17(a) 所示.

$\theta = 0$ 的平行光是等光程的,会聚在对透镜光心的张角为 0 处(O处),对应中央明纹($k = 0$)
的中心.

多光束干涉的干涉极小条件为 $N\Delta\varphi = \pm 2k'\pi$,$\Delta\varphi = \pm\dfrac{2k'\pi}{N}$,式中 k' 为不等于 $0,N,2N,\cdots$

的其他整数,即 N 个相位依次落后偶数个 $\dfrac{\pi}{N}$ 的矢量组成封闭图形,合矢量的振幅 $A = 0$,光强
有极小值 $I = 0$,如图 9-17(c) 所示.

多光束干涉的次极大条件由极值条件 $\dfrac{\mathrm{d}}{\mathrm{d}\Delta\varphi}\left[A^2\,\dfrac{\sin^2\dfrac{N\Delta\varphi}{2}}{\sin^2\dfrac{\Delta\varphi}{2}}\right] = 0$ 决定,可解得

$$\Delta\varphi = \pm(2k''+1)\frac{\pi}{N} \quad (k''=0,1,2,\cdots).$$

如图 9-17(d) 所示，N 个相位依次落后的奇数个 $\frac{\pi}{N}$ 的矢量，其中偶数个组成封闭图形，还有一些振动的总相位差为 π，使合矢量的振幅 A 是次极大，光强有次极大值（比主极大处的明纹光强小得多）．

可以证明：N 束光相干，两个相邻主极大之间有 $N-1$ 个极小，$N-2$ 个次极大．对于六缝干涉，两个主极大之间有 5 个极小，4 个次极大，其干涉条纹如图 9-18 所示．

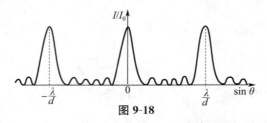

图 9-18

附：知识脉络图

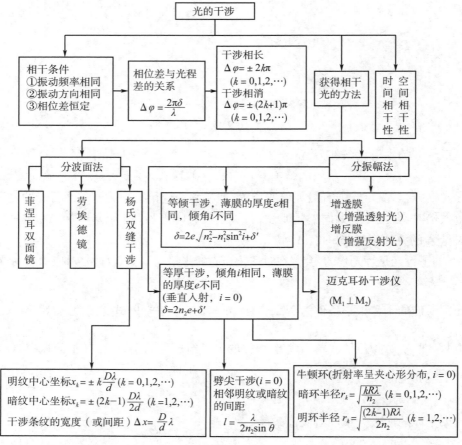

图 9-19

三、典型例题

分析干涉问题注意以下几点：

① 弄清两相干光是如何得到的.

② 正确计算出相干光在相遇点处的光程差,注意要不要考虑半波损失.

③ 分析干涉条纹的特点,注意干涉相长和干涉相消的条件. 光程差决定干涉条纹的明、暗,附加光程差决定条纹的移动.

【例 9-1】 如图 9-20 所示,在杨氏双缝干涉实验中：

(1) 如果用两个钠光灯分别照亮缝 S_1,S_2,能否看到干涉条纹？

(2) 在缝 S_1 上覆盖一较厚的透明介质片,实验结果有何影响？

(3) 线光源 S 沿平行于 S_1,S_2 连线方向做微小移动,干涉条纹将怎样变化？

解 (1) 由两个钠光灯发出的光是非相干光,即使频率相同、振动方向相同,也不会有恒定的相位差,所以看不到干涉条纹.

(2) 要看到清晰的干涉条纹,除满足相干条件以外,还要满足两束光的光程差小于光的相干长度. 一条缝上覆盖较厚的透明介质片,两束光在观察屏上的光程差将接近或超出光的相干长度,造成干涉条纹模糊,甚至消失.

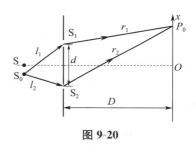

图 9-20

(3) 设 S 下移到 S_0,如图 9-20 所示. 此时 $S_0S_1 \neq S_0S_2$,S_1,S_2 不再是同相位光源,中央明纹将发生移动. 中央明纹应在光程差为 $\delta = 0$ 处,设其位于 P_0 点,则其光程差为 $(l_2 + r_2) - (l_1 + r_1) = 0$. 因为 $l_1 > l_2$,所以 $r_2 > r_1$,即中央明纹上移. 因为 S 只做微小移动,只改变 S_1,S_2 两相干光源之间的初相位差,条纹的结构并不变化,所以观察屏上的干涉条纹将整体向上平移.

【例 9-2】 在杨氏双缝干涉实验中,在缝 S_1 上覆盖一折射率为 n_1、厚度为 e 的透明介质薄片,用同样厚度、折射率为 $n_2(n_2 > n_1)$ 的玻璃片覆盖缝 S_2,如图 9-21 所示.

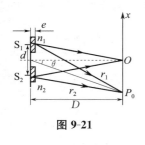

图 9-21

(1) 求观察屏中央 O 点处的光程差.

(2) 如果 O 点处的光程差为 $\delta'_0 = 7\lambda$,O 点处现在是明纹中心还是暗纹中心? 干涉级是多少？

(3) 在第(2)问的条件下,若光源的波长为 550 nm,$n_1 = 1.35$,$n_2 = 1.58$,求透明介质薄片和玻璃片的厚度 e.

(4) 在第(2),(3)问的条件下,若双缝相距 0.60 mm,观察屏与狭缝的距离为 1.5 m,求中央明纹中心所在的位置.

解 (1) 观察屏中央 O 点处的光程差为

$$\delta'_0 = (n_2 - n_1)e.$$

(2) 若 O 点处的光程差为 $\delta'_0 = 7\lambda$,则该处为第 7 级明纹中心. 观察屏上的干涉条纹将整体向下平移 7 个条纹间距,条纹的间距不变.

(3) 由 $\delta'_0 = (n_2 - n_1)e = 7\lambda$,解得透明介质薄片和玻璃片的厚度 e 为

$$e = \frac{7\lambda}{n_2 - n_1} = \frac{7 \times 550 \times 10^{-3}}{1.58 - 1.35} \ \mu m \approx 16.74 \ \mu m.$$

（4）可用两种方法求解中央明纹中心的坐标.

解法一　明纹的间距为

$$\Delta x = \frac{D\lambda}{d} = \frac{1.5 \times 10^3 \times 550 \times 10^{-6}}{0.6} \text{ mm} \approx 1.38 \text{ mm}.$$

因观察屏上的干涉条纹将整体向下平移 7 个条纹间距,中央明纹中心到观察屏中心的距离是条纹间距的 7 倍,则中央明纹中心的坐标为

$$x_0' = -7\Delta x = -9.66 \text{ mm}.$$

解法二　如图 9-21 所示,假设 P_0 点处为中央明纹中心,则 P_0 点处的光程差为

$$\delta' = r_2 - r_1 + (n_2 - n_1)d \approx d\sin\theta + (n_2 - n_1)e \approx d\frac{x_0'}{D} + (n_2 - n_1)e = k\lambda = 0,$$

解得

$$x_0' = -\frac{D(n_2 - n_1)e}{d} = -7\frac{D\lambda}{d} = -7\Delta x = -9.66 \text{ mm}.$$

【例 9-3】　在杨氏双缝干涉实验中,已知观察屏上的 P 点处为第 3 级明纹中心,如图 9-22 所示.若将整个实验装置浸入折射率为 n 的某种透明液体中,P 点处为第 4 级明纹中心,求此液体的折射率 n.

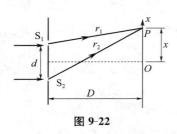

图 9-22

解　注意在空气和液体中,S_1,S_2 到 P 点的几何路程没有变,但浸入液体后 S_1,S_2 到 P 点的光程差发生了变化,使 P 点处由第 3 级明纹中心变为第 4 级明纹中心,根据干涉级与光程差的关系可解本题.

解法一　实验装置在空气中,第 3 级明纹中心的光程差为

$$r_2 - r_1 = 3\lambda,$$

实验装置在液体中,第 4 级明纹中心的光程差为

$$nr_2 - nr_1 = 4\lambda.$$

联立以上两式,解得 $n = \dfrac{4}{3}$.

解法二　P 点处由第 3 级明纹中心变为第 4 级明纹中心,就是说实验装置浸入液体中,P 点处的光程差增加了一个波长,即

$$(nr_2 - nr_1) - (r_2 - r_1) = \lambda,$$

整理可得

$$(n-1)(r_2 - r_1) = \lambda.$$

而 $r_2 - r_1 = 3\lambda$,解得

$$n = \frac{4}{3}.$$

解法三　波长为 λ 的光进入液体中,波长缩短为 $\lambda_n = \dfrac{\lambda}{n}$,$P$ 点处为第 4 级明纹中心,就是说 S_1,S_2 到 P 点的几何路程差是介质中波长的 4 倍,即

$$r_2 - r_1 = 4\lambda_n = 4\frac{\lambda}{n}.$$

因为 $r_2 - r_1 = 3\lambda$,解得

$$n = \frac{4}{3}.$$

【例 9-4】 在杨氏双缝干涉实验中,波长为 $\lambda = 550$ nm 的单色平行光垂直照射相距为 $d = 2 \times 10^{-4}$ m 的双缝上,观察屏到双缝的距离为 $D = 2$ m,

(1)求中央明纹两侧的两条第 10 级明纹中心的间距;

(2)用一厚度为 $e = 6.6 \times 10^{-6}$ m,折射率为 $n = 1.58$ 的玻璃片覆盖一缝后,中央明纹将移到原来的第几级明纹处?

解 (1)根据明纹中心的坐标公式 $x_k = \pm k \dfrac{D\lambda}{d}$,中央明纹两侧的两条第 10 级明纹中心的间距为

$$x = 2x_{10} = 20\frac{D\lambda}{d} = 20 \times \frac{2 \times 550 \times 10^{-9}}{2 \times 10^{-4}} \text{ m} = 0.11 \text{ m}.$$

(2)如图 9-23 所示,设中央明纹中心移到观察屏上的 P 点处,S_1,S_2 到 P 点的光程差为

$$\delta = r_2 - (r_1 - e + ne) = 0,$$

所以 $r_2 - r_1 = ne - e > 0$,由此可以看出,中央明纹应上移.

设中央明纹与原来的第 k 级明纹相对应,则

$$r_2 - r_1 = k\lambda, \quad ne - e = k\lambda,$$

所以

$$k = \frac{(n-1)e}{\lambda} = \frac{(1.58-1) \times 6.6 \times 10^{-6}}{550 \times 10^{-9}} \approx 7.$$

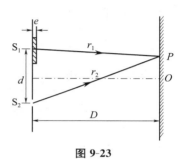

图 9-23

【例 9-5】 杨氏双缝干涉实验装置如图 9-24 所示,双缝与观察屏之间的距离为 $D = 120$ cm,双缝间距为 $d = 0.5$ mm,用波长为 $\lambda = 500$ nm 的单色光垂直照射双缝.

(1)求坐标原点 O 上方的第 4 级明纹中心的坐标;

(2)如果用厚度为 $h = 1.0 \times 10^{-2}$ mm,折射率为 $n = 1.50$ 的透明薄片覆盖住缝 S_1,求此时第 4 级明纹中心的坐标 x'.

解 (1)根据明纹中心的坐标公式 $x_k = \pm k \dfrac{D\lambda}{d}$,坐标原点 O 上方的第 4 级明纹中心的坐标为

$$x_4 = 4\frac{D\lambda}{d} = 4 \times \frac{120 \times 10^{-2} \times 500 \times 10^{-9}}{0.5 \times 10^{-3}} \text{ m} = 4.8 \times 10^{-3} \text{ m}.$$

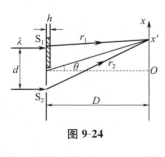

图 9-24

(2)由明纹的形成条件,x' 处两相干光的光程差为

$$\delta' = r_2 - (r_1 - h + nh) = 4\lambda,$$

整理可得

$$\delta' = r_2 - r_1 + (1-n)h \approx d\sin\theta + (1-n)h \approx d\frac{x'}{D} + (1-n)h = 4\lambda,$$

则

$$x' = \frac{D}{d}\big[(n-1)h + 4\lambda\big]$$

$$= \frac{120 \times 10^{-2}}{0.5 \times 10^{-3}}\big[(1.50-1) \times 1.0 \times 10^{-2} \times 10^{-3} + 4 \times 500 \times 10^{-9}\big] \text{ m} = 1.68 \times 10^{-2} \text{ m}.$$

【例 9-6】　用波长为 $\lambda = 500$ nm 的平行光垂直照射折射率为 $n = 1.33$ 的劈尖膜,该劈尖膜置于空气中. 观察反射光的等厚条纹,从劈尖膜的棱边算起,求第 5 条明纹中心对应的薄膜厚度.

解　对于夹心形介质劈尖膜,薄膜上、下表面的反射光的光程差为

$$\delta = 2ne + \frac{\lambda}{2}.$$

根据薄膜干涉明纹的形成条件

$$\delta = 2ne_k + \frac{\lambda}{2} = k\lambda \quad (k = 1, 2, \cdots),$$

可得第 k 级明纹对应的薄膜厚度为

$$e_k = \frac{2k-1}{4n}\lambda \quad (k = 1, 2, \cdots).$$

于是第 5 条明纹中心对应的薄膜厚度为

$$e_5 = \frac{9\lambda}{4n} = \frac{9 \times 500}{4 \times 1.33} \text{ nm} \approx 846 \text{ nm}.$$

【例 9-7】　折射率为 1.60 的两块平板玻璃之间形成一个劈尖膜(楔角 θ 很小),用波长为 $\lambda = 600$ nm 的单色光垂直照射,产生等厚条纹. 假如在劈尖膜内充满折射率为 $n = 1.40$ 的液体时,相邻明纹间距比劈尖膜内是空气时的相邻明纹间距缩小 $\Delta l = 0.5$ mm,那么楔角 θ 应是多少?

解　劈尖膜内是空气时,$n_2 = 1$,相邻条纹间距为

$$l_1 = \frac{\lambda}{2n_2 \sin \theta} \approx \frac{\lambda}{2\theta}.$$

劈尖膜内是液体时,$n_2' = n$,相邻条纹间距为

$$l_2 = \frac{\lambda}{2n_2' \sin \theta} \approx \frac{\lambda}{2n\theta}.$$

对上面两式进行整理可得

$$\Delta l = l_1 - l_2 = \frac{\lambda}{2\theta}\left(1 - \frac{1}{n}\right),$$

所以

$$\theta = \frac{\lambda}{2\Delta l}\left(1 - \frac{1}{n}\right) = \frac{600 \times 10^{-9}}{2 \times 0.5 \times 10^{-3}} \times \left(1 - \frac{1}{1.40}\right) \text{ rad} \approx 1.7 \times 10^{-4} \text{ rad}.$$

【例 9-8】　如图 9-25 所示,单色平行光垂直照射薄膜,经薄膜上、下表面反射的两束光发生干涉,若薄膜的厚度为 e,并且 $n_1 < n_2, n_2 > n_3$,

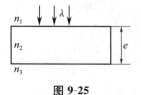
图 9-25

(1) 求两束反射光在相遇点处的相位差;

(2) 如果 $n_2 = 1.38$,观察反射光的干涉时,发现对波长为 $\lambda = 500$ nm 的光干涉相消,对波长为 $\lambda' = 600$ nm 的光干涉相长,且在 500 nm 到 600 nm 之间没有别的波长的光是干涉相消或干涉相长的情形,求薄膜的厚度 e.

解　(1)薄膜的厚度为 e,并且 $n_1 < n_2, n_2 > n_3$,折射率呈夹心形分布,需要考虑半波损失,则两束反射光在相遇点处的光程差为 $\delta = 2n_2 e + \frac{\lambda}{2}$. 因相位差 $\Delta\varphi$ 与光程差 δ 的关系为

$\Delta\varphi = \dfrac{2\pi}{\lambda}\delta$，所以两束反射光在相遇点处的相位差为

$$\Delta\varphi = \frac{2\pi}{\lambda}\delta = \frac{4\pi n_2 e}{\lambda} + \pi = \frac{4\pi n_2 e}{n_1 \lambda_{n_1}} + \pi.$$

（2）由于在反射光的干涉中，波长为 λ 的光干涉相消，波长为 λ' 的光干涉相长，可得

$$2n_2 e + \frac{\lambda}{2} = \frac{1}{2}(2k+1)\lambda \quad (k = 0,1,2,\cdots), \tag{9-3}$$

$$2n_2 e + \frac{\lambda'}{2} = k\lambda' \quad (k = 1,2,\cdots). \tag{9-4}$$

由式（9-3）和（9-4）解得

$$k = \frac{\lambda'}{2(\lambda' - \lambda)} = \frac{600}{2 \times (600 - 500)} = 3.$$

将 k, λ 代入式（9-3），得薄膜的厚度为

$$e = \frac{k\lambda}{2n_2} = \frac{3 \times 500}{2 \times 1.38} \text{ nm} \approx 543.48 \text{ nm}.$$

【例 9-9】　在如图 9-26 所示的牛顿环装置中，把平凸透镜和平板玻璃（折射率均为 $n_1 = 1.50$）之间的空气（折射率为 $n_2 = 1.00$）换成水（折射率为 $n_2' = 1.33$），求暗环半径的相对改变量 $\dfrac{r_k - r_k'}{r_k}$.

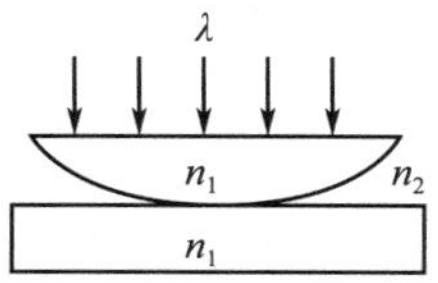

解　两种情况下都要考虑半波损失，所以实验装置在空气中时，第 k 级暗环的半径为

$$r_k = \sqrt{\frac{kR\lambda}{n_2}} = \sqrt{kR\lambda} \quad (k = 0,1,2,\cdots);$$

从空气换成水后，第 k 级暗环的半径为

$$r_k' = \sqrt{\frac{kR\lambda}{n_2'}} \quad (k = 0,1,2,\cdots).$$

于是暗环半径的相对变化量为

$$\frac{r_k - r_k'}{r_k} = \frac{\sqrt{kR\lambda}\left[1 - \dfrac{1}{\sqrt{n_2'}}\right]}{\sqrt{kR\lambda}} = 1 - \frac{1}{\sqrt{n_2'}} \approx 13.3\%.$$

图 9-26

【例 9-10】　在牛顿环装置的平凸透镜和平板玻璃间充以某种透明液体，充液前透镜与平板玻璃之间为空气. 对反射光进行观测，观测到第 10 级明环的直径由充液前的 $D_{10} = 14.8$ cm 变成充液后的 $D_{10}' = 12.7$ cm，求这种液体的折射率 n_2'.

解　充液前和充液后都要考虑半波损失，所以牛顿环的明环半径公式为 $r_k = \sqrt{\dfrac{(2k-1)R\lambda}{2n_2}}$. 在充液前（$n_2 = 1.00$）和充液后的第 10 级明环的半径如下：

充液前　　　　　　　$r_{10} = \sqrt{\dfrac{(2k-1)R\lambda}{2}} = \sqrt{\dfrac{19R\lambda}{2}}$，

充液后　　　　　　　$r_{10}' = \sqrt{\dfrac{(2k-1)R\lambda}{2n_2'}} = \sqrt{\dfrac{19R\lambda}{2n_2'}}.$

联立上面两式可得液体的折射率为

$$n'_2 = \frac{r_{10}^2}{r'^2_{10}} = \frac{D_{10}^2}{D'^2_{10}} = \left(\frac{14.8}{12.7}\right)^2 \approx 1.36.$$

【例 9-11】　如图 9-27(a) 所示,牛顿环装置的平凸透镜与平板玻璃有一厚度为 e_0 的小缝隙,现用波长为 λ 的单色光垂直照射,已知平凸透镜的曲率半径为 R,求反射光形成的牛顿环的各级明环的半径.

解　设第 k 级暗环的半径为 r_k,由图 9-27(b),根据几何关系,近似有

$$e \approx \frac{r_k^2}{2R}. \tag{9-5}$$

A 点处两反射光的光程差为 $\delta = 2(e+e_0)n_2 + \dfrac{\lambda}{2}$,其中空气的折射率为 $n_2 = 1.00$.再根据干涉相长条件,有

$$\delta = 2(e+e_0) + \frac{\lambda}{2} = k\lambda, \tag{9-6}$$

式中 k 为整数,且 $k \geqslant \dfrac{2e_0}{\lambda} + \dfrac{1}{2}$.

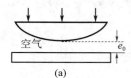
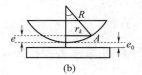

(a)　　　　　　　　　　(b)

图 9-27

把式(9-5) 代入式(9-6),可得第 k 级明环的半径为

$$r_k = \sqrt{R\left[\left(k - \frac{1}{2}\right)\lambda - 2e_0\right]},$$

式中 k 为整数,且 $k \geqslant \dfrac{2e_0}{\lambda} + \dfrac{1}{2}$.

第十单元

光 的 衍 射

一、基本要求

（1）了解惠更斯-菲涅耳原理.掌握用菲涅耳半波带法分析单缝夫琅禾费衍射条纹的产生及其明纹中心和暗纹中心坐标的计算,能大致画出单缝衍射的光强分布曲线.

（2）理解光栅衍射条纹的特点及产生这些特点的原因,掌握用光栅方程计算谱线位置的方法.

（3）了解光栅光谱的特点及其在科学研究和工程技术中的应用.

（4）了解光学仪器的分辨本领和 X 射线衍射.

二、基本概念与规律

1. 衍射的基本知识

光的衍射现象:光在传播过程中遇到障碍物,当障碍物的线度和光的波长可以相比时,光就偏离原来的直线传播的路径,即光绕过障碍物的边缘到达光沿直线传播所不能到达的区域,并形成明暗变化的光强分布,如图 10-1(a) 和(b) 所示.

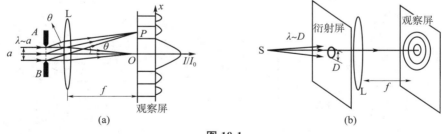

图 10-1

在光的衍射实验中,若 $a \gg \lambda$,观察屏上出现的光斑和狭缝的形状完全一致,这时光可看成沿直线传播.若缩小缝宽 a 使其与光的波长可相比,在观察屏上就会出现明暗相间的衍射条纹,如图 10-1(a) 所示.

衍射的分类有如下几种:

（1）菲涅耳衍射(近场衍射):光源和观察屏(或两者之一)离衍射屏(或障碍物)有限远.

（2）夫琅禾费衍射(远场衍射):光源和观察屏都离衍射屏无限远.

惠更斯原理:任何时刻波面上的每一点都可以作为子波的波源,这些子波的包络,就是新的波面. 用惠更斯原理可以定性解释光的衍射、折射、反射现象,但它不涉及波的时间和空间的周期性,不能说明光强的重新分布,因而不能解释衍射现象中明暗相间条纹的形成,也无法解释子波为什么没有"后退波"的问题.

惠更斯-菲涅耳原理(子波相干原理):衍射时波场中各点的光强由同一波面上各子波传播到该点相遇时相干叠加决定.

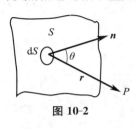

图 10-2

如图 10-2 所示,面积元 dS 在 P 点处引起的光振动为

$$dE = C\frac{K(\theta)}{r}\cos\left(\omega t - \frac{2\pi r}{\lambda} + \varphi_0\right)dS,$$

式中 C 是比例系数,r 是 dS 到 P 点的距离(注意球面波的振幅与 r 成反比),$K(\theta)$ 是倾斜因子,它是随 θ 增加而缓慢减少的函数,当 $\theta = 0$ 时,$K(\theta) = 1$;当 $\theta \geqslant \frac{\pi}{2}$ 时,$K(\theta) = 0$,$dE = 0$,所以子波没有"后退波".

整个波面 S 在 P 点处引起的合振动是各面积元发出的子波在 P 点相干叠加的总效应,对菲涅耳衍射公式进行积分得

$$E_P = \iint_S C\frac{K(\theta)}{r}\cos\left(\omega t - \frac{2\pi r}{\lambda} + \varphi_0\right)dS = A_P\cos(\omega t + \varphi).$$

P 点处的光强 $I_P \propto A_P^2$,所以波传到的任何一点都是子波的波源,各子波在空间某点的相干叠加,就决定了该点波的强度. 子波相干原理给出衍射现象的定量描述.

2. 单缝夫琅禾费衍射 —— 平行光的衍射

单缝夫琅禾费衍射可通过如图 10-3 所示的实验装置观察,借助于两个透镜来实现.

为了说明衍射条纹的形成,应用菲涅耳半波带法解释单缝衍射现象.

半波带法:如果对衍射角为 θ 的这束平行光,单缝(宽度为 a)处的波面 AB 恰好能分割成 $m(m = 2,3,\cdots)$ 个等宽度的平行窄带,使两个相邻窄带上的对应点所发出的沿 θ 方向的子波在 P 点处的光程差为 $\frac{\lambda}{2}$,则这两条窄带对 P 点处的光强贡献为 0,这样的窄带称为半波带,如图 10-4 所示.

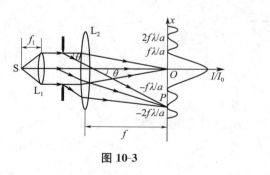

图 10-3

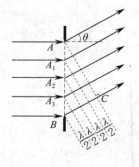

图 10-4

注意:透镜不引起附加光程差,所以衍射角为 θ 的平行光在 P 点处的光程差由进透镜前的光程差决定. 于是,讨论衍射角为 θ 的平行光在 P 点处的光强时,只关心波面 AB 可以分出多少个半波带. 半波带的个数取决于单缝两边缘处衍射光线之间的光程差 BC,由图 10-4 可知

$$BC = a\sin\theta.$$

对于衍射角为 θ 的某束平行光,若满足

$$a\sin\theta = \pm 2k\frac{\lambda}{2} = \pm k\lambda \quad (k = 1,2,\cdots),$$

即波面 AB 可分割成偶数个半波带,相邻半波带两两干涉抵消,P 点处是暗纹中心,如图 10-5(a) 所示.

对于衍射角为 θ 的某束平行光,若满足

$$a\sin\theta = \pm(2k+1)\frac{\lambda}{2} \quad (k = 1,2,\cdots),$$

即波面 AB 可分割成奇数个半波带,则相邻半波带两两干涉抵消,只留下一个半波带上的子波没有抵消,P 点处是明纹中心,如图 10-5(b) 所示.

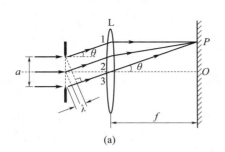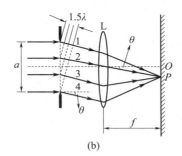

图 10-5

注意:a 是一条缝的宽度,不是两缝之间的间距;衍射是无穷子波的干涉,而不是两条光线的干涉.

当 $\theta = 0$ 时,波面 AB 上各子波发出的平行光进透镜前等光程,经透镜会聚在 O 点也是等光程的,因而这束平行光到达 O 点是同相位振动,故在 O 点处的合振幅等于所有子波发出的光振动的振幅之和. 因此 O 点处的振幅最大,即为中央明纹中心.

单缝衍射条纹的特点如下:

(1) 中央明纹处的光强最大,其他各级明纹光强迅速减小. 这是因为 θ 越大,半波带的个数就越多,未被抵消的半波带面积越小,明纹的光强就越小. 中央明纹集中了大部分的光强,第 1 级明纹的光强约是中央明纹光强的 5%,第 2 级明纹的光强约是中央明纹光强的 1.7%.

(2) 条纹位置. 通常衍射角 θ 很小,有 $\theta \approx \sin\theta \approx \tan\theta$. 由暗纹中心的公式 $a\sin\theta = \pm k\lambda(k = 1,2,\cdots)$ 可得,第 k 级暗纹的角位置为 $\theta_k \approx \pm k\frac{\lambda}{a}$. 如图 10-5(a) 所示,$P$ 点的坐标为

$x = f\tan\theta \approx f\sin\theta \approx f\theta$. 于是第 k 级暗纹中心的坐标为 $x_k = \pm f\frac{k\lambda}{a}$.

同理可得第 k 级明纹中心的角位置和坐标分别为

$$\theta_k = \pm(2k+1)\frac{\lambda}{2a}, \quad x_k = \pm(2k+1)f\frac{\lambda}{2a}.$$

(3) 条纹宽度. 中央明纹角宽度与线宽度分别等于中央明纹两侧的第 1 级暗纹之间的角间距和间距.

中央明纹的角宽度为

$$\Delta\theta_0 = 2\theta_1 \approx 2\frac{\lambda}{a},$$

中央明纹的角宽度与波长成正比,与缝宽成反比.

中央明纹的线宽度为

$$\Delta x_0 = 2x_1 \approx 2f\frac{\lambda}{a}.$$

第 k 级明纹的角宽度和线宽度由相邻的第 $k+1$ 级暗纹与第 k 级暗纹的角位置和坐标之差决定,分别为

$$\Delta\theta_{k明} = \theta_{k+1暗} - \theta_{k暗} \approx \frac{\lambda}{a}, \quad \Delta x_{k明} = x_{k+1暗} - x_{k暗} \approx f\frac{\lambda}{a}.$$

由上式可知,第 k 级明纹的角宽度与线宽度与 k 无关,因此除中央明纹以外,其他各级明纹等宽度,为中央明纹的一半.

注意:对于高级次明纹,衍射角 θ_k 可能较大,$\theta_k \approx \sin\theta_k \approx \tan\theta_k$ 是否成立要视计算的中间结果而定.

因此,单缝衍射条纹为一组关于中央明纹对称的、一系列光强分布不均匀的、等宽度的、明暗相间且与缝平行的直条纹.

讨论:① 波长对条纹宽度的影响:$\Delta x \propto \lambda$,波长越长,条纹宽度越宽,所以波长大的光衍射效果好.

如果用白光做光源,则由于各级明纹在观察屏上的位置与波长成正比,所以除中央为白色明纹外(各种波长的光在此都是极大),对于其他衍射级 k,波长小的出现在衍射角小的地方,从而靠近中央明纹处的是紫光,红光距离最远,且不同衍射级明纹之间有重叠,该衍射图样称为衍射光谱.

② 缝宽对条纹的影响:缝宽越小,条纹宽度越宽,条纹分散得越开,衍射现象越显著;反之,缝宽越大,条纹向中央靠拢,衍射现象越不明显. 当 $a \gg \lambda$ 时,衍射现象可以忽略,各级衍射条纹向中央靠拢,密集得无法分辨,形成单一的明纹,这时光可视为沿直线传播. 所以,几何光学是波动光学在 $\frac{\lambda}{a} \to 0$ 时的极限情形. 只有当光沿直线传播时,透镜才能形成物的几何像,否则透镜所成的像是一个衍射图样.

③ 当狭缝垂直于透镜的主光轴上下运动或透镜光心与缝中心不在一条直线上时,衍射条纹的位置不变. 相同衍射角 θ 的平行光经过透镜后在观察屏上聚焦的角位置不变. 如图 10-6 所示,衍射角为 θ 的平行光束经过透镜后在焦平面上聚焦的角位置也不变,仍为 θ,所以衍射条纹的整体不发生任何变化.

(4) 当光线斜入射时,由光程差为 0 的子波构成的中央明纹出现在入射光的方向上,如图 10-7 所示. 条纹结构不变,整体发生平移,中央明纹中心由 O 点移至 O' 点.

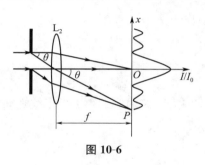

图 10-6

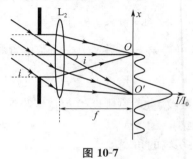

图 10-7

3. 圆孔夫琅禾费衍射

圆孔夫琅禾费衍射的实验装置如图 10-8 所示,借助于两个透镜来实现. 单色平行光垂直照射在小圆孔(直径 $D \sim \lambda$)上时,衍射光经透镜聚焦后在观察屏上可观察到圆孔的夫琅禾费衍射条纹,中央是一明亮的圆斑,周围出现一组明暗相间的同心圆环.

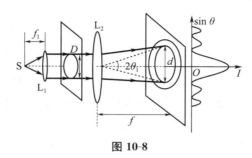

图 10-8

由第 1 级暗环所包围的中央圆斑称为艾里斑,它的直径 d 大于圆孔的直径 D,且特别亮,集中了入射光 83.8% 的光强.

艾里斑的角宽度为艾里斑对透镜光心的张角,即第 1 级暗环直径对透镜光心的张角.

利用菲涅耳积分法可证圆孔夫琅禾费衍射的第 1 级暗环的衍射角满足

$$\sin \theta_1 = \frac{1.22\lambda}{D},$$

所以艾里斑的角宽度为

$$2\theta_1 = \frac{2.44\lambda}{D},$$

艾里斑的直径为

$$d = 2f\theta_1 = \frac{2.44\lambda}{D}f.$$

可见,艾里斑的角宽度与入射光的波长 λ 成正比,与光学仪器的直径 D 成反比. 艾里斑的中心就是圆孔的几何光学像点. 当 $D \gg \lambda$ 时,衍射现象可以忽略,这时光可视为沿直线传播,物点才会经过透镜成像为像点. 所以考虑衍射时,一个物点成像为艾里斑而不是像点,两个物点通过光学仪器后就成两个艾里斑,会有重叠现象,从而就有光学仪器的分辨本领问题.

瑞利判据:在两个等光强非相干物点的衍射图样中,如果第一个衍射图样的艾里斑中心正好与第二个衍射图样的艾里斑的边缘(第 1 级暗环处)重合,就是恰能分辨这两物点的像. 这一临界条件下,两个艾里斑中心的对透镜光心的张角(最小分辨角)$\theta_{\min}$ 等于艾里斑的半角宽度 θ_1,即

$$\theta_{\min} = \theta_1 = \frac{1.22\lambda}{D},$$

如图 10-9 所示.

因此,当两物点对透镜光心的张角 $\theta > \theta_{\min}$ 时,两物点可分辨;当两物点对透镜光心的张角 $\theta < \theta_{\min}$ 时,两物点不可分辨.

光学仪器的分辨本领(分辨率)R:最小分辨角的倒数,即

$$R = \frac{1}{\theta_{\min}} = \frac{D}{1.22\lambda}.$$

提高光学仪器的分辨本领的方法是增大透镜的直径 D,或用波长较短的光作为光源.

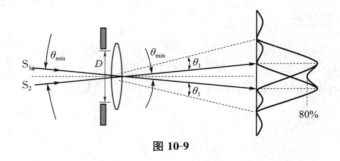

图 10-9

4. 光栅衍射

光栅:由大量等间距、等宽度的平行狭缝(或反射面)构成的光学元件.衍射光栅是由大量等宽度、等间距的平行狭缝构成.

光栅常量 d:两相邻狭缝中心之间的距离.光栅的每条狭缝透光部分的宽度都为 a,不透光部分的宽度都为 b,那么光栅常量为

$$d = a + b.$$

一般光栅的光栅常量为 $10^{-4} \sim 10^{-6}$ m 的数量级.

光栅衍射:一束单色平行光垂直照射到光栅上,在光栅后面平行地放置透镜 L,在透镜的焦平面处放置观察屏,观察屏上会产生一组明暗相间分布的衍射条纹.它是单缝衍射和多光束干涉的总效果,光栅上的每一条缝的单缝衍射在 θ 方向上 P 点处产生一个光振动,N 条缝在 P 点处产生的 N 个振幅相同的光振动,它们的相干叠加决定 P 点处的光强.

光栅衍射条纹:在观察屏上呈现窄细明亮的平行直条纹.明纹光强受单缝衍射光强分布曲线的调制.光栅缝数越多,明纹越细越亮.光栅衍射的条纹是由各单缝发出的衍射角为 θ 的 N 条平行光的多光束干涉条纹(光强分布)受到多个非相干叠加的单缝衍射条纹(光强分布)调制的结果,如图 10-10 所示.

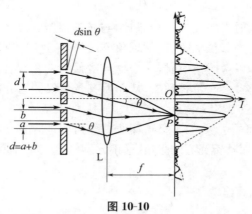

图 10-10

所以,光栅衍射中看到的明纹是由干涉主极大决定位置但光强不等的干涉条纹.

讨论:① 光栅方程 —— 光栅衍射明纹条件.在某个 θ 方向上,相邻两缝射出的衍射角为 θ 的两束平行光在 P 点会聚时的光程差为 $\delta = d\sin\theta$,根据多光束干涉的主极大条件,光栅衍射明纹的位置应满足

$$d\sin\theta = k\lambda \quad (k = 0, \pm 1, \pm 2, \cdots). \tag{10-1}$$

式(10-1)就是光栅衍射明纹条件,称为光栅方程.

② 各级明纹和暗纹中心的位置.

中央明纹中心的位置:根据光栅方程,令 $k=0$,得 $\theta=0$, $x=0$. 这是 $\theta=0$ 的一束平行光在观察屏上的会聚点.

除中央明纹外,各级明纹中心(光强比中央明纹小)的位置:根据光栅方程,有

$$x_k = \pm f\tan\theta_k \approx \pm \frac{k\lambda}{d}f \quad (k=1,2,\cdots).$$

各级暗纹中心的位置:由多光束干涉极小条件 $\delta=d\sin\theta=\dfrac{k'\lambda}{N}$,得光栅衍射各级暗纹中心的坐标为

$$x_{k'} = \pm f\tan\theta_{k'} \approx \pm \frac{k'\lambda}{Nd}f \quad (k'=1,2,\cdots,N-1,N+1,\cdots),$$

特别注意 $k' \neq N, 2N, \cdots$.

③ 缺级现象:在某个 θ 方向上,当多光束干涉主极大刚好与单缝衍射暗纹重合时,本该出现明纹处,实际上却是暗纹的现象. 缺级指的是所缺的明纹级次 k.

光栅衍射是单缝衍射和多光束干涉的总效果,N 条单缝在观察屏上产生的 N 幅光强分布图是完全重合的,它们的干涉得到了衍射图样. 单缝衍射暗纹的地方,N 个分振动的光强都为 0,即使它们之间的干涉是互相加强的,总效果还是 0.

缺级条件:光栅常量 d 与缝宽 a 之比为整数 m,即

$$\frac{d}{a} = \frac{a+b}{a} = m,$$

衍射角将同时满足多光束干涉主极大和单缝衍射暗纹条件,即

$$\begin{cases} d\sin\theta = \pm k\lambda, \\ a\sin\theta = \pm k'\lambda, \end{cases}$$

所以缺级的级次为

$$k = \frac{d}{a}k' \quad (k'=1,2,\cdots,N-1,N+1,\cdots),$$

特别注意 $k' \neq N, 2N, \cdots$.

注意:缺级的出现不一定非要求 $\dfrac{d}{a}$ 是整数,尽管 $\dfrac{d}{a}$ 不是整数,但乘以 k' 以后 k 取整数,也会出现缺级.

④ 衍射中央明纹内包含多光束干涉主极大的级次和明纹数目.

设单缝衍射中央明纹角宽度 $2\theta_1$ 内多光束干涉主极大的最大级次为 k_m,由单缝衍射第1级暗纹条件 $a\sin\theta_1=\lambda$ 与多光束干涉主极大条件,则有 $\sin\theta_1 = \dfrac{k_m\lambda}{d} = \dfrac{\lambda}{a}$,解得 $k_m = \dfrac{d}{a}$.

如果 k_m 不是整数,则取整为 m,于是中央衍射明纹内含 $2m+1$ 条干涉明纹(没有缺级现象),级次为 $k=0,\pm 1,\pm 2,\cdots,\pm m$.

如果 k_m 是整数 m,则中央衍射明纹内含 $2m-1$ 条干涉明纹(有缺级现象),级次为 $k=0$, $\pm 1,\pm 2,\cdots,\pm(m-1)$. 第 $\pm m$ 级是观察屏上从中心往外所看到的最先缺的级.

⑤ 视场上能看到的明纹数目和最高级次.

由 $|\sin\theta|\leqslant 1$, $\sin\theta_{\max}=\sin\dfrac{\pi}{2}=1$ 和光栅方程,有 $d\sin\dfrac{\pi}{2}=k_{\max}\lambda$,解得在给定光栅常

量的情况下,视场上能看到的明纹的最高级次为

$$k_{\max} = \frac{d}{\lambda}.$$

如果 $k_{\max}$ 不是整数,则取整为 m,于是视场上能看到的明纹条数为 $2m+1$ 条(如有缺级现象,要减去缺级的数目).

如果 $k_{\max}$ 是整数,则视场上能看到的明纹条数为 $2k_{\max}-1$ 条(如有缺级现象,要减去缺级的数目).如图 10-11 所示,明纹的最高级次为 4,缺第 ± 4 级和第 ± 8 级明纹,中央衍射明纹内有 7 条明纹.

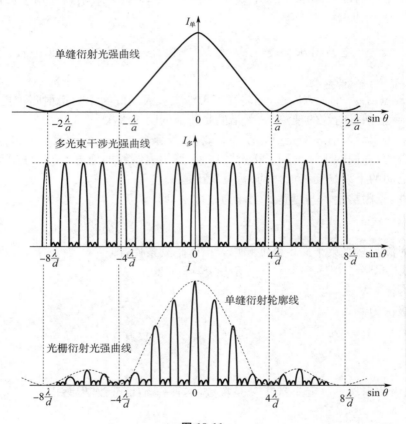

图 10-11

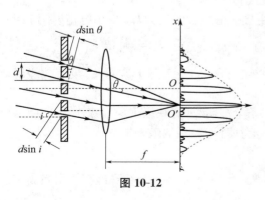

图 10-12

注意:因为条纹是关于中央明纹对称的,视场上能看到的明纹总数一定为奇数条.单缝衍射暗纹条件中,$k' \neq 0$,所以视场上所缺的级数一定是偶数个.

⑥ 光线斜入射时的光栅方程为

$$d(\sin\theta - \sin i) = k\lambda \quad (k = 0, \pm 1, \pm 2, \cdots),$$

式中 i 为入射角,θ 为衍射角.i 和 θ 的正负号规定如下:从图中光栅平面的法线算起,逆时针转向光线时的夹角取正值,反之取负值.图中的 i,θ 均为负值.如图 10-12 所示,光线斜入射时,中央明纹不在

观察屏中心,在 $k=0,\theta=i$ 方向处.

注意:光线斜入射时,光栅缝上子波波源的相位不同,正入射时,缝上子波波源是同相位的.此外,当平行光线斜入射到光栅上时,在视场范围内可以看到更高级次的明纹,由

$$|\sin\theta|\leqslant 1,\quad \sin\theta_{\max}=\sin\frac{\pi}{2}=1$$

和光栅方程 $d\left[\sin\left(\pm\frac{\pi}{2}\right)-\sin i\right]=k_{\max}\lambda$,解得在给定光栅常量 $(a+b)$ 的情况下,视场上在一侧能看到的明纹的最高级次为

$$k_{\max}=\frac{d(1-\sin i)}{\lambda},$$

另一侧能看到的明纹的最高级次为

$$k_{\max}=\frac{d(-1-\sin i)}{\lambda}.$$

视场中的总明纹数与正入射时一样.

⑦ 光栅常量 d 与缝宽 a 对条纹的影响.

如果 $d\gg a$,即 a 小,b 大,则仅考虑双缝或多光束干涉,衍射效应可忽略.观察屏上图样为双缝、多光束干涉图样.

如果 $d\approx a$,即 a 大,b 小,则仅考虑衍射效应,干涉效应可忽略.每个缝的单缝衍射图样清晰,观察屏上图样是多个单缝衍射图样的非相干叠加.

一般情况下既要考虑干涉效应,又要考虑衍射效应.干涉与衍射是同时存在的,干涉总伴随着衍射,衍射是各子波的干涉.

5. X 射线衍射

X 射线是波长很短的电磁波,波长在 $0.001\sim 10$ nm 之间.它是原子内壳层电子跃迁产生的一种辐射和高速电子在靶上骤然减速时伴随的辐射.

研究 X 射线的衍射,用普通光栅($d\gg$ X 射线的波长)观察不到衍射现象,而晶体的晶格常量 d(两原子平面层的间距)与 X 射线的波长同数量级,所以晶体可作为 X 射线的三维空间光栅.

衍射中心:波长为 λ 的 X 射线以掠射角(入射线与晶面的夹角)φ 射向晶面,一部分被表面的原子散射,其余部分被内部的原子散射,每个原子都是散射子波的子波波源,向各个方向发射出 X 射线,这些 X 射线发生干涉现象.

它们的干涉叠加分为两个方面:

点间散射光的干涉:同一晶面上的不同格点子波波源发出子波的相干叠加,如图 10-13(a) 所示.

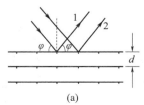
(a)

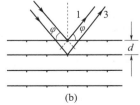
(b)

图 10-13

一束平行相干的 X 射线以掠射角 φ 入射到晶面上,实验证实,只有按反射定律反射的X射线强度最大.

同一晶面上相邻格点散射的 1,2 两反射线的光程差为零,干涉在此反射线方向上产生点间第 0 级主极大,其他级极大忽略不计.

面间散射光的干涉:不同晶面上各格点发出子波的相干叠加(各晶面上的第 0 级主极大再发生干涉),如图 10-13(b) 所示.

当一束平行相干的 X 射线以掠射角 φ 入射时,相邻晶面上的反射线 1,3 的光程差为 $\delta = 2d\sin\varphi$,各个晶面上衍射中心发出的相干子波的光强就随着相邻两原子层反射线的光程差即掠射角 φ 的改变而改变.

布拉格公式(面间干涉极大条件) 为

$$2d\sin\varphi = k\lambda \quad (k = 1,2,\cdots).$$

对一定的晶面系,当入射线的掠射角 φ 符合布拉格条件时,各层晶面的反射线干涉后将相互加强,从而在满足此式的 φ 方向上形成第 k 级主极大,并在接收的感光胶片上形成亮斑.

附:知识脉络图

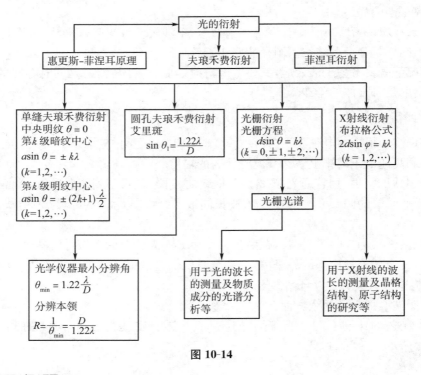

图 10-14

三、典型例题

【例 10-1】 一单色平行光垂直照射宽度为 $a = 0.5$ mm 的单缝,缝后有焦距为 $f = 1.00$ m 的透镜.在透镜焦平面处置一观察屏,若观察屏上离中央明纹中心为 1.5 mm 的 P 点处看到的是一条明纹.求:

(1) 入射光的波长;

（2）P 点处明纹的级次，以及从 P 点处看来，单缝处的波面分割出的半波带数目；

（3）中央明纹及第 2 级明纹的角宽度和线宽度.

解　（1）P 点处的 $\sin\theta\approx\dfrac{x}{f}$，代入单缝衍射的明纹中心公式

$$a\sin\theta=\pm(2k+1)\frac{\lambda}{2}\quad(k=1,2,\cdots),$$

可得

$$a\sin\theta=a\frac{x}{f}=\pm(2k+1)\frac{\lambda}{2}\quad(k=1,2,\cdots),$$

所以入射光的波长为

$$\lambda=\pm\frac{2ax}{(2k+1)f}=\frac{2\times0.5\times10^{-3}\times1.5\times10^{-3}}{(2k+1)\times1.00}\,\mathrm{m}=\frac{1.5\times10^{3}}{2k+1}\,\mathrm{nm}.$$

当 $k=1$ 时，$\lambda=500$ nm；当 $k=2$ 时，$\lambda=300$ nm；…. 当 $k\geqslant2$ 时求出的波长均不在可见光（390 nm $<\lambda<$ 760 nm）范围内，所以入射光的波长为 $\lambda=500$ nm.

（2）由于 $k=1$，半波带个数 $=2k+1=3$. 从 P 点处看来，单缝处的波面被分成 3 个半波带.

（3）中央明纹的角宽度和线宽度分别为

$$\Delta\theta_0\approx2\frac{\lambda}{a}=2\times\frac{500\times10^{-9}}{0.5\times10^{-3}}\,\mathrm{rad}=2\times10^{-3}\,\mathrm{rad},$$

$$\Delta x_0\approx f\Delta\theta_0=1.00\times2\times10^{-3}\,\mathrm{m}=2\times10^{-3}\,\mathrm{m}=2\,\mathrm{mm}.$$

第 2 级明纹的角宽度和线宽度分别为

$$\Delta\theta_2\approx\frac{\lambda}{a}=\frac{500\times10^{-9}}{0.5\times10^{-3}}\,\mathrm{rad}=1\times10^{-3}\,\mathrm{rad},$$

$$\Delta x_2\approx f\frac{\lambda}{a}=1\times10^{-3}\,\mathrm{m}=1\,\mathrm{mm}.$$

【例 10-2】　如图 10-15 所示，一单色平行光垂直照射缝宽为 $a=0.6$ mm 的狭缝，已知透镜 L 的焦距为 $f=40$ cm. 在观察屏上形成的衍射条纹中，若在离 O 点为 $x=1.4$ mm 的 P 点处看到的是明纹，试求：（1）入射光的波长；（2）P 点处明纹的级次；（3）从 P 点处看来，狭缝处的波面分割出的半波带数目.

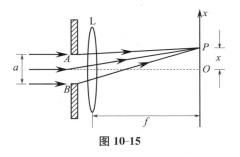

图 10-15

解　（1）根据单缝衍射的明纹中心公式可得

$$a\sin\theta=a\frac{x}{f}=\pm(2k+1)\frac{\lambda}{2}\quad(k=1,2,\cdots),$$

所以入射光的波长为

$$\lambda=\pm\frac{2ax}{(2k+1)f}=\frac{2\times0.6\times10^{-3}\times1.4\times10^{-3}}{(2k+1)\times40\times10^{-2}}\,\mathrm{m}=\frac{4.2}{2k+1}\times10^{3}\,\mathrm{nm}.$$

对于可见光，390 nm $<\lambda<$ 760 nm，即

$$390<\frac{4.2}{2k+1}\times10^{3}<760,$$

解得 $k=3$ 或 4. 当 $k=3$ 时，$2k+1=7$，$\lambda=600$ nm；当 $k=4$ 时，$2k+1=9$，$\lambda\approx466.7$ nm.

（2）当 $k=3$ 时，P 点处明纹的级次为第 3 级；当 $k=4$ 时，P 点处明纹的级次为第 4 级.

（3）当 $k=3$ 时，半波带个数 $=2k+1=7$；当 $k=4$ 时，半波带个数 $=2k+1=9$.

【例 10-3】 波长分别为 500 nm 和 520 nm 的两种单色光同时照射到光栅常量为 $d = 0.002$ cm 的衍射光栅上，光栅后有一焦距为 $f = 2$ m 的透镜，在透镜焦平面处有一观察屏.

(1) 求观察屏上这两种单色光第 1 级明纹之间的距离；

(2) 如果这两种单色光同时入射到缝宽为 $a = 0.002$ cm 的单缝上，则这两种单色光第 1 级明纹之间的距离又为多少？

解 (1) 由各级明纹中心的坐标公式

$$x_k = \pm \frac{k\lambda}{d} f \quad (k = 0, 1, 2, \cdots),$$

解出波长为 $\lambda = 500$ nm 与波长为 $\lambda' = 520$ nm 的两种单色光第 1 级明纹中心的坐标分别为

$$x_1 \approx \frac{\lambda}{d} f, \quad x_1' \approx \frac{\lambda'}{d} f.$$

所以两种单色光第 1 级明纹之间的距离为

$$\Delta x = x_1' - x_1 \approx \frac{\lambda' - \lambda}{d} f = \frac{520 \times 10^{-6} - 500 \times 10^{-6}}{0.002 \times 10} \times 2 \times 10^3 \text{ mm} = 2 \text{ mm}.$$

(2) 由单缝衍射明纹中心（除中央明纹外）的坐标公式

$$x_k = \pm (2k+1) f \frac{\lambda}{2a} \quad (k = 1, 2, \cdots),$$

解得波长为 $\lambda = 500$ nm 与波长为 $\lambda' = 520$ nm 的两种单色光第 1 级明纹中心的坐标分别为

$$x_1 \approx \frac{3\lambda}{2a} f, \quad x_1' \approx \frac{3\lambda'}{2a} f.$$

所以两种单色光第 1 级明纹之间的距离为

$$\Delta x = x_1' - x_1 \approx \frac{3}{2} \frac{\lambda' - \lambda}{a} f = \frac{3(520 \times 10^{-6} - 500 \times 10^{-6})}{2 \times 0.002 \times 10} \times 2 \times 10^3 \text{ mm} = 3 \text{ mm}.$$

注意：光栅衍射的明纹条件与单缝衍射的明纹条件是不同的.

【例 10-4】 一宽为 2 cm 的平面衍射光栅，共有 $8\,000$ 条缝，用钠黄光（波长为 $\lambda = 589.3$ nm）垂直照射，试求：(1) 观察屏上可能出现的明纹的最大级次；(2) 可能出现的各个明纹对应的衍射角.

解 (1) 根据光栅常量的定义，解得

$$d = \frac{2 \times 10^{-2}}{8\,000} \text{ m} = 2.5 \times 10^{-6} \text{ m}.$$

根据光栅方程 $d\sin\varphi = \pm k\lambda$，得

$$k_{\max} \leqslant \frac{d}{\lambda} = \frac{2.5 \times 10^{-6}}{589.3 \times 10^{-9}} \approx 4.2.$$

观察屏上可能出现的明纹的最大级次为 $k_{\max} = 4$.

(2) 各个明纹对应的衍射角分别为

$$\sin\theta_1 = \frac{\lambda}{d} = \frac{589.3 \times 10^{-9}}{2.5 \times 10^{-6}} \approx 0.235\,7, \quad \theta_1 \approx 13.6°;$$

$$\sin\theta_2 = \frac{2\lambda}{d} = \frac{2 \times 589.3 \times 10^{-9}}{2.5 \times 10^{-6}} \approx 0.471\,4, \quad \theta_2 \approx 28.1°;$$

$$\sin\theta_3 = \frac{3\lambda}{d} = \frac{3 \times 589.3 \times 10^{-9}}{2.5 \times 10^{-6}} \approx 0.707\,2, \quad \theta_3 \approx 45.0°;$$

$$\sin\theta_4 = \frac{4\lambda}{d} = \frac{4 \times 589.3 \times 10^{-9}}{2.5 \times 10^{-6}} \approx 0.942\,9, \quad \theta_4 \approx 70.5°.$$

【例 10-5】 用一束具有两种波长的平行光垂直照射光栅,其中 $\lambda_1 = 600$ nm,$\lambda_2 = 400$ nm,发现距中央明纹中心 5 cm 处波长为 λ_1 的光的第 $k(k>0)$ 级明纹和波长为 λ_2 的光的第 $k+1$ 级明纹相重合.已知光栅与观察屏之间的透镜的焦距为 $f = 50$ cm,求:

(1) k 的值;

(2) 光栅常量 d.

解 (1) 由光栅方程得

$$d\sin\theta = k\lambda_1 \quad (k = 1, 2, \cdots),$$
$$d\sin\theta = (k+1)\lambda_2 \quad (k = 1, 2, \cdots).$$

由此可得 $k\lambda_1 = (k+1)\lambda_2$,解得 $k = 2$.

(2) 由明纹中心(除中央明纹外)的坐标公式

$$x_k \approx \pm\frac{k\lambda}{d}f \quad (k = 1, 2, \cdots),$$

解得光栅常量为

$$d = \pm\frac{k\lambda_1}{x_k}f = \frac{2\times 600\times 10^{-9}\times 50\times 10^{-2}}{5\times 10^{-2}} \text{ m} = 1.2\times 10^{-5} \text{ m}.$$

【例 10-6】 波长为 $\lambda = 600$ nm 的单色光垂直照射到一光栅上,测得第 2 级明纹的衍射角为 $30°$,且第 3 级是缺级.

(1) 光栅常量等于多少?

(2) 透光缝可能的最小宽度 a 等于多少?

(3) 在选定了上述光栅常量和缝宽之后,求视场范围内可能观察到的全部明纹的级次.

解 (1) 依题意,由光栅方程得

$$d = \pm\frac{k\lambda}{\sin\theta} = \frac{2\times 600}{\sin 30°} \text{ nm} = 2\,400 \text{ nm} = 2.4\times 10^{-4} \text{ cm}.$$

(2) 由于第 3 级是缺级(第 1 次缺级),因此

$$\frac{d}{a} = 3,$$

解得 $a = \dfrac{d}{3} = \dfrac{2.4\times 10^{-4}}{3} \text{ cm} = 8\times 10^{-5} \text{ cm}.$

(3) 视场上能看到的明纹的最高级次为

$$k_{\max} = \frac{d}{\lambda} = \frac{2\,400}{600} = 4.$$

注意:所缺的级次为

$$k = \frac{d}{a}k' \quad (k' = \pm 1, \pm 2, \cdots),$$

因此 $k = \pm 3, \pm 6, \cdots$ 缺级.又因为 $k_{\max} = 4$ 为整数,说明最高级次出现在 $\theta = \pm 90°$ 的方向上.而 $\theta = \pm 90°$ 时的条纹实际上是看不到的,所以视场上实际呈现 $k = 0, \pm 1, \pm 2$ 级明纹.

【例 10-7】 波长为 $\lambda = 500$ nm 的单色平行光垂直照射到每厘米有 2 500 条缝的平面光栅上,缝宽为 $a = 1$ μm,光栅后透镜的焦距为 $f = 50$ cm,

(1) 求单缝衍射中央明纹的线宽度.

(2) 在单缝衍射中央明纹内有几条光栅衍射明纹?

(3) 总共可看到多少条明纹?

(4) 若将垂直入射改为以 $i = -30°$ 的入射角斜入射, 求衍射明纹的最高级次和可看到的明纹总数.

解　(1) 根据单缝衍射第 1 级暗纹满足

$$a\sin\theta_1 = \lambda,$$

可得

$$\sin\theta_1 = \frac{\lambda}{a} = \frac{0.5}{1.0} = \frac{1}{2}.$$

因此第 1 级暗纹的角位置为 $\theta_1 = 30°$ (注意这种情况下, $\tan\theta_1$ 不能近似等于 $\sin\theta_1$), 第 1 级暗纹中心到中央明纹中心的距离为

$$x_1 = f\tan\theta_1 = 50 \times \frac{\sqrt{3}}{3}\ \text{cm} \approx 28.9\ \text{cm}.$$

单缝衍射中央明纹的线宽度为

$$\Delta x_0 = 2x_1 = 57.8\ \text{cm}.$$

(2) 由光栅常量的定义可得

$$d = \frac{1}{2\ 500}\ \text{cm} = 4 \times 10^{-6}\ \text{m}.$$

单缝衍射中央明纹内的光栅衍射明纹的最高级次为

$$k_{\text{m}} = \frac{d}{a} = \frac{4}{1} = 4.$$

所以, 在单缝衍射中央明纹内, 光栅衍射明纹的级次为 $k = 0, \pm1, \pm2, \pm3$, 共有 $2k_{\text{m}} - 1 = 7$ 条明纹. 第 ±4 级明纹与单缝衍射第 ±1 级重合而缺级.

(3) 在衍射角 $\theta = \frac{\pi}{2}$ 处, 衍射明纹的最高级次为 $k_{\max} = \frac{d}{\lambda} = \frac{4.0}{0.5} = 8$, 本该出现 $2k_{\max} - 1 = 15$ 条明纹, 但 $\pm4, \pm8, \cdots$ 这些级次的明纹缺级, 所以观察屏上实际出现的明纹级次为 $k = 0, \pm1, \pm2, \pm3, \pm5, \pm6, \pm7$, 共 13 条.

(4) 如果平行光以 $i = -30°$ 斜入射光栅, 如图 10-12 所示, 在 $\theta = -\frac{\pi}{2}$ 方向上, 衍射明纹的最高级次为

$$k_- = \frac{d(-1 - \sin i)}{\lambda} = \frac{4 \times (-1 + 0.5)}{0.5} = -4.$$

在 $\theta = \frac{\pi}{2}$ 方向上, 衍射明纹的最高级次为

$$k_+ = \frac{d(1 - \sin i)}{\lambda} = \frac{4 \times (1 + 0.5)}{0.5} = 12.$$

又考虑到 $k = -4, +4, +8, +12$ 级缺级, 实际看到的级次是 $k = -3, -2, -1, 0, +1, +2, +3, +5, +6, +7, +9, +10, +11$, 共 13 条明纹, 与正入射时一样多, 但斜入射时可看到更高级次的明纹.

注意: $k = -4, k = +12$ 级既在 $\theta = \pm\frac{\pi}{2}$ 处, 又是所缺的级次.

【例 10-8】　波长为 $\lambda = 500$ nm 的单色平行光垂直照射在一个平面光栅上, 光栅后有焦距为 $f = 50$ cm 的透镜, 在透镜焦平面处置一观察屏. 已知光栅常量为 $d = 3\ \mu\text{m}$, 缝宽为 $a = 1\ \mu\text{m}$,

(1) 求此光栅的夫琅禾费衍射中的单缝衍射中央明纹的线宽度;

（2）求观察屏内可能呈现的全部明纹的级次；

（3）如果这是一个五缝平面光栅，请以 $\sin\theta$（θ 为衍射角）为横轴，相对光强 $\dfrac{I}{I_0}$ 为纵轴，画出这个五缝光栅衍射的相对光强分布曲线.

解　（1）根据单缝衍射第 1 级暗纹满足 $a\sin\theta_1 = \lambda$ 可得

$$\sin\theta_1 = \frac{\lambda}{a} = \frac{500 \times 10^{-9}}{1 \times 10^{-6}} = \frac{1}{2},$$

第 1 级暗纹的角位置为 $\theta_1 = 30°$，单缝衍射中央明纹的线宽度为

$$\Delta x_0 = 2f\tan 30° = 2 \times 50 \times \frac{\sqrt{3}}{3} \text{ cm} \approx 57.8 \text{ cm}.$$

（2）明纹的最高级次为

$$k_{\max} = \frac{d}{\lambda} = \frac{3 \times 10^{-6}}{500 \times 10^{-9}} = 6,$$

在 $\theta = \pm\dfrac{\pi}{2}$ 处，$k = \pm 6$ 级看不到. 由缺级条件

$$\frac{d}{a} = 3,$$

可得 ± 3 级缺级，所以在观察屏内可能呈现的全部明纹的级次为 $k = 0, \pm 1, \pm 2, \pm 4, \pm 5$，共 9 条.

（3）$N = 5$，两条明纹之间有 4 条暗纹、3 条次明纹，由于 $\dfrac{d}{a} = 3$，单缝衍射中央明纹包线内共有 5 条明纹. 相对光强分布曲线如图 10-16 所示.

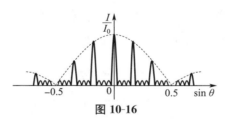

图 10-16

【例 10-9】　用钠光（波长为 $\lambda = 589.3$ nm）垂直照射在某光栅上，测得第 3 级明纹的衍射角为 $60°$.

（1）若换用另一波长为 λ' 的光源，测得其第 2 级明纹的衍射角为 $30°$，求 λ'；

（2）若用白光（波长为 $400 \sim 760$ nm）垂直照射在该光栅上，求其第 2 级光谱的张角.

解　（1）依题意，当 $\lambda = 589.3$ nm，$k = 3$，$\theta_3 = 60°$ 时，有 $d\sin\theta_3 = 3\lambda$，解得

$$d = \frac{3\lambda}{\sin 60°} = \frac{3 \times 589.3}{\sin 60°} \text{ nm} \approx 2\,041.3 \text{ nm}. \tag{10-2}$$

当波长为 λ'，$k = 2$，$\theta_2 = 30°$ 时，有

$$d = \frac{2\lambda'}{\sin\theta_2}, \tag{10-3}$$

解得 $\lambda' \approx 510.3$ nm.

（2）第 2 级光谱中波长最短（$\lambda_1 = 400$ nm）的光在观察屏上的角位置为

$$\theta_{2\min} = \arcsin\frac{2\lambda_1}{d} = \arcsin\frac{2 \times 400}{2\,041.3} \approx 23.1°.$$

波长最长（$\lambda_2 = 760$ nm）的光在观察屏上的角位置为

$$\theta_{2\max} = \arcsin\frac{2\lambda_2}{d} = \arcsin\frac{2\times 760}{2\,041.3} \approx 48.2°.$$

于是白光第 2 级光谱的张角为

$$\Delta\theta_2 = \theta_{2\max} - \theta_{2\min} = 25.1°.$$

注意：各种波长的第 0 级明纹重叠在一起，在 $\theta = 0$ 方向上形成中央明纹. 其他级上不同波长的条纹位置错开才形成光谱，各级谱线靠近中央一侧（内侧）为短波长的紫光，外侧为长波长的红光. 级次越高，彩带越宽. 光谱级次较大时，一是会出现级次高的波长短的光与级次低的波长长的光发生重叠，颜色变得杂乱无章；二是会出现高级次的光谱不能完整地呈现在观察屏上.

例如，波长为 $\lambda_1 = 400$ nm 的光与波长为 $\lambda = 600$ nm 的光发生重叠时，$\sin\theta = \dfrac{k_1\lambda_1}{d} = \dfrac{k_2\lambda}{d}$，有 $\dfrac{k_1}{k_2} = \dfrac{\lambda}{\lambda_1} = \dfrac{600}{400} = \dfrac{3}{2}$，则波长为 λ_1 的光的第 3 级明纹（$k_1 = 3$）与波长为 λ 的光的第 2 级明纹（$k_2 = 2$）就会发生重叠.

第 3 级光谱（$k = 3$）中，对应波长为 $\lambda_2 = 760$ nm 的光在观察屏上的角位置为

$$\sin\theta = \frac{3\lambda_2}{d} = \frac{3\times 760}{2\,041.3} \approx 1.12 > 1.$$

这说明第 3 级红光谱线已不在观察屏内，那么在观察屏中能出现的最大波长 λ_x 所对应的 $\theta = \dfrac{\pi}{2}$，由光栅方程求得 $\lambda_x = \dfrac{d\sin 90°}{3} = \dfrac{d}{3} \approx 680.4$ nm，从而第 3 级光谱不能全部出现，其波长范围为 $400 \sim 680.4$ nm，其张角为

$$\Delta\theta_3 = 90° - \arcsin\frac{3\times 400}{2\,041.3} \approx 90° - 36.0° = 54.0°.$$

【例 10-10】　在通常亮度下，人眼瞳孔的直径约为 3 mm，若视觉感受最灵敏的光的波长为 550 nm，

(1) 人眼的最小分辨角为多少？

(2) 在教室的黑板上，画的等号的两横线相距 2 mm，坐在距黑板 10 m 处的同学能否看清？

解　(1) 已知 $D = 3$ mm，$\lambda = 550$ nm，人眼的最小分辨角为

$$\theta_{\min} = 1.22\frac{\lambda}{D} = 1.22\times\frac{550\times 10^{-9}}{3\times 10^{-3}} \text{ rad} \approx 2.24\times 10^{-4} \text{ rad}.$$

(2) 已知等号两横线相距为 $\Delta x = 2$ mm，于是人距黑板

$$l = \frac{\Delta x}{\theta_{\min}} = \frac{2\times 10^{-3}}{2.24\times 10^{-4}} \text{ m} \approx 8.9 \text{ m}$$

时，刚好看清，则距黑板 10 m 处的同学看不清楚.

【例 10-11】　波长为 1.68 Å 的 X 射线以掠射角 θ 射向某晶体表面时，在反射方向出现第 1 级极大，已知晶体的晶格常量为 1.68 Å，求掠射角.

解　根据布拉格公式

$$2d\sin\theta = k\lambda \quad (k = 1, 2, \cdots),$$

对于第 1 级极大，有 $2d\sin\theta = \lambda$，所以

$$\sin\theta = \frac{\lambda}{2d} = \frac{1.68}{2\times 1.68} = \frac{1}{2},$$

解得 $\theta = 30°$.

第十一单元

光 的 偏 振

一、基本要求

(1) 了解光的五种偏振状态,理解起偏和检偏的意义,理解马吕斯定律.
(2) 了解光在反射和折射时偏振状态的变化,理解布儒斯特定律.
(3) 了解双折射现象和单轴晶体中 o 光、e 光的传播方向的惠更斯作图法.
(4) 了解 $\frac{1}{4}$ 波片的意义,了解偏振光的干涉.
(5) 了解偏振光的应用,知道人工双折射和旋光现象的意义.

二、基本概念与规律

横波是波的传播方向垂直于波的振动方向. 光是横波,即光矢量 E 的振动方向总是垂直于光的传播方向 u,这样光矢量 E 在垂直于光的传播方向 u 的平面内可取各种各样的振动方向,于是光矢量有多种振动状态,如图 11-1 所示.

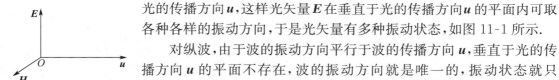

图 11-1

对纵波,由于波的振动方向平行于波的传播方向 u,垂直于光的传播方向 u 的平面不存在,波的振动方向就是唯一的,振动状态就只有一种.

因此,光的偏振性证实光是横波,电磁波也是横波.

1. 光的偏振

研究光矢量的振动方向的特性.

2. 光的偏振态

光的偏振态指光矢量在垂直于传播方向的平面内的各种振动状态. 按光矢量对光的传播方向是否对称可将光分为自然光与偏振光. 偏振光按光矢量对光的传播方向的对称程度分为线偏振光、部分偏振光、圆偏振光和椭圆偏振光.

3. 自然光

自然光指光矢量在垂直于光的传播方向 u 的平面上,沿各个方向上的光矢量振幅相等. 在一段时间内,这些互不相关、不同时刻的各个光矢量的末端在垂直于光的传播方向 u 的平面上组成了一个圆,如图 11-2 所示. 光矢

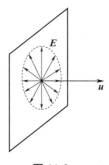

图 11-2

量既有时间分布的均匀性，又有空间分布的均匀性.

自然光可用在垂直于光的传播方向 u 的平面内的两个互相独立、振动方向互相垂直、振幅（光强）相等$\left(\text{等于自然光光强的一半}, I_0 = I_x + I_y, I_x = I_y = \dfrac{I_0}{2}\right)$ 但没有固定相位关系的线偏振光来表示.

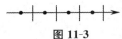
图 11-3

自然光的表示法如图 11-3 所示，图中有相同数量的小点和小竖线，小点表示光振动垂直于纸面，小竖线表示光振动在纸面内.

注意：这是自然光的一种表示方法，是一个对互不相关或不同时刻各种取向的光矢量对时间的平均效果.

4. 偏振光

偏振光指某一方向的光振动占优势或只有某一方向的光振动的光.

（1）线偏振光（也称为完全偏振光）：在垂直于光的传播方向 u 的平面上，光矢量 E 只沿一个固定方向振动且不随时间改变.

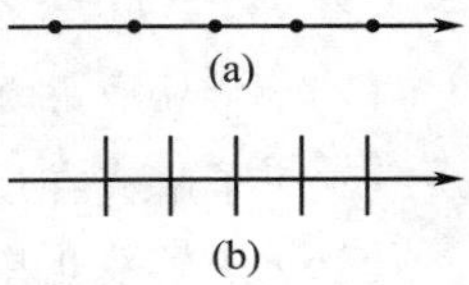

线偏振光的表示法如图 11-4 所示，图 11-4(a) 表示光振动垂直于纸面的线偏振光，图 11-4(b) 表示光振动在纸面内的线偏振光.

（2）部分偏振光：在垂直于光的传播方向 u 的平面上，光矢量 E 沿某一方向的振动占优势，而在与该方向垂直的方向上较弱，且各个方向上的光振动也没有固定相位关系.

部分偏振光可视为自然光与线偏振光的组合. 在一段时间内，部分偏振光各时刻的光矢量的末端在垂直于光的传播方向 u 的平面上组成一个椭圆. 所以部分偏振光可用在垂直于光的传播方向 u 的平面上的一对互相独立、振动方向互相垂直、振幅不等但没有固定相位关系的光振动表示.

在纸面内的光振动较强

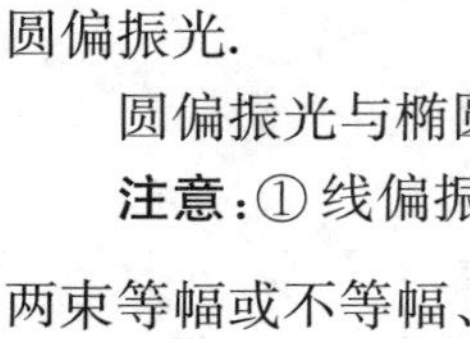

垂直纸面的光振动较强
图 11-5

部分偏振光的表示法如图 11-5 所示.

（3）圆偏振光与椭圆偏振光：在垂直于光的传播方向 u 的平面上，光矢量 E 只沿一个方向振动，但这个光振动的方向和振幅随时间按一定频率绕光的传播方向旋转. 如果光矢量的末端的运动轨迹是椭圆，即光振动的方向和振幅都随时间变化，就是椭圆偏振光；如果光矢量的末端的运动轨迹是圆，即光振动的方向随时间变化，但振幅不随时间变化，就是圆偏振光.

圆偏振光与椭圆偏振光的表示法如图 11-6 所示.

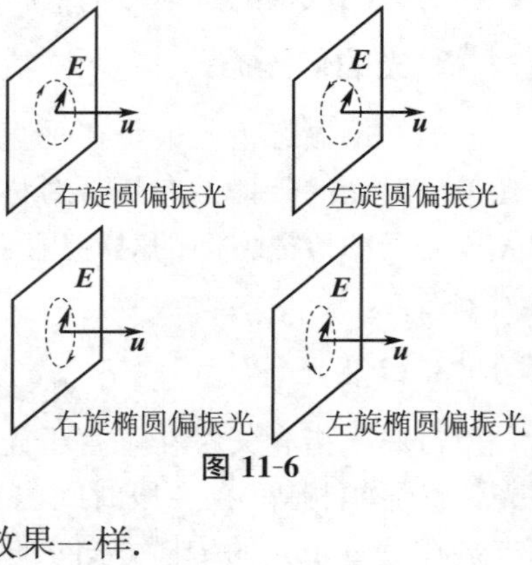

注意：① 线偏振光、椭圆偏振光或圆偏振光都可分解为两束等幅或不等幅、振动方向相互垂直、有固定相位差$\Big($线偏振光对应 $\Delta\varphi = 0, \pi$，椭圆偏振光或圆偏振光对应 $\Delta\varphi = \pm\dfrac{\pi}{2}, \pm\dfrac{\pi}{4}, \pm\dfrac{3\pi}{4}\Big)$ 且可合成的线偏振光.

② 在一段时间内，圆偏振光与椭圆偏振光的光矢量末端在垂直于光的传播方向 u 的平面内扫出一个圆或椭圆，与自然光和部分偏振光的光矢量的末端在垂直于光的传播方向 u 的平面内组成的一个圆或椭圆不同，但对时间的平均效果一样.

（a）

（b）
图 11-4

右旋圆偏振光　　　左旋圆偏振光

右旋椭圆偏振光　　　左旋椭圆偏振光
图 11-6

5. 线偏振光的获得

（1）利用物质的二向色性可制成偏振器件，如偏振片.

二向色性：某些物质（如电解石晶体、硫酸碘奎宁晶体、浸碘的聚乙烯醇薄膜等）对相互垂直的两个入射光振动吸收程度不同（选择吸收）.

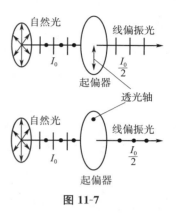

偏振片基本上只允许某一特定方向上的光矢量通过，偏振片的这一特殊方向称为偏振化方向或透光轴. 当一束自然光通过偏振片后，透射光就是线偏振光，且该线偏振光的光强是自然光光强的 $\frac{1}{2}$，如图 11-7 所示.

起偏：产生偏振光的过程（见图 11-8）.

检偏：检查入射光偏振性的过程（见图 11-8）.

图 11-7

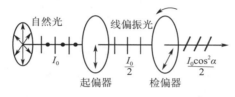

图 11-8

通常根据改变两个偏振片的相对位置，即改变起偏器与检偏器的两个偏振化方向时，通过透射光强的变化情况来检验入射光是否为偏振光.

将待检测光通过一垂直偏振片，以入射光线为轴旋转偏振片，观察透射光.

① 若透射光有消光现象（光强为零），则入射光是线偏振光.

② 若透射光强不变，则入射光是自然光或圆偏振光.

③ 若透射光强变化，但无消光现象，则入射光是椭圆偏振光或部分偏振光.

这种方法不能区分自然光与圆偏振光，椭圆偏振光与部分偏振光. 要进一步把它们区分开，则应在上述偏振片的前面插入 $\frac{1}{4}$ 波片，然后再旋转偏振片，观察透射光.

① 若透射光强仍不变，则入射光是自然光；若有消光现象，则入射光是圆偏振光.

② 若透射光强变化，但无消光现象，则入射光是部分偏振光；若有消光现象，则入射光是椭圆偏振光.

这是因为 $\frac{1}{4}$ 波片会把圆偏振光、椭圆偏振光变成线偏振光.

马吕斯定律：一束光强为 I_0 的线偏振光通过检偏器后，出射光（透射光）的光强为

$$I = I_0 \cos^2 \alpha,$$

式中 α 是通过检偏器之前线偏振光的振动方向与检偏器的偏振化方向之间的夹角，也是起偏器与检偏器的偏振化方向之间的夹角，如图 11-9 所示.

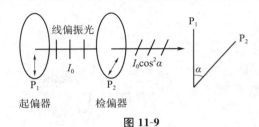

图 11-9

当 $\alpha = \pm \dfrac{\pi}{2}$ 时，$I = 0$，出现消光现象；当 $\alpha = 0, \pi$ 时，$I = I_0$，透射光强有最大值；当 α 为其他值时，透射光强介于 0 与 I_0 之间，即 $0 < I < I_0$.

（2）利用光的反射和折射的偏振性可制成偏振器件，如玻璃片堆.

实验和理论都表明：一束自然光入射到两种不同的各向同性透明介质的分界面上时，要发生反射和折射，不仅光的传播方向要改变，而且偏振状态也要发生变化. 一般情况下，一束自然光以入射角 i 入射时，反射光和折射光都为部分偏振光，如图 11-10 所示. 改变入射角 i，当

$$i = i_0 = \arctan \frac{n_2}{n_1}$$

时，反射光是振动方向垂直于入射面（入射光和介质表面的法线组成的平面）的线偏振光，而折射光仍是部分偏振光（平行于入射面的光振动多于垂直于入射面的光振动），如图 11-11 所示. i_0 称为布儒斯特角，也叫起偏振角.

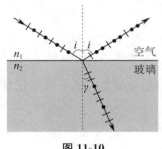

图 11-10

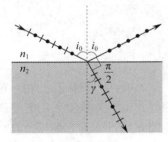

图 11-11

布儒斯特定律：自然光以布儒斯特角入射到两种不同各向同性介质的界面上时，反射光是光振动垂直于入射面的线偏振光，折射光线与反射光线垂直，即 $i_0 + \gamma = \dfrac{\pi}{2}$. 利用布儒斯特定律制成玻璃片堆可获得线偏振光.

（3）利用光通过各向异性晶体（光学性质随方向而异的某些晶体，如方解石、石英等）时的双折射现象可制成偏振器件，如尼科耳棱镜、格兰棱镜等.

双折射现象：一束光（可以是自然光也可以是线偏振光）通过某些各向异性晶体时，在其内部出现两束折射光的现象.

如图 11-12 所示，一束自然光射入方解石上分为两束折射光，遵从折射定律的那束光称为寻常光，简称 o 光，不遵从折射定律的那束光称为非寻常光，简称 e 光. o 光和 e 光都是线偏振光.

光轴：在各向异性晶体内有一确定的方向，光沿这个方向传播时，不发生双折射，这个方向称为晶体的光轴，只有一个光轴的晶体称为单轴晶体. 如图 11-13 所示，o 光和 e 光沿光轴的传播速度相同（$u_o = u_e$），所以沿光轴方向传播时不发生双折射. 光轴上各向异性晶体对 o 光和 e 光的折射率相同，即 $n_o = n_e$.

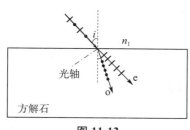

图 11-12

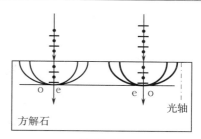

图 11-13

光线的主平面:晶体内由某一条光线和晶体的光轴确定的平面为这条光线的主平面.o 光的振动垂直于 o 光的主平面,e 光的振动在 e 光的主平面内.当入射面含有光轴时,两个主平面重合,入射光、o 光、e 光都在入射面内,o 光振动与 e 光振动垂直;当光轴与入射面不平行时,两个主平面不重合,它们之间有很小的夹角,此时 o 光振动和 e 光振动不垂直,但相差不大.

产生双折射现象的原因:在各向异性晶体内,o 光和 e 光的传播速度不同,因而折射率不同,如图 11-14 所示.各向异性晶体对 o 光是各向同性的,只是对 e 光是各向异性的.

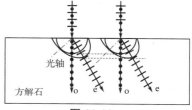

图 11-14

正晶体:在垂直于光轴方向上,o 光的速率和 e 光的速率之差 $u_o - u_e$ 最大,且 $u_o > u_e$,即在垂直于光轴方向上,e 光的折射率大于 o 光的折射率($n_o < n_e$),如石英、冰等.

负晶体:在垂直于光轴方向上,o 光的速率和 e 光的速率之差 $u_e - u_o$ 最大,且 $u_o < u_e$,即在垂直于光轴方向上,e 光的折射率小于 o 光的折射率($n_o > n_e$),如方解石、电气石等.

6. 圆偏振光、椭圆偏振光的获得

(1) 波片:从单轴晶体上切割下来的平行平面薄片,光轴与晶体表面平行.

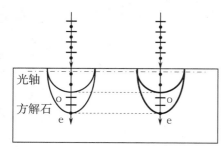

图 11-15

如图 11-15 所示,光垂直入射晶片表面,在晶体内分成 o 光和 e 光,它们的光振动方向相互垂直(o 光振动垂直于入射面,用小黑点表示,e 光振动在入射面内,用小横线表示),传播方向相同(都沿入射光方向),但传播速度不同,折射率不同.因此,在这种情况下虽然 o 光和 e 光的出射方向相同,但仍有双折射现象.

波片的作用:通过厚度为 d 的晶片后的 o 光和 e 光之间产生光程差

$$\delta = (n_o - n_e)d.$$

半波片:能使光程差 $\delta = k\lambda + \dfrac{\lambda}{2}(k = 0,1,2,\cdots)$ 的波片.

$\dfrac{1}{4}$ 波片:能使光程差 $\delta = \dfrac{k\lambda}{2} + \dfrac{\lambda}{4}(k = 0,1,2,\cdots)$ 的波片.

注意:半波片、$\dfrac{1}{4}$ 波片都是相对某一特定波长而言的.

(2) 圆偏振光的获得:获得圆偏振光的装置如图 11-16 所示.偏振片 P 的偏振化方向与 $\dfrac{1}{4}$ 波片的光轴成 $\alpha = 45°$ 角,自然光垂直入射偏振片,从 $\dfrac{1}{4}$ 波片透出的是振幅相等、振动方向垂直、相位差为 $\Delta\varphi = \dfrac{2\pi}{\lambda}\delta = \pm\dfrac{\pi}{2}$ 的两个线偏振光,它们合成为圆偏振光.

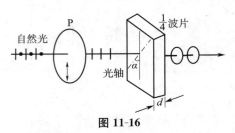

图 11-16

（3）椭圆偏振光的获得:获得椭圆偏振光的装置如图 11-16 所示.但 α 不取 $0°,45°,90°$.

附:知识脉络图

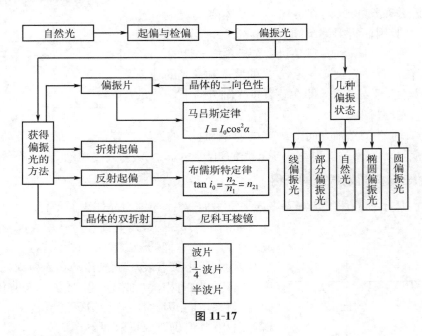

图 11-17

三、典型例题

【例 11-1】 一束光强为 I_0 的自然光垂直入射在三个叠在一起的偏振片 P_1,P_2,P_3 上,已知 P_1 与 P_3 的偏振化方向相互垂直.

（1）求 P_2 与 P_3 的偏振化方向之间夹角为多大时,穿过第三个偏振片的透射光强为 $\dfrac{I_0}{8}$;

（2）若以入射光方向为轴转动 P_2,当 P_2 转过多大角度时,穿过第三个偏振片的透射光强由原来的 $\dfrac{I_0}{8}$ 单调减小到 $\dfrac{I_0}{16}$? 此时 P_2,P_1 的偏振化方向之间的夹角为多大?

解 （1）如图 11-18 所示,光强为 I_0 的自然光透过 P_1 后的光强为 $I_1 = \dfrac{I_0}{2}$.设 P_2 与 P_1 的偏振化方向之间的夹角为 θ,则透过 P_2 后的光强为

$$I_2 = I_1\cos^2\theta = \frac{I_0}{2}\cos^2\theta,$$

透过 P_3 后的光强为

$$I_3 = I_2\cos^2(90° - \theta) = \frac{I_0}{2}\cos^2\theta\sin^2\theta = \frac{I_0}{8}\sin^2 2\theta.$$

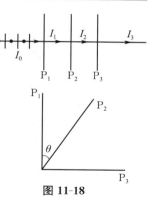

图 11-18

由题意可知 $I_3 = \dfrac{I_0}{8}$，则 $\theta = 45°$，因此 P_2 与 P_3 的偏振化方向之间夹角为 $45°$.

（2）转动 P_2，若使 $I_3 = \dfrac{I_0}{16}$，则 P_1 与 P_2 的偏振化方向之间的夹角为 $\theta = 22.5°$. 所以，P_2 转过的角度为 $45° - 22.5° = 22.5°$.

【例 11-2】 由自然光和线偏振光混合而成的部分偏振光通过偏振片，转动偏振片并测量透射光强，发现透射光强的最大值是最小值的 5 倍，求部分偏振光中线偏振光和自然光的光强之比.

解 设光束中自然光的光强为 I_0，线偏振光的光强为 I，光束通过偏振片后，依据题给条件有

$$I_{max} = \frac{I_0}{2} + I, \quad I_{min} = \frac{I_0}{2} + 0 = \frac{I_0}{2}.$$

因为 $\dfrac{I_{max}}{I_{min}} = 5$，解得

$$\frac{I}{I_0} = 2.$$

【例 11-3】 有两个偏振片叠在一起，其偏振化方向之间的夹角为 $45°$. 一束光强为 I_0 的光垂直入射到偏振片上，该入射光由光强相同的自然光和线偏振光混合而成. 此入射光中线偏振光的光矢量沿什么方向振动才能使透过两个偏振片的透射光强最大？在此情况下，透过第一个偏振片后的和透过两个偏振片后的透射光强各是多大？

解 设以 P_1，P_2 表示两个偏振片，入射光中线偏振光的光矢量振动方向与 P_1 的偏振化方向之间的夹角为 θ，则透过 P_1 后的光强为

$$I_1 = \frac{1}{2}\left(\frac{I_0}{2}\right) + \frac{I_0}{2}\cos^2\theta.$$

连续透过 P_1，P_2 后的光强为

$$I_2 = I_1\cos^2 45° = \left(\frac{I_0}{4} + \frac{I_0}{2}\cos^2\theta\right)\cos^2 45°.$$

要使 I_2 最大，应取 $\cos^2\theta = 1$，即 $\theta = 0$，入射光中线偏振光的光矢量振动方向与 P_1 的偏振化方向平行.

此情况下，

$$I_1 = \frac{3}{4}I_0, \quad I_2 = \frac{3}{4}I_0\cos^2 45° = \frac{3}{8}I_0.$$

【例 11-4】 如图 11-19 所示，将三个偏振片 P_1，P_2，P_3 叠放在一起，P_2 与 P_3 的偏振化方向分别与 P_1 的偏振化方向成 $45°$ 和 $90°$ 角，光强为 I_0 的自然光垂直入射到这三个偏振片.

（1）求透过每一个偏振片后的光强和偏振状态；

（2）如果将 P_2 抽走，情况又如何？

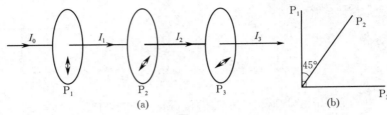

图 11-19

解 （1）根据马吕斯定理，透过 P_1 后的光强为

$$I_1 = \frac{I_0}{2},$$

透过 P_2 后的光强为

$$I_2 = I_1\cos^2 45° = \frac{I_0}{4},$$

透过 P_3 后的光强为

$$I_3 = I_2\cos^2 45° = \frac{I_0}{8},$$

透过每一个偏振片后的偏振状态均为线偏振光.

（2）如果将 P_2 抽走，则 I_1 不变，$I_3 = I_1\cos^2 90° = 0$. 透过 P_1 后仍为线偏振光，没有光从 P_3 透出.

【例 11-5】 如图 11-20 所示，透明介质 Ⅰ，Ⅱ，Ⅲ 之间的三个交界面相互平行，一束自然光以入射角 i 从 Ⅰ 中入射. 试证明：若 Ⅰ，Ⅱ 交界面和 Ⅲ，Ⅰ 交界面上的反射光都是线偏振光，则必有 $n_2 = n_3$.

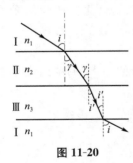

图 11-20

证 根据布儒斯特定律，若 Ⅰ，Ⅱ 交界面上的反射光是线偏振光，则光在 Ⅰ，Ⅱ 交界面上的入射角满足

$$\tan i = \frac{n_2}{n_1}, \quad n_1\sin i = n_2\cos i, \quad i+\gamma = 90°.$$

设光在 Ⅲ，Ⅰ 交界面上的入射角为 i'，当光在 Ⅱ，Ⅲ 交界面进行折射时，根据折射定律有

$$n_2\sin\gamma = n_3\sin i',$$

对上式进行变形，可得

$$n_3\sin i' = n_2\cos i = n_1\sin i,$$

因此光在 Ⅲ，Ⅰ 交界面上的折射角为 i.

光在 Ⅲ，Ⅰ 交界面上的反射光是线偏振光，则 $i'+i = 90°$，因此 $i' = \gamma, n_2 = n_3$.

【例 11-6】 将一平板玻璃放在水中，如图 11-21 所示，板面与水面的夹角为 θ. 已知空气的折射率为 $n_{空气} = 1$，设水和玻璃的折射率分别为 $n = 1.333$ 和 $n' = 1.517$. 已知图中水面的反射光是线偏振光，欲使平板玻璃板面上的反射光也是线偏振光，θ 应为多大？

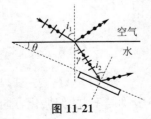

图 11-21

解 根据题目已知条件，设光在水面和平板玻璃板面的入射角分别为 i_1 和 i_2，光在水和空气的交界面上的折射角为 γ. 根据布儒斯特定律，有

$$i_1 = \arctan \frac{n}{n_{空气}} = \arctan 1.333 \approx 53.12°, \quad \gamma = 90° - i_1 = 36.88°.$$

又根据几何关系,有

$$(90° - i_2) + \gamma = 90° - \theta,$$

整理可得 $i_2 = \theta + \gamma$.

欲使平板玻璃板面上的反射光也是线偏振光,则

$$i_2 = \arctan \frac{n'}{n} \approx 48.69°, \quad \theta = i_2 - \gamma = 11.81°.$$

【例 11-7】　如图 11-22(a) 所示为三种透光介质 Ⅰ,Ⅱ,Ⅲ,其折射率分别为 $n_1 = 1.33$, $n_2 = 1.50, n_3 = 1.00$. 两个交界面相互平行. 一束自然光从介质 Ⅰ 中入射到 Ⅰ 与 Ⅱ 的交界面上,若反射光为线偏振光,

(1) 求入射角 i;

(2) 光在 Ⅱ,Ⅲ 交界面上的反射光是不是线偏振光? 为什么?

解　(1) 依题意,自然光从介质 Ⅰ 中入射到 Ⅰ 与 Ⅱ 的交界面上,反射光为线偏振光,根据布儒斯特定律有

$$i = \arctan \frac{n_2}{n_1} = \arctan \frac{1.50}{1.33} \approx 48.44°.$$

(2) 设光在介质 Ⅱ 中的折射角为 γ,根据布儒斯特定律有

$$\gamma = 90° - i = 41.56°.$$

此角在数值上等于在 Ⅱ,Ⅲ 交界面上的入射角.

若 Ⅱ,Ⅲ 交界面上的反射光是线偏振光,则光在 Ⅱ,Ⅲ 交界面上的入射角必须满足布儒斯特定律,即

$$i' = \arctan \frac{n_3}{n_2} = \arctan \frac{1.00}{1.50} \approx 33.70°.$$

因为 $\gamma \neq i'$,故 Ⅱ,Ⅲ 交界面上的反射光不是线偏振光,而是部分偏振光,如图 11-22(b) 所示.

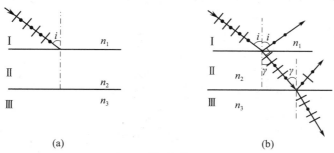

(a)　　　　　　　　　　　　　　　　(b)

图 11-22

【例 11-8】　某种透明介质对于空气的临界角(指全反射) 为 $i_c = 45°$,光从空气射入此介质时的布儒斯特角 i_0 是多少?

解　已知空气的折射率为 $n_{空气} = 1$,设透明介质的折射率为 n_1. 当光从介质射入空气发生全反射现象时,有 $n_1 \sin i_c = n_{空气} \sin 90°$,由此可得 $n_1 = \sqrt{2}$.

根据布儒斯特定律,光从空气射入透明介质的布儒斯特角必须满足

$$i_0 = \arctan \frac{n_1}{n_{空气}} = \arctan \sqrt{2} \approx 54.73°.$$

第三篇模拟题一

一、选择题(每题 3 分,共 30 分)

1. 在真空中波长为 λ 的单色光,在折射率为 n 的透明介质中从 A 点沿某路径传播到 B 点,若波形图上 A,B 两点的相位差为 3π,则此路径的光程为(　　).

A. 1.5λ 　　　　B. $\dfrac{1.5\lambda}{n}$ 　　　　C. $1.5n\lambda$ 　　　　D. 3λ

2. 把杨氏双缝干涉实验装置放在折射率为 n 的水中,两缝间距为 d,双缝到观察屏的距离为 $D(D \gg d)$,所用单色光在真空中的波长为 λ,则观察屏上相邻明纹之间的距离为(　　).

A. $\dfrac{n\lambda D}{d}$ 　　　　B. $\dfrac{\lambda D}{nd}$ 　　　　C. $\dfrac{\lambda d}{nD}$ 　　　　D. $\dfrac{\lambda D}{2nd}$

3. 如题图 3-1 所示,在三种透明材料构成的牛顿环装置中,用波长为 λ 的单色光垂直照射,在反射光中观察到了干涉条纹,则在接触点 P 处形成的圆斑为(　　).

A. 全明

B. 全暗

C. 左半部明,右半部暗

D. 左半部暗,右半部明

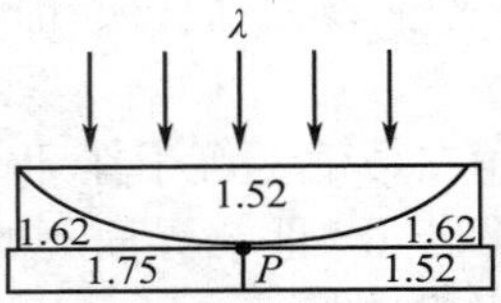

图中数字为各种材料的折射率

题图 3-1

4. 在迈克耳孙干涉仪的一支光路中,放入一折射率为 n 的透明介质薄膜后,测出两束光的光程差的改变量为一个波长 λ,则薄膜的厚度为(　　).

A. $\dfrac{\lambda}{2}$ 　　　　B. $\dfrac{\lambda}{2n}$ 　　　　C. $\dfrac{\lambda}{n}$ 　　　　D. $\dfrac{\lambda}{2(n-1)}$

5. 在单缝夫琅禾费衍射实验中波长为 λ 的单色光垂直照射到单缝上.衍射角为 $30°$ 的方向上,单缝处的波面可分为 3 个半波带,则缝宽 a 等于(　　).

A. λ 　　　　B. 1.5λ 　　　　C. 3λ 　　　　D. 2λ

6. 一束单色平行光垂直照射在光栅上,当光栅常量 $a+b=($　　$)$ 时,$k=3,6,9,\cdots$ 级次的明纹均不出现.

A. $2a$ 　　　　B. $3a$ 　　　　C. $4a$ 　　　　D. $6a$

7. 在双缝衍射实验中,若缝宽 $a=0.030$ mm,两缝中心间距为 $d=0.15$ mm,则在单缝衍射的两个第 1 级暗纹之间出现的明纹条数为(　　).

A. 2 　　　　B. 5 　　　　C. 9 　　　　D. 12

8. 波长为 0.426 nm 的单色光,以 $70°$ 角掠射到岩盐晶体表面上时,在反射方向出现第 1 级极大,则岩盐晶体的晶格常量为(　　).

A. 0.039 nm 　　　B. 0.227 nm 　　　C. 0.584 nm 　　　D. 0.629 nm

9. 光从水面反射时布儒斯特角为 $53°$,如果一束光以 $53°$ 的入射角射入水中,则折射角为（　　）.

    A. 53°   B. 35°   C. 90°   D. 37°

10. 光强为 I_0 的自然光依次通过两个偏振片 P_1 和 P_2，若 P_1 和 P_2 的偏振化方向的夹角为 $\alpha = 30°$，则透射偏振光的强度 I 为（　　）.

    A. $\dfrac{I_0}{4}$ B. $\dfrac{\sqrt{3}\,I_0}{4}$ C. $\dfrac{\sqrt{3}\,I_0}{2}$ D. $\dfrac{3I_0}{8}$

二、填空题（每题 3 分，共 30 分）

1. 在杨氏双缝干涉实验中，光的波长为 600 nm，双缝间距为 2 mm，双缝与观察屏的间距为 3 m. 在观察屏上形成的干涉图样的明纹间距为_____.

2. 一个平凸透镜的顶点和一平板玻璃接触，用单色光照射，观察反射光形成的牛顿环，测得中央暗斑外第 k 级暗环半径为 r_1，现将透镜和平板玻璃之间的空气换成某种液体（其折射率小于玻璃的折射率），第 k 级暗环的半径变为 r_2，由此可知该液体的折射率为_____.

3. 如题图 3-2 所示，平板玻璃和凸透镜构成牛顿环装置，全部浸入折射率为 $n_2 = 1.60$ 的液体中，凸透镜可沿 OO' 轴上下移动，用波长为 $\lambda = 500$ nm 的单色光垂直照射，从上向下观察，看到中心是一个暗斑，此时凸透镜顶点到平板玻璃的距离最少为_____.

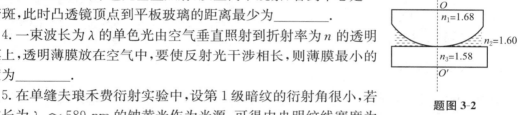

4. 一束波长为 λ 的单色光由空气垂直照射到折射率为 n 的透明薄膜上，透明薄膜放在空气中，要使反射光干涉相长，则薄膜最小的厚度为_____.

题图 3-2

5. 在单缝夫琅禾费衍射实验中，设第 1 级暗纹的衍射角很小，若用波长为 $\lambda_1 \approx 589$ nm 的钠黄光作为光源，可得中央明纹线宽度为 4.0 mm，若用波长为 $\lambda_2 \approx 442$ nm 的蓝紫光作为光源，则其中央明纹线宽度为_____.

6. 题图 3-3 所示为一多缝夫琅禾费衍射光强分布曲线，已知入射光的波长为 600 nm，θ 为衍射角，则这是 $N =$ _____条缝的光栅产生的衍射光强分布曲线，每条缝的宽度为 $a =$ _____，光栅常量为 $d =$ _____.

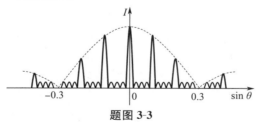

题图 3-3

7. 侦察卫星在距地面为 $s = 160$ km 的轨道上运行，其上有一个焦距为 $f = 1.5$ m 的透镜. 若波长按 550 nm 计算，要使该透镜能分辨出地面上相距为 $l = 0.3$ m 的两个物体，则该透镜的最小直径应为_____.

8. 汽车前灯的光的波长按 $\lambda = 500$ nm 计算，车上两前灯的距离为 $s = 1.22$ m，在夜间人眼瞳孔的直径为 $D = 5$ mm，试根据瑞利判据计算人眼刚能分辨上述两车灯时，人与汽车的距离为 $L =$ _____.

9. 一束光线由空气(折射率为 $n_1 = 1.0$)射入玻璃(折射率为 $n_2 = 1.732$),若没有检测到反射光,则就偏振状态来说入射光为_____,入射角为 $i =$ _____.

10. 三个偏振片 P_1,P_2 与 P_3 堆叠在一起,P_1 与 P_3 的偏振化方向相互垂直,P_2 与 P_1 的偏振化方向的夹角为 $30°$. 光强为 I_0 的自然光垂直照射偏振片 P_1,并依次透过偏振片 P_1,P_2 与 P_3,则通过三个偏振片后的透射光强为_____.

三、判断题(对的画"√",错的画"×")(每小题 1 分,共 6 分)

1. 在杨氏双缝干涉实验中,光源为单色自然光,观察屏上形成了干涉条纹. 若在两缝后各放一个偏振片,则

(1) 干涉条纹的间距不变,但明纹的亮度加强. 　　　　　　　　　　　(　　)

(2) 干涉条纹的间距不变,但明纹的亮度减弱. 　　　　　　　　　　　(　　)

(3) 干涉条纹的间距变窄,且明纹的亮度减弱. 　　　　　　　　　　　(　　)

2. 一束自然光从空气射入一块平板玻璃,如题图 3-4 所示,设入射角为布儒斯特角 i_0,则对在界面 2 的反射光有以下三种说法,请判断正误:

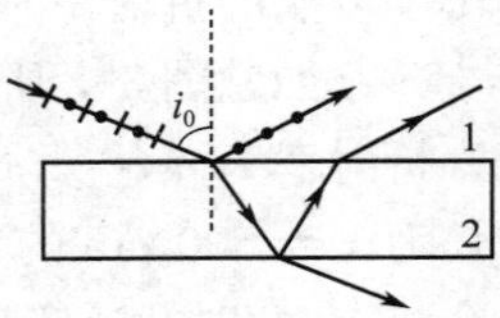

(1) 在界面 2 的反射光是自然光. 　　　　　　　　(　　)

(2) 在界面 2 的反射光是部分偏振光. 　　　　　　(　　)

(3) 在界面 2 的反射光是线偏振光. 　　　　　　　(　　)

题图 3-4

四、分析题(4 分)

要使一束线偏振光通过偏振片之后振动方向转过 $90°$,至少需要让这束光通过几块偏振片? 在此情况下,最大透射光强与入射光强的比值为多少?

五、计算题（每题 10 分，共 30 分）

1. 将杨氏双缝干涉实验装置放在空气中，如题图 3-5 所示，双缝与观察屏之间的距离为 $D = 2$ m，两缝之间的距离为 $d = 0.2$ mm，用波长为 $\lambda = 600$ nm 的单色光垂直照射双缝.

(1) 求坐标原点 O 上方的第 3 级明纹的坐标 x_3；

(2) 若将整个装置浸入某种透明液体中时，坐标原点 O 上方的第 3 级明纹变为了第 4 级明纹，求此液体的折射率 n；

(3) 如果在杨氏双缝干涉实验装置（放在空气中）的缝 S_2 后覆盖一块折射率为 $n = 1.50$ 的薄片，这时观察屏上 O 点处的光程差为 $\delta_0' = 4.5\lambda$，则 O 点处现在是明纹还是暗纹？薄片的厚度 h 是多少？

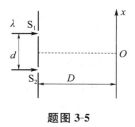

题图 3-5

2. 两块平行平板玻璃构成空气劈尖，用波长为 500 nm 的单色平行光垂直照射劈尖上表面.

(1) 求从棱边算起的第 10 条暗纹处空气膜的厚度；

(2) 使空气劈尖的上表面向上平移 Δe，条纹将如何变化？若 $\Delta e = 2.0$ μm，问原来第 10 条暗纹处现在是明纹还是暗纹？第几级？

3. 一束具有两种波长 λ_1 和 λ_2 的平行光垂直照射到一衍射光栅上，测得波长为 λ_1 的第 3 级明纹的衍射角和波长为 λ_2 的第 4 级明纹的衍射角均为 $30°$，已知 $\lambda_1 = 560$ nm，求：

(1) 光栅常量 d；

(2) 波长 λ_2；

(3) 若光栅常量与缝宽的比值为 $\dfrac{d}{a} = 5$，对波长为 λ_1 的光，观察屏上可能看到的全部明纹的级次.

第三篇模拟题二

一、选择题（每题 3 分，共 30 分）

1. 用白光进行杨氏双缝干涉实验，若用一个纯红色的滤光片遮盖一条缝，再用一个纯蓝色的滤光片遮盖另一条缝，则（　　）.

    A. 干涉条纹的宽度将发生改变
    B. 产生红光和蓝光两套彩色干涉条纹

    C. 干涉条纹的亮度将发生改变
    D. 不发生干涉

2. 用波长为 600 nm 的单色光垂直照射双缝间距为 0.5 mm 的杨氏双缝干涉实验装置. 在缝后 1.20 m 处的观察屏上测得干涉条纹的间距为（　　）.

    A. 1.00 mm
    B. 0.1 mm
    C. 14.4 mm
    D. 1.44 mm

3. 单色光从空气射入水中，下列说法正确的是（　　）.

    A. 光的波长变短，光速变慢
    B. 光的波长不变，频率变大

    C. 光的频率不变，光速不变
    D. 光的波长不变，频率不变

4. 单色平行光垂直照射在薄膜上，经上、下两表面反射的两束光发生干涉，如题图 3-6 所示. 若薄膜的厚度为 e，且 $n_1 < n_2$，$n_3 < n_2$，λ_1 为入射光在折射率为 n_1 的介质中的波长，则两束反射光的光程差为（　　）.

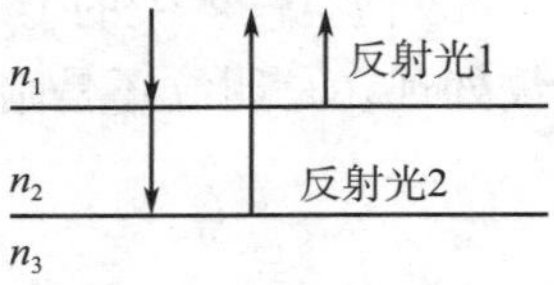

    A. $2n_2 e$

    B. $2n_2 e - \dfrac{\lambda_1}{2n_1}$

    C. $2n_2 e - \dfrac{n_1 \lambda_1}{2}$

    D. $2n_2 e - \dfrac{n_2 \lambda_1}{2}$

题图 3-6

5. 一平板玻璃（折射率为 1.60）上有一油滴（折射率为 1.35），油滴展成中央稍高的扁圆锥形薄膜，如题图 3-7 所示. 设扁圆锥形薄膜高为 1 μm，当波长为 $\lambda = 600$ nm 的单色光垂直照射时，在反射方向看到的干涉条纹的特征为（　　）.

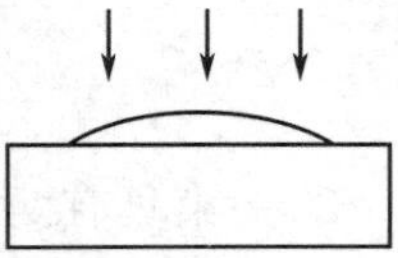

    A. 边缘为明纹，中央为暗纹

    B. 边缘为暗纹，中央为明纹

    C. 边缘为暗纹，中央为暗纹

    D. 边缘为明纹，中央为明纹

题图 3-7

6. 如题图 3-8 所示，两平板玻璃构成一空气劈尖，一单色光垂直照射到空气劈尖上，当两板的夹角 θ 增大时，干涉图样将发生的变化是（　　）.

    A. 干涉条纹的间距增大，并向劈棱方向移动

    B. 干涉条纹的间距减少，并向劈尖开口方向移动

    C. 干涉条纹的间距减少，并向劈棱方向移动

    D. 干涉条纹的间距增大，并向劈尖开口方向移动

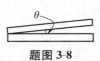

题图 3-8

7. 在白光垂直照射单缝而产生的衍射图样中,波长为 λ_1 的光的第 3 级明纹与波长为 λ_2 的光的第 4 级明纹相重合,则这两种光的波长之比 $\dfrac{\lambda_1}{\lambda_2}$ 为（　　）.

A. $\dfrac{3}{4}$　　　　　　B. $\dfrac{4}{3}$　　　　　　C. $\dfrac{7}{9}$　　　　　　D. $\dfrac{9}{7}$

8. 波长为 400 nm 的光垂直照射到每厘米 6 000 条刻线的光栅上,能观察到的明纹的最高级次是（　　）.

A. 3 级　　　　　　B. 2 级　　　　　　C. 5 级　　　　　　D. 4 级

9. 若双星发光的波长为 540 nm,则以孔径为 127 cm 的望远镜来分辨双星的最小角距为（　　）.

A. 3.2×10^{-3} rad　　B. 1.8×10^{-3} rad　　C. 5.4×10^{-7} rad　　D. 5.2×10^{-7} rad

10. 自然光从空气入射到某介质表面上,当折射角为 30° 时,反射光是线偏振光,则此介质的折射率为（　　）.

A. $\dfrac{1}{2}$　　　　　　B. $\dfrac{\sqrt{2}}{2}$　　　　　　C. $\dfrac{\sqrt{6}}{2}$　　　　　　D. $\sqrt{3}$

二、填空题（每题 3 分,共 30 分）

1. 在实验中用波长为 $\lambda = 500$ nm 的单色光做杨氏双缝干涉实验,现将厚度为 $e = 6.0 \times 10^{-4}$ cm,折射率为 $n = 1.5$ 的透明薄膜遮住上方的缝,则观察屏中干涉条纹将向_____移动,一共移动了_____条条纹.

2. 用波长为 λ 的单色光垂直照射折射率为 n_2 的劈尖薄膜 ($n_1 > n_2$, $n_3 > n_2$),观察反射光的干涉现象,如题图 3-9 所示. 从棱边开始算起的第 2 条明纹对应的膜的厚度为 $e = $ _____.

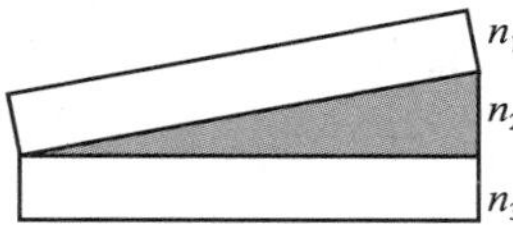

题图 3-9

3. 将白光作为光源做牛顿环实验,得到一系列同心彩色环纹. 在同一级环纹中,偏离中心最远的光是_____.

4. 用波长为 $\lambda = 640$ nm 的光照射迈克耳孙干涉仪,若在其中一条光路中插入一折射率为 $n = 1.5$ 的薄片,将导致望远镜视场中心有 10 条条纹移过,则薄片的厚度为_____.

5. 若衍射光栅的衍射图样中,发现 $k = 3$ 缺级,则 $k = 6$ _____缺级;又若发现 $k = 6$ 缺级,则 $k = 3$ _____缺级（均选填"必定"或"不一定"）.

6. 单色平行光垂直照射在缝宽为 $a = 0.15$ mm 的单缝上,缝后有焦距为 $f = 400$ mm 的透镜,在其焦平面上放置观察屏,现测得观察屏中央明纹两侧的两个第 3 级暗纹之间的距离为 8 mm,则入射光的波长为_____.

7. 一宇航员在 160 km 高空,恰好能分辨地面上两个波长为 550 nm 的点光源,假定宇航员瞳孔的直径为 2 mm,则两点光源的间距为_____.

8. 一束波长为 500 nm 的单色平行光垂直照射光栅常量为 2×10^{-3} mm 的光栅,光栅透光缝的宽度为 1×10^{-3} mm,则第_____级明纹缺级,观察屏上将出现_____条明纹.

9. 自然光强度为 I_0,通过偏振化方向成 45° 夹角的起偏器与检偏器后,透射光强为_____.

10. 一束光垂直入射在偏振片 P 上,以入射光线为轴转动 P,观察通过 P 的光强的变化过程. 若入射光是_____,则将看到光强不变;若入射光是_____,则将看到光强明暗交替变化,有时出现全暗;若入射光是_____,则光强明暗交替变化,但不出现全暗(均选填"自然光""线偏振光" 或"部分偏振光").

三、分析题(5 分)

一台光谱仪备有三块光栅,每毫米刻线分别为 1 200 条、600 条和 90 条.

(1) 若用它们测定 $0.7 \sim 1.0~\mu m$ 波段的红外线,应选用哪块光栅? 为什么?

(2) 若用于测定光谱范围为 $3 \sim 7~\mu m$ 的波段,应选用哪块光栅? 为什么?

四、简答题(5 分)

1. 为什么天文望远镜的物镜特别大?

2. 请回答出两种获得线偏振光的方法.

五、计算题(每题 10 分,共 30 分)

1. 在杨氏双缝干涉实验中,两缝之间的距离为 $d = 0.5~mm$,缝到观察屏的距离为 25 cm,若先后用波长为 400 nm 和 600 nm 的两种单色光照射,

(1) 两种单色光产生的干涉条纹的间距各是多少?

(2) 两种单色光的干涉条纹第一次重叠之处到观察屏中心的距离为多少? 各是第几级明纹?

2. 两平板玻璃之间形成一个楔角为 $\theta = 10^{-4}$ rad 的空气劈尖,若用波长为 $\lambda = 600$ nm 的单色光垂直照射.

(1) 试求第 15 级明纹距劈尖棱边的距离;

(2) 若劈尖中充以某种液体后,观察到第 15 级明纹在平板玻璃上移动了 0.95 cm,试求该液体的折射率.

3. 波长为 600 nm 的单色光垂直照射在一光栅上,第 2 级明纹的衍射角满足 $\sin\theta = 0.2$,第 4 级明纹缺级. 求:

(1) 光栅相邻两缝的间距;

(2) 光栅狭缝最小宽度;

(3) 在观察屏上实际呈现的全部明纹的级次.

第三篇模拟题三

一、选择题（每题 3 分，共 30 分）

1. 真空中波长为 λ 的单色光，在折射率为 n 的透明介质中从 A 点沿某路径传播到 B 点，若 A,B 两点的相位差为 4π，则此路径 AB 的光程为（　　）.

A. 2λ B. $\dfrac{2\lambda}{n}$ C. $2n\lambda$ D. 3λ

2. 在杨氏双缝干涉实验中，若其中一缝的宽度变窄（缝中心位置不变），则（　　）.
A. 干涉条纹的间距变宽
B. 干涉条纹的间距变窄
C. 干涉条纹的间距不变，但暗纹处的光强不再为零
D. 不再发生干涉现象

3. 在牛顿环实验装置中，曲率半径为 R 的平凸透镜的凸面与平板玻璃恰好接触，它们之间充满折射率为 n 的透明介质，垂直照射到牛顿环装置上的单色平行光在真空中的波长为 λ，则反射光形成的干涉条纹中第 k 级暗环的半径 r_k 的表达式为（　　）.

A. $r_k = \sqrt{k\lambda R}$ B. $r_k = \sqrt{\dfrac{k\lambda R}{n}}$

C. $r_k = \sqrt{kn\lambda R}$ D. $r_k = \sqrt{\dfrac{k\lambda}{nR}}$

4. 在折射率为 $n_3 = 1.60$ 的玻璃片表面镀一层折射率为 $n_2 = 1.38$ 的 MgF_2 薄膜作为增透膜. 为了使波长为 $\lambda = 500$ nm 的光，从折射率为 $n_1 = 1.00$ 的空气垂直照射到玻璃片上产生的反射光的光强尽可能地减少，薄膜的最小厚度 e_{min} 应为（　　）.

A. 250 nm   B. 181.2 nm   C. 125 nm   D. 90.6 nm

5. 若在迈克耳孙干涉仪的一条光路中，放入一折射率为 n，厚度为 d 的透明薄片，则这条光路的光程改变了（　　）.

A. $2(n-1)d$ B. $2nd$ C. $2(n-1)d + \dfrac{\lambda}{2}$ D. nd

6. 在单缝夫琅禾费衍射实验中，波长为 λ 的单色光垂直照射到单缝上. 对应于衍射角为 $30°$ 的方向上，若单缝处的波面可分为 4 个半波带，则缝宽 a 等于（　　）.
A. λ B. 1.5λ C. 3λ D. 4λ

7. 某元素的特征光谱中含有波长分别为 $\lambda_1 = 600$ nm 和 $\lambda_2 = 750$ nm 的光谱线. 在光栅光谱中，这两种波长的谱线有重叠现象，在重叠处波长为 λ_2 的光的谱线的级次将是（　　）.
A. $2,3,4,\cdots$ B. $2,5,8,\cdots$
C. $4,8,12,\cdots$ D. $3,6,9,\cdots$

8. 如果远处有两个等光强的点光源(发出的光的波长为550 nm)对一直径为 3 cm、焦距为 20 cm 的会聚透镜光心的张角恰可分辨,则这时形成在观察屏上的两个衍射图样中心之间的距离不小于(　　).

　　A. 4.48 μm　　　　　B. 8.96 μm　　　　　C. 3.01 μm　　　　　D. 3.67 μm

9. 一束光由空气入射玻璃,若没有检测到反射光,设 i_0 为光从空气射向玻璃的布儒斯特角,那么入射光为(　　).

　　A. 入射角 $i \neq i_0$ 的线偏振光　　　　　　　B. 入射角 $i = i_0$ 的线偏振光

　　C. 入射角 $i \neq i_0$ 的部分偏振光　　　　　　D. 入射角 $i = i_0$ 的自然光

10. 光强为 I_0 的自然光依次通过两个偏振片 P_1 和 P_2,若 P_1 和 P_2 的偏振化方向的夹角为 $\alpha = 60°$,则通过两个偏振片的透射光强 I 为(　　).

　　A. $\dfrac{I_0}{4}$　　　　　B. $\dfrac{\sqrt{3}I_0}{4}$　　　　　C. $\dfrac{\sqrt{3}I_0}{2}$　　　　　D. $\dfrac{I_0}{8}$

二、填空题(每题 3 分,共 30 分)

1. 单色平行光垂直照射到双缝上. 观察屏上 P 点到两缝的距离分别为 r_1 和 r_2. 设双缝和观察屏之间充满折射率为 n 的介质,则 P 点处两相干光的相位差为_____.

2. 用波长为 $\lambda = 550$ nm 的平行光垂直照射折射率为 $n = 1.50$ 的劈尖膜,观察反射光的等厚干涉条纹. 从劈尖膜的棱边算起,第 5 条明纹中心对应的劈尖膜厚度为_____.

3. 在空气中有一劈尖膜,其楔角为 $\theta = 1.0 \times 10^{-4}$ rad,在波长为 $\lambda = 700$ nm 的单色光垂直照射下,测得两相邻干涉明纹的间距为 $l = 0.25$ cm,则此劈尖膜的折射率为 $n =$ _____.

4. 用波长为 $\lambda = 600$ nm 的单色光垂直照射牛顿环装置时,从中央向外数第 4 个(不计中央暗斑)暗环对应的空气膜厚度为 $e =$ _____.

5. 在折射率为 $n = 1.50$ 的玻璃上,镀上折射率为 $n' = 1.35$ 的透明介质薄膜. 入射光垂直照射透明介质薄膜,观察反射光的干涉,发现对波长为 $\lambda_1 = 600$ nm 的光干涉相消,对波长为 $\lambda_2 = 700$ nm 的光干涉相长,且在 600 nm 到 700 nm 之间没有别的波长是干涉相消或干涉相长的情形,则所镀介质薄膜的厚度为 $e =$ _____.

6. 如题图 3-10 所示,单色平行可见光垂直照射宽度为 $a = 0.5$ mm 的单缝,单缝后透镜的焦距为 $f = 1.0$ m,在透镜的焦平面处放置一观察屏,在观察屏上形成单缝夫琅禾费衍射条纹. 若离观察屏上中央明纹中心为 1.5 mm 的 P 点处看到的是一条明纹,则入射光的波长为_____;从 P 点处看来,单缝处的波面 AB 被分成_____半波带.

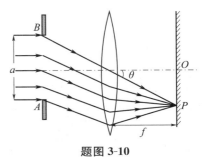

题图 3-10

7. 一束平行光垂直照射到某个光栅上,该光束有两种波长的光,分别为 $\lambda_1 = 440$ nm, $\lambda_2 = 660$ nm. 实验发现,两种波长的谱线(不计中央明纹)第二次重合于衍射角为 $\varphi = 30°$ 的方向上. 此光栅的光栅常量为 $d =$ _____.

8. 某天文台反射式望远镜的通光孔径为 2.5 m,它能分辨的双星的最小夹角为_____ (设光的有效波长为 550 nm).

9. 一束自然光入射玻璃板(空气的折射率为 1),当折射角为 30° 时,反射光是线偏振光,则此玻璃板的折射率等于_____.

10. 三个偏振片 P_1，P_2 与 P_3 堆叠在一起，P_1 与 P_3 的偏振化方向相互垂直，P_2 与 P_1 的偏振化方向的夹角为 45°. 光强为 I_0 的自然光垂直入射 P_1，并依次透过 P_1，P_2 与 P_3，则通过三个偏振片后的透射光强为_____.

三、判断题（对的画"√"，错的画"×"）（每小题 1 分，共 6 分）

1. 在杨氏双缝干涉实验中，做如下变化，可使干涉条纹变密：

(1) 线光源 S 沿平行于 S_1，S_2 连线方向上向下做微小移动.　　　　　　(　　)

(2) 减小双缝间距.　　　　　　(　　)

(3) 把整个装置浸入水中.　　　　　　(　　)

2. 孔径相同的微波望远镜和光学望远镜相比较，前者的分辨本领较小的原因是：

(1) 星体发出的微波能量比可见光能量小.　　　　　　(　　)

(2) 微波更易被大气所吸收.　　　　　　(　　)

(3) 微波的波长比可见光的波长大.　　　　　　(　　)

四、简答题（4 分）

1. 劈尖干涉现象在实践中有哪些应用？

2. 在单缝衍射实验中，衍射明纹和暗纹的条件是什么？

五、计算题(每题 10 分,共 30 分)

1. 在杨氏双缝干涉实验中,波长为 $\lambda = 650$ nm 的单色平行光垂直照射到双缝间距为 $d = 2 \times 10^{-4}$ m 的双缝上,观察屏到双缝的距离为 $D = 2$ m,

(1) 求中央明纹两侧的两条第 5 级明纹中心的间距.

(2) 如果将杨氏双缝干涉实验装置放在折射率为 $n = \dfrac{4}{3}$ 的水中,上述中央明纹两侧的两条第 5 级明纹中心的间距又为多少?

(3) 在杨氏双缝干涉实验装置中,用一透明薄云母片(折射率为 $n = 1.58$)覆盖其中一条狭缝,这时观察屏上原来的第 5 条明纹正好移动到观察屏中央原来中央明纹的位置,云母片厚度为多少?

2. 题图 3-11 所示为一牛顿环装置,设曲率半径为 4 m 的平凸透镜的中心恰好和平板玻璃接触.用某单色平行光垂直照射,观察反射光形成的牛顿环,测得第 5 级明环的半径为 0. 30 cm.

(1) 求入射光的波长;

(2) 设图中 $QA = 1.00$ cm,求在半径为 QA 的圆的范围内可观察到的明环数目.

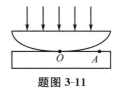

题图 3-11

3. 波长为 600 nm 的单色光垂直照射在一光栅上,光栅后透镜的焦距为 $f = 30$ cm,在透镜焦平面处的观察屏上测得第 2 级明纹衍射角满足 $\sin \theta_2 = 0.25$,第 4 级明纹缺级.试求:

(1) 光栅常量;

(2) 单缝衍射中央明纹的线宽度 Δx_0;

(3) 在选定了上述光栅常量后,衍射角在 $-\dfrac{\pi}{2} < \theta < \dfrac{\pi}{2}$ 范围内可能观察到的全部明纹的级次.

第三篇模拟题四

一、选择题(每题 3 分,共 30 分)

1. 如题图 3-12 所示,S_1,S_2 是两个相干光源,它们到 P 点的距离分别为 r_1 和 r_2. 光源 S_1 到 P 点的路径垂直穿过厚度为 t_1、折射率为 n_1 的介质板,光源 S_2 到 P 点的路径垂直穿过厚度为 t_2、折射率为 n_2 的另一介质板,其余部分可看作真空,则两相干光源经过这两条路径到达 P 点的光程差等于 ( ).

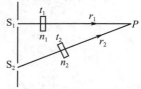

A. $(r_2 + n_2t_2) - (r_1 + n_1t_1)$

B. $[r_2 + (n_2 - 1)t_2] - [r_1 + (n_1 - 1)t_1]$

C. $(r_2 - n_2t_2) - (r_1 - n_1t_1)$

D. $n_2t_2 - n_1t_1$

题图 3-12

2. 如题图 3-13 所示,在杨氏双缝干涉实验中,若单色光源在 S 点处,它到两缝 S_1,S_2 的距离相等,则观察屏上中央明纹位于图中 O 点处. 现将光源从 S 点向下移动到图中的 S' 点,则( ).

A. 中央明纹也向下移动,且条纹间距不变

B. 中央明纹向上移动,且条纹间距不变

C. 中央明纹也向下移动,且条纹间距增大

D. 中央明纹向上移动,且条纹间距增大

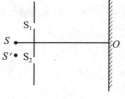

题图 3-13

3. 把牛顿环装置(由折射率为 1.52 的玻璃制成)中平凸透镜和平板玻璃之间的间隙充以折射率为 1.33 的水,则( ).

A. 中心暗斑变成亮斑   B. 干涉圆环变疏

C. 干涉圆环变密   D. 干涉圆环间距不变

4. 波长为 $\lambda = 500$ nm 的单色光垂直照射缝宽为 $a = 0.25$ mm 的单缝,单缝后面放置一透镜,在透镜的焦平面上放置一观察屏来观测衍射条纹. 今测得观察屏上中央明纹两侧的两条第 3 级暗纹之间的距离为 $d = 12$ mm,则透镜的焦距 f 为( ).

A. 2 m   B. 1 m   C. 0.5 m   D. 0.2 m

5. 一束白光垂直照射在一光栅上,在形成的同一级光谱中,偏离中央明纹最远的是( ).

A. 紫光   B. 绿光   C. 黄光   D. 红光

6. 在双缝衍射实验中,若保持双缝 S_1 和 S_2 的中心之间的距离 d 不变,而把两条缝的宽度 a 略微加宽,则( ).

A. 单缝衍射的中央明纹变宽,其中所包含的衍射明纹数目变少

B. 单缝衍射的中央明纹变宽,其中所包含的衍射明纹数目变多

C. 单缝衍射的中央明纹变宽,其中所包含的衍射明纹数目不变

D. 单缝衍射的中央明纹变窄,其中所包含的衍射明纹数目变少

7. 设光栅平面、透镜均与观察屏平行,则当入射的单色平行光从垂直于光栅平面入射变为斜入射时,能观察到的明纹的最高级次( ).

A. 变小   B. 变大   C. 不变   D. 无法确定

8. 对某一确定波长的垂直入射光,衍射光栅的观察屏上只出现了中央明纹和第 1 级明纹,欲使观察屏上出现更高级次的明纹,应该( ).

A. 换一个光栅常量较小的光栅   B. 换一个光栅常量较大的光栅

C. 将光栅向靠近观察屏的方向移动   D. 将光栅向远离观察屏的方向移动

9. 一束光强为 I_0 的自然光垂直穿过两个偏振片,且这两个偏振片的偏振化方向的夹角为 $45°$,则穿过两个偏振片后的透射光强 I 为( ).

A. $\dfrac{I_0}{4\sqrt{2}}$ B. $\dfrac{I_0}{4}$ C. $\dfrac{I_0}{2}$ D. $\dfrac{\sqrt{2}I_0}{2}$

10. 自然光以布儒斯特角由空气入射到一玻璃表面上,反射光为( ).

A. 在入射面内振动的线偏振光

B. 平行于入射面的振动占优势的部分偏振光

C. 垂直于入射面振动的线偏振光

D. 垂直于入射面的振动占优势的部分偏振光

二、填空题(每题 3 分,共 30 分)

1. 真空中波长为 λ 的单色光在折射率为 n 的介质中,由 a 点传播到 b 点相位改变了 π,则路径 ab 对应的光程为_____.

2. 在题图 3-14 所示的劳埃德镜干涉装置中,若光源 S 离观察屏的距离为 D,S 到平面镜的垂直距离为 a(a 很小).设入射光的波长为 λ,则观察屏上相邻条纹中心之间的距离为_____.

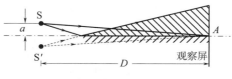

题图 3-14

3. 单色平行光垂直照射到均匀覆盖着薄油膜的玻璃板上,设光源的波长在可见光范围内连续变化,波长变化期间只观察到 500 nm 和 700 nm 这两个波长的光相继在反射光中消失.已知油膜的折射率为 1.33,玻璃板的折射率为 1.5,则油膜的厚度为_____.

4. 在单缝夫琅禾费衍射实验中,观察屏上第 4 级暗纹对应于单缝处的波面可以分割为_____半波带.

5. 波长为 $\lambda = 550$ nm 的单色光垂直照射在光栅常量为 $d = 2 \times 10^{-4}$ cm 的平面衍射光栅上,可能观察到的明纹的最高级次为_____.

6. 衍射光栅明纹中心的公式为 $d\sin\varphi = \pm k\lambda$($k = 0, 1, 2, \cdots$).在衍射角(满足 $d\sin\varphi = 2\lambda$)的

方向上,第 1 条缝与第 6 条缝对应点发出的两条衍射光的光程差为 $\delta = $ _____.

7. 波长为 600 nm 的单色光垂直照射在一光栅上,有 2 个相邻明纹的衍射角分别满足 $\sin \theta_1 = 0.20$ 与 $\sin \theta_2 = 0.30$,且第 4 级明纹缺级,则该光栅的光栅常量为_____.

8. 已知地球到月球的距离为 3.84×10^8 m,设来自月球的光的波长为 600 nm,若在地球上用物镜直径为 1 m 的天文望远镜观察时,刚好将月球一环形山上的两点分辨开,则这两点的距离为_____.

9. 振幅为 A 的线偏振光,垂直入射于一偏振片上,若偏振片的偏振化方向与线偏振光的振动方向的夹角为 $60°$,则透过偏振片的振幅为_____.

10. 自然光和线偏振光的混合光束通过一偏振片,当偏振片以光的传播方向为轴转动时,透射光的光强也跟着改变,如果最大光强和最小光强之比为 $6:1$,那么入射光中自然光和线偏振光的光强之比为_____.

三、分析题(6 分)

在单缝夫琅禾费衍射实验中,观察屏上第 3 级暗纹对应于单缝处的波面可划分为几个半波带?若将缝宽缩小一半,原来第 3 级暗纹处将会出现什么条纹?

四、简答题(4 分)

1. 为什么电子显微镜的分辨本领比普通光学显微镜的分辨本领大?

2. 光的干涉、衍射与偏振现象都能反映光的波动性,但光的偏振现象还能说明光的什么特点?

五、计算题（每题 10 分，共 30 分）

1. 将杨氏双缝干涉实验装置放在空气中，如题图 3-15 所示，双缝与观察屏之间的距离为 $D = 2$ m，两缝之间的距离为 $d = 0.2$ mm，用波长为 $\lambda = 480$ nm 的单色光垂直照射双缝. 求

（1）求坐标原点 O（中央明纹所在处）上方的第 5 级明纹中心的坐标 x_5；

（2）求相邻暗纹中心的间距 Δx；

（3）如果在杨氏双缝干涉实验装置中的缝 S_1 后覆盖一块折射率为 $n_1 = 1.30$ 的薄片，缝 S_2 后覆盖一块折射率为 $n_2 = 1.70$ 的薄片（两薄片的厚度一样），这时观察屏上原来 O 点上方的第 5 级暗纹正好移动到观察屏中央（原来中央明纹的位置），求两薄片的厚度 h.

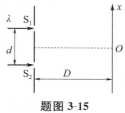

题图 3-15

2. 波长为 $\lambda = 650$ nm 的红光垂直照射到折射率为 $n = 1.33$ 的劈尖膜上，膜面两侧是同一种介质，观察反射光的干涉条纹.

（1）从劈尖膜棱边算起的第 1 条明纹中心所对应的膜厚度为多少？

（2）若相邻的明纹中心的间距为 $l = 6$ mm，上述第 1 条明纹中心到劈尖膜棱边的距离为多少？

3. 如题图 3-16 所示，用波长为 $\lambda = 600$ nm 的单色平行光垂直照射在一个五缝光栅上，光栅后透镜的焦距为 $f = 30$ cm，实验发现在观察屏上衍射角满足 $\sin \theta = 0.5$ 处，光栅衍射的第 3 级明纹与单缝衍射的第 1 级暗纹恰好重合.

（1）求光栅常量 d 和缝宽 a；

（2）求单缝衍射中央明纹的线宽度 Δx_0；

（3）求观察屏上可能呈现的全部明纹的级次；

（4）以 $\sin \theta$ 为横轴，相对光强 $\dfrac{I}{I_0}$ 为纵轴，画出这个五缝光栅的单缝衍射中央明纹内光强分布的示意图.

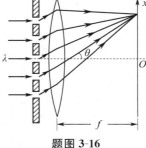

题图 3-16

第四篇 热学和近代物理

第十二单元

气体动理论

一、基本要求

（1）能从微观和统计意义上理解压强、温度、内能等概念，理解系统的宏观量是微观运动的统计表现.

（2）理解理想气体微观模型和有关统计假设及在此基础上推导出的理想气体的压强公式.

（3）理解理想气体的压强和温度的统计意义.

（4）理解能量均分定理的意义及物理基础，会计算理想气体的内能.

（5）理解麦克斯韦速率分布律及速率分布函数和速率分布曲线的意义，理解三种速率的统计意义及计算.

（6）了解玻尔兹曼分布律.

（7）了解气体分子平均碰撞频率和平均自由程.

二、基本概念和规律

1. 基本概念

（1）**热力学系统**：热力学中所研究的对象是由大量微观粒子所组成的宏观物质体系，简称系统.

孤立系统：与外界既无能量交换又无物质交换的系统.

封闭系统：与外界有能量交换但没有物质交换的系统.

开放系统：与外界既有能量交换又有物质交换的系统.

（2）**平衡态**：在不受外界影响的条件下，一个系统中所有可观测的热现象的宏观性质都不随时间改变的状态.平衡态是指系统的宏观性质不发生变化，但从微观来看，分子仍在不停地做无规则热运动,应将平衡态理解为热动平衡状态.平衡态是一种理想状态.

非平衡态:系统内各处的热力学性质不均匀,或者系统中所有可观测的热现象的宏观性质随时间而改变.

2. 理想气体状态方程

理想气体处于平衡态时,其状态方程为

$$pV = \frac{m}{M}RT = \nu RT,$$

式中 m 为气体的质量;M 为气体的摩尔质量;p 为气体的压强;T 为气体的热力学温度;ν 为气体的物质的量;R 为普适气体常量,在国际单位制中,$R = 8.31 \text{ J/(mol \cdot K)}$.

引入玻尔兹曼常量 $k = \frac{R}{N_A} = 1.38 \times 10^{-23} \text{ J/K}$,式中 N_A 为阿伏伽德罗常量,在国际单位制中,$N_A = 6.02 \times 10^{23} \text{ mol}^{-1}$.理想气体状态方程可化为

$$p = nkT,$$

式中 $n = \frac{N}{V}$ 为气体的分子数密度.

3. 热力学第零定律、温度和温标

热力学第零定律:如果两个热力学系统中的每一个系统都与第三个系统的同一平衡态处于热平衡,则这两个系统必定处于热平衡.

根据热力学第零定律,处于热平衡的两个热力学系统具有某种共同的宏观性质,故引入**温度**表示这种性质.

温标:温度的数值表示法.

摄氏温度 t(单位为 ℃)与热力学温度 T(单位为 K)的换算关系:

$$T = t + 273.15.$$

华氏温度 F(单位为 ℉)与摄氏温度 t 的换算关系:

$$F = \frac{9}{5}t + 32.$$

4. 理想气体的压强公式

理想气体处于平衡态时,其压强公式为

$$p = \frac{1}{3}m_0 n \overline{v^2} = \frac{2}{3}n\bar{\varepsilon}_t,$$

式中 m_0 为气体分子的质量,$\bar{\varepsilon}_t = \frac{1}{2}m_0 \overline{v^2}$ 为气体分子的平均平动动能.

注意:① 气体压强产生的原因是分子的不规则热运动,而不是气体的重力;② 压强的实质是气体分子在单位时间施于单位面积容器壁的平均冲量;③ 压强公式是一个统计规律,故压强具有统计意义,对大量分子(或其他微观粒子)构成的系统,压强概念和压强公式才能使用.

5. 理想气体温度公式

根据理想气体状态方程和理想气体的压强公式,可以得到

$$\bar{\varepsilon}_t = \frac{3}{2}kT.$$

注意:① 平均平动动能只与温度有关;② 温度是统计概念,只能用于大量分子,对单个分子,说它有温度是没有意义的;③ 从微观角度阐明了温度的实质,即温度标志着系统分子无规则热运动的剧烈程度;④ 分子运动是永不停息的,所以绝对零度不可能达到(热力学第三定律).

6. 能量均分定理

(1) **自由度**:确定某一物体空间位置所需要的独立坐标数. 对于气体分子,根据分子的结构采用不同的分子模型. 单原子分子可视为质点,双原子分子和多原子分子有刚性和非刚性模型之分. 表 12-1 所示为各种分子的自由度.

表 12-1

分子种类		自由度			
		t(平动)	r(转动)	s(振动)	$i = t+r+s$
单原子分子		3	0	0	3
双原子分子	刚性	3	2	0	5
	非刚性	3	2	1	6
多原子分子	刚性	3	3	0	6
	非刚性	3	3	$3n-6$	$3n$(n 为原子数)

(2) **能量均分定理**:在温度为 T 的平衡态下,气体分子每个自由度的平均动能都相等,且等于 $\frac{1}{2}kT$.

根据能量均分定理,(一个) 气体分子的平均总动能为 $\bar{\varepsilon}_k = \frac{i}{2}kT$,其中 i 为分子的自由度数. $\bar{\varepsilon}_t = \frac{3}{2}kT$ 是平均平动动能;$\bar{\varepsilon}_r = \frac{r}{2}kT$ 是平均转动动能;$\bar{\varepsilon}_s = \frac{s}{2}kT$ 是平均振动动能. 在非刚性模型中才有平均振动动能,而根据振动理论,振动的分子还具有振动势能,且平均振动势能等于平均振动动能,所以非刚性气体分子除了具有 $\bar{\varepsilon}_k = \frac{i}{2}kT$ 的平均总动能之外,还具有 $\bar{\varepsilon}_p = \frac{s}{2}kT$ 的平均振动势能,故该分子具有的平均总能量为

$$\bar{\varepsilon} = \frac{1}{2}(t+r+2s)kT.$$

然而在一般温度条件下,不必考虑分子内原子的振动,即不需要采用非刚性模型.

(3) **理想气体的内能**. 质量为 m、摩尔质量为 M 的理想气体的内能为

$$E = \frac{m}{M}\frac{i}{2}RT = \nu\frac{i}{2}RT.$$

在一般温度条件下,上式中的自由度采用刚性模型.

注意:① 内能是系统中所有分子具有的能量之和,是宏观量;而分子的平均总能量是一个分子具有的,是微观量;② 一定质量的某种理想气体的内能,只取决于分子的自由度和气体的温度,与气体的体积、压强无关,即内能是温度的单值函数.

7. 麦克斯韦速率分布律

（1）速率分布函数

$$f(v) = \frac{\mathrm{d}N}{N\mathrm{d}v}.$$

其物理意义是描述分子运动速率分布状态的函数,式中 N 为气体分子总数.

在如图 12-1 所示的速率分布曲线图中,$f(v)\mathrm{d}v$ 即小窄条面积表示速率在 $v \sim v + \mathrm{d}v$ 区间内的分子数占总分子数的百分比.

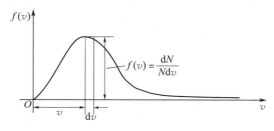

$$f(v) = \frac{\mathrm{d}N}{N\mathrm{d}v}$$

图 12-1

归一化条件:

$$\int_0^\infty f(v)\mathrm{d}v = 1.$$

其几何意义是速率分布曲线下的总面积等于 1.

（2）**麦克斯韦速率分布函数.**

当气体处于温度为 T 的平衡态且无外力场作用时,气体分子速率分布状态的函数为

$$f(v) = 4\pi \left(\frac{m_0}{2\pi kT}\right)^{\frac{3}{2}} \mathrm{e}^{-\frac{m_0 v^2}{2kT}} v^2,$$

麦克斯韦速率分布律适用于处于平衡态的由大量分子组成的气体系统.

应用麦克斯韦速率分布函数可求某个与速率相关的量 x 分布在 (v_1, v_2) 范围内的统计平均值,即

$$\overline{x} = \frac{\int_{v_1}^{v_2} Nxf(v)\mathrm{d}v}{\int_{v_1}^{v_2} Nf(v)\mathrm{d}v} = \frac{\int_{v_1}^{v_2} xf(v)\mathrm{d}v}{\int_{v_1}^{v_2} f(v)\mathrm{d}v}.$$

注意:不要误认为求 x 的统计平均值的表达式为 $\overline{x} = \int_{v_1}^{v_2} xf(v)\mathrm{d}v$.

（3）**三种速率.**

最概然速率（讨论速率分布）:$v_{\mathrm{p}} = \sqrt{\dfrac{2kT}{m_0}} = \sqrt{\dfrac{2RT}{M}}$.

对大量分子而言,在相同的速率间隔中,气体分子速率在 v_{p} 附近的分子数最多;对单个分

子而言,速率在 v_p 附近的概率最大.

平均速率(研究碰撞):$\bar{v} = \sqrt{\dfrac{8kT}{\pi m_0}} = \sqrt{\dfrac{8RT}{\pi M}}$.

方均根速率(计算平均平动动能):$\sqrt{\bar{v^2}} = \sqrt{\dfrac{3kT}{m_0}} = \sqrt{\dfrac{3RT}{M}}$.

（4）**麦克斯韦速率分布曲线的主要特征 —— 单峰性**.峰值对应的速率即最概然速率 $v_p = \sqrt{\dfrac{2RT}{M}}$,峰值为

$$f_{max} = f(v_p) = \frac{\sqrt{\dfrac{8m_0}{\pi kT}}}{e}.$$

从表达式可知,对于同种气体,$v_p \propto \sqrt{T}$,$f_{max} \propto \dfrac{1}{\sqrt{T}}$,如图 12-2 所示.对于温度相同的不同气体,$v_p \propto \dfrac{1}{\sqrt{m_0}}$,$f_{max} \propto \sqrt{m_0}$,如图 12-3 所示.

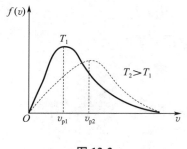

图 12-2

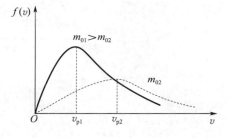

图 12-3

（5）**玻尔兹曼分布律**.玻尔兹曼将麦克斯韦速率分布律推广到分子在外力场中运动的情形,平衡态下某状态区间(粒子能量为 E_p）的粒子数正比于 $e^{-\frac{E_p}{kT}}$.

重力场中粒子按高度分布的规律为

$$n = n_0 e^{-\frac{m_0 gz}{kT}},$$

式中 z 表示粒子所处的高度,n_0 表示 $z = 0$ 处单位体积中的粒子数.

8. 气体分子的平均自由程

平均碰撞频率:每个分子每秒钟与其他分子碰撞的平均次数,其表达式为

$$\bar{Z} = \sqrt{2}\pi d^2 \bar{v} n,$$

式中 d 为分子的有效直径.

平均自由程:每两次连续碰撞间一个分子自由路程的平均值,其表达式为

$$\bar{\lambda} = \frac{\bar{v}}{\bar{Z}} = \frac{1}{\sqrt{2}\pi d^2 n} = \frac{kT}{\sqrt{2}\pi d^2 p}.$$

附:知识脉络图

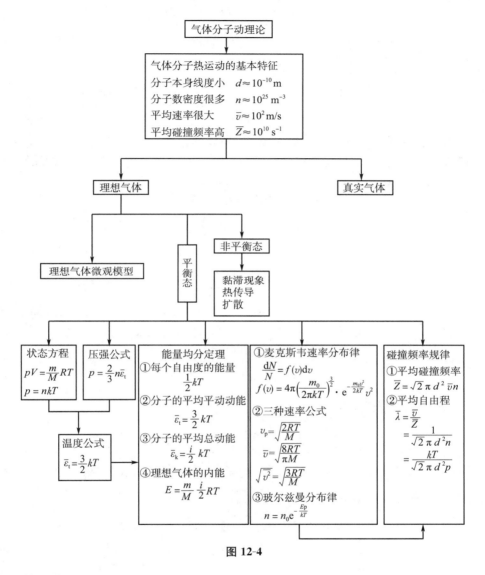

图 12-4

三、典型例题

【例 12-1】 两瓶不同种类的理想气体温度 T,压强 p 相同,体积 V 不同,试比较下列物理量是否相同:(1) 分子数密度 n;(2) 单位体积分子的总平动动能 $\dfrac{\overline{E_t}}{V}$;(3) 气体密度 ρ.

解 (1) 设两种理想气体的分子数密度分别为 n_1, n_2,因为 T, p 相同,由理想气体状态方程 $p = nkT$ 可得 $n_1 = n_2$,所以两种气体的分子数密度相同.

(2) 气体分子的平均平动动能为

$$\bar{\varepsilon}_t = \frac{3}{2}kT,$$

则单位体积分子的总平动动能为

$$\frac{\overline{E}_t}{V} = n\overline{\varepsilon}_t = \frac{3}{2}nkT.$$

因为 T 相同，$n_1 = n_2$，所以 $\left(\dfrac{\overline{E}_t}{V}\right)_1 = \left(\dfrac{\overline{E}_t}{V}\right)_2$，即两种气体单位体积分子的总平动动能相同.

（3）由理想气体状态方程 $pV = \dfrac{m}{M}RT$ 可得

$$\frac{p}{T} = \frac{m}{V}\frac{R}{M} = \rho\frac{R}{M}.$$

虽然 T, p 相同，但两种气体的摩尔质量 M 不同，所以两种气体的密度不同.

【例 12-2】　一定质量的理想气体储存于某一容器中，温度为 T，气体分子的质量为 m_0. 根据理想气体的分子模型和统计假设，试计算分子速度在 x 方向的分量平方的平均值.

解　根据理想气体的分子模型和统计假设，有

$$\overline{v_x^2} = \overline{v_y^2} = \overline{v_z^2} = \frac{1}{3}\overline{v^2}.$$

由方均根速率 $\sqrt{\overline{v^2}} = \sqrt{\dfrac{3kT}{m_0}}$ 可得 $\overline{v^2} = \dfrac{3kT}{m_0}$，所以

$$\overline{v_x^2} = \frac{1}{3}\overline{v^2} = \frac{kT}{m_0}.$$

【例 12-3】　水蒸气分解成同温度的氢气和氧气，求内能的变化.

解　水蒸气成分为 H_2O，即多原子分子，用刚性模型计算其内能为

$$E = \nu\frac{i}{2}RT = 3\nu RT.$$

水蒸气分解成氢气和氧气，即

$$H_2O \longrightarrow H_2 + \frac{1}{2}O_2,$$

上式表明 ν mol 水蒸气分解为 ν mol 氢气，$\dfrac{\nu}{2}$ mol 氧气，而氢气、氧气同为双原子分子气体，则氢气和氧气的内能分别为

$$E_{H_2} = \frac{5}{2}\nu RT, \quad E_{O_2} = \frac{\nu}{2}\frac{5}{2}RT = \frac{5}{4}\nu RT,$$

氢气和氧气的总内能为

$$E_{H_2} + E_{O_2} = \frac{15}{4}\nu RT.$$

内能从 $3\nu RT$ 变为 $\dfrac{15}{4}\nu RT$，即 $\Delta E = \dfrac{3}{4}\nu RT$，则

$$\frac{\Delta E}{E} = \frac{1}{4} = 25\%,$$

内能增加了 25%.

【例 12-4】　在容积为 10^{-2} m^3 的容器中，装有质量为 200 g 的气体，若气体分子的方均根速率为 200 m/s，则气体的压强为多少？

解　由理想气体的压强公式

$$p = \frac{2}{3} n \bar{\varepsilon}_t = \frac{1}{3} m_0 n \overline{v^2},$$

可得　　　　　$$p = \frac{1}{3} \rho \overline{v^2} = \frac{1}{3} \frac{m}{V} \overline{v^2} = \frac{1}{3} \times \frac{200 \times 10^{-3}}{10^{-2}} \times 200^2 \ \text{Pa} \approx 2.67 \times 10^5 \ \text{Pa}.$$

【例 12-5】　在压强为 1 atm、温度为 0 ℃ 的情况下,气体分子间的平均距离 $\bar{l}$ 为多少?

解　假定气体分子以平均距离 $\bar{l}^3$ 等间距排列,如图 12-5 所示,则一个分子具有的有效体积为 $\bar{l}^3$. 设体积为 V 的空间中具有 N 个气体分子,则有 $V = N \bar{l}^3$,即

$$\bar{l}^3 = \frac{V}{N} = \frac{1}{n} = \frac{kT}{p}.$$

于是

$$\bar{l} = \sqrt[3]{\frac{kT}{p}} = \sqrt[3]{\frac{1.38 \times 10^{-23} \times 273.15}{101\ 325}} \ \text{m} \approx 3.34 \times 10^{-9} \ \text{m}.$$

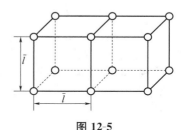

图 12-5

【例 12-6】　1 mol 氧气储存于一容器中,温度为 27 ℃.

(1) 这瓶氧气的内能为多少?

(2) 氧分子的平均平动动能为多少?

(3) 氧分子的平均总动能为多少?

解　(1) 这瓶氧气的内能为

$$E = \nu \frac{i}{2} RT = \frac{5}{2} RT = \frac{5}{2} \times 8.31 \times (27 + 273.15) \ \text{J} \approx 6.24 \times 10^3 \ \text{J}.$$

(2) 氧分子的平均平动动能为

$$\bar{\varepsilon}_t = \frac{3}{2} kT = \frac{3}{2} \times 1.38 \times 10^{-23} \times 300.15 \ \text{J} \approx 6.21 \times 10^{-21} \ \text{J}.$$

(3) 氧分子的平均总动能为

$$\bar{\varepsilon}_k = \frac{i}{2} kT = \frac{5}{2} kT = \frac{5}{2} \times 1.38 \times 10^{-23} \times 300.15 \ \text{J} \approx 1.04 \times 10^{-20} \ \text{J}.$$

【例 12-7】　储存于容积为 $10^{-3} \ \text{m}^3$ 的容器中的某种气体的总分子数为 $N = 10^{23}$,气体分子的质量为 $5 \times 10^{-26} \ \text{kg}$,分子的方均根速率为 400 m/s. 求气体的压强、气体分子的总平动动能以及气体的温度.

解　由理想气体的压强公式

$$p = \frac{2}{3} n \bar{\varepsilon}_t = \frac{2}{3} n \left(\frac{1}{2} m_0 \overline{v^2} \right) = \frac{2}{3} \frac{N}{V} \left(\frac{1}{2} m_0 \overline{v^2} \right) = \frac{N m_0 \overline{v^2}}{3V},$$

解得气体的压强为

$$p = \frac{10^{23} \times 5 \times 10^{-26} \times 400^2}{3 \times 10^{-3}} \ \text{Pa} \approx 2.67 \times 10^5 \ \text{Pa}.$$

气体分子的总平动动能为

$$\overline{E}_t = N \bar{\varepsilon}_t = N \frac{1}{2} m_0 \overline{v^2} = \frac{10^{23} \times 5 \times 10^{-26} \times 400^2}{2} \ \text{J} = 400 \ \text{J}.$$

由理想气体的状态方程 $p = nkT$ 可得气体的温度为

$$T = \frac{p}{nk} = \frac{pV}{Nk} = \frac{2.67 \times 10^5 \times 10^{-3}}{10^{23} \times 1.38 \times 10^{-23}} \ \text{K} \approx 193 \ \text{K}.$$

【例 12-8】　在容积为 $3 \times 10^{-2} \ \text{m}^3$ 的容器中,储有 $2 \times 10^{-2} \ \text{kg}$ 的气体,其压强为 $50.7 \times 10^3 \ \text{Pa}$. 试求气体分子的最概然速率、平均速率和方均根速率.

解　由理想气体状态方程 $pV = \dfrac{m}{M}RT$,可得气体分子的最概然速率为

$$v_{\mathrm{p}} = \sqrt{\frac{2RT}{M}} = \sqrt{\frac{2pV}{m}} = \sqrt{\frac{2 \times 50.7 \times 10^3 \times 3 \times 10^{-2}}{2 \times 10^{-2}}} \ \mathrm{m/s} = 390 \ \mathrm{m/s}.$$

气体分子的平均速率为

$$\overline{v} = \sqrt{\frac{8RT}{\pi M}} = \sqrt{\frac{8pV}{\pi m}} = \sqrt{\frac{8 \times 50.7 \times 10^3 \times 3 \times 10^{-2}}{3.14 \times 2 \times 10^{-2}}} \ \mathrm{m/s} \approx 440.2 \ \mathrm{m/s}.$$

气体分子的方均根速率为

$$\sqrt{\overline{v^2}} = \sqrt{\frac{3RT}{M}} = \sqrt{\frac{3pV}{m}} = \sqrt{\frac{3 \times 50.7 \times 10^3 \times 3 \times 10^{-2}}{2 \times 10^{-2}}} \ \mathrm{m/s} \approx 477.7 \ \mathrm{m/s}.$$

【例 12-9】　如图 12-6 所示的两条曲线分别表示氢气和氧气在同一温度下的麦克斯韦速率分布曲线. 求氢分子和氧分子的最概然速率.

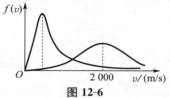

图 12-6

解　由 $v_{\mathrm{p}} = \sqrt{\dfrac{2kT}{m_0}}$ 可知,在相同温度下,分子质量大的气体最概然速率小. 由于 $m_{\mathrm{H_2}} < m_{\mathrm{O_2}}$,所以 $v_{\mathrm{pH_2}} > v_{\mathrm{pO_2}}$,则

$$v_{\mathrm{pH_2}} = 2\,000 \ \mathrm{m/s}, \quad v_{\mathrm{pO_2}} = \sqrt{\frac{m_{\mathrm{H_2}}}{m_{\mathrm{O_2}}}} v_{\mathrm{pH_2}} = 500 \ \mathrm{m/s}.$$

注意:速率分布函数要满足归一化条件,当 v_{p} 增大时,所对应的峰值 $f(v_{\mathrm{p}})$ 一定减小.

【例 12-10】　有 20 个分子,速率分布如下:2 个具有速率 v_0,3 个具有速率 $2v_0$,5 个具有速率 $3v_0$,4 个具有速率 $4v_0$,3 个具有速率 $5v_0$,2 个具有速率 $6v_0$,1 个具有速率 $7v_0$. 求:(1) 分子的平均速率;(2) 分子的方均根速率;(3) 分子的最概然速率.

解　根据求平均值的普遍公式 $\overline{x} = \dfrac{x_1 + x_2 + x_3 + \cdots + x_N}{N}$ 可得:

(1) 分子的平均速率为

$$\overline{v} = \frac{2 \times v_0 + 3 \times 2v_0 + 5 \times 3v_0 + 4 \times 4v_0 + 3 \times 5v_0 + 2 \times 6v_0 + 1 \times 7v_0}{20}$$

$$= \frac{73}{20}v_0 = 3.65v_0.$$

(2) 分子的方均根速率为

$$\sqrt{\overline{v^2}} = \left[\frac{2 \times v_0^2 + 3 \times (2v_0)^2 + 5 \times (3v_0)^2 + 4 \times (4v_0)^2 + 3 \times (5v_0)^2 + 2 \times (6v_0)^2 + (7v_0)^2}{20} \right]^{\frac{1}{2}}$$

$$= \left(\frac{319v_0^2}{20} \right)^{\frac{1}{2}} \approx 3.99v_0.$$

(3) 由最概然速率的定义可知,要求某速率附近的分子数占总分子数的百分比最大,由已知条件可知,总共 20 个分子,其中速率为 $3v_0$ 的分子数最多,为 5 个,所以

$$v_{\mathrm{p}} = 3v_0.$$

【例 12-11】　用总分子数 N、气体分子速率 v 和速率分布函数 $f(v)$ 表示下列各量:(1) 速率大于 v_0 的分子数;(2) 速率大于 v_0 的分子的平均速率;(3) 多次观察某一分子的速率,发现其速率大于 v_0 的概率.

解　(1) 由速率分布函数 $f(v) = \dfrac{\mathrm{d}N}{N\mathrm{d}v}$ 的物理意义可得,速率大于 v_0 的分子数为

$$N_{v>v_0} = \int_{v_0}^{\infty} Nf(v)\mathrm{d}v.$$

（2）根据求平均值的普遍公式 $\overline{x} = \dfrac{x_1 + x_2 + x_3 + \cdots + x_N}{N}$ 可知，要求速率大于 v_0 的分子的平均速率，分母应为速率从 v_0 到 ∞ 的分子数，即（1）中的 $N_{v>v_0} = \int_{v_0}^{\infty} Nf(v)\mathrm{d}v$，分子为 $\int_{v_0}^{\infty} Nvf(v)\mathrm{d}v$. 所以

$$\overline{v}_{v>v_0} = \frac{\int_{v_0}^{\infty} Nvf(v)\mathrm{d}v}{\int_{v_0}^{\infty} Nf(v)\mathrm{d}v} = \frac{\int_{v_0}^{\infty} vf(v)\mathrm{d}v}{\int_{v_0}^{\infty} f(v)\mathrm{d}v}.$$

（3）多次观察某一分子的速率，发现其速率大于 v_0 的概率等价于速率大于 v_0 的分子数占总分子数的百分比，所以答案为 $\int_{v_0}^{\infty} f(v)\mathrm{d}v$.

【例 12-12】　求上升到什么高度处大气压强减小到地面的 75%，已知空气的温度为 273 K，摩尔质量为 0.028 9 kg/mol，$g = 9.8$ m/s^2.

解　设地面的大气压强为 p_0，当上升到高度为 z 时大气压强为 p. 由玻尔兹曼分布律，在温度为 T 的平衡态下，空气微粒在重力场中的分布规律为 $n = n_0 \mathrm{e}^{-\frac{m_0 gz}{kT}}$. 由此式可得

$$z = -\frac{RT}{Mg}\ln\frac{p}{p_0} = -\frac{8.31 \times 273}{0.028\,9 \times 9.8} \times \ln 0.75 \text{ m} \approx 2\,304 \text{ m}.$$

【例 12-13】　求氢气在标准状态下的平均自由程和平均碰撞频率. 已知氢分子的有效直径为 2×10^{-10} m，氢气的摩尔质量为 2×10^{-3} kg/mol. 若温度不变，体积减小，则氢分子的平均碰撞频率和平均自由程如何改变？

解　在标准状态下，温度为 $T = 273.15$ K，压强为 $p = 101\,325$ Pa. 由理想气体状态方程

$$p = nkT,$$

解得氢分子的分子数密度为

$$n = \frac{p}{kT} = \frac{101\,325}{1.38 \times 10^{-23} \times 273.15} \text{ m}^{-3} \approx 2.69 \times 10^{25} \text{ m}^{-3}.$$

氢分子的平均自由程为

$$\overline{\lambda} = \frac{1}{\sqrt{2}\pi d^2 n} = \frac{1}{\sqrt{2} \times 3.14 \times (2 \times 10^{-10})^2 \times 2.69 \times 10^{25}} \text{ m} \approx 2.09 \times 10^{-7} \text{ m}.$$

在标准状态下，氢分子的平均速率为

$$\overline{v} = \sqrt{\frac{8RT}{\pi M}} = \sqrt{\frac{8 \times 8.31 \times 273.15}{3.14 \times 2 \times 10^{-3}}} \text{ m/s} \approx 1.70 \times 10^3 \text{ m/s},$$

则氢分子的平均碰撞频率为

$$\overline{Z} = \frac{\overline{v}}{\overline{\lambda}} = \frac{1.70 \times 10^3}{2.09 \times 10^{-7}} \text{ s}^{-1} \approx 8.13 \times 10^9 \text{ s}^{-1}.$$

温度 T 不变，$\overline{v} = \sqrt{\dfrac{8RT}{\pi M}}$，则 $\overline{v}$ 不变；温度 T 不变，体积 V 变小，则压强 p 变大，气体分子数密度 n 增大. 所以，平均自由程 $\overline{\lambda}$ 变小，平均碰撞频率 $\overline{Z}$ 变大.

第十三单元

热力学基础

一、基本要求

(1) 理解准静态过程及其图线表示法. 掌握功、热量、内能等概念.

(2) 掌握热力学第一定律,能熟练地分析、计算理想气体各等值过程和绝热过程中的功、热量、内能的增量及理想气体定压、定容摩尔热容.

(3) 掌握卡诺循环,能熟练计算热机效率. 了解制冷系数.

(4) 理解热力学第二定律的两种表述,了解两种表述的等价性.

(5) 了解熵的概念、熵增加原理和热力学第二定律的统计意义.

二、基本概念和规律

1. 准静态过程

(1) **过程**:系统在外界影响下,从一个状态到另一个状态的变化过程.

(2) **准静态过程(平衡过程)**:热力学系统变化过程中的每一个时刻,系统的状态都无限接近于平衡态. 准静态过程可看作无限缓慢变化的过程,使热力学系统所经历的一系列中间状态都无限接近平衡态的过程.

弛豫时间:系统从平衡态被破坏到新平衡态被建立所需的时间. 若系统的弛豫时间远小于某过程的进行时间,则该过程可近似看作准静态过程.

准静态过程的图线表示:一定质量的气体的每一个平衡态可用一组(p, V, T)表示,通常用p-V图上的一点表示气体的平衡状态,用一条光滑的曲线表示一个准静态过程.

2. 功

(1) **准静态过程的功(体积功)**:$\mathrm{d}A = p\mathrm{d}V$,$A = \int_{V_1}^{V_2} p\mathrm{d}V$.

(2) **功是过程量**. 做功的结果可以改变系统的状态,做功是能量传递与转化的一种方式. 功是标量,其正负规定如下:

若$\mathrm{d}V > 0$,系统体积膨胀,则$\mathrm{d}A > 0$,即系统对外界做正功;若$\mathrm{d}V < 0$,系统体积压缩,则$\mathrm{d}A < 0$,即系统对外界做负功或外界对系统做正功.

(3) **功的几何表示**. 在p-V图(见图13-1)中,$\mathrm{d}A = p\mathrm{d}V$表示图中小窄条的面积,所以功在数值上等于$p$-$V$图上过程曲线下的面

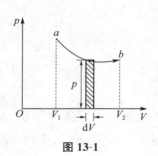

图 13-1

积,根据过程曲线的方向可判断功的正负.

（4）计算功的三种方法.第一种,可以直接用公式 $A = \int_{V_1}^{V_2} p dV$ 进行计算;第二种,计算 p-V 图中曲线下的面积(尤其适合形状规则的区域);第三种,利用热力学第一定律计算.

3. 热量

（1）**热量是过程量**.热量同功一样是能量传递与转化的量度.热量也是标量,其正负规定如下:

$dQ > 0$,表示系统从外界吸热;$dQ < 0$,表示系统向外界放热.

注意:虽然做功和传热都是能量传递的方式,但它们在本质上是有区别的.做功是通过系统(或系统的一部分)的宏观位移来完成的;而传热是通过分子之间的相互作用来完成的.

（2）**摩尔热容**.

定容摩尔热容:
$$C_{V,\mathrm{m}} = \frac{1}{\nu}\left(\frac{dQ}{dT}\right)_V = \frac{(dQ)_V}{\frac{m}{M}dT}.$$

定容过程热量计算:
$$Q_V = \frac{m}{M}\int_{T_1}^{T_2} C_{V,\mathrm{m}} dT = \nu \int_{T_1}^{T_2} C_{V,\mathrm{m}} dT.$$

定压摩尔热容:
$$C_{p,\mathrm{m}} = \frac{1}{\nu}\left(\frac{dQ}{dT}\right)_p = \frac{(dQ)_p}{\frac{m}{M}dT}.$$

定压过程热量计算:
$$Q_p = \frac{m}{M}\int_{T_1}^{T_2} C_{p,\mathrm{m}} dT = \nu \int_{T_1}^{T_2} C_{p,\mathrm{m}} dT.$$

理想气体的定容摩尔热容:
$$C_{V,\mathrm{m}} = \frac{i}{2}R.$$

理想气体的定压摩尔热容:
$$C_{p,\mathrm{m}} = \frac{i+2}{2}R.$$

迈耶公式:
$$C_{p,\mathrm{m}} = C_{V,\mathrm{m}} + R.$$

比热容比:
$$\gamma = \frac{C_{p,\mathrm{m}}}{C_{V,\mathrm{m}}} = \frac{i+2}{2}.$$

上述式子中 $\nu = \frac{m}{M}$ 为气体的物质的量,这里 m 为气体的质量,M 为气体的摩尔质量;i 为气体分子的自由度;R 为普适气体常量.

（3）计算热量的三种方法.第一种,根据热容的相应公式进行计算,要注意不同的热力学过程对应的热容是不同的;第二种,根据热力学第一定律计算;第三种,根据温熵图(T-S 图)进行计算,但该方法在普通物理中不要求掌握.

4. 内能

内能是系统内分子无规则热运动的动能与分子间相互作用势能的总和.内能是状态量.

（1）理想气体的内能 $E = \frac{m}{M}\frac{i}{2}RT = \frac{i}{2}\nu RT = \nu C_{V,\mathrm{m}}T$.

（2）理想气体内能的增量
$$\Delta E = E_2 - E_1 = \frac{m}{M}\int_{T_1}^{T_2}\frac{i}{2}R dT = \frac{m}{M}\int_{T_1}^{T_2} C_{V,\mathrm{m}} dT = \nu C_{V,\mathrm{m}}(T_2 - T_1).$$

理想气体的内能只与气体的温度有关,内能的增量只与气体的始、末温度有关,与所经历的过程无关.

（3）计算理想气体内能增量的两种方法.第一种,用公式 $\Delta E = \nu C_{V,\mathrm{m}}(T_2 - T_1)$ 计算;第二种,根据热力学第一定律计算.

5. 热力学第一定律

热力学第一定律:系统从外界吸收的热量,一部分使系统的内能增加,一部分用于系统对外界做功,其数学表达式为

$$Q = \Delta E + A.$$

对于微小的过程: $\qquad\qquad\qquad \mathrm{d}Q = \mathrm{d}A + \mathrm{d}E.$

应用热力学第一定律只需要初态和终态是平衡态,至于过程中所经历的中间状态并不需要一定是平衡态.

热力学第一定律的另一种表述:第一类永动机是不可能造成的.

第一类永动机:不需要任何动力和燃料,却能不断对外做功的机器.

6. 理想气体的等值过程和绝热过程

状态参量 p,V,T 分别保持为常量的过程即为该参量的等值过程,分别为等压过程、等容过程和等温过程;绝热过程有准静态绝热和绝热自由膨胀两种重要过程,准静态绝热过程是准静态过程,而绝热自由膨胀过程是非准静态过程,其每一个中间状态都不是平衡态.理想气体各过程的过程方程、参量关系、对外做功、吸收热量、内能增量及摩尔热容的计算如表 13-1 所示.

表 13-1

过程	过程方程	参量关系	对外做功	吸收热量	内能增量	摩尔热容
等容	$V =$ 常量	$V_1 = V_2$ $\dfrac{p_1}{p_2} = \dfrac{T_1}{T_2}$	$A = 0$	$Q =$ $\nu C_{V,\mathrm{m}}(T_2 - T_1)$	$\Delta E =$ $\nu C_{V,\mathrm{m}}(T_2 - T_1)$	$C_{V,\mathrm{m}} = \dfrac{i}{2} R$
等压	$p =$ 常量	$p_1 = p_2$ $\dfrac{V_1}{V_2} = \dfrac{T_1}{T_2}$	$A = p(V_2 - V_1)$ $= \nu R(T_2 - T_1)$	$Q =$ $\nu C_{p,\mathrm{m}}(T_2 - T_1)$	$\Delta E =$ $\nu C_{V,\mathrm{m}}(T_2 - T_1)$	$C_{p,\mathrm{m}} = \dfrac{i+2}{2} R$
等温	$T =$ 常量	$T_1 = T_2$ $p_1 V_1 = p_2 V_2$	$A = \nu R T \ln \dfrac{V_2}{V_1}$ $= \nu R T \ln \dfrac{p_1}{p_2}$	$Q = A$	$\Delta E = 0$	—
准静态绝热	$pV^\gamma =$ 常量 $TV^{\gamma-1} =$ 常量 $p^{\gamma-1}T^{-\gamma} =$ 常量	$p_1 V_1^\gamma = p_2 V_2^\gamma$ $T_1 V_1^{\gamma-1} = T_2 V_2^{\gamma-1}$ $p_1^{\gamma-1} T_1^{-\gamma} = p_2^{\gamma-1} T_2^{-\gamma}$	$A = -\nu C_{V,\mathrm{m}}(T_2 - T_1)$ $= \dfrac{1}{\gamma-1}(p_1 V_1 - p_2 V_2)$ $= \dfrac{\nu R}{\gamma-1}(T_1 - T_2)$	0	$\Delta E = -A$	0
绝热自由膨胀	—	$T_1 = T_2$ $p_1 V_1 = p_2 V_2$	0	0	$\Delta E = 0$	—

注意:① 在 p-V 图中,绝热线的斜率比等温线的斜率大,即曲线陡一些,所以膨胀相同体积绝热过程比等温过程压强下降得快.② 绝热自由膨胀过程的特点:与外界没有热量交换,没有对外做功,故内能不变,因而温度不变;不满足绝热方程,因为是非准静态过程.

*7. 多方过程

多方过程的过程方程为

$$pV^n = 常量. \tag{13-1}$$

当 $n = \infty$ 时,式(13-1)对应等容过程;当 $n = 0$ 时,式(13-1)对应等压过程;当 $n = 1$ 时,式(13-1)对应等温过程;当 $n = \gamma$ 时,式(13-1)对应绝热过程.

多方过程气体所做的功为

$$A = \frac{1}{n-1}(p_1V_1 - p_2V_2).$$

8. 循环过程

循环过程:物质系统经历一系列状态变化过程又回到初始状态,称这一变化过程为循环过程,简称循环.

准静态循环过程的特点:① 经一个循环后系统的内能不变.② p-V 图上的过程曲线为一闭合曲线(循环曲线).③ 循环过程系统对外所做的净功为 p-V 图中循环曲线所包围的面积.④ 由热力学第一定律,循环过程系统对外所做的净功等于系统从外界吸收的净热量,即 $A = Q_1 - Q_2$.⑤ p-V 图中沿顺时针方向进行的循环称为正循环或热机循环;沿逆时针方向进行的循环称为逆循环或制冷循环.

热机循环:系统从高温热源吸热 Q_1,系统对外做功 A,向低温热源放热 Q_2.

热机效率为

$$\eta = \frac{A}{Q_1} = 1 - \frac{Q_2}{Q_1}.$$

制冷循环:外界对系统做功 A,系统从低温热源吸热 Q_2,向高温热源放热 Q_1.

制冷系数为

$$\omega = \frac{Q_2}{A} = \frac{Q_2}{Q_1 - Q_2}.$$

注意:热机效率和制冷系数公式中的 Q_1,Q_2 均为绝对值大小,不带符号.

卡诺循环:系统只和两个恒温热源(温度为 T_1 的高温热源和温度为 T_2 的低温热源)进行热交换的准静态循环过程.卡诺循环由两个等温过程和两个绝热过程组成.吸热、放热只发生在等温过程中.

卡诺循环热机效率:

$$\eta_C = 1 - \frac{T_2}{T_1}.$$

卡诺循环制冷系数:

$$\omega_C = \frac{T_2}{T_1 - T_2}.$$

9. 热力学第二定律

(1) **可逆过程**. 设在某一过程中,一物体从状态 A 变化到状态 B,如果使物体进行逆向变化,从状态 B 变化到状态 A,当它返回到状态 A 时,外界恢复原状,则称该过程为可逆过程.可逆过程是无耗散的准静态过程.

不可逆过程:进行逆向变化时,系统和外界不能同时恢复原状的过程.

(2) **热力学第二定律的两种表述**.

克劳修斯表述(热传导):热量不能自动地从低温物体传到高温物体.

开尔文表述(功热转换):不可能从单一热源吸收热量,使之完全变为有用功而不产生其他影响.

注意：单一热源指温度均匀并且恒定不变的热源；其他影响指除了从单一热源吸热，把吸收的热量用来做功以外的任何其他变化.开尔文表述也可说：第二类永动机（只从单一热源吸热使之全部变为有用功的热机）是不可能造成的.

（3）**熵**是宏观状态出现的概率的**量度**，也是系统内分子热运动无序性或混乱程度的量度.

玻尔兹曼熵公式：$S = k\ln \Omega$，式中 Ω 为热力学概率，k 为玻尔兹曼常量.

熵增加原理：$\Delta S \geqslant 0$（等号对应可逆过程；大于号对应不可逆过程）.在孤立系统中所进行的自然过程总是沿着熵增大的方向进行.

（4）热力学第二定律表达了自然过程的方向性规律，该规律可从宏观、微观、统计等方面进行理解.

宏观理解：各种自然过程都是不可逆过程，是非平衡态向平衡态过渡的过程.

微观意义：自然过程总是沿着使分子运动更加无序的方向进行，或一切自然过程总是沿着无序性增大的方向进行.

统计意义：不可逆过程实质上是一个从概率较小的状态到概率较大的状态的转变过程.

附：知识脉络图

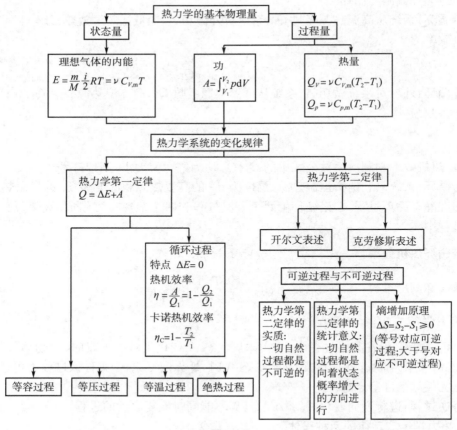

图 13-2

三、典型例题

【例 13-1】 如图 13-3 所示,一定质量的理想气体分别由初态 a 经过程 Ⅰ(图中 ab)和由初态 a' 经过程 Ⅱ(图中 $a'cb$)到达相同的终态 b,试判断两个过程中气体从外界吸收的热量 Q_1,Q_2 的大小关系.

解 注意此图为 $p\text{-}T$ 图.由图 13-3 可知,过程 $a \rightarrow b$ 以及过程 $a' \rightarrow c$ 在 $p\text{-}T$ 图上均为经过坐标原点的直线,即

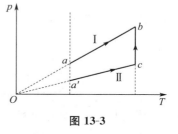

$$\frac{p_a}{T_a} = \frac{p_b}{T_b}, \quad \frac{p_{a'}}{T_{a'}} = \frac{p_c}{T_c},$$

由此可得 $V_a = V_b, V_{a'} = V_c$,即两过程均为等容过程.

过程 Ⅰ 为等容过程,系统对外界不做功,温度升高,系统从外界吸热.由热力学第一定律可得

$$Q_1 = \Delta E_{ab} + A = \Delta E_{ab} = \nu \frac{i}{2} R (T_b - T_a) > 0.$$

图 13-3

过程 Ⅱ:$a' \rightarrow c$ 为等容过程,由热力学第一定律可得

$$Q_{a'c} = \Delta E_{a'c} + A = \Delta E_{a'c} = \nu \frac{i}{2} R (T_c - T_{a'}) = Q_1.$$

$c \rightarrow b$ 为等温过程,温度不变,则系统的内能不变,由热力学第一定律可得

$$Q_{cb} = \Delta E_{cb} + A = A = \nu R T \ln \frac{p_c}{p_b} < 0.$$

综上所述,可得

$$Q_2 = Q_{a'c} + Q_{cb} < Q_1.$$

【例 13-2】 某种气体(视为理想气体)在标准状态下的密度为 $\rho = 0.089\ 4\ \text{kg/m}^3$,求该气体的定容摩尔热容和定压摩尔热容.

解 此题求解摩尔热容,摩尔热容只与气体分子种类有关,需利用已知条件解出气体分子的自由度 i.在标准状态下,温度为 $T = 273.15\ \text{K}$,压强为 $p = 101\ 325\ \text{Pa}$.由理想气体状态方程可解得气体的摩尔质量为

$$M = \frac{mRT}{Vp} = \frac{\rho RT}{p} = \frac{0.089\ 4 \times 8.31 \times 273.15}{101\ 325}\ \text{kg/mol} \approx 2 \times 10^{-3}\ \text{kg/mol}.$$

故此气体为氢气,可当作双原子刚性分子,$i = 5$,其定容摩尔热容和定压摩尔热容分别为

$$C_{V,\text{m}} = \frac{5R}{2} = \frac{5 \times 8.31}{2}\ \text{J/(K·mol)} \approx 20.8\ \text{J/(K·mol)},$$

$$C_{p,\text{m}} = C_{V,\text{m}} + R = \frac{7R}{2} = \frac{7 \times 8.31}{2}\ \text{J/(K·mol)} \approx 29.1\ \text{J/(K·mol)}.$$

【例 13-3】 如图 13-4 所示,从初态 b 到终态 a,过程 Ⅱ 为理想气体绝热过程,Ⅰ 和 Ⅲ 为任意过程,试分析过程 Ⅰ 和 Ⅲ 中气体做功与吸收热量的情况.

解 从 $p\text{-}V$ 图中过程曲线的方向可以判断气体做功的情况:在过程 Ⅰ 和 Ⅲ 中,系统体积减小,故外界压缩系统做功,即系统对外界做负功.吸收热量的情况可用两种方法分析.

解法一 利用热力学第一定律.因为过程 Ⅱ 是绝热过程,由热力学第一定律 $Q = \Delta E + A$ 得

$$\Delta E_{ba} = -A_{\text{Ⅱ}}.$$

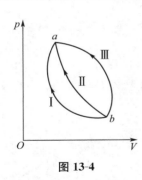

图 13-4

过程 Ⅰ 与过程 Ⅱ 有相同的初态和终态,所以内能变化相同. 于是对过程 Ⅰ 有

$$Q_{\text{I}} = \Delta E_{ba} + A_{\text{I}} = A_{\text{I}} - A_{\text{II}}.$$

根据过程曲线下的面积可以判断出 $S_{\text{I}} < S_{\text{II}}$,且由于在过程 Ⅰ 和 Ⅱ 中系统对外界做负功,即 $A_{\text{I}} < 0, A_{\text{II}} < 0$,因此 $Q_{\text{I}} = A_{\text{I}} - A_{\text{II}} > 0$,即在过程 Ⅰ 中系统吸热.

同理,对在过程 Ⅲ 中进行分析,有

$$Q_{\text{III}} = \Delta E_{ba} + A_{\text{III}} = A_{\text{III}} - A_{\text{II}} < 0,$$

即在过程 Ⅲ 中系统放热.

解法二 以过程 Ⅱ 作为中介过程,可分别与过程 Ⅲ 以及过程 Ⅰ 组成循环过程.

$b\text{Ⅰ}a\text{Ⅱ}b$ 循环过程是正循环过程,系统从外界净吸热,对外界做正功,而过程 Ⅱ 是绝热过程,所以过程 Ⅰ 是吸热过程.

$b\text{Ⅲ}a\text{Ⅱ}b$ 循环过程是逆循环过程,外界对系统做正功,系统向外界放热,而过程 Ⅱ 是绝热过程,所以过程 Ⅲ 是放热过程.

【例 13-4】 一定质量的单原子分子理想气体,从状态 a 出发,沿图 13-5 所示直线过程到状态 b,又经过等容、等压两过程回到状态 a. 求:

(1) 状态 $a \rightarrow b, b \rightarrow c, c \rightarrow a$ 各过程中系统对外界所做的功 A、内能的增量 ΔE 以及所吸收的热量 Q;

(2) 在整个循环过程中,系统对外界所做的总功以及从外界吸收的总热量.

解 (1) 状态 $a \rightarrow b$ 为任意过程,系统对外界所做的功为 ab 线段下的面积,即

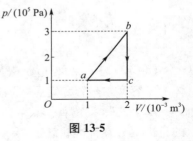

图 13-5

$$A_1 = \frac{1}{2}(p_b + p_a)(V_b - V_a)$$

$$= \frac{1}{2}(3 \times 10^5 - 1 \times 10^5)(2 \times 10^{-3} - 1 \times 10^{-3}) \text{ J} = 200 \text{ J}.$$

气体内能的增量为

$$\Delta E_1 = \nu C_{V,\text{m}}(T_b - T_a) = \frac{3}{2}(p_b V_b - p_a V_a)$$

$$= \frac{3}{2}(3 \times 10^5 \times 2 \times 10^{-3} - 1 \times 10^5 \times 1 \times 10^{-3}) \text{ J} = 750 \text{ J}.$$

吸收的热量为

$$Q_1 = A_1 + \Delta E_1 = (200 + 750) \text{ J} = 950 \text{ J}.$$

状态 $b \rightarrow c$ 为等容过程,系统对外界所做的功为

$$A_2 = 0.$$

气体内能的增量为

$$\Delta E_2 = \nu C_{V,\text{m}}(T_c - T_b) = \frac{3}{2}(p_c V_c - p_b V_b)$$

$$= \frac{3}{2}(1 \times 10^5 \times 2 \times 10^{-3} - 3 \times 10^5 \times 2 \times 10^{-3}) \text{ J} = -600 \text{ J}.$$

吸收的热量为

$$Q_2 = A_2 + \Delta E_2 = (0 - 600) \text{ J} = -600 \text{ J}.$$

状态 $c \to a$ 为等压过程，系统对外界所做的功为

$$A_3 = p_a(V_a - V_c) = 1 \times 10^5 \times (1 \times 10^{-3} - 2 \times 10^{-3}) \text{ J} = -100 \text{ J}.$$

气体内能的增量为

$$\Delta E_3 = \nu C_{V,\text{m}}(T_a - T_c) = \frac{3}{2}(p_a V_a - p_c V_c)$$

$$= \frac{3}{2}(1 \times 10^5 \times 1 \times 10^{-3} - 1 \times 10^5 \times 2 \times 10^{-3}) \text{ J} = -150 \text{ J}.$$

吸收的热量为

$$Q_3 = A_3 + \Delta E_3 = (-100 - 150) \text{ J} = -250 \text{ J}.$$

（2）在整个循环过程中，系统对外界所做的总功为

$$A = A_1 + A_2 + A_3 = (200 + 0 - 100) \text{ J} = 100 \text{ J}.$$

系统从外界吸收的总热量为

$$Q = Q_1 + Q_2 + Q_3 = (950 - 600 - 250) \text{ J} = 100 \text{ J}.$$

【例 13-5】　如果理想气体的体积按照 $pV^3 = C$（C 为正常量）的规律从 V_1 膨胀到 V_2，求：（1）气体对外界所做的功；（2）膨胀过程中气体的温度怎样变化.

解　（1）根据功的定义可得系统对外界所做的功为

$$A = \int_{V_1}^{V_2} p\,\text{d}V = \int_{V_1}^{V_2} C\,\frac{\text{d}V}{V^3} = \frac{CV_1^{-2}}{2} - \frac{CV_2^{-2}}{2}.$$

（2）设当理想气体的体积为 V_1 时，其压强和温度分别为 p_1, T_1；当理想气体的体积为 V_2 时，其压强和温度分别为 p_2, T_2. 由理想气体状态方程 $pV = \nu RT$ 可得

$$\frac{p_1 V_1}{T_1} = \frac{p_2 V_2}{T_2},$$

再将 $p_1 V_1^3 = p_2 V_2^3$ 代入上式，可得

$$\frac{T_2}{T_1} = \left(\frac{V_1}{V_2}\right)^2.$$

因为 $V_1 < V_2$，所以 $T_2 < T_1$，即膨胀过程中气体的温度降低.

【例 13-6】　如图 13-6 所示，绝热容器被一绝热板等分为两部分，其中左边储存有 1 mol 处于标准状态的氦气（可视为理想气体），右边为真空. 现先把绝热板拉开，待气体平衡后，再缓慢向左推动活塞，把气体压缩到原来的体积. 氦气的温度改变了多少？

解　已知氦气开始时的状态为 p_0, V_0, T_0，把绝热板拉开后，氦气向真空做绝热膨胀，气体状态由 p_0, V_0, T_0 变为 p_1, V_1, T_1，在此过程中，

$$A = 0, \quad Q = 0,$$

所以 $\Delta E = 0, \Delta T = 0$，即

$$T_1 = T_0.$$

由 $V_1 = 2V_0$，$pV = RT$ 可得

$$p_1 = \frac{p_0}{2}.$$

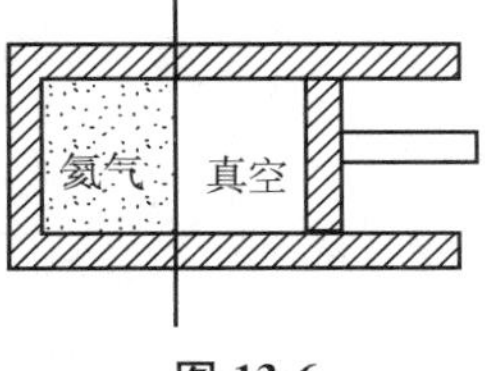

图 13-6

然后氦气做绝热压缩，气体状态由 p_1, V_1, T_1 变为 p_2, V_0, T_2，由绝热过程方程 $TV^{\gamma-1} =$ 常

量,可得
$$T_1 V_1^{\gamma-1} = T_2 V_0^{\gamma-1}.$$

于是
$$T_2 = \left(\frac{V_1}{V_0}\right)^{\gamma-1} T_1 = 2^{\gamma-1} T_0.$$

因氦气为单原子分子,故
$$\gamma = \frac{5}{3}, \quad T_2 = 4^{\frac{1}{3}} T_0.$$

于是温度升高
$$\Delta T = T_2 - T_0 = (4^{\frac{1}{3}} - 1) T_0 = (4^{\frac{1}{3}} - 1) \times 273.15 \text{ K} \approx 160.9 \text{ K}.$$

【例 13-7】 1 mol 单原子分子理想气体的循环过程如图 13-7 所示,其中 c 点处的温度为 $T_c = 600$ K. 试求:

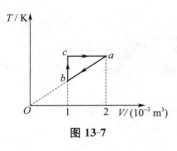

图 13-7

(1) 状态 $a \to b, b \to c, c \to a$ 各个过程中系统吸收的热量;

(2) 在整个循环过程中,系统对外界所做的净功;

(3) 循环的效率.

解 单原子分子的自由度为 $i = 3$. 由图 13-7 可知,状态 $a \to b$ 是等压过程,$b \to c$ 是等容过程,$c \to a$ 是等温过程. 由状态 $a \to b$ 为等压过程,由理想气体状态方程可得
$$\frac{V_a}{T_a} = \frac{V_b}{T_b},$$

于是
$$T_b = \frac{V_b}{V_a} T_a = \frac{1 \times 10^{-3}}{2 \times 10^{-3}} \times 600 \text{ K} = 300 \text{ K}.$$

(1) 在状态 $a \to b$ 过程、$b \to c$ 过程和 $c \to a$ 过程中,系统吸收的热量分别为
$$Q_{ab} = C_{p,m}(T_b - T_c) = \left(\frac{i}{2} + 1\right) R(T_b - T_c) = \frac{5}{2} \times 8.31 \times (300 - 600) \text{ J} \approx -6.23 \times 10^3 \text{ J},$$
$$Q_{bc} = C_{V,m}(T_c - T_b) = \frac{i}{2} R(T_c - T_b) = \frac{3}{2} \times 8.31 \times (600 - 300) \text{ J} \approx 3.74 \times 10^3 \text{ J},$$
$$Q_{ca} = R T_c \ln \frac{V_a}{V_c} = 8.31 \times 600 \times \ln \frac{2 \times 10^{-3}}{1 \times 10^{-3}} \text{ J} \approx 3.46 \times 10^3 \text{ J}.$$

(2) 在整个循环过程中,系统对外界所做的净功为
$$A = Q_{ab} + Q_{bc} + Q_{ca} = (-6.23 \times 10^3 + 3.74 \times 10^3 + 3.46 \times 10^3) \text{ J} = 0.97 \times 10^3 \text{ J}.$$

(3) 系统吸收的热量为
$$Q_1 = Q_{bc} + Q_{ca} = (3.74 \times 10^3 + 3.46 \times 10^3) \text{ J} = 7.20 \times 10^3 \text{ J},$$

此循环的效率为
$$\eta = \frac{A}{Q_1} = \frac{0.97 \times 10^3}{7.20 \times 10^3} \approx 13.5\%.$$

【例 13-8】 如图 13-8 所示,一个四周用绝热材料制成的气缸,中间有一个固定的用导热材料制成的导热板 C 把气缸分成 1,2 两部分. D 是一绝热的活塞,缸室 1 中盛有 1 mol 的氦气,缸室 2 中盛有 1 mol 氮气(均视为刚性分子的理想气体),现缓慢地移动活塞 D,压缩缸室 1 中的

气体,对气体做功为 W,试求在此过程中各部分气体内能的增量.

解　C是导热板,表示缸室1,2能很快达到平衡而具有相同的温度.

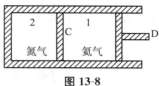

图13-8

解法一　分别考虑缸室1和2的变化.设系统温度由 T 变化到 T'.

对缸室1:由于导热板C是固定的,所以外界压缩气体仅使缸室1中的氮气被压缩,外界仅对缸室1做功,由热力学第一定律可得

$$Q_1 = \Delta E_1 + A_1 = \nu C_{V,m}(T' - T) - W = \frac{3}{2}R(T' - T) - W. \tag{13-2}$$

对缸室2:氮气体积不变,所以 $A_2 = 0$,由热力学第一定律可得

$$Q_2 = \Delta E_2 + A_2 = \nu C_{V,m}(T' - T) = \frac{5}{2}R(T' - T). \tag{13-3}$$

1,2 两部分都是绝热的,所以 $Q_1 + Q_2 = 0$,将式(13-2)和(13-3)代入,得

$$T' - T = \frac{W}{4R}.$$

于是1,2两部分内能的增量分别为

$$\Delta E_1 = \frac{3}{2}R(T' - T) = \frac{3}{8}W, \quad \Delta E_2 = \frac{5}{2}R(T' - T) = \frac{5}{8}W.$$

解法二　将缸室1和2作为一个整体来求解.因为整个过程是绝热过程,对由缸室1和2组成的完整系统,外界对此系统做功为 W,由热力学第一定律可得

$$Q = \Delta E + A = \Delta E - W = 0,$$

因此 $\Delta E = W$.

系统内能的增量由两部分组成: ΔE_1 和 ΔE_2,而 $\Delta E_1 = \frac{3}{2}\nu R \Delta T$, $\Delta E_2 = \frac{5}{2}\nu R \Delta T$,所以

$$\Delta E_1 : \Delta E_2 = 3 : 5,$$

解得

$$\Delta E_1 = \frac{3}{8}W, \quad \Delta E_2 = \frac{5}{8}W.$$

【例13-9】　1 mol双原子分子理想气体做可逆循环如图13-9所示,在 p-V 图中,状态 $1 \to 2$ 是直线, $2 \to 3$ 是绝热线, $3 \to 1$ 是等温线,其中 $T_2 = 2T_1$, $V_3 = 8V_1$.求:(1)各过程中系统对外界所做的功 A、系统内能的增量 ΔE 和系统吸收的热量 Q;(2)此循环的效率.

解　(1)状态 $1 \to 2$ 为任意过程,气体对外界所做的功可由直线下的面积求解,即

$$A_1 = \frac{1}{2}(p_2 V_2 - p_1 V_1) = \frac{1}{2}(RT_2 - RT_1) = \frac{1}{2}RT_1.$$

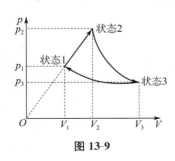

图13-9

系统内能的增量为

$$\Delta E_1 = \nu C_{V,m}(T_2 - T_1) = C_{V,m}(2T_1 - T_1) = \frac{5}{2}RT_1.$$

系统吸收的热量为

$$Q_1 = \Delta E_1 + A_1 = \frac{5}{2}RT_1 + \frac{1}{2}RT_1 = 3RT_1.$$

状态 $2 \to 3$ 为绝热膨胀过程,系统吸收的热量为 $Q_2 = 0$.系统内能的增量为

$$\Delta E_2 = \nu C_{V,\mathrm{m}}(T_3 - T_2) = C_{V,\mathrm{m}}(T_1 - 2T_1) = -\frac{5}{2}RT_1.$$

气体对外界所做的功为

$$A_2 = -\Delta E_2 = \frac{5}{2}RT_1.$$

状态 $3 \to 1$ 为等温过程，系统内能的增量为 $\Delta E_3 = 0$. 气体对外界所做的功为

$$A_3 = RT_1 \ln \frac{V_1}{V_3} = RT_1 \ln \frac{V_1}{8V_1} \approx -2.08RT_1.$$

系统吸收的热量为

$$Q_3 = A_3 = -2.08RT_1.$$

（2）此循环过程系统放出的热量为 $|Q_3|$，系统从外界吸收的热量为 Q_1，因此循环的效率为

$$\eta = 1 - \frac{|Q_3|}{Q_1} = 1 - \frac{2.08RT_1}{3RT_1} \approx 30.7\%.$$

第十四单元

狭义相对论基础

一、基本要求

(1) 了解经典的绝对时空概念,以及由之导出的伽利略坐标变换和速度变换公式.

(2) 理解狭义相对论的基本原理.

(3) 理解洛伦兹坐标变换公式,了解洛伦兹速度变换公式.

(4) 理解长度、时间的相对性.

(5) 理解相对论中质量和速度的关系、质量和能量的关系,了解能量和动量的关系式.

二、基本概念和规律

1. 经典力学的时空观

(1) **伽利略相对性原理**. 力学规律在所有惯性系中都是相同的,或所有惯性系中力学规律都是等价的. 它表达了以下实验事实:在一个惯性系的内部所做的任何力学实验都不能确定这个惯性系是处在静止状态,还是在做匀速直线运动.

(2) **伽利略变换**(适用于 $u \ll c$ 的低速情况).

设有两个惯性参考系 S 和 S',S' 相对于 S 沿 x 轴正方向做匀速直线运动,速度大小为 u.

伽利略坐标变换:

$$\text{正变换}(S \to S') \qquad\qquad \text{逆变换}(S' \to S)$$

$$\begin{cases} x' = x - ut, \\ y' = y, \\ z' = z, \\ t' = t. \end{cases} \qquad\qquad \begin{cases} x = x' + ut, \\ y = y', \\ z = z', \\ t = t'. \end{cases}$$

伽利略速度变换:

$$\text{正变换}(S \to S') \qquad\qquad \text{逆变换}(S' \to S)$$

$$\begin{cases} v'_x = v_x - u, \\ v'_y = v_y, \\ v'_z = v_z. \end{cases} \qquad\qquad \begin{cases} v_x = v'_x + u, \\ v_y = v'_y, \\ v_z = v'_z. \end{cases}$$

伽利略加速度变换:

$$\begin{cases} a'_x = a_x, \\ a'_y = a_y, \\ a'_z = a_z. \end{cases}$$

经典力学认为长度、时间以及质量都和运动无关,是不变量.

2. 狭义相对论的时空观

(1) 狭义相对论基本原理.

① **相对性原理**:物理规律在所有惯性系中都是相同的,或所有惯性系中物理规律是等价的. 它表达了以下实验事实:在一个惯性系的内部所做的任何物理(包括力学、光学等) 实验都不能确定这个惯性系是处在静止状态,还是在做匀速直线运动.

② **光速不变原理**:在所有惯性系中测量到的真空中的光速 c 都是一样的. 在惯性系中,真空中的光速与光源和观测者的运动状态无关.

(2) **洛伦兹变换**(适用于 $u \approx c$ 的高速情况,在 $u \ll c$ 时退化为伽利略变换).

① **洛伦兹坐标变换**:

正变换$(S \rightarrow S')$

$$\begin{cases} x' = \gamma(x - ut), \\ y' = y, \\ z' = z, \\ t' = \gamma\left(t - \dfrac{u}{c^2}x\right), \end{cases}$$

逆变换$(S' \rightarrow S)$

$$\begin{cases} x = \gamma(x' + ut'), \\ y = y', \\ z = z', \\ t = \gamma\left(t' + \dfrac{u}{c^2}x'\right), \end{cases}$$

式中 $\gamma = \dfrac{1}{\sqrt{1 - \dfrac{u^2}{c^2}}}$,$(x, y, z, t)$ 和 (x', y', z', t') 是在 S 和 S' 惯性参考系中表述的某一事件发生的时空坐标.

在理解和使用洛伦兹变换时,应注意以下几点:① 无论是正变换还是逆变换,u 表示等式右边的参考系相对于左边的参考系的速度,可正可负. 上面的变换中设定 S' 参考系以速度 u 相对于 S 参考系沿 x 轴正方向运动,故逆变换中 u 为负. 若 S' 参考系以速度 u 相对于 S 参考系沿 x 轴负方向运动,则要在上述变换式中以 $-u$ 代替 u. ② 很多同学难以判断什么时候用正变换什么时候用逆变换,为了便于记忆,正变换可写成

$$x_{动} = \gamma(x_{静} - ut_{静}), \quad y' = y, \quad z' = z, \quad t_{动} = \gamma\left(t_{静} - \dfrac{u}{c^2}x_{静}\right),$$

式中 $x_{静}, t_{静}$ 为相对于观察者静止的参考系中所测得的空间坐标和时间坐标;$x_{动}, t_{动}$ 为相对于观察者运动的参考系中所测得的空间坐标和时间坐标. **"静系" 表示"动系" 时用正变换,"动系" 表示"静系" 时用逆变换**. ③ 在洛伦兹变换中,时间不独立,时间和坐标变换相互交叉、不可分割.

② **洛伦兹速度变换**:

正变换$(S \rightarrow S')$

$$\begin{cases} v'_x = \dfrac{v_x - u}{1 - \dfrac{uv_x}{c^2}}, \\[3mm] v'_y = \dfrac{1}{\gamma}\dfrac{v_y}{1 - \dfrac{uv_x}{c^2}}, \\[3mm] v'_z = \dfrac{1}{\gamma}\dfrac{v_z}{1 - \dfrac{uv_x}{c^2}}. \end{cases}$$

逆变换$(S' \rightarrow S)$

$$\begin{cases} v_x = \dfrac{v'_x + u}{1 + \dfrac{uv'_x}{c^2}}, \\[3mm] v_y = \dfrac{1}{\gamma}\dfrac{v'_y}{1 + \dfrac{uv'_x}{c^2}}, \\[3mm] v_z = \dfrac{1}{\gamma}\dfrac{v'_z}{1 + \dfrac{uv'_x}{c^2}}. \end{cases}$$

伽利略变换下,垂直于相对运动方向的速度是不变的,这是绝对时间观的必然结果. 爱因斯坦认为,速度是被时间所分割的空间. 在相对论情形下,虽然垂直于相对运动方向没有空间位移,但在不同的参考系中时间不再统一,即 $t \neq t'$,那么在垂直于相对运动方向的速度也是要改变的.

3. 狭义相对论中时间和空间的相对性

洛伦兹变换表述了同一事件在两个惯性参考系 S 和 S' 中的时空坐标之间的变换,下面的公式描述的是两个事件的时间间隔和空间间隔在两个参考系中的变换关系:

$$\Delta t' = \frac{\Delta t - \frac{u}{c^2}\Delta x}{\sqrt{1-\frac{u^2}{c^2}}}, \quad \Delta x' = \frac{\Delta x - u\Delta t}{\sqrt{1-\frac{u^2}{c^2}}}.$$

若两个事件发生在 x 轴上,则可称 $\Delta x = x_2 - x_1$ 和 $\Delta x' = x_2' - x_1'$ 分别是两个事件在参考系 S 和 S' 中的空间间隔;$\Delta t = t_2 - t_1$ 和 $\Delta t' = t_2' - t_1'$ 是两个事件的时间间隔.

（1）**同时性的相对性**. 在某一惯性参考系 S 中同时发生（$\Delta t = 0$）在不同地点（$\Delta x \neq 0$）的两个事件,在另一做相对运动的惯性参考系 S' 中看来是不同时发生的（$\Delta t' \neq 0$）. 仅仅当在一惯性参考系中既同时（$\Delta t = 0$）又同地（$\Delta x = 0$）发生的两个事件,在另一做相对运动的惯性参考系看来才是同时发生（$\Delta t' = 0$）的.

（2）**时间膨胀**. 在某一惯性参考系 S 中发生在同一地点（$\Delta x = 0$）的两个事件的时间间隔 Δt 称作固有时（记作 τ_0,也称作原时）,在另一做相对运动的惯性参考系 S' 中,这两个事件是不同地的,测得的时间间隔 τ 为非固有时,根据洛伦兹变换,固有时与非固有时的关系式为

$$\tau = \frac{\tau_0}{\sqrt{1-\frac{u^2}{c^2}}}.$$

这就是时间膨胀公式,此式说明**固有时最短**.

注意:① 同时性的相对性和时间膨胀描述的都是时间间隔问题,都是光速不变原理的体现,但同时性的相对性要求至少一个参考系中两个事件是同时发生的,而时间膨胀要求一个参考系中两个事件是同地发生的.② 固有时既可以是在相对于地面静止的参考系中测得,也可以是在相对于地面运动的参考系中测得,但在两个事件发生在同一地点的参考系中所测的时间间隔才称为固有时.③ 时间膨胀具有相对效应,如从地面上观测,高速运动的飞船上的时间进程变慢,而飞船上的人则觉得地面上的时间进程变慢.

（3）**长度收缩**. 根据洛伦兹变换,在上述两个惯性参考系 S 和 S' 中测得的空间间隔 Δx 和 $\Delta x'$ 有以下关系:

$$\Delta x' = \frac{\Delta x - u\Delta t}{\sqrt{1-\frac{u^2}{c^2}}},$$

式中 $\Delta t = t_2 - t_1$. 在相对运动的惯性参考系中,空间间隔可能变大也可能变小,甚至可能变为负值.

在某一惯性参考系 S' 中测得相对静止的两点(如静止放在 S' 系 x' 轴上的一物体的两端点)的距离 $\Delta x' = x'_2 - x'_1$ 称为**固有长度**(记作 l_0,也称为静长),在另一做相对运动的惯性参考系 S 中测得的距离 $\Delta x = x_2 - x_1$(两点坐标必须同时读数,即 $\Delta t = 0$)称为**运动长度**(记作 l),长度总是大于零的,负的长度没有意义. 固有长度与运动长度的关系式就是长度收缩公式:

$$l = l_0 \sqrt{1 - \frac{u^2}{c^2}}.$$

此式说明**固有长度最长**,长度缩短只发生在运动方向上,与运动方向垂直的相应长度不发生收缩.

　　注意:① 长度收缩公式是洛伦兹变换公式 $\Delta x' = \dfrac{\Delta x - u\Delta t}{\sqrt{1 - \dfrac{u^2}{c^2}}}$ 的特殊情况,它要求在相对待

测物体运动的惯性参考系中左右两端点同时测得,即 $\Delta t = 0$.② 固有长度是在相对待测物体静止的参考系中所测得的长度.③ 长度收缩也具有相对效应,如两条平行的杆沿各自的长度方向做相对运动,与它们一起运动的两位观察者都会认为对方的杆缩短了.

　　总之,在不能准确判断是否满足固有时或固有长度概念的时候,最保险的方法就是用洛伦兹坐标变换式计算.

4. 狭义相对论动力学基础公式

相对论质量:　　　　　　　　$m = \dfrac{m_0}{\sqrt{1 - \dfrac{v^2}{c^2}}}.$

相对论动量:　　　　　　　　$\boldsymbol{p} = m\boldsymbol{v} = \dfrac{m_0 \boldsymbol{v}}{\sqrt{1 - \dfrac{v^2}{c^2}}}.$

动力学方程:　　　　　　　　$\boldsymbol{F} = \dfrac{\mathrm{d}\boldsymbol{p}}{\mathrm{d}t} = \dfrac{\mathrm{d}(m\boldsymbol{v})}{\mathrm{d}t}.$

质能关系:　　　　　　　　　$E = mc^2.$

静能:　　　　　　　　　　　$E_0 = m_0 c^2.$

相对论动能:　　　　　　　　$E_k = mc^2 - m_0 c^2.$

相对论能量-动量关系:　　　　$E^2 = p^2 c^2 + m_0^2 c^4 = p^2 c^2 + E_0^2.$

附：知识脉络图

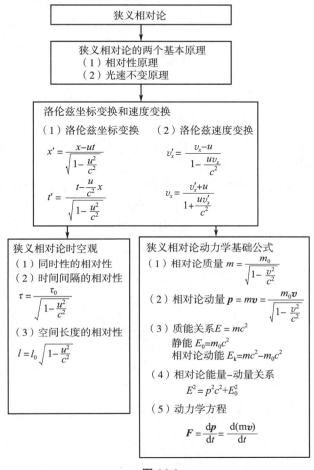

图 14-1

三、典型例题

【例 14-1】　试证明：真空中光速对所有惯性参考系不变.

证　设在惯性参考系 S 中有一束光沿某一方向（这里不妨取 x 轴正方向）以速度 c 传播，即 $v_x = c$，则按洛伦兹速度变换公式，此光束在相对于参考系 S 以速度 u 沿 x 轴运动的参考系 S' 中的传播速度为

$$v'_x = \frac{v_x - u}{1 - \dfrac{uv_x}{c^2}} = \frac{c - u}{1 - \dfrac{uc}{c^2}} = c,$$

即在别的惯性参考系中观察到真空中的光速亦为 c，符合光速不变原理.

【例 14-2】　若以地球作为惯性系 S，观察到在 $t = 0.02$ s 时 $x = 4.0 \times 10^6$ m 处开始发生闪光. 试求：在相对于地球以速率 $u = 0.5c$ 沿 x 轴正方向运动的飞船（作为参考系 S'）中，观察到的闪光开始发生的地点和时间.

解　设闪光发生在惯性参考系 S 和 S' 的时空坐标分别为 (x,t) 和 (x',t'). 根据洛伦兹变换式,可得闪光发生在 S' 系中的坐标和时间分别为

$$x' = \frac{x-ut}{\sqrt{1-\dfrac{u^2}{c^2}}} = \frac{4.0 \times 10^6 - 0.5 \times 3 \times 10^8 \times 0.02}{\sqrt{1-(0.5)^2}} \text{ m} \approx 1.15 \times 10^6 \text{ m},$$

$$t' = \frac{t-\dfrac{ux}{c^2}}{\sqrt{1-\dfrac{u^2}{c^2}}} = \frac{0.02 - \dfrac{0.5 \times 4.0 \times 10^6}{3 \times 10^8}}{\sqrt{1-(0.5)^2}} \text{ s} \approx 0.015 \text{ s}.$$

【例 14-3】　一短跑选手,在地面跑道上用 10 s 时间跑完 100 m. 一艘飞行速度为 $0.98c$ 的飞船也在沿跑道方向飞行,且飞行方向与选手跑步的方向一致,则在飞船中的观测者看来,(1) 该选手跑了多长时间?(2) 该选手跑了多长距离?

解　首先要明确,起跑是一个事件,到达终点是另一个事件,这是在不同地点发生的两个事件,所以不能套用时间膨胀公式,应该用洛伦兹坐标变换式来计算时间间隔.

(1) 设地球为惯性参考系 S(静系),飞船为惯性参考系 S'(动系),则起跑事件在 S 系中的时空坐标为 (x_1,t_1),在 S' 系中的时空坐标为 (x_1',t_1'),到达终点事件在 S 系中的时空坐标为 (x_2,t_2),在 S' 系中的时空坐标为 (x_2',t_2'). 现在要求的是 $t_2'-t_1'$,即用静系表示动系,使用洛伦兹坐标正变换,有

$$t_2'-t_1' = \frac{(t_2-t_1)-\dfrac{u}{c^2}(x_2-x_1)}{\sqrt{1-\dfrac{u^2}{c^2}}} = \frac{(10-0)-\dfrac{0.98}{3 \times 10^8}(100-0)}{\sqrt{1-(0.98)^2}} \text{ s} \approx 50.25 \text{ s}.$$

如果套用时间膨胀公式有

$$t_2'-t_1' = \frac{t_2-t_1}{\sqrt{1-\dfrac{u^2}{c^2}}} \approx 50.25 \text{ s}.$$

两结果相同,其原因是本题中

$$u(x_2-x_1) = 0.98c \cdot (100-0) \ll c^2,$$

即

$$t_2'-t_1' = \frac{(t_2-t_1)-\dfrac{u}{c^2}(x_2-x_1)}{\sqrt{1-\dfrac{u^2}{c^2}}} \approx \frac{t_2-t_1}{\sqrt{1-\dfrac{u^2}{c^2}}}.$$

注意:上式不是在任何时候都成立.

(2) 利用长度收缩公式,有

$$l' = l_0\sqrt{1-\frac{u^2}{c^2}} = 100 \times \sqrt{1-(0.98)^2} \text{ m} \approx 19.9 \text{ m}.$$

如果本题要计算起跑和到达终点两个事件的空间间隔,则

$$\Delta x' = x_2'-x_1' = \frac{\Delta x - u\Delta t}{\sqrt{1-\dfrac{u^2}{c^2}}} = \frac{(100-0)-0.98 \times 3 \times 10^8 \times (10-0)}{\sqrt{1-(0.98)^2}} \text{ m} \approx -1.48 \times 10^{10} \text{ m}.$$

空间间隔是负的.

【例 14-4】 站在地面上的人看到两个闪电同时击中一列以速率为 $u = 70$ km/h 行驶的火车的前端 P 和后端 Q. 试问火车上的一个观察者测得这两个闪电是否同时发生? 已知他在火车上测得这列火车的长度为 600 m.

解 令地面和火车分别为惯性参考系 S 和 S', 在 S 和 S' 系中, 闪电击中前端的时空坐标分别为 (x_1, t_1), (x'_1, t'_1), 闪电击中后端的时空坐标分别为 (x_2, t_2), (x'_2, t'_2). 根据洛伦兹变换式, 可得

$$t_2 - t_1 = \frac{(t'_2 - t'_1) + (x'_2 - x'_1)\dfrac{u}{c^2}}{\sqrt{1 - \dfrac{u^2}{c^2}}}. \tag{14-1}$$

站在地面上的人看到两个闪电同时击中火车, 即 $t_2 - t_1 = 0$. 将已知数据 $x'_2 - x'_1 = 600$ m, $u = 70$ km/h 代入式 (14-1), 解得 $t'_2 - t'_1 \approx -1.3 \times 10^{-13}$ s, 可见后端 Q 比前端 P 先发生闪电.

【例 14-5】 一列高速火车以速度 u 驶过车站时, (1) 若站在站台上的观察者观察到固定的站台上相距 d 的两只机械手在车厢上同时划出两道痕迹, 则车厢上的观察者应测出这两道痕迹之间的距离为多少? (2) 若站台上两只机械手同时在车厢上划出两道痕迹, 车厢上的观察者测得两道痕迹的距离为 d, 则站台上两只机械手的距离为多少?

解 **(1) 解法一** 用洛伦兹坐标变换求解. 设站台为惯性参考系 S, 火车为惯性参考系 S', S' 系相对于 S 系以速度 u 向右行驶. 设两只机械手在车厢上划出两道痕迹在 S 系中的时空坐标分别为 (x_1, t_1), (x_2, t_2), 则 $x_2 - x_1 = d$, $t_1 = t_2$, 两只机械手在车厢上划出的两道痕迹在 S' 系中的坐标分别为 x'_1, x'_2, 题目所求车厢上的观察者测出的两道痕迹之间的距离即 $\Delta x' = x'_2 - x'_1$. 由洛伦兹坐标变换可得

$$x'_1 = \frac{x_1 - ut_1}{\sqrt{1 - \dfrac{u^2}{c^2}}}, \quad x'_2 = \frac{x_2 - ut_2}{\sqrt{1 - \dfrac{u^2}{c^2}}},$$

则

$$\Delta x' = x'_2 - x'_1 = \frac{x_2 - ut_2}{\sqrt{1 - \dfrac{u^2}{c^2}}} - \frac{x_1 - ut_1}{\sqrt{1 - \dfrac{u^2}{c^2}}} = \frac{x_2 - x_1}{\sqrt{1 - \dfrac{u^2}{c^2}}} = \frac{d}{\sqrt{1 - \dfrac{u^2}{c^2}}}.$$

解法二 列车上的两道痕迹之间的距离是固有长度 l_0 (相对于列车静止), 站台上的观察者测得 $l = d$ 是运动长度. 由长度收缩公式可得

$$l_0 = \frac{l}{\sqrt{1 - \dfrac{u^2}{c^2}}} = \frac{d}{\sqrt{1 - \dfrac{u^2}{c^2}}}.$$

(2) 用洛伦兹坐标变换求解. 设两只机械手在车厢上划出两道痕迹在 S 系中的时空坐标分别为 (x_1, t_1), (x_2, t_2), 则 $t_1 = t_2$, 两只机械手在车厢上划出的两道痕迹在 S' 系中的坐标分别为 x'_1, x'_2, 则 $x'_2 - x'_1 = d$. 由

$$\Delta x' = x'_2 - x'_1 = d = \frac{x_2 - ut_2}{\sqrt{1 - \dfrac{u^2}{c^2}}} - \frac{x_1 - ut_1}{\sqrt{1 - \dfrac{u^2}{c^2}}} = \frac{x_2 - x_1}{\sqrt{1 - \dfrac{u^2}{c^2}}},$$

可得

$$\Delta x = x_2 - x_1 = d\sqrt{1 - \frac{u^2}{c^2}}.$$

【例 14-6】 两个惯性参考系中的观察者 O 和 O' 均以 $0.6\,c$(c 表示真空中的光速)的相对速度互相接近. 如果观察者 O 测得两者的初始距离是 20 m,则观察者 O' 测得两者经过多少时间相遇?

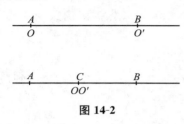

图 14-2

解　解法一 利用长度收缩公式. 如图 14-2 所示,设观察者 O 站在地面的 A 点,观察者 O' 以 $0.6c$ 的速度向观察者 O 移动,当观察者 O' 经过 B 点时,观察者 O 测得两者的距离即空间中 A,B 两点的距离,所以此距离为固有长度 l_0,观察者 O' 测得的距离为运动长度

$$l = l_0\sqrt{1 - \frac{u^2}{c^2}} = 20 \times \sqrt{1 - (0.6)^2}\ \text{m} = 16\ \text{m},$$

则观察者 O' 测得两者相遇所需的时间为

$$\Delta t' = \frac{l}{0.6c} = \frac{16}{0.6 \times 3 \times 10^8}\ \text{s} \approx 8.89 \times 10^{-8}\ \text{s}.$$

解法二 利用时间膨胀公式. 设观察者 O 和 O' 的相遇点为 C,则可设两个事件:观察者 O' 与 B 点重合和观察者 O' 与 C 点重合. 这两个事件在观察者 O 看来是发生在不同地点,在观察者 O' 看来是发生在同一地点,所以观察者 O' 测得的时间 $\Delta t'$ 为固有时,观察者 O 测得的时间 Δt 为非固有时,则有

$$\Delta t' = \sqrt{1 - (0.6)^2}\,\Delta t = 0.8 \times \frac{20}{0.6 \times 3 \times 10^8}\ \text{s} \approx 8.89 \times 10^{-8}\ \text{s}.$$

【例 14-7】 一汽车以 108 km/h 的速度沿一长直的高速公路行驶,站在路旁的人观察到该汽车长度缩短了多少? 已知此汽车停在路旁时,测得其长度为 3 m.

解 汽车停在路旁的长度为固有长度 l_0,当汽车相对于地面运动时,设地面的人测得其运动长度为 l. 根据长度收缩公式 $l = l_0\sqrt{1 - \frac{u^2}{c^2}}$,可得汽车长度缩短量为

$$\Delta l = l_0 - l = l_0 - l_0\sqrt{1 - \frac{u^2}{c^2}}. \tag{14-2}$$

把式(14-2)右端的后一项按二项式定理展开,并考虑到 $u \ll c$,则有

$$\Delta l = l_0 - l = l_0 - l_0\left(1 - \frac{1}{2}\frac{u^2}{c^2}\right) = \frac{l_0}{2}\frac{u^2}{c^2} = \frac{3 \times 30^2}{2 \times (3 \times 10^8)^2}\,\text{m} = 1.5 \times 10^{-14}\ \text{m}. \tag{14-3}$$

【例 14-8】 观察者甲以 $\frac{4c}{5}$ 的速度相对于静止的观察者乙运动,若甲携带一长度为 L_0、质量为 m 的棒,其截面为长度为 a、面积为 S 的正方形,棒的长度方向与甲的运动方向平行,(1)甲测得此棒的密度为多少? (2)乙测得此棒的密度为多少? (3)若棒的长度方向与甲的运动方向垂直,则乙测得此棒的密度为多少?

解 根据密度的定义,某观测者测得棒的密度等于该观测者测得的质量除以测得的体积.

(1)棒相对于甲静止,故甲测得的质量为棒的静止质量,体积用棒的固有长度乘以截面积,所以甲测得此棒的密度为 $\rho = \dfrac{m}{L_0 S}$.

（2）棒相对于乙运动，故乙测得的质量为棒的相对论质量 $m' = \dfrac{m}{\sqrt{1-\dfrac{u^2}{c^2}}}$，体积为棒的运动

长度 $L' = L_0\sqrt{1-\dfrac{u^2}{c^2}}$ 乘以截面积，所以乙测得此棒的密度为

$$\rho' = \frac{m'}{SL'} = \frac{\dfrac{m}{\sqrt{1-\dfrac{u^2}{c^2}}}}{SL_0\sqrt{1-\dfrac{u^2}{c^2}}} = \frac{25m}{9SL_0} = \frac{25}{9}\rho.$$

（3）由于棒的长度方向垂直于运动方向，所以长度不变．但正方形截面的一条边长此时在

运动方向上，所以乙测得此棒的截面积为 $S' = a'a = a^2\sqrt{1-\dfrac{u^2}{c^2}} = S\sqrt{1-\dfrac{u^2}{c^2}}$，则此时乙测得

此棒的密度为

$$\rho'' = \frac{m'}{S'L_0} = \frac{\dfrac{m}{\sqrt{1-\dfrac{u^2}{c^2}}}}{SL_0\sqrt{1-\dfrac{u^2}{c^2}}} = \frac{25m}{9SL_0} = \rho' = \frac{25}{9}\rho.$$

思考：若将此棒截面形状改为圆形，该如何求解？若棒的长度方向与运动方向成一定夹角，又该如何求解？

【**例 14-9**】　两个粒子 A 和 B，静止质量均为 m_0，粒子 A 静止，粒子 B 的动能为 $6m_0c^2$．设 A，B 两个粒子相撞并结合成为一个复合粒子，求复合粒子的静止质量．

　　解　设复合粒子的静止质量为 M_0，相对论质量为 M．由能量守恒定律可得

$$Mc^2 = m_0c^2 + mc^2,$$

式中 $mc^2 = m_0c^2 + 6m_0c^2 = 7m_0c^2$ 为相撞前粒子 B 的能量，因此

$$M = 8m_0.$$

　　设粒子 B 的动量为 p_B，复合粒子的动量为 p．由动量守恒定律可得 $p = p_B$．对粒子 B 和复合粒子应用相对论能量-动量关系，可得

$$p_B^2c^2 + m_0^2c^4 = m^2c^4 = 49m_0^2c^4, \tag{14-4}$$
$$p^2c^2 + M_0^2c^4 = M^2c^4 = 64m_0^2c^4. \tag{14-5}$$

将式（14-5）减去式（14-4）可得

$$M_0^2 = 64m_0^2 - 48m_0^2 = 16m_0^2,$$

因此复合粒子的静止质量为

$$M_0 = 4m_0.$$

【**例 14-10**】　一个静止质量为 m_0 的粒子，速度由 $0.6c$ 增加到 $0.8c$，求外界对它所做的功．

　　解　根据动能定理，外界对粒子所做的功等于粒子动能的增量．当粒子的速度为 $0.6c$ 时，粒子的动能为

$$E_{k1} = m_1c^2 - m_0c^2,$$

式中 m_1 是粒子速度为 $0.6c$ 时的相对论质量．当粒子的速度为 $0.8c$ 时，粒子的动能为

$$E_{k2} = m_2 c^2 - m_0 c^2,$$

式中 m_2 是粒子速度为 $0.8c$ 时的相对论质量. 所以外界对粒子所做的功为

$$A = \Delta E_k = E_{k2} - E_{k1} = (m_2 - m_1)c^2 = \left(\frac{m_0}{\sqrt{1-(0.8)^2}} - \frac{m_0}{\sqrt{1-(0.6)^2}} \right)c^2 = \frac{5}{12}m_0 c^2.$$

【例 14-11】 求 1 kg 纯水从 0 ℃ 加热到 100 ℃ 时所增加的能量和质量(水的比热容为 $c = 4.186 \times 10^3$ J/(kg·K)).

解 已知水的比热容为 $c = 4.186 \times 10^3$ J/(kg·K),则水从 0 ℃(273.15 K)加热到 100 ℃(373.15 K)时,水吸收的热量即为水增加的能量,即

$$\Delta E = \Delta Q = mc(T_2 - T_1) = 1 \times 4.186 \times 10^3 \times (373.15 - 273.15) \text{ J}$$
$$= 4.186 \times 10^5 \text{ J}.$$

水增加的质量 Δm 可按相对论质能关系求出,即

$$\Delta m = \frac{\Delta E}{c^2} = \frac{4.186 \times 10^5}{(3 \times 10^8)^2} \text{ kg} \approx 4.65 \times 10^{-12} \text{ kg}.$$

【例 14-12】 静止的电子偶湮灭时产生两个光子,如果其中一个光子再与另一个静止的电子碰撞,求它能给予该电子的最大速度.

解 设电子的静止质量为 m_e. 由电子偶湮灭前后能量守恒可得

$$2m_e c^2 = 2E_r,$$

式中 E_r 为光子的能量. 光子与另一个静止的电子碰撞,要使电子有最大的速度,则光子必须反向散射,此时光子的能量为 E'_r,电子的相对论质量为 m. 碰撞过程中应满足能量守恒定律和动量守恒定律,故有

$$E_r + m_e c^2 = E'_r + mc^2, \qquad \frac{E_r}{c} = -\frac{E'_r}{c} + p_{e\max},$$

式中 $p_{e\max} = mu_{\max}$ 为电子的最大动量,这里 $u_{\max}$ 为电子的最大速度.

注意:此时的动量守恒定律要考虑方向性.

由相对论能量-动量关系可得

$$(mc^2)^2 = (p_{e\max}c)^2 + (m_e c^2)^2,$$

又

$$m = \frac{m_e}{\sqrt{1 - \dfrac{u_{\max}^2}{c^2}}},$$

联立解得

$$u_{\max} = \frac{4}{5}c.$$

第十五单元

量子力学基础

一、基本要求

(1) 了解黑体辐射中的斯特藩-玻尔兹曼定律、维恩位移律及普朗克假设.

(2) 理解光电效应和康普顿效应的实验规律,理解爱因斯坦的光子假设及其对光电效应、康普顿效应的解释.

(3) 了解德布罗意波假设及电子衍射实验,理解波粒二象性的物理意义.

(4) 了解描述微观粒子运动状态的波函数及其统计解释.

(5) 了解不确定关系,并能用它来分析和估算微观世界的某些物理量.

(6) 理解氢原子光谱的实验规律及玻尔的氢原子理论,了解玻尔理论的意义及局限性.

(7) 了解一维定态的薛定谔方程,了解如何用波动观点来说明能量的量子化.

(8) 通过一维无限势阱问题中波函数的求解,进一步理解波函数的物理意义.

二、基本概念与规律

1. 黑体及其辐射规律

能完全吸收射于其上的所有电磁波的物体称为黑体,它是一种理想模型. 黑体辐射有以下两条规律:

(1) **斯特藩-玻尔兹曼定律**:黑体的辐出度 $M_B(T)$ 与黑体温度 T 的四次方成正比,即

$$M_B(T) = \sigma T^4,$$

式中 $\sigma = 5.67 \times 10^{-8} \text{ W/(m}^2 \cdot \text{K}^4)$,称为斯特藩常量.

(2) **维恩位移律**:黑体的单色辐出度 $M_{B\lambda}(T)$ 的最大值所对应的波长 λ_m 与黑体温度的乘积为一常量,即

$$T\lambda_m = b,$$

式中 $b = 2.897 \times 10^{-3} \text{ m} \cdot \text{K}$,称为维恩常量.

2. 普朗克能量子假说

为了解决经典物理在热辐射中所遇到的困难,普朗克提出了能量子假说:组成黑体腔壁的原子或分子可视为带电的线性谐振子,它发射或吸收的能量只能为一系列离散值:$\varepsilon, 2\varepsilon, \cdots, n\varepsilon$,式中 $\varepsilon = h\nu$ 为最小的能量单元,称为能量子(简称量子),这里 $h = 6.63 \times 10^{-34} \text{ J} \cdot \text{s}$ 称为普朗克常量.

3. 光电效应的实验规律

实验发现,光电效应有四条规律:

(1) 入射光的频率 ν 一定时,饱和光电流与光强成正比.

(2) 光电子的初动能仅与入射光的频率成线性关系,与入射光的光强无关.

(3) 光电效应存在一个红限频率 ν_0,如果入射光的频率 $\nu < \nu_0$,便不会产生光电效应.

(4) 光电流与光照射几乎是同时发生的,延迟时间在 10^{-9} s 以下.

在光电效应实验中,单位时间从阴极释放的电子数为 $N = \dfrac{I}{h\nu}$,式中 I 为入射光强,饱和光电流为 $i_{\mathrm{m}} = Ne$.

4. 爱因斯坦光子假说与光电效应方程

爱因斯坦认为,光是由以光速运动的光量子(简称光子)组成的,在频率为 ν 的光中,光子的能量为

$$\varepsilon = h\nu,$$

光子的静止质量为 $m_0 = 0$,其动量为

$$p = \frac{h}{\lambda},$$

方向为光的传播方向.

电子吸收一个光子后所获得的能量 $h\nu$ 等于它逸出金属表面时克服阻力所做的功 A(逸出功)与它所获得的最大初动能 $\dfrac{1}{2}mv_{\mathrm{m}}^2$ 之和,即

$$h\nu = A + \frac{1}{2}mv_{\mathrm{m}}^2,$$

此即为光电效应方程.

光电效应方程也可写作

$$h\nu = h\nu_0 + eU_{\mathrm{c}},$$

式中 $U_{\mathrm{c}} = \dfrac{mv_{\mathrm{m}}^2}{2e}$ 为遏止电压,$\nu_0 = \dfrac{A}{h}$ 为红限频率,e 为元电荷.

5. 康普顿效应

X 射线入射到晶体上被散射时,散射线中除了有与入射波长 λ_0 相同的 X 射线外,还有波长 $\lambda > \lambda_0$ 的 X 射线,这种波长有改变的现象称为康普顿效应. 波长的改变量(康普顿偏移)为

$$\Delta\lambda = \lambda - \lambda_0 = \frac{h}{m_{\mathrm{e}}c}(1 - \cos\varphi) = 2\lambda_{\mathrm{c}}\sin^2\frac{\varphi}{2},$$

式中 m_{e} 为电子质量,φ 为散射角,λ_{c} 称为康普顿波长. 此式称为康普顿波长偏移公式.

6. 德布罗意波假设

德布罗意采用类比法,分析了经典力学和光学的某些对应关系,提出了实物粒子的波动性假设(后人称为德布罗意波假设):一切实物粒子都具有波动性. 对于静止质量为 m_0、速度为 v 的实物粒子,其波长为

$$\lambda = \frac{h}{p} = \frac{h}{m_0 v}\sqrt{1 - \left(\frac{v}{c}\right)^2}.$$

戴维孙-革末用电子衍射实验证实了粒子的波动性.

7. 波函数

波函数是描述微观粒子运动状态的函数 $\Psi(r,t)$. 用波函数来描述微观粒子的状态是量子力学的一个基本假设.

从统计的观点来看, 波函数的模方代表着微观粒子在空间某点出现的概率密度 $\rho(r,t)$, 因此波函数又称为概率幅. 波函数遵从归一化条件, 即

$$\iiint_V \Psi(r,t)\Psi^*(r,t)\mathrm{d}V = 1.$$

波函数必须满足单值、有限、连续(含一阶偏导) 三个条件(称为标准条件).

8. 不确定关系

微观粒子的位置和动量不能同时被精确确定, 其不确定量 Δx 与 Δp_x 的乘积不小于某一常量, 即

$$\Delta x \Delta p_x \geqslant \frac{\hbar}{2},$$

式中 $\hbar = \dfrac{h}{2\pi}$ 为约化普朗克常量.

在估算时, 可以按 $\Delta x \Delta p_x \geqslant h$ 计算.

9. 氢原子光谱的实验规律

实验发现, 氢原子光谱系的波数(波长的倒数) 可写成

$$\tilde{\nu} = \frac{1}{\lambda} = R\left(\frac{1}{m^2} - \frac{1}{n^2}\right),$$

式中 $R = 1.097 \times 10^7 \text{ m}^{-1}$ 称为里德伯常量, m 与 n 均为正整数, 且 $n > m$.

当氢原子从第 n 能级跃迁到第 m 能级时, 辐射的光子的频率为

$$\nu = \frac{c}{\lambda} = Rc\left(\frac{1}{m^2} - \frac{1}{n^2}\right).$$

对应于不同的 m 及 n 值, 可以得到不同的线条, 例如:

$m = 1, n = 2,3,\cdots$ 为莱曼系(紫外光区);

$m = 2, n = 3,4,\cdots$ 为巴耳末系(可见光区);

$m = 3, n = 4,5,\cdots$ 为帕邢系(红外光区).

10. 玻尔的氢原子理论

为了正确处理氢原子的结构问题, 玻尔提出了三条基本假设(玻尔的氢原子理论):

(1) 定态假设. 原子系统中存在的一系列稳定的离散的能量状态($E_1, E_2, \cdots$) 称为定态, 处于定态的原子不辐射电磁波.

(2) 量子化条件假设. 处于定态轨道上运动的电子, 其角动量必须满足量子化条件, 即

$$L = n\frac{h}{2\pi} = n\hbar \quad (n = 1,2,\cdots),$$

式中 n 为量子数.

(3) 频率条件假设. 当原子从定态 E_n 跃迁到定态 E_m 时, 辐射(或吸收)的光子的频率为

$$\nu = \frac{|E_n - E_m|}{h}.$$

若 $E_n > E_m$，则辐射光子；反之，则吸收光子.

根据玻尔理论可以求得氢原子的轨道半径为

$$r_n = n^2 \frac{\varepsilon_0 h^2}{\pi m e^2} = n^2 a_0 \quad (n = 1, 2, \cdots),$$

式中 $a_0 = 0.529\,2 \times 10^{-10}$ m 称为玻尔半径.

对应轨道的定态能量（能级）为

$$E_n = -\frac{m e^4}{8\varepsilon_0^2 h^2} \frac{1}{n^2} = \frac{E_1}{n^2} = -\frac{13.6}{n^2} \text{ eV} \quad (n = 1, 2, \cdots).$$

11. 薛定谔方程

波函数 $\Psi(\boldsymbol{r}, t)$ 随时间变化所满足的方程称为薛定谔方程，其形式为

$$\mathrm{i}\hbar \frac{\partial \Psi(\boldsymbol{r}, t)}{\partial t} = \hat{H}\Psi(\boldsymbol{r}, t).$$

对于定态（其势能函数不随时间变化），其定态波函数 $\varphi\Psi(\boldsymbol{r})$ 满足方程

$$\hat{H}\psi(\boldsymbol{r}) = E\psi(\boldsymbol{r}), \tag{15-1}$$

式中 $\hat{H} = -\frac{\hbar^2}{2m}\left(\frac{\partial^2}{\partial x^2} + \frac{\partial^2}{\partial y^2} + \frac{\partial^2}{\partial z^2}\right) + U(\boldsymbol{r})$ 称为哈密顿算符，E 为粒子的能量，m 为粒子的质量. 式(15-1)就称为定态薛定谔方程.

12. 一维无限深方势阱

一质量为 m 的粒子在一维势场中运动，其势能函数

$$U(x) = \begin{cases} 0 & (0 < x < L), \\ \infty & (x \leqslant 0, x \geqslant L) \end{cases}$$

的曲线形如深阱，称为一维无限深方势阱. 在这种情况下求解定态薛定谔方程，可得

$$\psi_n(x) = \begin{cases} 0 & (x \leqslant 0, x \geqslant L), \\ \sqrt{\dfrac{2}{L}} \sin \dfrac{n\pi}{L} x & (0 < x < L) \end{cases} \quad (n = 1, 2, \cdots);$$

$$E_n = n^2 \frac{\pi^2 \hbar^2}{2mL^2} = \frac{h^2}{8mL^2} n^2 \quad (n = 1, 2, \cdots).$$

可见，微观粒子仅局限在势阱中运动，其能量 E_n 是量子化的，且随势阱宽度 L 的增加而减少.

热辐射、光电效应、康普顿效应、氢原子光谱实验及电子衍射实验等是量子力学的实验基础，这些实验揭示了经典物理学关于原子问题不可克服的矛盾.

对波粒二象性的理解是本单元的难点之一. 这个问题可从两个方面去解决：一是要转变观念，对待微观体系的描述不能像宏观体系那样强调直观性；二是要多从物理实质上去理解. 例如，电子既不能看成经典意义上的粒子，也不能理解为经典意义上的机械波，而只能认为当它与其他微观粒子作用时，表现出粒子性，而当它向空间传播时，则表现出波动性. 换言之，波粒二象性是一切微观粒子固有的特性.

附:知识脉络图

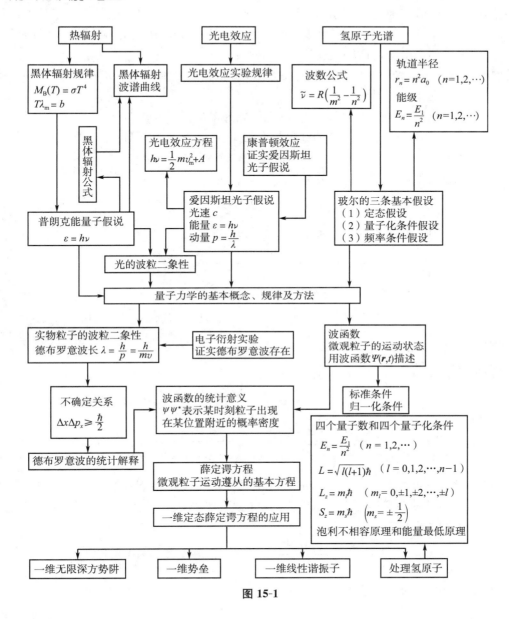

图 15-1

三、典型例题

本单元例题旨在加深对光电效应、康普顿效应、玻尔的氢原子理论及德布罗意波假设的理解. 因此,求解本单元习题时一定要弄清上述理论的实质以及有关公式的物理意义.

【例 15-1】 已知从铝金属表面逸出一个电子至少需要 $A = 4.2$ eV 的能量,若用可见光照射铝的表面,能否产生光电效应? 为什么?

解 可见光的波长范围为 $390 \sim 760$ nm. 由此可得可见光的最大光子能量为

$$\varepsilon_{\max} = h\nu_{\max} = \frac{hc}{\lambda_{\min}} = \frac{6.63 \times 10^{-34} \times 3 \times 10^8}{390 \times 10^{-9}} \text{ J} = 5.1 \times 10^{-19} \text{ J} \approx 3.19 \text{ eV}.$$

按照爱因斯坦光电效应理论,一个电子吸收一个光子的能量,只有光子的能量大于阴极金属材料的逸出功,才可以产生光电效应. 由于 $\varepsilon_{\max} = 3.19 \text{ eV} < 4.2 \text{ eV}$,即可见光的光子能量均小于铝金属中电子的逸出功,所以不能产生光电效应.

【例 15-2】 一点光源发出的光的波长为 $\lambda = 400 \text{ nm}$,光源的功率为 $P = 1 \text{ W}$,到光源的距离为 $d = 3 \text{ m}$ 处有一钾片,问:

(1) 单位时间内打到单位面积钾片上的光子数为多少?

(2) 能否产生光电效应(已知钾的红限频率为 $\nu_0 = 5.38 \times 10^{14} \text{ Hz}$)? 若能,则逸出的电子具有的最大速率为多少(已知电子的质量为 $m = 9.11 \times 10^{-31} \text{ kg}$)?

解 (1) 光强 I 与光子数 N 的关系为

$$I = \frac{P}{4\pi d^2} = Nh\nu = N\frac{hc}{\lambda},$$

由此可得单位时间内打到单位面积钾片上的光子数为

$$N = \frac{P\lambda}{4\pi d^2 hc} = \frac{1 \times 400 \times 10^{-9}}{4 \times 3.14 \times 3^2 \times 6.63 \times 10^{-34} \times 3 \times 10^8} \approx 1.78 \times 10^{16}.$$

(2) 由题意可知入射光的频率为

$$\nu = \frac{c}{\lambda} = \frac{3 \times 10^8}{400 \times 10^{-9}} \text{ Hz} = 7.5 \times 10^{14} \text{ Hz} > 5.38 \times 10^{14} \text{ Hz},$$

所以能产生光电效应.

由光电效应方程

$$h\nu = h\nu_0 + \frac{1}{2}mv_{\mathrm{m}}^2,$$

可得

$$v_{\mathrm{m}} = \sqrt{\frac{2h}{m}(\nu - \nu_0)} = \sqrt{\frac{2 \times 6.63 \times 10^{-34}}{9.11 \times 10^{-31}} \times (7.5 - 5.38) \times 10^{14}} \text{ m/s} \approx 5.55 \times 10^5 \text{ m/s}.$$

【例 15-3】 一波长为 $\lambda = 410 \text{ nm}$ 的单色光照射某一金属,金属上逸出的电子的最大动能为 $E_k = 1.0 \text{ eV}$,能使该金属产生光电效应的单色光的最大波长是多少?

解 入射光的光子能量为

$$h\nu = \frac{hc}{\lambda} = \frac{6.63 \times 10^{-34} \times 3 \times 10^8}{410 \times 10^{-9}} \text{ J} \approx 4.85 \times 10^{-19} \text{ J}.$$

由金属上逸出的电子的最大动能为 $E_k = \frac{1}{2}mv_{\mathrm{m}}^2 = 1.0 \text{ eV} = 1.6 \times 10^{-19} \text{ J}$,以及光电效应方程 $h\nu = A + \frac{1}{2}mv_{\mathrm{m}}^2$ 可知,该金属中电子的逸出功为

$$A = h\nu - \frac{1}{2}mv_{\mathrm{m}}^2 = 3.25 \times 10^{-19} \text{ J}.$$

对应光子的波长为

$$\lambda_0 = \frac{hc}{A} = \frac{6.63 \times 10^{-34} \times 3 \times 10^8}{3.25 \times 10^{-19}} \text{ m} = 6.12 \times 10^{-7} \text{ m} = 612 \text{ nm}.$$

这就是使该金属产生光电效应的单色光的最大波长.

【**例 15-4**】　电子束垂直射入磁感应强度大小为 $B = 0.01$ T 的均匀磁场中,若使电子束的轨道半径与电子的德布罗意波长相等,则电子的动能为多大?

解　设元电荷为 e,电子的速度为 v,质量为 m,轨道半径为 R,由牛顿第二定律得

$$Bev = m\frac{v^2}{R},$$

解得轨道半径为

$$R = \frac{mv}{Be}.$$

由题意知,$\lambda = R$,即

$$\frac{h}{mv} = \frac{mv}{Be},$$

故

$$v^2 = \frac{Beh}{m^2},$$

从而电子的动能为

$$E_k = \frac{1}{2}mv^2 = \frac{Beh}{2m} = \frac{0.01 \times 1.6 \times 10^{-19} \times 6.63 \times 10^{-34}}{2 \times 9.1 \times 10^{-31}} \text{ J} \approx 5.83 \times 10^{-25} \text{ J}.$$

【**例 15-5**】　一光子的波长为 400 nm,如果测定此波长的精确度为 10^{-6},求光子位置的不确定量.

解　由题意知,$\frac{\Delta\lambda}{\lambda} = 10^{-6}$. 由 $p = \frac{h}{\lambda}$,可得 $\Delta p = \frac{h}{\lambda^2}\Delta\lambda$,将其代入不确定关系 $\Delta x \Delta p \geqslant \frac{\hbar}{2}$,可得光子位置的不确定量为

$$\Delta x \geqslant \frac{\hbar}{2\Delta p} = \frac{\hbar\lambda^2}{2h\Delta\lambda} = \frac{\lambda}{4\pi\dfrac{\Delta\lambda}{\lambda}} = \frac{400 \times 10^{-9}}{4 \times 3.14 \times 10^{-6}} \text{ m} \approx 3.18 \times 10^{-2} \text{ m}.$$

【**例 15-6**】　氢原子的部分能级跃迁示意图如图 15-2 所示.

(1) 当原子从第 5 能级跃迁时,辐射的光谱线最多可能有多少条?

(2) 原子在哪两个能级之间跃迁时,所辐射的光子的频率最小,其频率为多少?

(3) 原子在哪两个能级之间跃迁时,所辐射的光子的波长最短,其波长为多少?

图 15-2

解　(1) 由图 15-2 可知,最多可以达到 10 条.

(2) 由辐射频率公式

$$\nu = \frac{|E_n - E_m|}{h} = Rc\left|\frac{1}{m^2} - \frac{1}{n^2}\right|,$$

可知,当 $|E_n - E_m|$ 取最小值,即 $n = 5, m = 4$ 时,辐射的光子的频率最小,其值为

$$\nu = 1.097 \times 10^7 \times 3 \times 10^8 \times \left(\frac{1}{4^2} - \frac{1}{5^2}\right) \text{ Hz} \approx 7.4 \times 10^{13} \text{ Hz}.$$

(3) 当 $|E_n - E_m|$ 取最大值,即 $n = 5, m = 1$ 时,辐射的光子的波长最短. 于是该光子的频率为

$$\nu' = 1.097 \times 10^7 \times 3 \times 10^8 \times \left(\frac{1}{1^2} - \frac{1}{5^2}\right) \text{ Hz} \approx 3.16 \times 10^{15} \text{ Hz},$$

该光子的波长为

$$\lambda = \frac{c}{\nu} = \frac{3 \times 10^8}{3.16 \times 10^{15}} \text{ m} \approx 9.5 \times 10^{-8} \text{ m}.$$

【例 15-7】 一电子距离一质子很远,若电子以 2 eV 的动能向着质子运动并被质子所俘获,形成一个基态的氢原子,求它所辐射出的光子的波长.

解 将质子和电子看成一个系统,由玻尔频率条件 $\nu = \frac{c}{\lambda} = \frac{E_k - E_1}{h}$,可得

$$\lambda = \frac{hc}{E_k - E_1} = \frac{6.63 \times 10^{-34} \times 3 \times 10^8}{[2 - (-13.6)] \times 1.6 \times 10^{-19}} \text{ m} \approx 7.97 \times 10^{-8} \text{ m}.$$

【例 15-8】 氢原子从第 $n = 6$ 能级跃迁到第 $n = 5$ 能级时所辐射的光子的频率为多少? 若氢原子从第 $n = 501$ 能级跃迁到第 $n = 500$ 能级,所辐射的光子的频率又为多少? 若电子在 $n = 5$ 的轨道上绕行,则电子的绕行频率为多少?

解 由玻尔理论可得

$$\nu = \frac{c}{\lambda} = Rc \left(\frac{1}{n_1^2} - \frac{1}{n_2^2} \right).$$

当 n 从 6 变为 5 时,有

$$\nu_1 = Rc \left(\frac{1}{5^2} - \frac{1}{6^2} \right) = 1.097 \times 10^7 \times 3 \times 10^8 \times \left(\frac{1}{5^2} - \frac{1}{6^2} \right) \text{ Hz} \approx 4.02 \times 10^{13} \text{ Hz}.$$

当 n 从 501 变为 500 时,有

$$\nu_2 = 1.097 \times 10^7 \times 3 \times 10^8 \times \left(\frac{1}{500^2} - \frac{1}{501^2} \right) \text{ Hz} \approx 5.25 \times 10^7 \text{ Hz}.$$

电子的绕行频率为

$$\nu = \frac{v}{2\pi r_5} = \frac{m v r_5}{2\pi m r_5^2} = \frac{5\hbar}{2\pi m r_5^2}. \tag{15-2}$$

由于电子绕核做圆周运动,有

$$\frac{m v^2}{r_5} = \frac{e^2}{4\pi\varepsilon_0 r_5^2},$$

再利用角动量量子化条件 $L = m v r_5 = n\hbar$ 解得

$$r_5 = \frac{5^2 \varepsilon_0 h^2}{\pi m e^2}.$$

将 r_5 代入式(15-2)解得

$$\nu = \frac{m e^4}{4\varepsilon_0^2 h^3 \times 5^3} = \frac{9.11 \times 10^{-31} \times (1.6 \times 10^{-19})^4}{4 \times (8.85 \times 10^{-12})^2 \times (6.63 \times 10^{-34})^3 \times 5^3} \text{ Hz} \approx 5.23 \times 10^{13} \text{ Hz}.$$

【例 15-9】 设某粒子的波函数为

$$\psi(x) = \begin{cases} 0 & (x < 0, x > L), \\ A(L-x)x & (0 \leqslant x \leqslant L). \end{cases}$$

求:

(1) 归一化常数 A;

(2) 粒子出现在 $0 \sim 0.1L$ 区间的概率.

解 归一化常数由波函数的归一化条件确定.用归一化的波函数与概率密度的关系求出概率密度,对概率密度积分即可求得粒子在确定区间出现的概率.

（1）由归一化条件得

$$\int_{-\infty}^{\infty} |\psi(x)|^2 \, \mathrm{d}x = \int_0^L \psi^2 \, \mathrm{d}x = \int_0^L [A(L-x)x]^2 \, \mathrm{d}x = A^2 \frac{L^5}{30} = 1,$$

解得

$$A = \sqrt{\frac{30}{L^5}}.$$

（2）由波函数的物理意义可知，粒子在 x 处的概率密度为

$$\rho(x) = |\psi(x)|^2 = \begin{cases} \dfrac{30}{L^5}(L^2 x^2 - 2Lx^3 + x^4) & (0 \leqslant x \leqslant L), \\ 0 & (x < 0, x > L), \end{cases}$$

因此粒子出现在 $0 \sim 0.1L$ 区间的概率为

$$P = \frac{30}{L^5} \int_0^{0.1L} (L^2 x^2 - 2Lx^3 + x^4) \, \mathrm{d}x \approx 0.86\%.$$

【例 15-10】　一维运动的粒子，设其动量的不确定量等于它的动量，试求此粒子的位置不确定量与它的德布罗意波长的关系$\left(\text{不确定关系 } \Delta p \Delta x \geqslant \dfrac{\hbar}{2}\right)$.

解　将 $\Delta p = p = \dfrac{h}{\lambda}$ 代入不确定关系 $\Delta p \Delta x \geqslant \dfrac{\hbar}{2}$，可得

$$\Delta x \geqslant \frac{\hbar}{2\Delta p} = \frac{\hbar}{2\dfrac{h}{\lambda}} = \frac{\lambda}{4\pi},$$

即 $\Delta x \geqslant \dfrac{\lambda}{4\pi}$.

第四篇模拟题一

一、选择题（每题 3 分，共 24 分）

1. 两瓶不同种类的理想气体，它们的温度和压强都相同，但体积不同，则有关分子数密度 n、单位体积内气体分子的总平动动能 $\dfrac{E_t}{V}$ 和气体的密度 ρ 的论述中，正确的是（　　）.

    A. n 相同，$\dfrac{E_t}{V}$ 相同，ρ 不同　　　　　　　　B. n 不同，$\dfrac{E_t}{V}$ 不同，ρ 不同

    C. n 不同，$\dfrac{E_t}{V}$ 不同，ρ 相同　　　　　　　　D. n 相同，$\dfrac{E_t}{V}$ 相同，ρ 相同

2. 一定质量的某种理想气体，若体积不变，则其平均自由程 $\bar{\lambda}$ 和平均碰撞频率 $\bar{Z}$ 与温度的关系是（　　）.

    A. 温度升高，$\bar{\lambda}$ 减小，而 $\bar{Z}$ 增大　　　　　　B. 温度升高，$\bar{\lambda}$ 增大，而 $\bar{Z}$ 减小

    C. 温度升高，$\bar{\lambda}$ 和 $\bar{Z}$ 均增大　　　　　　　D. 温度升高，$\bar{\lambda}$ 保持不变，而 $\bar{Z}$ 增大

3. 如题图 4-1 所示，一定质量的理想气体从体积 V_1 膨胀到体积 V_2 分别经历的过程是：状态 $A \rightarrow B$ 等压过程，$A \rightarrow C$ 等温过程，$A \rightarrow D$ 绝热过程，其中气体吸收热量最多的过程是（　　）.

    A. $A \rightarrow B$

    B. $A \rightarrow C$

    C. $A \rightarrow D$

    D. $A \rightarrow B$ 和 $A \rightarrow C$ 两过程吸热一样多

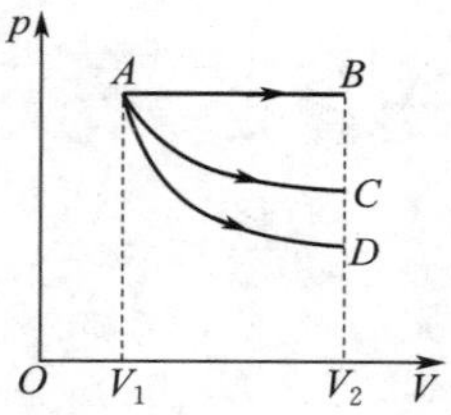

题图 4-1

4. 一宇宙飞船相对于地球以 $0.6c$ 的速度飞行. 一光脉冲从飞船船尾传到飞船船头，飞船上的观察者测得飞船长为 90 m，地球上的观察者测得光脉冲从飞船船尾发出和到达飞船船头这两个事件的空间间隔为（　　）.

    A. 90 m　　　　　　B. 72 m　　　　　　C. 180 m　　　　　　D. 112.5 m

5. 一艘飞船和一颗彗星相对于地面分别以 $0.6c$ 和 $0.8c$ 的速度相向而行，则在飞船上看，彗星的速度为（　　）.

    A. $1.4c$　　　　　　B. $0.95c$　　　　　　C. $0.6c$　　　　　　D. $0.8c$

6. 静止质量不为零的微观粒子做高速运动，这时粒子的德布罗意波长 λ 与速度 v 的关系为（　　）.

    A. $\lambda \propto v$　　　　　　　　　　　　　　　B. $\lambda \propto \dfrac{1}{v}$

    C. $\lambda \propto \sqrt{\dfrac{1}{v^2} - \dfrac{1}{c^2}}$　　　　　　　　　　D. $\lambda \propto \sqrt{c^2 - v^2}$

7. 波长为 $\lambda = 500$ nm 的光沿 x 轴正方向传播，若光的波长的不确定量为 $\Delta\lambda = 10^{-4}$ nm，则

利用不确定关系 $\Delta p_x \Delta x \geqslant h$ 可得光子的位置不确定量至少为( ).

    A. 25 cm   B. 50 cm

    C. 250 cm   D. 500 cm

8. 绝对黑体是这样一种物体,它( ).

    A. 不能吸收也不能辐射任何电磁波

    B. 不能反射也不能辐射任何电磁波

    C. 不能辐射但能全部吸收任何电磁波

    D. 不能反射但可以全部吸收任何电磁波

二、填空题(每题 3 分,共 24 分)

1. 一瓶中储有 1 mol 氢气(视为刚性双原子分子的理想气体),温度为 27 ℃,这瓶氢气的内能为_____;氢分子的平均平动动能为_____;氢分子的平均总动能为_____.

2. 题图 4-2 所示的两条曲线分别表示氢气和氧气在同一温度下的麦克斯韦速率分布曲线,由此可得:

    (1) 氢分子的最概然速率为_____;

    (2) 氧分子的最概然速率为_____.

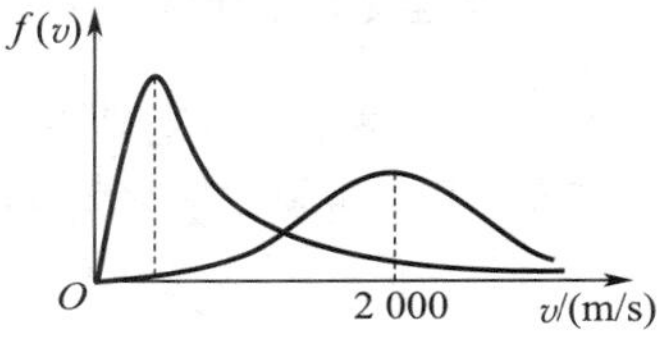

题图 4-2

3. 若某种理想气体分子的方均根速率为 $\sqrt{\overline{v^2}} = 450$ m/s,气体的压强为 $p = 7 \times 10^4$ Pa,则该气体的密度为 $\rho =$ _____.

4. 有一卡诺热机,用 290 g 空气作为工作物质,工作物质工作在温度为 127 ℃ 的高温热源与温度为 27 ℃ 的低温热源之间,此热机的效率为_____.

5. π^+ 介子是一种不稳定的粒子,平均寿命为 2.6×10^{-8} s(以它自身为参考系测得). 如果此粒子相对于实验室以 $0.8c$ 的速度运动,以实验室为参考系测得 π^+ 介子的寿命为_____,π^+ 介子在衰变前运动的距离为_____.

6. 一个电子从静止开始加速到 $0.8c$ 的速度,电子的动能为_____,外力对它所做的功为_____.

7. 处于第三激发态($n = 4$)的氢原子可辐射_____条可见光谱线和_____条非可见光谱线,其中波长最短的光子对应的能量为_____.

8. 设粒子运动的波函数图线分别如题图 4-3(a)、(b)、(c) 和(d) 所示,其中反映粒子动量精确度最高的波函数是_____.

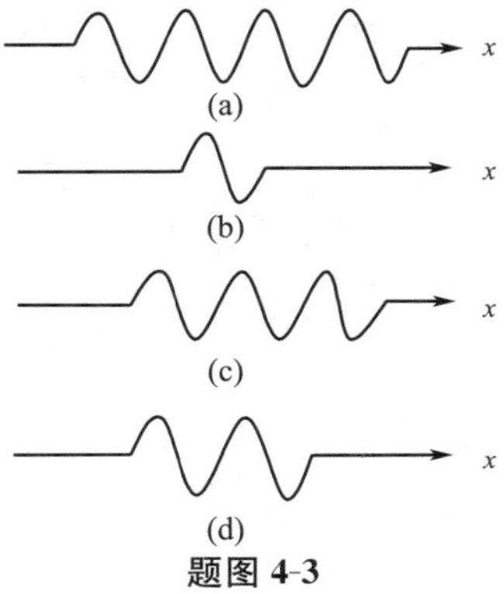

题图 4-3

三、判断题(对的画"√",错的画"×")(每题 3 分,共 6 分)

1.在狭义相对论中:

(1) 所有惯性参考系对物理基本规律都是等价的.　　　　　　　　　　　(　　)

(2) 在任何惯性参考系中,光在真空中沿任何方向的传播速率都相同.　　(　　)

(3) 在某个惯性参考系中有两个事件,同时发生在不同地点,而对与该惯性参考系有相对运动的其他惯性参考系,这两个事件却一定不同时发生.　　　　　　(　　)

2.根据热力学第二定律可知:

(1) 功可以全部转化为热,但热不能全部转化为功.　　　　　　　　　　(　　)

(2) 热量能从高温物体传到低温物体,但不能从低温物体传到高温物体.　(　　)

(3) 不可逆过程就是不能向相反方向进行的过程.　　　　　　　　　　(　　)

四、简答题(6 分)

有一可逆卡诺机,它作为热机使用时,工作的两热源的温度差越大,对做功越有利.当作为制冷机使用时,是否工作的两热源的温度差越大,对制冷也越有利? 为什么?

五、计算题(每题 10 分,共 40 分)

1.比热容比为 $\gamma = \dfrac{7}{5}$ 的一定质量的某种理想气体进行如题图 4-4 所示的三个过程.已知气体在状态 A 的温度为 $T_A = 300$ K.求:

(1) 状态 $C \rightarrow A$ 过程中气体内能的增量;

(2) 状态 $B \rightarrow C$ 过程中气体吸收的热量;

(3) 状态 $A \rightarrow B$ 过程中气体对外界所做的功.

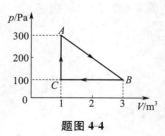

题图 4-4

2. 一容器内储存有氢气,温度为 27 ℃.求:

(1) 在压强为 1.013×10^5 Pa 时,氢气的分子数密度;

(2) 在高真空状态下,压强为 1.33×10^{-5} Pa 时,氢气的分子数密度;

(3) 氢分子的方均根速率.

3. 某人测得一静止的棒的长度为 l,质量为 m,于是求得此棒的线密度为 $\rho = \dfrac{m}{l}$.假定此棒以速度 u 沿棒的长度方向运动,此人再测得此棒的线密度应为多少? 若棒沿垂直长度方向运动,此棒的线密度又为多少?

4. 用波长为 $\lambda = 200$ nm 的紫外光照射某种金属表面,测得遏止电压为 2.60 V.

(1) 试求该金属电子的逸出功和红限频率.

(2) 如改用波长为 $\lambda = 300$ nm 的紫外光照射,遏止电压为多少?

(3) 若用可见光照射,情况又如何?

第四篇模拟题二

一、选择题（每题 3 分，共 24 分）

1. 容器中储存有温度为 27 ℃ 的氮气，则氮分子的方均根速率为（　　）.

A. 4.9 m/s   B. 16.3 m/s   C. 155.0 m/s   D. 516.8 m/s

2. 容器中储存有温度为 27 ℃ 的氧气，压强为 10^5 Pa，则分子数密度为（　　）.

A. 2.4×10^{20} m^{-3} B. 2.45×10^{25} m^{-3}

C. 2.68×10^{26} m^{-3} D. 2.68×10^{21} m^{-3}

3. 如题图 4-5 所示，一定质量的理想气体经历 acb 过程时，从外界吸热 700 J，则经历 $acbda$ 过程时，从外界吸热（　　）.

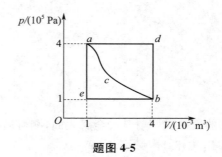

题图 4-5

A. $-1\,200$ J   B. -500 J   C. -700 J   D. $1\,000$ J

4. 如题图 4-6 所示，工作在温度为 T_1 与 T_3 之间的可逆卡诺热机和工作在 T_2 与 T_3 之间的可逆卡诺热机，已知两个循环曲线所包围的面积相等，由此可知（　　）.

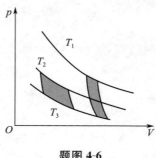

题图 4-6

A. 两个热机从高温热源所吸收的热量一定相等

B. 两个热机向低温热源所放出的热量一定相等

C. 两个热机吸热与放热的差值一定相等

D. 两个热机的效率一定相等

5.坐在做匀速直线运动的公共汽车上的售票员,观察到汽车的前、后门是同时关上的,考虑到相对论效应,则地面上的观察者观察到的是（　　）.

　　A. 同时关上　　　　　　　　　　B. 前门先于后门关上

　　C. 后门先于前门关上　　　　　　D. 不能确定

6.飞船以 $0.5c$ 的速度从地球发射,在飞行中飞船向前发射了一枚火箭,火箭相对于飞船的速度为 $\frac{2}{3}c$,则地球上的观察者测得火箭的速度为（　　）.

　　A. $\frac{7}{8}c$　　　　　　B. $\frac{7}{6}c$　　　　　　C. $\frac{1}{8}c$　　　　　　D. c

7.用波长为 200 nm 的紫外光照射金属表面,金属逸出电子的最大能量约为 1 eV,如改用 100 nm 的紫外光照射,金属逸出电子的最大能量约为（　　）.

　　A. 0.5 eV　　　　　　　　　　　B. 5 eV

　　C. 7.2 eV　　　　　　　　　　　D. 频率可能小于截止频率,不能产生光电效应

8.某阴极射线管的阴极和阳极之间的电压为 350 V,设电子逸出阴极时的速度为零,电子的质量为 m,电荷量为 e,则电子到达阳极时,其相应的德布罗意波长为（　　）.

　　A. $350meh$　　　　B. $\frac{h}{\sqrt{700me}}$　　　　C. $\frac{h}{\sqrt{3.5me}}$　　　　D. $\frac{h}{\sqrt{350me}}$

二、填空题（每题 3 分,共 24 分）

1.一容器内储存有某种理想气体,若已知气体的压强为 3×10^5 Pa,温度为 27 ℃,密度为 0.24 kg/m³,则可确定此种气体是_____,该气体的最概然速率为_____.

2.三个容器内分别储存有 1 mol 氦气、1 mol 氢气和 1 mol 氨气（均视为刚性分子理想气体）.若它们的温度都升高 1 K,则三种气体的内能增量分别为_____,_____,_____.

3.一可逆卡诺热机从温度为 327 ℃ 的高温热源吸热,向温度为 27 ℃ 的低温热源放热.若该热机从高温热源吸收了 1 000 J 热量,则该热机所做的功为 $A = $ _____,放出热量为 $Q_2 = $ _____.

4.分子有效直径的数量级为_____,常温下气体分子的平均速率的数量级为_____,在标准状态下气体分子的平均碰撞频率的数量级为_____.

5.观察者 A 测得与他相对静止的 Oxy 平面内一个圆的面积为 12 cm²,另一观察者 B 相对于 A 以 $0.8c$ 的速度在平行于 Oxy 平面内做匀速直线运动,B 测得这一图形为一椭圆,其面积为_____.

6.已知实验中一个中子的速度是 $0.99c$,设中子的静止质量为 m_n,则它的相对论总能量为 $E = $ _____,动量为 $p = $ _____,动能为 $E_k = $ _____.

7.一个质子的静止质量为 $m_p = 1.672\ 65\times10^{-27}$ kg,一个中子的静止质量为 $m_n = 1.674\ 95\times10^{-27}$ kg,一个质子和一个中子结合成的氘核的静止质量为 $m_d = 3.343\ 65\times10^{-27}$ kg,则结合过程中放出的能量为_____.

8.波长为 $\lambda = 497.3$ nm 的单色平行光垂直照射一平面,已知光强为 2 W/m²,则每秒落在

单位面积上的光子数约为_____.

三、判断题(对的画"√",错的画"×")(每题 3 分,共 6 分)

1. "理想气体和单一热源接触做等温膨胀时,吸收的热量全部用来对外做功."对此说法,有以下三种评论,请判断正误:

(1) 不违反热力学第一定律,也不违反热力学第二定律. 　　　　　　　　(　　)

(2) 不违反热力学第一定律,违反热力学第二定律. 　　　　　　　　　　(　　)

(3) 违反热力学第一定律,也违反热力学第二定律. 　　　　　　　　　　(　　)

2. 下述三种说法,请判断正误:

(1) "黑体"是不能辐射任何电磁波的物体. 　　　　　　　　　　　　　(　　)

(2) 在某惯性参考系中不同地点、同一时刻发生的两个事件,它们在其他惯性参考系中也是同时发生的. 　　　　　　　　　　　　　　　　　　　　　　　　(　　)

(3) 为了解释光电效应的实验规律,爱因斯坦提出了光子理论. 　　　　　　(　　)

四、简答题(6 分)

光电效应和康普顿效应都包含电子与光子之间的相互作用,这两种相互作用有什么不同?

五、计算题(每题 10 分,共 40 分)

1. 一个以氧气为工作物质的循环由等温、等压及等容三个过程组成,如题图 4-7 所示.已知 $p_a = 4.052 \times 10^5$ Pa, $p_b = 1.013 \times 10^5$ Pa, $V_a = 1.00 \times 10^{-3}$ m^3,求该循环过程的效率.

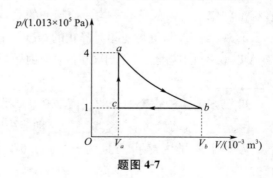

题图 4-7

2. 设有氢原子体系,氢原子都处于基态,用能量为 12.9 eV 的电子束去轰击,

(1) 求氢原子能被激发到的最高能态;

(2) 该氢原子体系所能发射的谱线共有多少条? 给出能级跃迁示意图,其中有几条属于可见光?

3. 某一宇宙射线中的介子的动能为 $E_k = 7M_0 c^2$,式中 M_0 为介子的静止质量.

(1) 介子的运动速度为多少?

(2) 在实验室中观察到它的寿命是它固有寿命的多少倍?

4. 一束直径约为 0.01 mm 的电子射线,被电压为 9 000 V 的电场加速,

(1) 求电子的速度;

(2) 根据不确定关系估算电子速度的不确定度;

(3) 此时可以将电子当作粒子吗?

第四篇模拟题三

一、选择题（每题 3 分，共 24 分）

1. 某气体在温度为 273 K 时，压强为 1.0×10^{-2} atm，密度为 $\rho = 1.24 \times 10^{-2}$ kg/m³，该气体分子的方均根速率为（　　）.

    A. 378 m/s   B. 495 m/s

    C. 409 m/s   D. 484 m/s

2. 已知理想气体在平衡态下，气体分子的麦克斯韦速率分布函数为 $f(v)$，N 为总分子数，则在 $v_1 \sim v_2$ 速率区间出现的分子数占总分子数的百分比为（　　）.

    A. $\int_{v_1}^{v_2} f(v)\mathrm{d}v$ B. $N\int_{v_1}^{v_2} f(v)\mathrm{d}v$

    C. $\dfrac{\int_{v_1}^{v_2} vf(v)\mathrm{d}v}{\int_{v_1}^{v_2} f(v)\mathrm{d}v}$ D. $\dfrac{\int_{v_1}^{v_2} f(v)\mathrm{d}v}{\int_{0}^{\infty} f(v)\mathrm{d}v}$

3. 如题图 4-8 所示，设某热力学系统经历 bca 准静态过程，a,b 两状态在同一条绝热线上，该系统在 bca 过程中，（　　）.

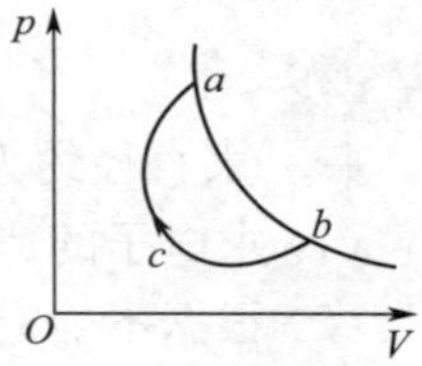

    A. 只吸热，不放热

    B. 只放热，不吸热

    C. 有的阶段吸热，有的阶段放热，净吸热为正值

    D. 有的阶段吸热，有的阶段放热，净吸热为负值

题图 4-8

4. 狭义相对论力学的基本方程为（　　）.

    A. $\boldsymbol{F} = m\dfrac{\mathrm{d}\boldsymbol{v}}{\mathrm{d}t}$ B. $\boldsymbol{F} = \boldsymbol{v}\dfrac{\mathrm{d}m}{\mathrm{d}t}$

    C. $\boldsymbol{F} = \dfrac{m_0}{\sqrt{1-\dfrac{v^2}{c^2}}}\dfrac{\mathrm{d}\boldsymbol{v}}{\mathrm{d}t}$ D. $\boldsymbol{F} = m\dfrac{\mathrm{d}\boldsymbol{v}}{\mathrm{d}t} + \boldsymbol{v}\dfrac{\mathrm{d}m}{\mathrm{d}t}$

5. 从高能加速器中发射出两个运动方向相反的粒子 A 和粒子 B，这两个粒子相对于实验室的速率都是 $0.9c$，则粒子 B 相对于粒子 A 的速率为（　　）.

    A. 0   B. $0.944c$

    C. $0.9c$ D. $1.8c$

6. 天狼星辐射波谱的峰值波长为 0.29 μm，若将它看成黑体，则由维恩位移律可以估算出它的表面温度为（　　）.

    A. 9.99×10^3 K   B. 999 K

    C. 8.40×10^{-10} K   D. 7.59×10^3 K

7.用频率为 ν 的单色光照射某种金属时,逸出的电子的最大动能为 E_k,若改用频率为 2ν 的单色光照射此种金属,则逸出的电子的最大动能为(　　).

A. $2E_k$
B. $2h\nu - E_k$
C. $h\nu - E_k$
D. $h\nu + E_k$

8.已知粒子在一维矩形无限深势阱中运动,其波函数为

$$\psi(x) = \begin{cases} \dfrac{1}{\sqrt{a}}\cos\dfrac{3\pi x}{2a} & (-a \leqslant x \leqslant a), \\ 0 & (x < -a, x > a), \end{cases}$$

那么粒子在 $x = \dfrac{5a}{6}$ 处出现的概率密度为(　　).

A. $\dfrac{1}{\sqrt{2a}}$
B. $\dfrac{1}{2a}$
C. $\dfrac{1}{a}$
D. $\dfrac{1}{a}\cos^2\dfrac{3\pi x}{2a}$

二、填空题(每题 3 分,共 24 分)

1.设想太阳是一个由氢原子组成的密度均匀的理想气体系统,若已知太阳中心的压强为 1.35×10^{14} Pa,估计太阳中心的温度为_____(已知太阳的质量为 1.99×10^{30} kg,太阳的半径为 6.96×10^8 m,氢原子的质量为 1.67×10^{-27} kg).

2.容器中储存有 4.0×10^{-3} kg 标准状态下的氢气,则氢分子的平均平动动能为_____,平均动能为_____,系统的内能为_____.

3.题图 4-9 所示的两条曲线分别表示氦气、氧气两种气体在相同温度下分子按速率的分布,其中:

(1) 曲线 Ⅰ 表示_____分子的速率分布曲线,曲线 Ⅱ 表示_____分子的速率分布曲线;

(2) 画有阴影的小长条面积表示_____;

(3) 速率分布曲线下所包围的面积表示_____.

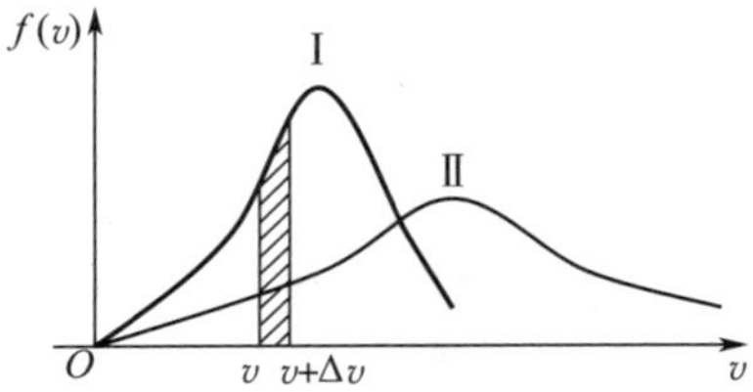

4.一台冰箱工作时,其冷冻室的温度为 -10 ℃,室温为 15 ℃.若按理想卡诺制冷循环计算,则此制冷机每消耗 $1\,000$ J 的功,可以从冷冻室中吸收_____的热量.

题图 4-9

5.均匀细棒静止时的质量为 m_0,长度为 L_0.当它沿棒的长度方向做高速匀速直线运动时,测得它的长度为 L,那么该棒的运动速度为 $v = $ _____,该棒所具有的动能为 $E_k = $ _____.

6.在一种核聚变反应 $^2_1H + ^3_1H \longrightarrow ^4_2He + ^1_0n$ 中,已知各种粒子的静止质量分别为氘核(^2_1H) $m_d = 3.34 \times 10^{-27}$ kg,氚核(^3_1H) $m_t = 5.01 \times 10^{-27}$ kg,氦核(^4_2He) $m_a = 6.64 \times 10^{-27}$ kg,中子 $m_n = 1.67 \times 10^{-27}$ kg,则这一反应所释放的能量为_____.

7.光子能量为 0.5 MeV 的 X 射线,入射到某种物质上而发生康普顿散射.若反冲电子的能量为 0.1 MeV,则散射光波长的改变量 $\Delta\lambda$ 与入射光波长 λ_0 的比值为_____.

8.某金属产生光电效应的红限频率为 ν_0,当用频率为 ν 的单色光照射该金属时,从金属中逸出的电子(质量为 m)的德布罗意波长为_____.

三、判断题(对的画"√",错的画"×")(每题 3 分,共 6 分)

1. 热力学第二定律表明:

(1) 不可能从单一热源吸收热量使之全部变为有用功.　　　　　　　　(　　)

(2) 摩擦生热的过程是不可逆的.　　　　　　　　　　　　　　　　(　　)

(3) 热量不可能从温度低的物体传到温度高的物体.　　　　　　　　　(　　)

2. 关于不确定关系 $\Delta x \Delta p_x \geqslant \dfrac{\hbar}{2}$,有以下几种理解,请判断正误:

(1) 粒子的动量不可能确定.　　　　　　　　　　　　　　　　　　(　　)

(2) 粒子的坐标不可能确定.　　　　　　　　　　　　　　　　　　(　　)

(3) 粒子的动量和坐标不可能同时确定.　　　　　　　　　　　　　(　　)

四、简答题(共 6 分)

设大量氢原子处于第三激发态($n = 4$),它们跃迁时发射出一簇光谱线.试分析这簇光谱线最多可能有几条,在跃迁过程中发射的光子的最短波长为多少?

五、计算题(每题 10 分,共 40 分)

1. 有 1 000 mol 空气处于标准状态 A,其定压摩尔热容为 $C_{p,m} = 29.2$ J/(K·mol),空气经等压膨胀至状态 B,其体积为原来的 2 倍,然后经题图 4-10 所示的等容和等温过程回到初态 A,完成一次循环. 求:(1) 每一过程气体吸收的热量;(2) 该循环的效率.

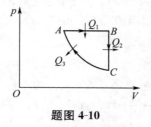

题图 4-10

2. 如题图 4-11 所示,一个四周用绝热材料制成的气缸,中间有一用导热材料制成的固定隔板 C 把气缸分成 A,B 两部分. D 是一绝热的活塞. 缸室 A 中盛有 1 mol 氦气,缸室 B 中盛有 1 mol 氮气(均视为刚性分子的理想气体). 现缓慢地移动活塞 D,压缩缸室 A 中的气体,对气体做的功为 W,试求在此过程中缸室 B 中气体内能的增量.

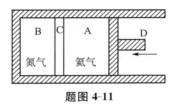

题图 4-11

3. 如题图 4-12 所示,一根长为 1 m 的尺固定在惯性参考系 O 中的 x 轴上,其两端各放一手枪,另一根长尺固定在惯性参考系 O' 中的 x' 轴上,当后者从前者旁经过时,O 系的观察者同时扳动两手枪,使子弹在 O' 系中的长尺上打出两个孔. 问:

(1) 在 O' 系中这两个孔之间的距离是小于、等于还是大于 1 m?

(2) O' 系中的观察者看到 x_2 处先开枪还是 x_1 处先开枪?

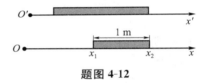

题图 4-12

4. 试比较电子和质量为 10 g 的子弹的位置不确定量. 假定都在相同的方向以 $v = 10$ m/s 的速度运动,速度的测量误差在 0.01% 以内(电子的质量为 $m_e = 9.1 \times 10^{-31}$ kg).

第四篇模拟题四

一、选择题（每题 3 分，共 24 分）

1. 根据热力学第二定律可知(　　).

A. 功可以全部转换为热，但热不能全部转换为功

B. 热量可以从高温物体传到低温物体，但不能从低温物体传到高温物体

C. 不可逆过程就是不能向相反方向进行的过程

D. 一切自然过程都是不可逆的

2. 关于气体分子的平均自由程 $\bar{\lambda}$，下列说法正确的是(　　).

A. 不论压强是否恒定，$\bar{\lambda}$ 都与温度 T 成正比

B. 不论温度是否恒定，$\bar{\lambda}$ 都与压强 P 成反比

C. 若分子数密度 n 恒定，$\bar{\lambda}$ 与 P，T 无关

D. 以上说法都不正确

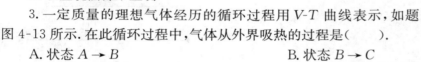
题图 4-13

3. 一定质量的理想气体经历的循环过程用 $V\text{-}T$ 曲线表示，如题图 4-13 所示. 在此循环过程中，气体从外界吸热的过程是(　　).

A. 状态 $A \rightarrow B$ 　　　　　　　B. 状态 $B \rightarrow C$

C. 状态 $C \rightarrow A$ 　　　　　　　D. 状态 $A \rightarrow B$ 和 $B \rightarrow C$

4. 麦克斯韦速率分布曲线如题图 4-14 所示，图中 A，B 两部分面积相等，则(　　).

A. v_0 为气体的最概然速率

B. v_0 为气体的平均速率

C. v_0 为气体的方均根速率

D. 速率大于和小于 v_0 的分子数各占一半

题图 4-14

5. 以一定频率的单色光照射在某种金属上，测出其光电流的 $I\text{-}U$ 曲线如选项中的实线所示，然后在光强不变的条件下增大入射光的频率，测出其光电流的 $I\text{-}U$ 曲线如选项中的虚线所示. 满足题意的选项是(　　).

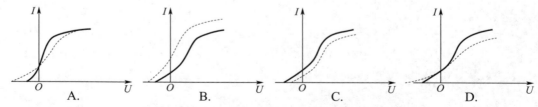

A.　　　　　　B.　　　　　　C.　　　　　　D.

6. 关于电离能为 $+0.544\ \text{eV}$ 的激发态氢原子，下面说法中正确的是(　　).

A. 其电子在 $n = 2$ 的轨道上运动

B. 其电子在 $n = 3$ 的轨道上运动

C. 其电子在 $n = 4$ 的轨道上运动

D. 其电子在 $n = 5$ 的轨道上运动

7. 关于经典力学和量子力学,下列说法中正确的是(　　).

A. 不论是对宏观物体,还是微观粒子,经典力学和量子力学都是适用的

B. 量子力学适用于宏观物体的运动,经典力学适用于微观粒子的运动

C. 经典力学适用于宏观物体的运动,量子力学适用于微观粒子的运动

D. 上述说法都是错误的

8. 如题图 4-15 所示,一束动量为 p 的电子,通过缝宽为 a 的狭缝,在距离狭缝为 R 处放置一荧光屏,荧光屏上衍射图样中央明纹的线宽度 d 为(　　).

A. $\dfrac{2a^2}{R}$

B. $\dfrac{2ha}{p}$

C. $\dfrac{2ha}{Rp}$

D. $\dfrac{2Rh}{ap}$

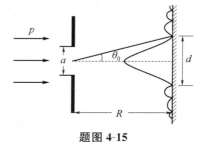

题图 4-15

二、填空题(每题 3 分,共 24 分)

1. 有一个电子管,其真空度(电子管内气体压强)为 10^{-5} mmHg. 当温度为 27 ℃ 时,管内分子数密度为_____.

2. 在温度为 300 K 时,1 mol 氢分子的总平均平动动能为_____,总平均转动动能为_____,气体的内能为_____.

3. 1 mol 双原子分子(视为刚性分子)理想气体,经等压加热使其温度升高 10 K,气体对外界所做的功为_____.

4. 一宇宙飞船相对于地球以 $0.8c$ 的速度飞行. 一光脉冲从飞船船尾传到飞船船头,飞船上的观察者测得飞船的长度为 100 m,则地球上的观察者测得:

(1) 飞船的长度为 $l =$ _____;

(2) 光脉冲从飞船船尾发出和到达飞船船头这两个事件的空间间隔为 $\Delta x =$ _____.

5. 某核电站年发电量为 100 亿度,如果这是由核材料的全部静能转化产生的,则需要消耗核材料的质量为_____.

6. 题图 4-16 为氢原子的部分能级跃迁示意图.

(1) 从 $n =$ _____ 的能级跃迁到 $n =$ _____ 的能级时,所辐射的光子的波长最短;

(2) 从 $n =$ _____ 的能级跃迁到 $n =$ _____ 的能级时,所辐射的光子的频率最小.

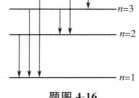

题图 4-16

7. 电子的质量为 $m_e = 9.1 \times 10^{-31}$ kg,速率为 $v = 200$ m/s,设动量不确定量为动量的 0.01%,则该电子的位置不确定范围为_____,电子的动量和位置_____(选填"能"或"不能")同时确定(不确定关系 $\Delta p_x \Delta x \geqslant h$).

8. 设描述微观粒子运动的波函数为 $\Psi(r, t)$,则 $\Psi\Psi^*$ 表示_____,$\Psi(r, t)$ 须满足的条件是_____,其归一化条件是_____.

三、判断题（对的画"√"，错的画"×"）（每题 3 分，共 6 分）

1. 设有一恒温的容器，其内储存有某种理想气体，若容器缓慢漏气，判断下列说法的正误：

(1) 气体的压强会减小.　　　　　　　　　　　　　　　　　　　　（　　）

(2) 容器内气体分子的平均平动动能不会变化.　　　　　　　　　（　　）

(3) 气体的内能不会变化.　　　　　　　　　　　　　　　　　　（　　）

2. 在狭义相对论中，判断下列说法的正误：

(1) 一切运动物体相对于观察者的速度都不能大于真空中的光速.　（　　）

(2) 质量、长度、时间的测量结果都是随物体与观察者的相对运动状态而改变的.　（　　）

(3) 两个事件在某惯性参考系中同时发生，在其他所有惯性参考系中也都是同时发生的.

（　　）

四、简述题（共 6 分）

有人设计了一台可逆卡诺热机，每循环一次可从温度为 400 K 的高温热源吸热 1 800 J，向温度为 300 K 的低温热源放热 -800 J，同时对外界做功 1 000 J，试分析该设计是否可行. 如果不可行，问题在哪里？

五、计算题（每题 10 分，共 40 分）

1. 储存于体积为 10^{-3} m³ 的容器中的某种气体的总分子数为 $N = 10^{23}$，气体分子的质量为 5×10^{-26} kg，分子的方均根速率为 400 m/s. 求气体的压强、气体分子的总平动动能以及气体的温度.

2.如题图 4-17 所示,一定质量的某种理想气体,开始时压强、体积、温度分别为 $p_0 = 1.2 \times 10^6$ Pa,$V_0 = 8.31 \times 10^{-3}$ m^3,$T_0 = 300$ K,然后经等容过程温度升高到 $T_1 = 450$ K,再经过一等温过程,压强降到 p_0,已知该气体的比热容比为 $\gamma = \dfrac{5}{3}$,$\ln 1.5 \approx 0.4$. 求:

(1) 系统内能的增量;

(2) 系统对外界所做的功.

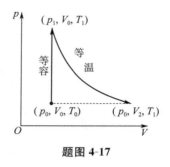

题图 4-17

3.比邻星是距离太阳系最近的恒星,它距离地球 $S = 4.3 \times 10^{16}$ m. 设有一宇宙飞船自地球飞往比邻星,若宇宙飞船相对于地球的速度为 $v = 0.999c$,按地球上的时钟计时要用多少年到达目的地? 如以飞船上的时钟计时,所需时间又为多少年?

4.已知电子的康普顿波长为 $\lambda_C = \dfrac{h}{m_e c}$,式中 m_e 为电子的静止质量. 当电子的相对论动能等于它的静能时,

(1) 求电子的速度;

(2) 求电子的相对论动能;

(3) 电子的德布罗意波长是康普顿波长 λ_C 的多少倍?

参 考 答 案

第一篇模拟题一

一、选择题

1. D　2. B　3. D　4. C　5. D　6. C　7. B　8. B　9. D　10. C

二、填空题

1. $\dfrac{v_0^2\cos^2\theta}{g}$

2. 不一定, 动量

3. $\sqrt{mkx_0^2}$

4. $\dfrac{m(g-a)R^2}{a}$

5. $\dfrac{(J+mr^2)\omega_1}{J+mR^2}$

6. 向下, 向上, 向上

7. $\dfrac{\pi}{3}$

8. $A\cos 2\pi\left(\nu t+\dfrac{x}{\lambda}+\pi\right)$

三、判断题

1. √　2. √　3. √

四、证明题

提示:(1) 设小球向右摆动为角坐标 θ 的正方向. 摆动过程中小球受重力和圆弧形轨道的支持力, 重力的切向分力使小球获得切向加速度. 当小球向右摆动 θ 角时, 重力的切向分力与 θ 相反, 有

$$-mg\sin\theta=ma_t=mR\frac{\mathrm{d}^2\theta}{\mathrm{d}t^2}.$$

当小球做小幅度运动时, $\sin\theta\approx\theta$, 有

$$\frac{\mathrm{d}^2\theta}{\mathrm{d}t^2}+\frac{g}{R}\theta=0.$$

上式满足简谐振动的动力学方程, 故小球做简谐振动

(2) 周期为

$$T=\frac{2\pi}{\omega}=\frac{2\pi}{\sqrt{g/R}}=2\pi\sqrt{\frac{R}{g}}$$

五、计算题

1. (1) $\boldsymbol{r}=\dfrac{2}{3}t^3\boldsymbol{i}+2t\boldsymbol{j}$;　(2) $x=\dfrac{1}{12}y^3$ 或 $y^3=12x$;　(3) $2\boldsymbol{i}$

2. (1) $\omega = \dfrac{6mv_0}{(4M+3m)l}$；　(2) $\theta = \arccos\left[1 - \dfrac{3m^2 v_0^2}{(M+m)(3m+4M)gl}\right]$

3. $y = 5\cos\left(50\pi t - \dfrac{\pi}{12}x + \dfrac{\pi}{2}\right)$

第一篇模拟题二

一、选择题

1. B　2. C　3. C　4. C　5. C　6. D　7. A　8. B　9. C　10. C

二、填空题

1. 8 m/s，35. 8 m/s²

2. $v_0 e^{-Kx}$

3. 17. 3 m/s，20 m/s

4. $\dfrac{3mv}{2ML}$

5. $3\omega_0$

6. 4×10^{-2} m，$\dfrac{\pi}{2}$

7. 波从坐标原点传至 x 处所需时间，x 处质元比坐标原点处质元滞后的振动相位，t 时刻 x 处质元的振动位移

8. $A\cos\left(50\pi t + \dfrac{\pi}{100}x + \dfrac{\pi}{4}\right)$

三、判断题

1. ×　2. √　3. √

四、证明题

(1) 证明略；　(2) $x = 2 \times 10^{-2}\cos(9.1\pi t)$(SI)

五、计算题

1. (1) 81. 7 rad/s²，方向垂直纸面向外；　(2) 6. 12 × 10⁻² m；

(3) 10. 0 rad/s，方向垂直纸面向外

2. $x = \sqrt{50}\cos\left(4\pi t + \dfrac{\pi}{4}\right)$ cm

3. (1) $y = 0. 5\cos\left(\dfrac{\pi}{2}t + \dfrac{3\pi}{2}\right)$ m；　(2) $y = 0. 5\cos\left(\dfrac{\pi}{2}t + \pi x + \dfrac{3\pi}{2}\right)$ m；　(3) $\dfrac{\pi}{4}$ m/s

第一篇模拟题三

一、选择题

1. B　2. D　3. A　4. C　5. A　6. D　7. C　8. B　9. C　10. A

二、填空题

1. $-m\omega^2(a\cos\omega t \boldsymbol{i} + b\sin\omega t \boldsymbol{j})$

2. $\sqrt{\dfrac{6k}{mA}}$

3.(1) 3 N·s; (2) 13.5 J

4. $-\dfrac{k\omega_0^2}{9J}, \dfrac{2J}{k\omega_0}$

5. $mL^2, mgL, \dfrac{g}{L}$

6. 3.43 s, $-\dfrac{2\pi}{3}$

7. $y = 0.30\cos\left(\dfrac{\pi}{2}x\right)\cos\left(100\pi t + \dfrac{\pi}{2}\right)$ m

8. 5 J

三、判断题
1. × 2. × 3. ×

四、证明题
略

五、计算题
1.(1) $\sqrt{5}$ m/s; (2) $T_1 = 37.5$ N, $T_2 = 50$ N

2.(1) $y_P = A\cos\left(\dfrac{\pi}{2}t + \pi\right)$ m; (2) $y = A\cos\left(\dfrac{\pi}{2}t + \dfrac{2\pi x}{\lambda} - \dfrac{2\pi d}{\lambda} + \pi\right)$ m;

(3) $y_0 = A\cos\left(\dfrac{\pi}{2}t\right)$ m

3.(1) $y = 0.1\cos\left(4\pi t - \dfrac{2}{10}\pi x\right)$ m; (2) 0.1 m; (3) -1.26 m/s

第一篇模拟题四

一、选择题
1. A 2. A 3. C 4. D 5. C 6. B 7. C 8. D 9. D 10. A

二、填空题
1. $2s(1 + s^2)$

2. $\sqrt{\dfrac{k}{mr}}, -\dfrac{k}{2r}$

3. 1 s

4. $GMm\dfrac{r_2 - r_1}{r_2 r_1}, GMm\dfrac{r_1 - r_2}{r_2 r_1}$

5. $\dfrac{3}{2}\sqrt{\dfrac{g\cos\theta}{L}}$

6. $-\dfrac{1}{2}mR^2\omega^2$

7. $\sqrt{2}T_0$

8. $\dfrac{2}{3}$ s

三、判断题
1. √ 2. √ 3. √

四、证明题

提示:容器中每滴入一滴油滴的前后,水平方向动量大小不变,设容器第一次经过O点未滴入油滴的速度为v,刚滴入第一滴油滴后的速度为v',则有

$$Mv = (M+nm)v'.$$

根据滴入油滴前后能量守恒可得

$$\frac{1}{2}kl_0^2 = \frac{1}{2}Mv^2,$$

$$\frac{1}{2}kx^2 = \frac{1}{2}(M+nm)v'^2,$$

解得最远距离为 $x = \sqrt{\dfrac{M}{M+nm}}\,l_0$

五、计算题

1.(1) $\omega = \dfrac{2m_1v}{2m_1R+m_2R}$; (2) $\Delta E_k = -\dfrac{m_1m_2v^2}{2(2m_1+m_2)}$

2.(1) 1 m,2 Hz,2 m/s; (2) $(k-8.4)$m$(k=0,\pm 1,\pm 2,\cdots)$,-0.4 m; (3) 4 s

3.(1) $y = 0.04\cos\left[2\pi\left(\dfrac{t}{5}-\dfrac{x}{0.4}\right)-\dfrac{\pi}{2}\right]$m; (2) $y_P = 0.04\cos\left(0.4\pi t-\dfrac{3\pi}{2}\right)$ m

第二篇模拟题一

一、选择题

1.C 2.D 3.C 4.B 5.D 6.B 7.C 8.C 9.C 10.A

二、填空题

1. $\dfrac{Q}{4\pi\varepsilon_0 R}$,$\dfrac{-qQ}{4\pi\varepsilon_0 R}$

2.(1) $\mathbf{0}$; (2) $-\mu_0 I$

3. $0,0.157$ N·m,沿纸面向上

4. 减少,增加

5. 0

6. $\dfrac{q_1}{\varepsilon_0}$,$\dfrac{q_1+q_2}{\varepsilon_0}$

7. $\pi R^3 \lambda B\omega$,沿纸面向上

8. $\dfrac{Qd}{2\varepsilon_0 S}$,$\dfrac{Qd}{\varepsilon_0 S}$

9. $\sqrt{\dfrac{2Fd}{C}}$,$\sqrt{2FdC}$

三、作图题

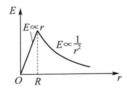

四、证明题

略

五、计算题

1. $\dfrac{\sqrt{2}Q}{2\pi^2\varepsilon_0 R^2}$，方向与 x 轴正方向成 $315°$ 角

2. $E=\begin{cases}\dfrac{Ar^2}{4\varepsilon_0} & (r\leqslant R),\\[3mm] \dfrac{AR^4}{4\varepsilon_0 r^2} & (r>R),\end{cases}$ 场强方向沿球体的径向，若球体带正电，则指向球外；若球体带负电，则指向

球心

3. $\dfrac{\mu_0 Ib}{2\pi a}\left(\ln\dfrac{a+d}{d}-\dfrac{a}{a+d}\right)v$，方向沿顺时针方向

第二篇模拟题二

一、选择题

1. D　2. D　3. B　4. B　5. B　6. C　7. D　8. B　9. D　10. B

二、填空题

1. -8×10^{-15} J，-5×10^4 V

2. $\dfrac{\mu_0 Ia}{2\pi}\ln 2$

3. aIB

4. 不变，减小

5. 2.67×10^{-4} T，63.7 A/m

6. $\dfrac{1}{2}l_0\sqrt{R^2-\dfrac{l_0^2}{4}}\,\dfrac{\mathrm{d}B}{\mathrm{d}t}$，$\dfrac{R}{2}\dfrac{\mathrm{d}B}{\mathrm{d}t}$

7. $\dfrac{\mu_0 I\pi r^2}{2a}\cos\omega t$，$\dfrac{\mu_0 I\omega\pi r^2}{2Ra}\sin\omega t$

8. $\dfrac{\pi r^2\varepsilon_0 E_0}{RC}\mathrm{e}^{-\frac{t}{RC}}$，相反

三、作图题

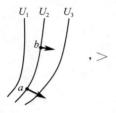

，$>$

四、判断题

(1)$\times$；　(2)$\checkmark$；　(3)$\times$

五、证明题

略

六、计算题

1. $\dfrac{q}{2\pi\varepsilon_0 a^2\theta_0}\sin\dfrac{\theta_0}{2}$，方向向下

2. $\dfrac{\mu_0 I}{8\pi R}(6+\pi)$，方向垂直纸面向里

3. $\dfrac{\mu_0 I_1 I_2}{2}$，方向垂直 I_1 向右

第二篇模拟题三

一、选择题

1. D 2. B 3. D 4. C 5. C 6. A 7. D 8. B 9. A 10. B

二、填空题

1. $\dfrac{Q}{\varepsilon_0}$；0，$\dfrac{5Qr_0}{18\pi\varepsilon_0 R^2}$

2. $\mu_0(I_2-2I_1)$

3. 1.14×10^{-3} T，垂直纸面向里，1.57×10^{-8} s

4. $\dfrac{q\boldsymbol{r}}{4\pi\varepsilon_0 r^3}$，$\dfrac{q}{4\pi\varepsilon_0 r_3}$

5. 0，$vBl\cos\theta$，低

6. 磁导率大、矫顽力小、磁滞损耗低，变压器、交流电机的铁芯等

7. $\dfrac{Ir}{2\pi R_1^2}$

三、作图题

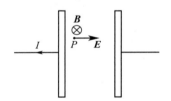

四、判断题

1. (1) √； (2) ×； (3) ×
2. (1) ×； (2) ×； (3) √

五、证明题

略

六、计算题

1. $\dfrac{q}{8\pi\varepsilon_0 l}\ln\left(1+\dfrac{2l}{a}\right)$

2. $\dfrac{\mu_0}{2\pi}\dfrac{I_2(R+d)(1+\pi)-RI_1}{R(R+d)}$，方向垂直纸面向外

3. (1) $\dfrac{\mu_0 Il}{2\pi}\ln\dfrac{b+vt}{a+vt}$； (2) $\dfrac{\mu_0 Il}{2\pi}\dfrac{(b-a)v}{ab}$

第二篇模拟题四

一、选择题

1. B　2. B　3. C　4. D　5. D　6. B　7. D　8. D　9. B　10. C

二、填空题

1. 0

2. 半径为 R 的均匀带正电球壳

3. 小于

4. $\dfrac{\mu_0 I}{4\pi R}$

5. 负，$\dfrac{IB}{nS}$

6. ε_r，1，ε_r

7. $-\sqrt{L_1 L_2}\,\dfrac{\mathrm{d}i_1}{\mathrm{d}t}$

8. 3 A

三、判断题

(1) ×；　(2) ×；　(3) ×；　(4) ×；　(5) √；　(6) √

四、证明题

略

五、计算题

1. (1) $\dfrac{\sqrt{3}+1}{2}d$；　(2) $\dfrac{d}{4}$

2. $\dfrac{\mu_0 I}{4\pi}+\dfrac{\mu_0 I}{2\pi}\ln 2$

3. (1) $-\dfrac{1}{2}B\omega L^2$，方向由 A 点指向 O 点；　(2) $-\dfrac{1}{2}\omega Bd(2L-d)$；　(3) 0

第三篇模拟题一

一、选择题

1. A　2. B　3. C　4. D　5. C　6. B　7. C　8. B　9. D　10. D

二、填空题

1. 0.9 mm

2. $\dfrac{r_1^2}{r_2^2}$

3. 78.1 nm

4. $\dfrac{\lambda}{4n}$

5. 3.0 mm

6. 5，2 000 nm，6 000 nm

7. 35. 8 cm

8. 10 000 m

9. 平行于入射面的线偏振光,60°

10. $\dfrac{3I_0}{32}$

三、判断题

1. (1) ×; (2) √; (3) ×

2. (1) ×; (2) ×; (3) √

四、分析题

两块, $\dfrac{1}{4}$

五、计算题

1. (1) $x_3 = 18$ mm; (2) $n = \dfrac{4}{3}$; (3) 暗纹, $h = 5\ 400$ nm

2. (1) 2.25×10^{-6} m; (2) 条纹整体向棱边平移,第 17 级暗纹

3. (1) 3.36×10^{-6} m; (2) 420 nm; (3) $0, \pm 1, \pm 2, \pm 3, \pm 4$

第三篇模拟题二

一、选择题

1. D 2. D 3. A 4. C 5. A 6. C 7. D 8. D 9. D 10. D

二、填空题

1. 上,6

2. $\dfrac{3\lambda}{4n_2}$

3. 红光

4. 6. 4

5. 必定,不一定

6. 500 nm

7. 53. 7 m

8. $\pm 2, \pm 4, \cdots$;5

9. $\dfrac{I_0}{4}$

10. 自然光,线偏振光,部分偏振光

三、分析题

(1) 第一块光栅,理由略; (2) 第二块光栅,理由略

四、简答题

1. 大物镜有助于提高望远镜的分辨本领

2. ① 自然光通过一个偏振片;② 自然光以布儒斯特角入射到某介质表面

五、计算题

1. (1) 0. 2 mm,0. 3 mm; (2) 0. 6 mm,3,2

2. (1) 4.35×10^{-2} m; (2) 1. 28

3. (1) 6×10^{-6} m; (2) 1.5×10^{-6} m; (3) $0, \pm 1, \pm 2, \pm 3, \pm 5, \pm 6, \pm 7, \pm 9$

第三篇模拟题三

一、选择题

1. A 2. C 3. B 4. D 5. A 6. D 7. C 8. A 9. B 10. D

二、填空题

1. $\dfrac{2\pi}{\lambda}(nr_2 - nr_1)$

2. 825 nm

3. 1.4

4. 1 200 nm

5. 7.78×10^{-4} nm

6. 500 nm，3 个

7. 5.28×10^{-6} m

8. 2.7×10^{-7} rad

9. $\sqrt{3}$

10. $\dfrac{I_0}{8}$

三、判断题

1. (1) ×； (2) ×； (3) √

2. (1) ×； (2) ×； (3) √

四、简答题

1. ① 测量微小的角度；② 测量微小的长度；③ 检查精密机械零件表面的光洁度

2. $a\sin\theta = \begin{cases} 0, & \text{中央明纹,} \\ \pm k\lambda \quad (k=1,2,\cdots), & \text{暗纹中心,} \\ \pm(2k+1)\dfrac{\lambda}{2} \quad (k=1,2,\cdots), & \text{明纹中心} \end{cases}$

五、计算题

1. (1) 6.5 cm； (2) 4.9 cm； (3) 5 603.5 nm

2. (1) 500 nm； (2) 50

3. (1) 4.8×10^{-6} m； (2) 34.68 cm； (3) $0, \pm 1, \pm 2, \pm 3, \pm 5, \pm 6, \pm 7$

第三篇模拟题四

一、选择题

1. B 2. B 3. C 4. B 5. D 6. D 7. B 8. B 9. B 10. C

二、填空题

1. $\dfrac{\lambda}{2}$

2. $\dfrac{D\lambda}{2a}$

3. 658 nm

4. 8 个

5. 3

6. 10λ

7. 6×10^{-6} m

8. 281 m

9. $\dfrac{A}{2}$

10. 2 : 5

三、分析题

6,第 1 级次明纹

四、简答题

1. 光学仪器的分辨本领与入射波长成反比,可见光波长为390 ~ 760 nm,电子束波长为0.1 nm

2. 光是横波

五、计算题

1. (1) $x_5 = 24$ mm;   (2) $\Delta x = 4.8$ mm;   (3) $h = 5.4$ μm

2. (1) 1.22×10^{-4} mm;   (2) 3 mm

3. (1) $d = 3\,600$ nm,$a = 1\,200$ nm;   (2) $\Delta x_0 = 34.68$ cm;

(3) 0,±1,±2,±4,±5;

(4)

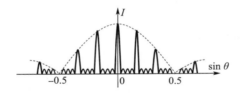

第四篇模拟题一

一、选择题

1. A   2. D   3. A   4. C   5. B   6. C   7. C   8. D

二、填空题

1. 6.23×10^3 J,6.21×10^{-21} J,1.03×10^{-20} J

2. (1) 2 000 m/s;   (2) 500 m/s

3. 1.04 kg/m^3

4. 25%

5. 4.3×10^{-8} s,10.3 m

6. $\dfrac{2}{3}m_{\mathrm{e}}c^2$,$\dfrac{2}{3}m_{\mathrm{e}}c^2$

7. 2,4,12.75 eV

8. 图(a)

三、判断题

1. (1) √;   (2) √;   (3) √

2. (1) ×;   (2) ×;   (3) ×

四、简答题

制冷机工作的两热源的温度差越大,制冷系数 $\omega_C = \dfrac{T_2}{T_1 - T_2}$ 越小,对制冷越不利

五、计算题

1. (1) 500 J; (2) -700 J; (3) 400 J

2. (1) 2.45×10^{25} m^{-3}; (2) 3.21×10^{15} m^{-3}; (3) 1.93×10^3 m/s

3. $\dfrac{m}{l\left(1 - \dfrac{u^2}{c^2}\right)}, \dfrac{m}{l\sqrt{1 - \dfrac{u^2}{c^2}}}$

4. (1) 3.62 eV, 8.73×10^{14} Hz; (2) 0.52 V;

   (3) 不产生光电效应

第四篇模拟题二

一、选择题

1. D   2. B   3. B   4. C   5. C   6. A   7. C   8. B

二、填空题

1. 氢气, 1 579 m/s

2. 12.47 J, 20.78 J, 24.93 J

3. 500 J, 500 J

4. 10^{-10} m, $10^2 \sim 10^3$ m/s, $10^8 \sim 10^9$ s^{-1}

5. 7.2 cm^2

6. $7m_n c^2$, $7m_n c$, $6m_n c^2$

7. 2.2 MeV

8. 5×10^{18}

三、判断题

1. (1) √; (2) ×; (3) ×

2. (1) ×; (2) ×; (3) √

四、简答题

光电效应是电子与光子发生完全非弹性碰撞,电子吸收光子的能量后克服逸出功成为自由电子. 康普顿效应则是外层电子与光子之间发生完全弹性碰撞,光子把部分能量传递给电子,光子能量减少,频率减小,波长变长

五、计算题

1. $\eta = 19.9\%$

2. (1) 第三激发态; (2) 6,

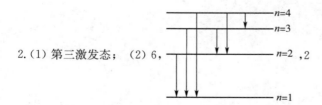

    n=2 , 2

3. (1) $0.992c$; (2) 8

4. (1) 5.66×10^7 m/s; (2) 5.8 m/s; (3) 可以

第四篇模拟题三

一、选择题

1. B 2. A 3. C 4. D 5. B 6. A 7. D 8. B

二、填空题

1. 1.15×10^7 K

2. (1) 5.65×10^{-21} J, 9.42×10^{-21} J, 1.13×10^4 J

3. (1) 氧,氦; (2) 速率在 $v \sim v + \Delta v$ 范围内的分子数占总分子数的百分比;

　　(3) 速率在 $0 \sim \infty$ 整个速率区间内的分子数占总分子数的百分比,满足归一化条件,等于 1

4. 1.05×10^4 J

5. $c\sqrt{1 - \dfrac{L^2}{L_0^2}}$, $m_0 c^2\left(\dfrac{L_0}{L} - 1\right)$

6. 2.799×10^{-12} J

7. 0.25

8. $\sqrt{\dfrac{h}{2m(\nu - \nu_0)}}$

三、判断题

1. (1) $\times$; (2) $\checkmark$; (3) $\times$

2. (1) $\times$; (2) $\times$; (3) $\checkmark$

四、简答题

6,97.3 nm

五、计算题

1. (1) $Q_{AB} = 7.97 \times 10^6$ J, $Q_{BC} = -5.71 \times 10^6$ J, $Q_{CA} = -1.57 \times 10^6$ J; (2) 8.7%

2. $\Delta E_B = \dfrac{5}{8}W$

3. (1) 大于; (2) x_2 处先开枪

4. 电子:3×10^{-3} m,子弹:2.6×10^{-31} m

第四篇模拟题四

一、选择题

1. D 2. C 3. A 4. D 5. D 6. D 7. C 8. D

二、填空题

1. 3.2×10^{17} m^{-3}

2. 3.74×10^3 J, 2.49×10^3 J, 6.23×10^3 J

3. 83.1 J

4. (1) 60 m; (2) 300 m

5. 0.4 kg

6. (1) 4,1; (2) 4,3

7. $\Delta x \geqslant 3.7$ cm,不能

8. 粒子在 t 时刻出现在 r 处的概率密度,单值、有限、连续,$\iiint_V \Psi\Psi^* \, \mathrm{d}V = 1$

三、判断题

1.(1) $\sqrt{}$；　(2) $\sqrt{}$；　(3) $\times$

2.(1) $\sqrt{}$；　(2) $\sqrt{}$；　(3) $\times$

四、简答题

不可行,这个热机的效率 $\eta = \dfrac{A}{Q_{吸}} = \dfrac{1\,000}{1\,800} \times 100\% \approx 55.6\%$ 超过了卡诺循环热机效率的理论

值 $\eta_C = 1 - \dfrac{T_{低}}{T_{高}} = 25\%$

五、计算题

1. 2.67×10^5 Pa,400 J,193 K

2.(1) 7.48×10^3 J；　(2) 5 983 J

3. 4.55 a,0.2 a

4.(1) $\dfrac{\sqrt{3}}{2}c$；　(2) 8.19×10^{-14} J；　(3) $\dfrac{\sqrt{3}}{3}$